国家重点研发计划项目资助

无迹卡尔曼滤波算法在工程结构识别中的应用

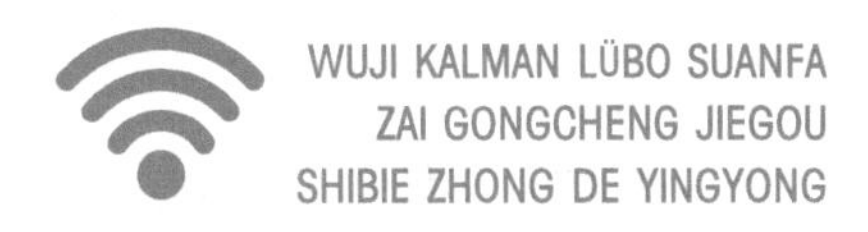

丁 勇　张延哲　卜建清　郭丽娜　黎佳莹 **著**

人民交通出版社
北 京

内 容 提 要

本书详细地推导了卡尔曼滤波器(KF)和无迹卡尔曼滤波器(UKF)两种算法,介绍了基于正交分解与直接扩展状态量 UKF 的荷载识别算法,并提出了基于自适应遗忘因子 UKF、双重自适应遗忘因子 UKF 以及自适应遗忘因子平方根 UKF 的工程结构时变参数识别算法,深入分析了自适应 UKF 识别能力的影响因素,并通过试验验证了新型自适应 UKF 的有效性。

本书适用于相关领域的科研工作者,对于对荷载与参数识别感兴趣的读者尤其具有参考价值。

为便于阅读,本书配有彩色版电子书,读者可扫描封面二维码获取。

图书在版编目(CIP)数据

无迹卡尔曼滤波算法在工程结构识别中的应用/丁勇等著.—北京:人民交通出版社股份有限公司,2024.10.—ISBN 978-7-114-19766-6

Ⅰ. TU3

中国国家版本馆 CIP 数据核字第 2024KX6530 号

书　　名:无迹卡尔曼滤波算法在工程结构识别中的应用
著 作 者:丁　勇　张延哲　卜建清　郭丽娜　黎佳莹
责任编辑:戴慧莉
责任校对:赵媛媛　龙　雪
责任印制:刘高彤
出版发行:人民交通出版社
地　　址:(100011)北京市朝阳区安定门外外馆斜街 3 号
网　　址:http://www.ccpcl.com.cn
销售电话:(010)85285911
总 经 销:人民交通出版社发行部
经　　销:各地新华书店
印　　刷:北京建宏印刷有限公司
开　　本:787 × 1092　1/16
印　　张:14.75
字　　数:357 千
版　　次:2024 年 10 月　第 1 版
印　　次:2024 年 10 月　第 1 次印刷
书　　号:ISBN 978-7-114-19766-6
定　　价:98.00 元

PREFACE | 前　言

结构外荷载信息的准确获取对于结构健康监测中的参数识别和结构状态评估具有重要意义。结构外荷载虽然可以通过力传感器直接获得，但在实际工程中，受传感器的位置、测点数量的限制，很难直接获得结构外荷载的全部时程信息。另外，工程结构遭遇极端荷载作用时可能产生损伤，导致结构参数发生变化，准确地跟踪和识别时变参数对于结构健康监测、性能评价和维修管养等意义重大。为此，围绕上述问题，本书聚焦荷载与时变参数的识别方法研究，重点探讨了时变参数识别的相关技术，包括算法的功能性改进与优化等。

无迹卡尔曼滤波器（Unscented Kalman Filter，UKF）作为一种有效的时域递推算法，通过将递推最小二乘原理或贝叶斯滤波理论与无迹变换相结合，能够有效融合观测值和预测值对结构状态进行准确估计。UKF的递推估计能力强、识别效率高，且对硬件存储能力要求低，适用于嵌入式系统、移动设备以及实时数据处理，近些年被广泛应用于导航、无人驾驶、目标追踪等领域。因此，本书主要基于 UKF 理论框架研究荷载与时变参数的识别算法。

本书共分为 8 章，其中前两章为理论基础，旨在帮助读者快速理解和掌握 UKF 的基本滤波原理及其计算过程。第 3 章提出基于正交分解 UKF 与基于直接扩展状态量 UKF 的荷载识别方法，为已知结构参数且能够建立结构有限元模型或运动控制微分方程的外荷载估计问题的解决提供技术思路。第 4 章和第 5 章主要基于自适应遗忘因子、灵敏参数和奇异值分解对 UKF 进行改进，提出自适应遗忘因子 UKF，并通过与其他多种自适应 UKF 方法做对比，验证所提方法在识别时变参数方面的有效性。第 6 章针对第 4 章所提方法在识别简支桥结构约束端梁单元弹性模量参数时出现的精度低和易发散问题，提出双重自适应遗忘因子 UKF 系列识别方法。第 7 章考虑到 UKF 的无迹变换执行 Cholesky 分解时要求矩阵对称正定的限制以及奇异值分解的计算复杂性，提出自适应遗忘因子平方根 UKF。第 8 章以第 4 章和第 7 章提出的方法为研究对象，对影响识别能力的因素展开系统分析，并通过实际结构地震反应测试数据和振动台模型结构反应测试数据验证了所提方法的工程适用性。

本书的撰写得到国家重点研发计划课题（2021YFB2600605，2021YFB2600600）以及黑龙江省重点研发计划指导类项目（GZ20230007）的大力支持，在此深表感谢。

本书由丁勇、张延哲、卜建清、郭丽娜与黎佳莹撰写。

由于作者水平有限，书中难免存在不足之处，敬请读者批评指正。

作　者

2024 年 6 月

主要符号说明

符号	含义
x、y、v	状态标量、观测标量、观测噪声标量
$\boldsymbol{X}$、$\boldsymbol{Y}$、$\boldsymbol{H}$、$\boldsymbol{v}$	状态矢量、观测矢量、输出矩阵、观测噪声矢量
$_k$	字符下角标,代表第 k 递推步或第 k 时刻
$\boldsymbol{H}_k$、$\boldsymbol{K}_k$	第 k 递推步的 $1\times n$ 维输出行向量、第 k 递推步的增益矩阵
E	期望
$\boldsymbol{\varepsilon}_{x,k}$	第 k 递推步的估计误差
tr	矩阵迹
$\boldsymbol{P}_k$	状态协方差
$\hat{}$	字符正上面带"$\hat{}$"符号表示估计值,如 $\hat{\boldsymbol{X}}_k$ 代表状态量估计值
$_0$	下角标,代表初始值,如 $\boldsymbol{P}_0$ 代表初始状态协方差
^{T}	上角标,代表矩阵转置
$\boldsymbol{R}$	观测噪声协方差
m、c、k	质量、阻尼和刚度
$\dot{}$	字符正上面黑点符号代表对时间求导,求导阶数用黑点个数表示
$\boldsymbol{w}$	过程噪声矢量
$\boldsymbol{Q}$	过程噪声协方差
δ	Kronecker-δ 函数
$^+$	上角标,代表后验估计
$^-$	上角标,代表先验估计
—	字符正上面带"—"符号代表平均值
$\boldsymbol{P}_{yx}$、$\boldsymbol{P}_{xy}$、$\boldsymbol{P}_{yy}$	$\boldsymbol{Y}_k$ 和 $\boldsymbol{X}_k$ 的交叉协方差、$\boldsymbol{X}_k$ 和 $\boldsymbol{Y}_k$ 的交叉协方差、新息协方差
$\boldsymbol{b}_k$	矢量
ε	任意正数
p	概率
μ	n 次独立重复试验中某事件发生的次数

续上表

符号	含义
X、$F_X(x)$	随机变量、概率分布函数
$N(\mu,\sigma)$	均值为μ、方差为σ的高斯分布
$W^{(i)}$	权重系数
W_c^i	协方差权重系数
W_m^i	均值权重系数
$\hat{\boldsymbol{\chi}}_k^{(i)}$	时间预测步中第k递推步第i个 sigma 点的状态量估计值
$\hat{\boldsymbol{\chi}}_k^{<i>}$	量测更新步中第k递推步第i个 sigma 点的状态量估计值
$\boldsymbol{I}_{k\times k}$	k行k列的单位矩阵
$\boldsymbol{M}$、$\boldsymbol{C}$、$\boldsymbol{K}$	质量矩阵、阻尼矩阵和刚度矩阵
$\boldsymbol{L}$	位置矢量
$f_c[c,\dot{x}]$	由阻尼和速度确定的阻尼力
$f_s[k,z]$	由刚度和位移确定的恢复力
diag	对角矩阵
$\widetilde{\boldsymbol{P}}_k^+$、$\widehat{\boldsymbol{P}}_k^+$	经过遗忘因子修正的后验状态协方差估计值
$\widetilde{\boldsymbol{P}}_{yy,k}$、$\widehat{\boldsymbol{P}}_{yy,k}$	经过遗忘因子修正的新息协方差估计值
$\widetilde{\boldsymbol{P}}_{xy,k}$、$\widehat{\boldsymbol{P}}_{xy,k}$	经过遗忘因子修正的交叉协方差估计值
$\widetilde{\boldsymbol{K}}_k$、$\widehat{\boldsymbol{K}}_k$	经过遗忘因子修正的增益矩阵
chi2inv{ }	卡方逆累积分布函数
chol{ · }	表示 Cholesky 分解
qr{ · }	表示 QR 分解
cholupdate{ · }	表示 Cholesky 分解的秩 1 更新
∂	偏导数
Ns/m	阻尼量纲,等同于 N/(m/s)和 N · s/m

中英文名词对照

英文	英文全称	中文全称
ADF	Adaptive Dual Filter	双重自适应滤波
AE	Absolute Error	误差绝对值
ASRUKF-FF	Adaptive Square Root Unscented Kalman Filter with Forgetting Factor	自适应遗忘因子平方根无迹卡尔曼滤波器
AUKF	Adaptive Unscented Kalman Filter	自适应无迹卡尔曼滤波器
AUKF-FF	Adaptive Unscented Kalman Filter with Forgetting Factor	自适应遗忘因子无迹卡尔曼滤波器
AUKF-DFF	Adaptive Unscented Kalman Filter with Double Forgetting Factor	双重自适应遗忘因子无迹卡尔曼滤波器
EKF	Extended Kalman Filter	扩展卡尔曼滤波器
KF	Kalman Filter	卡尔曼滤波器
MAUKF	Modified Adaptive Unscented Kalman Filter	改进的自适应无迹卡尔曼滤波器
MSHUKF	Modified Sage-Husa Unscented Kalman Filter	改进的 Sage-Husa 无迹卡尔曼滤波器
MSRUKF	Modified Square Root Unscented Kalman Filter	改进的平方根无迹卡尔曼滤波器
MSTSRUKF	Modified Strong Tracking Square Root Unscented Kalman Filter	改进的强追踪平方根无迹卡尔曼滤波器
PF	Particle Filter	粒子滤波器
SCFF	Secondary Correction Forgetting Factor	二次修正遗忘因子
SRSCM	Square Root of the State Covariance Matrix	状态协方差矩阵平方根
SRUKF	Square Root Unscented Kalman Filter	平方根无迹卡尔曼滤波器
STUKF	Strong Tracking Unscented Kalman Filter	强追踪无迹卡尔曼滤波器
STF	Strong Tracking Filter	强追踪滤波器
SVD	Singular Value Decomposition	奇异值分解
UKF	Unscented Kalman Filter	无迹卡尔曼滤波器
UKF-FF	Unscented Kalman Filter with Forgetting Factor	遗忘因子无迹卡尔曼滤波器
UKF-MW	Unscented Kalman Filter with Moving Window	移动窗无迹卡尔曼滤波器
UT	Unscented Transformation	无迹变换

CONTENTS | 目　录

第1章

CHARTER 1

卡尔曼滤波算法

卡尔曼滤波器(Kalman Filter,KF)是维纳滤波器的升级版,由 Kalman 于 20 世纪 60 年代提出。维纳滤波理论被称为最佳线性滤波理论,但其最大的缺点是必须依赖无限过去的数据,这使得它不适用于数据的实时处理。为了克服这一缺点,Kalman 将状态空间概念引入滤波理论,基于最小均方误差估计准则,使用前一时刻的估计值和当前时刻的观测值对状态量进行最优估计。由于观测数据包含噪声成分,而状态量估计要剔除噪声影响,因此,将这一算法命名为卡尔曼滤波算法。

卡尔曼滤波器主要包含时间更新和量测更新两大步骤。其中,时间更新步主要基于状态方程(实际结构的数学模型表达形式)完成,并通过状态量均值和状态协方差的形式输出结果。状态方程是人为简化的数学模型,是对一定输入条件下结果计算的预测。为提高状态估计的客观性,KF 进一步引入实际观测值,并通过观测方程(观测值与状态量的关系式)修正估计结果。为了快速理解 KF 算法的状态估计原理,本章运用线性代数、概率统计和结构动力学的基本知识推导了 KF 算法的滤波过程,为后续章节的公式引出做铺垫。

1.1 基于递推最小二乘法的 KF 算法推导

最小二乘法可分为常量估计、加权最小二乘法和递推最小二乘法三种形式。其中,常量估计可理解为求期望(均值);加权最小二乘法可理解为求加权平均;递推最小二乘法则是具备递推特性的估计状态均值的优化方法,称之为优化方法,是因为递推最小二乘法考虑了目标函数(代价函数)及最优准则。最小二乘法适用于常量或矢量的估计,然而,当结构状态是过程量,具备随机过程属性时,还需要考虑状态随时间传播的特性。另外,考虑不同数学等价形式,后续还基于统计学知识推导了 KF 的另外一种形式,便于读者对无迹卡尔曼滤波器(Unscented Kalman Filter,UKF)公式的理解。

1.1.1 递推最小二乘法

为阐明递推最小二乘法的算法理论,这里基于常量估计案例展开详细推导。已知 $\boldsymbol{X}$ 是一个未知的 n 维常矢量,$\boldsymbol{Y}$ 是一个 k 维的包含测量噪声的观测矢量。假设 $\boldsymbol{Y}$ 中的每个元素都是 $\boldsymbol{X}$ 中元素的线性组合与噪声的和,即

$$\begin{cases} y_1 = H_{11}x_1 + H_{12}x_2 + \cdots + H_{1n}x_n + v_1 \\ y_2 = H_{21}x_1 + H_{22}x_2 + \cdots + H_{2n}x_n + v_2 \\ \vdots \\ y_k = H_{k1}x_1 + H_{k2}x_2 + \cdots + H_{kn}x_n + v_k \end{cases} \Rightarrow \boldsymbol{Y} = \boldsymbol{H}\boldsymbol{X} + \boldsymbol{v} \tag{1-1}$$

式中：$\boldsymbol{v}$——$k \times 1$ 维的列向量，代表观测噪声，假定其均值为零，协方差为 $\boldsymbol{R}$；

$\boldsymbol{X}$——状态矢量，也称状态量；

$\boldsymbol{Y}$——观测矢量，也称观测量，由实际测量值组成；

$\boldsymbol{H}$——输出矩阵。

现测得第 k 时刻的观测值 y_k，如何基于第 $k-1$ 时刻的估计值 $\widehat{\boldsymbol{X}}_{k-1}$ 及第 k 时刻的观测值 y_k 对第 k 时刻的估计值 $\widehat{\boldsymbol{X}}_k$ 进行最优估计？

基于上述问题的线性递推公式为

$$y_k = \boldsymbol{H}_k\boldsymbol{X} + v_k \tag{1-2}$$

$$\widehat{\boldsymbol{X}}_k = \widehat{\boldsymbol{X}}_{k-1} + \boldsymbol{K}_k(y_k - \boldsymbol{H}_k\widehat{\boldsymbol{X}}_{k-1}) \tag{1-3}$$

式中：$\boldsymbol{H}_k$——$1 \times n$ 维的行向量；

$\boldsymbol{K}_k$——待确定的增益矩阵；

字符上面的“^”代表估计值。

将第 k 时刻估计误差方差和最小值作为最优标准，代价函数为

$$\min(J) = \min\{E[(x_1 - \widehat{x}_1)^2 + (x_2 - \widehat{x}_2)^2 + \cdots + (x_n - \widehat{x}_n)^2]\} \tag{1-4}$$

式(1-4)求解的目的为，确定增益矩阵 $\boldsymbol{K}_k$，使得代价函数最小。基于矩阵代数知识，求解最小代价函数值需要先执行以下三步：

①
$$\begin{aligned} \boldsymbol{\varepsilon}_{x,k} &= \boldsymbol{X} - \widehat{\boldsymbol{X}}_k = \boldsymbol{X} - \widehat{\boldsymbol{X}}_{k-1} - \boldsymbol{K}_k(y_k - \boldsymbol{H}_k\widehat{\boldsymbol{X}}_{k-1}) \\ &= \boldsymbol{\varepsilon}_{x,k-1} - \boldsymbol{K}_k(\boldsymbol{H}_k\boldsymbol{X} - \boldsymbol{H}_k\widehat{\boldsymbol{X}}_{k-1} + v_k) = (\boldsymbol{I} - \boldsymbol{K}_k\boldsymbol{H}_k)\boldsymbol{\varepsilon}_{x,k-1} - \boldsymbol{K}_k v_k \end{aligned} \tag{1-5}$$

②
$$J = E[\boldsymbol{\varepsilon}_{1,k}^2 + \boldsymbol{\varepsilon}_{2,k}^2 + \boldsymbol{\varepsilon}_{3,k}^2 + \cdots + \boldsymbol{\varepsilon}_{n,k}^2] = E[\boldsymbol{\varepsilon}_{x,k}^{\mathrm{T}}\boldsymbol{\varepsilon}_{x,k}] = E[\mathrm{tr}(\boldsymbol{\varepsilon}_{x,k}\boldsymbol{\varepsilon}_{x,k}^{\mathrm{T}})] = \mathrm{tr}\boldsymbol{P}_k \tag{1-6}$$

③
$$\begin{aligned} \boldsymbol{P}_k &= E[(\boldsymbol{\varepsilon}_{x,k}\boldsymbol{\varepsilon}_{x,k}^{\mathrm{T}})] = E\{[(\boldsymbol{I} - \boldsymbol{K}_k\boldsymbol{H}_k)\boldsymbol{\varepsilon}_{x,k-1} - \boldsymbol{K}_k v_k][(\boldsymbol{I} - \boldsymbol{K}_k\boldsymbol{H}_k)\boldsymbol{\varepsilon}_{x,k-1} - \boldsymbol{K}_k v_k]^{\mathrm{T}}\} \\ &= E\{[(\boldsymbol{I} - \boldsymbol{K}_k\boldsymbol{H}_k)\boldsymbol{\varepsilon}_{x,k-1} - \boldsymbol{K}_k \boldsymbol{v}_k][\boldsymbol{\varepsilon}_{x,k-1}^{\mathrm{T}}(\boldsymbol{I} - \boldsymbol{K}_k\boldsymbol{H}_k)^{\mathrm{T}} - v_k^{\mathrm{T}}\boldsymbol{K}_k^{\mathrm{T}}]\} \\ &= (\boldsymbol{I} - \boldsymbol{K}_k\boldsymbol{H}_k)E(\boldsymbol{\varepsilon}_{x,k-1}\boldsymbol{\varepsilon}_{x,k-1}^{\mathrm{T}})(\boldsymbol{I} - \boldsymbol{K}_k\boldsymbol{H}_k)^{\mathrm{T}} - (\boldsymbol{I} - \boldsymbol{K}_k\boldsymbol{H}_k)E(\boldsymbol{\varepsilon}_{x,k-1}v_k^{\mathrm{T}})\boldsymbol{K}_k^{\mathrm{T}} - \\ &\quad \boldsymbol{K}_k E(v_k\boldsymbol{\varepsilon}_{x,k-1}^{\mathrm{T}})(\boldsymbol{I} - \boldsymbol{K}_k\boldsymbol{H}_k)^{\mathrm{T}} + \boldsymbol{K}_k E(v_k v_k^{\mathrm{T}})\boldsymbol{K}_k^{\mathrm{T}} \\ &= (\boldsymbol{I} - \boldsymbol{K}_k\boldsymbol{H}_k)\boldsymbol{P}_{k-1}(\boldsymbol{I} - \boldsymbol{K}_k\boldsymbol{H}_k)^{\mathrm{T}} + \boldsymbol{K}_k\boldsymbol{R}_k\boldsymbol{K}_k^{\mathrm{T}} \end{aligned} \tag{1-7}$$

式中：$\boldsymbol{\varepsilon}_{x,k}$——$n \times 1$ 维的行向量；

$\boldsymbol{\varepsilon}_{x,k-1}$——$k-1$ 时刻的估计误差；

tr——矩阵求迹符号；

$\boldsymbol{R}_k$——观测噪声协方差矩阵；

$\boldsymbol{P}_k$——状态协方差；

v_k——第 k 时刻的观测噪声。

$\boldsymbol{\varepsilon}_{x,k-1}$ 与 v_k 二者相互独立。

为使代价函数 J 取得最小值，对增益矩阵 $\boldsymbol{K}_k$ 取偏导可得

$$\frac{\partial J}{\partial \boldsymbol{K}_k}=\frac{\partial \mathrm{tr}\boldsymbol{P}_k}{\partial \boldsymbol{K}_k}=\frac{\partial \mathrm{tr}[(\boldsymbol{I}-\boldsymbol{K}_k\boldsymbol{H}_k)\boldsymbol{P}_{k-1}(\boldsymbol{I}-\boldsymbol{K}_k\boldsymbol{H}_k)^{\mathrm{T}}+\boldsymbol{K}_k\boldsymbol{R}_k\boldsymbol{K}_k^{\mathrm{T}}]}{\partial \boldsymbol{K}_k}=0 \tag{1-8}$$

根据矩阵微分知识，当矩阵 $\boldsymbol{B}$ 对称时，存在如下求导关系：

$$\frac{\partial \mathrm{tr}(\boldsymbol{ABA}^{\mathrm{T}})}{\partial \boldsymbol{A}}=2\boldsymbol{AB} \tag{1-9}$$

由式(1-9)的数学关系可得

$$\frac{\partial J}{\partial \boldsymbol{K}_k}=\frac{\partial \mathrm{tr}\boldsymbol{P}_k}{\partial \boldsymbol{K}_k}=2(\boldsymbol{I}-\boldsymbol{K}_k\boldsymbol{H}_k)\boldsymbol{P}_{k-1}(-\boldsymbol{H}_k^{\mathrm{T}})+2\boldsymbol{K}_k\boldsymbol{R}_k=0 \tag{1-10}$$

由此

$$\boldsymbol{K}_k=\boldsymbol{P}_{k-1}\boldsymbol{H}_k^{\mathrm{T}}(\boldsymbol{H}_k\boldsymbol{P}_{k-1}\boldsymbol{H}_k^{\mathrm{T}}+\boldsymbol{R}_k)^{-1} \tag{1-11}$$

上述为递推最小二乘法的算法理论，完整的递推最小二乘法的算法计算流程见表 1-1。值得注意的是，为方便理解，上述推导过程假定观测值为单值，实际观测值也可以为多值(矢量形式)，如一个三层框架结构，同时测得三个楼层的加速度响应(同一荷载工况下)，且可以建立观测值与状态量之间相关函数关系，那么这三个加速度可以同时作为观测值使用，区别就是需将观测方程写成矩阵的形式。

递推最小二乘法算法内容 表 1-1

序号	公式	备注
1	$\hat{\boldsymbol{X}}_0=E(\boldsymbol{X})$	状态量初始化
2	$\boldsymbol{P}_0=E[(\boldsymbol{X}-\hat{\boldsymbol{X}}_0)(\boldsymbol{X}-\hat{\boldsymbol{X}}_0)^{\mathrm{T}}]$	状态协方差初始化
3	$y_k=\boldsymbol{H}_k\boldsymbol{X}+v_k$	观测方程
4	$\boldsymbol{K}_k=\boldsymbol{P}_{k-1}\boldsymbol{H}_k^{\mathrm{T}}(\boldsymbol{H}_k\boldsymbol{P}_{k-1}\boldsymbol{H}_k^{\mathrm{T}}+\boldsymbol{R}_k)^{-1}$	增益矩阵
5	$\hat{\boldsymbol{X}}_k=\hat{\boldsymbol{X}}_{k-1}+\boldsymbol{K}_k(y_k-\boldsymbol{H}_k\hat{\boldsymbol{X}}_{k-1})$	状态量估计值
6	$\hat{\boldsymbol{P}}_k=(\boldsymbol{I}-\boldsymbol{K}_k\boldsymbol{H}_k)\boldsymbol{P}_{k-1}(\boldsymbol{I}-\boldsymbol{K}_k\boldsymbol{H}_k)^{\mathrm{T}}+\boldsymbol{K}_k\boldsymbol{R}_k\boldsymbol{K}_k^{\mathrm{T}}$	状态协方差估计值

此外，考虑到表 1-1 中状态协方差的公式较长，为方便应用，可以基于式(1-11)、式(1-7)以及对称矩阵的转置等于其自身的性质推导出更新状态协方差的另一种形式。将式(1-11)的 $\boldsymbol{K}_k$ 代入式(1-7)可得式(1-12)。

$$\begin{aligned}
\boldsymbol{P}_k &=(\boldsymbol{I}-\boldsymbol{P}_{k-1}\boldsymbol{H}_k^{\mathrm{T}}\boldsymbol{S}_k^{-1}\boldsymbol{H}_k)\boldsymbol{P}_{k-1}(\boldsymbol{I}-\boldsymbol{P}_{k-1}\boldsymbol{H}_k^{\mathrm{T}}\boldsymbol{S}_k^{-1}\boldsymbol{H}_k)^{\mathrm{T}}+\boldsymbol{P}_{k-1}\boldsymbol{H}_k^{\mathrm{T}}\boldsymbol{S}_k^{-1}\boldsymbol{R}_k(\boldsymbol{P}_{k-1}\boldsymbol{H}_k^{\mathrm{T}}\boldsymbol{S}_k^{-1})^{\mathrm{T}}\\
&=\boldsymbol{P}_{k-1}-\boldsymbol{P}_{k-1}\boldsymbol{H}_k^{\mathrm{T}}\boldsymbol{S}_k^{-1}\boldsymbol{H}_k\boldsymbol{P}_{k-1}-\boldsymbol{P}_{k-1}\boldsymbol{H}_k^{\mathrm{T}}\boldsymbol{S}_k^{-1}\boldsymbol{H}_k\boldsymbol{P}_{k-1}+\boldsymbol{P}_{k-1}\boldsymbol{H}_k^{\mathrm{T}}\boldsymbol{S}_k^{-1}\boldsymbol{H}_k\boldsymbol{P}_{k-1}\boldsymbol{H}_k^{\mathrm{T}}\boldsymbol{S}_k^{-1}\boldsymbol{H}_kP_{k-1}+\\
&\quad \boldsymbol{P}_{k-1}\boldsymbol{H}_k^{\mathrm{T}}\boldsymbol{S}_k^{-1}\boldsymbol{R}_k\boldsymbol{S}_k^{-1}\boldsymbol{H}_k\boldsymbol{P}_{k-1}\\
&=\boldsymbol{P}_{k-1}-2\boldsymbol{P}_{k-1}\boldsymbol{H}_k^{\mathrm{T}}\boldsymbol{S}_k^{-1}\boldsymbol{H}_k\boldsymbol{P}_{k-1}+\boldsymbol{P}_{k-1}\boldsymbol{H}_k^{\mathrm{T}}\boldsymbol{S}_k^{-1}\boldsymbol{S}_k\boldsymbol{S}_k^{-1}\boldsymbol{H}_k\boldsymbol{P}_{k-1}\\
&=\boldsymbol{P}_{k-1}-2\boldsymbol{P}_{k-1}\boldsymbol{H}_k^{\mathrm{T}}\boldsymbol{S}_k^{-1}\boldsymbol{H}_k\boldsymbol{P}_{k-1}+\boldsymbol{P}_{k-1}\boldsymbol{H}_k^{\mathrm{T}}\boldsymbol{S}_k^{-1}\boldsymbol{H}_k\boldsymbol{P}_{k-1}\\
&=\boldsymbol{P}_{k-1}-\boldsymbol{P}_{k-1}\boldsymbol{H}_k^{\mathrm{T}}\boldsymbol{S}_k^{-1}\boldsymbol{H}_k\boldsymbol{P}_{k-1}\\
&=\boldsymbol{P}_{k-1}-\boldsymbol{K}_k\boldsymbol{H}_k\boldsymbol{P}_{k-1}\\
&=(\boldsymbol{I}-\boldsymbol{K}_k\boldsymbol{H}_k)\boldsymbol{P}_{k-1}
\end{aligned} \tag{1-12}$$

式中：$\boldsymbol{S}_k=(\boldsymbol{H}_k\boldsymbol{P}_{k-1}\boldsymbol{H}_k^{\mathrm{T}}+\boldsymbol{R}_k)$。

尽管式(1-12)与式(1-7)形式不同,但在数学上是统一的。

1.1.2 离散时间系统状态和协方差的传播规律

在外界荷载激励作用下,土木工程结构的振动响应(如位移、速度和加速度等)是一个随时间变化的量,影响结构振动响应的因素包括结构形式、连接方式、荷载大小、荷载作用位置、荷载类型、边界约束类型以及结构材料等。基于结构动力学及有限元理论,上述影响因素可以通过运动控制微分方程(简称运动方程)的形式简化表达,以方便工程应用与学术研究。一般结构的运动方程主要由五部分组成——振动响应(位移、速度和加速度)、质量、刚度、阻尼以及外荷载。以单自由度为例,如式(1-13)所示。其中,质量参数通常认为是恒定不变的,外荷载激励在某些情况下可以测量得到,如试验室试验工况、地震激励、支座反力、索力等,因此在物理结构参数识别方面研究较多的是结构的刚度和阻尼参数。

$$m\ddot{x} + c\dot{x} + kx = F \tag{1-13}$$

式中:m——单自由度系统的质量;

c——单自由度系统的阻尼;

k——单自由度系统的刚度;

x——单自由度系统的位移;

F——外荷载。

字符上面的黑点代表对时间求导数,两个黑点代表二阶导数。

为了更准确地识别结构刚度和阻尼参数,通常将结构的位移、速度、刚度和阻尼参数联合作为状态量[1][式(1-14)],并进一步写成微分方程的形式,称为状态方程[式(1-15)],通过联立状态方程和观测方程来优化估计状态量,达到识别结构参数的目的,其中待识别的刚度或阻尼参数的微分为零。因为这里的状态量并非常向量,且研究的是一个随时间变化的随机变量(随机过程),为使用递推最小二乘法的相关推导公式,需要先研究状态量(状态)和协方差随时间传播的规律,尤其针对离散时间系统,因为计算机擅长处理离散问题。

$$\boldsymbol{X} = \begin{bmatrix} x \\ \dot{x} \\ k \\ c \end{bmatrix} \tag{1-14}$$

$$\dot{\boldsymbol{X}} = \begin{bmatrix} \dot{x} \\ \ddot{x} \\ \dot{k} \\ \dot{c} \end{bmatrix} = \begin{bmatrix} \dot{x} \\ \dfrac{F}{m} - \dfrac{c\dot{x} + kx}{m} \\ 0 \\ 0 \end{bmatrix} \tag{1-15}$$

假设线性离散时间系统如下:

$$\boldsymbol{X}_k = \boldsymbol{F}_{k-1}\boldsymbol{X}_{k-1} + \boldsymbol{w}_{k-1} \tag{1-16}$$

式中:$\boldsymbol{X}$——随机变量矢量;

$\boldsymbol{F}$——系统矩阵;

$\boldsymbol{w}$——零均值过程噪声矢量；

k——离散时间步。

对式(1-16)两边取期望可得

$$\overline{\boldsymbol{X}}_k = \boldsymbol{F}_{k-1}\overline{\boldsymbol{X}}_{k-1} \tag{1-17}$$

基于式(1-16)和式(1-17)计算状态协方差可得

$$\begin{aligned}
\boldsymbol{P}_k &= E[(\boldsymbol{X}_k - \overline{\boldsymbol{X}}_k)(\boldsymbol{X}_k - \overline{\boldsymbol{X}}_k)^{\mathrm{T}}] \\
&= E[(\boldsymbol{F}_{k-1}\boldsymbol{X}_{k-1} - \boldsymbol{F}_{k-1}\overline{\boldsymbol{X}}_{k-1} + \boldsymbol{w}_{k-1})(\boldsymbol{F}_{k-1}\boldsymbol{X}_{k-1} - \boldsymbol{F}_{k-1}\overline{\boldsymbol{X}}_{k-1} + \boldsymbol{w}_{k-1})^{\mathrm{T}}] \\
&= E[(\boldsymbol{F}_{k-1}\overline{\boldsymbol{X}}_{k-1} + \boldsymbol{w}_{k-1})(\boldsymbol{F}_{k-1}\overline{\boldsymbol{X}}_{k-1} + \boldsymbol{w}_{k-1})^{\mathrm{T}}] \\
&= \boldsymbol{F}_{k-1}E(\widetilde{\boldsymbol{X}}_{k-1}\widetilde{\boldsymbol{X}}_{k-1}^{\mathrm{T}})\boldsymbol{F}_{k-1}^{\mathrm{T}} + E(\boldsymbol{w}_{k-1}\boldsymbol{w}_{k-1}^{\mathrm{T}}) \\
&= \boldsymbol{F}_{k-1}\boldsymbol{P}_{k-1}\boldsymbol{F}_{k-1}^{\mathrm{T}} + \boldsymbol{Q}_{k-1}
\end{aligned} \tag{1-18}$$

式中：$\boldsymbol{Q}$——过程噪声协方差矩阵；

$\widetilde{\boldsymbol{X}}_{k-1}$——$\widetilde{\boldsymbol{X}}_{k-1} = \boldsymbol{X}_{k-1} - \widetilde{\boldsymbol{X}}_{k-1}$，且过程噪声 $\boldsymbol{w}_{k-1}$ 与 $\widetilde{\boldsymbol{X}}_{k-1}$ 相互独立。

综上，式(1-17)和式(1-18)为线性离散时间系统状态(量)和协方差随时间的传播规律，其中，式(1-18)称作离散时间 Lyapunov 方程(李雅普诺夫方程)。

1.1.3 基于递推最小二乘法的 KF 算法流程

实际工程应用时，状态量并非常向量，不同时刻的状态量之间存在一定的函数关系[式(1-13)~式(1-15)]，更适合将其作为与时间相关的随机过程考虑，如土木工程结构的地震作用分析。因此，单纯基于递推最小二乘法可能难以达到预期的估计效果，甚至无法有效估计。而 KF 将估计过程分为两部分：时间更新步和量测更新步。其中，时间更新步基于状态方程完成，考虑的是状态量的先验估计；量测更新步基于观测方程完成，考虑的是状态量的后验估计。通过将时间更新步估计的先验估计值代入观测方程进一步更新后验估计的方式提高了估计结果的可靠度。同样，不确定性主要通过噪声项及其协方差项考虑。联立递推最小二乘法和离散时间系统状态与协方差的传播规律方程可以得出 KF 算法，具体算法内容见表 1-2。

KF 算法内容 表 1-2

序号	公式	备注
1	$\boldsymbol{X}_k = \boldsymbol{F}_{k-1}\boldsymbol{X}_{k-1} + \boldsymbol{w}_{k-1}$	状态方程
2	$\boldsymbol{Y}_k = \boldsymbol{H}_k\boldsymbol{X}_k + \boldsymbol{v}_k$	观测方程
3	$E(\boldsymbol{w}_k\boldsymbol{w}_j^{\mathrm{T}}) = \boldsymbol{Q}_k\delta_{k-j}$	过程噪声协方差
4	$E(\boldsymbol{v}_k\boldsymbol{v}_j^{\mathrm{T}}) = \boldsymbol{R}_k\delta_{k-j}$	观测噪声协方差
5	$\widehat{\boldsymbol{X}}_0^+ = E(\boldsymbol{X}_0)$	初始状态量
6	$\boldsymbol{P}_0^+ = E[(\boldsymbol{X}_0 - \widehat{\boldsymbol{X}}_0^+)(\boldsymbol{X}_0 - \widehat{\boldsymbol{X}}_0^+)^{\mathrm{T}}]$	初始状态协方差

续上表

序号	公式	备注
7	$\hat{X}_k^- = F_{k-1}\hat{X}_{k-1}^+$	时间更新步中的状态量
8	$P_k^- = F_{k-1}P_{k-1}^+F_{k-1}^T + Q_{k-1}$	时间更新步中的状态协方差
9	$K_k = P_{k-1}H_k^T(H_kP_{k-1}H_k^T + R_k)^{-1}$	卡尔曼增益矩阵
10	$\hat{X}_k^+ = \hat{X}_k^- + K_k(Y_k - H_k\hat{X}_k^-)$	量测更新步中的状态量
11	$P_k^+ = (I - K_kH_k)P_k^-(I - K_kH_k)^T + K_kR_kK_k^T = (I - K_kH_k)P_k^-$	量测更新步中的状态协方差

注:1. 上角标“+”代表后验估计,上角标“-”代表先验估计;

2. 上述公式假定过程噪声和观测噪声的均值为零,且与状态量相互独立;

3. δ_{k-j}是 Kronecker-δ 函数,即如果 $k=j$,那么 $\delta_{k-j}=1$,否则 $\delta_{k-j}=0$;

4. 量测更新步更新状态量时(序号 10 对应的公式)考虑了观测值为矢量的情况(Y_k),当然,当使用单个观测值时,也可以将 Y_k 换成 y_k。

一般文献都假定过程噪声和观测噪声服从高斯分布,而上述推导过程只是假定过程噪声和观测噪声为零均值且互不相关,并未指定需要服从何种分布,因此针对非高斯分布,上述 KF 算法也是适用的,且是最小化估计误差协方差的最优线性解[2]。若过程噪声和观测噪声服从高斯分布,且状态方程和观测方程是线性关系,可进一步基于贝叶斯滤波理论进行解析推导,这样更有助于对滤波原理的理解。这部分内容将在 1.3 具体展开分析。

基于递推最小二乘法的推导过程得知,通过估计误差的方差和最小准则获得代价函数,再通过线性代数的矩阵迹运算、矩阵微分关系即可求得递推最小二乘法的计算流程。结合线性系统状态和协方差随时间的传播规律,可进一步获得卡尔曼滤波器的完整算法流程。

1.2 基于统计学的 KF 算法推导

1.2.1 卡尔曼增益矩阵和后验状态协方差的统计学推导

为方便后续无迹卡尔曼滤波器(UKF)的推导和公式理解,同时考虑数学等价性和公式简化,这里介绍另外一种基于统计学推导卡尔曼增益矩阵及后验状态协方差的方法。同样,以表 1-2 中的状态方程和观测方程为研究对象。

首先,假设在 k 时刻,已知一个先验估计 $\hat{X}_k^-$,希望找到一个线性的更新方程(观测方程),使得能够依据 k 时刻的观测量 Y_k 来最优估计状态量。因此,假设在 k 时刻基于以下方程来更新后验状态估计 $\hat{X}_k^+$:

$$\hat{X}_k^+ = K_kY_k + b_k \tag{1-19}$$

式中：$\boldsymbol{K}_k$、$\boldsymbol{b}_k$——未知的增益矩阵和矢量。

基于状态随时间的传播规律，对式(1-19)取均值可得

$$\overline{\widehat{\boldsymbol{X}}_k^+} = \boldsymbol{K}_k \overline{\boldsymbol{Y}}_k + \boldsymbol{b}_k \tag{1-20}$$

式(1-20)给出如下约束条件：

$$\boldsymbol{b}_k = \overline{\widehat{\boldsymbol{X}}_k^+} - \boldsymbol{K}_k \overline{\boldsymbol{Y}}_k \tag{1-21}$$

满足上述约束条件时将确保无论增益矩阵如何改变，后验状态估计都是无偏的。

已知对于任意的一般随机向量 $\boldsymbol{z}$ 有

$$\boldsymbol{P}_z = E[(\boldsymbol{z}-\boldsymbol{z})(\boldsymbol{z}-\boldsymbol{z})^{\mathrm{T}}] = E[\boldsymbol{z}\boldsymbol{z}^{\mathrm{T}}] - \overline{\boldsymbol{z}\boldsymbol{z}}^{\mathrm{T}} \tag{1-22}$$

令 $\boldsymbol{z} = \boldsymbol{X}_k - \widehat{\boldsymbol{X}}_k^+$，则当 $\widehat{\boldsymbol{X}}_k^+$ 是无偏估计时可得 $\overline{\boldsymbol{z}} = 0$。同理，求解最小代价函数需要由以下矩阵的迹给出：

$$\begin{aligned}\boldsymbol{P}_k^+ &= E[(\boldsymbol{X}_k - \widehat{\boldsymbol{X}}_k^+)(\boldsymbol{X}_k - \widehat{\boldsymbol{X}}_k^+)^{\mathrm{T}}]\\ &= \boldsymbol{P}_z + \overline{\boldsymbol{z}\boldsymbol{z}}^{\mathrm{T}}\end{aligned} \tag{1-23}$$

$$\begin{aligned}\boldsymbol{P}_z &= E\{[\boldsymbol{X}_k - \widehat{\boldsymbol{X}}_k^+ - E(\boldsymbol{X}_k - \widehat{\boldsymbol{X}}_k^+)][\boldsymbol{X}_k - \widehat{\boldsymbol{X}}_k^+ - E(\boldsymbol{X}_k - \widehat{\boldsymbol{X}}_k^+)]^{\mathrm{T}}\}\\ &= E\{[\boldsymbol{X}_k - (\boldsymbol{K}_k\boldsymbol{Y}_k + \boldsymbol{b}_k) - \overline{\boldsymbol{X}}_k + (\boldsymbol{K}_k\overline{\boldsymbol{Y}}_k + \boldsymbol{b}_k)][\cdots]^{\mathrm{T}}\}\\ &= E\{[(\boldsymbol{X}_k - \overline{\boldsymbol{X}}_k) - \boldsymbol{K}_k(\boldsymbol{Y}_k - \overline{\boldsymbol{Y}}_k)][(\boldsymbol{X}_k - \overline{\boldsymbol{X}}_k) - \boldsymbol{K}_k(\boldsymbol{Y}_k - \overline{\boldsymbol{Y}}_k)]^{\mathrm{T}}\}\\ &= E[(\boldsymbol{X}_k - \overline{\boldsymbol{X}}_k)(\boldsymbol{X}_k - \overline{\boldsymbol{X}}_k)^{\mathrm{T}}] - E[(\boldsymbol{X}_k - \overline{\boldsymbol{X}}_k)(\boldsymbol{Y}_k - \overline{\boldsymbol{Y}}_k)^{\mathrm{T}}]\boldsymbol{K}_k^{\mathrm{T}} -\\ &\quad \boldsymbol{K}_k E[(\boldsymbol{X}_k - \overline{\boldsymbol{X}}_k)(\boldsymbol{Y}_k - \overline{\boldsymbol{Y}}_k)^{\mathrm{T}}] + \boldsymbol{K}_k \boldsymbol{E}[(\boldsymbol{Y}_k - \overline{\boldsymbol{Y}}_k)(\boldsymbol{Y}_k - \overline{\boldsymbol{Y}}_k)^{\mathrm{T}}]\boldsymbol{K}_k^{\mathrm{T}}\\ &= \boldsymbol{P}_k^- - \boldsymbol{K}_k\boldsymbol{P}_{yx} - \boldsymbol{P}_{xy}\boldsymbol{K}_k^{\mathrm{T}} + \boldsymbol{K}_k\boldsymbol{P}_{yy}\boldsymbol{K}_k^{\mathrm{T}}\end{aligned} \tag{1-24}$$

式中：$\boldsymbol{P}_{yx}$——$\boldsymbol{Y}_k$和 $\boldsymbol{X}_k$ 的交叉协方差；

$\boldsymbol{P}_{xy}$——$\boldsymbol{X}_k$ 和 $\boldsymbol{Y}_k$ 的交叉协方差；

$\boldsymbol{P}_{yy}$——$\boldsymbol{Y}_k$ 的自协方差，也将 $\boldsymbol{P}_{yy}$称作新息协方差。

根据交叉协方差的定义可得，$\boldsymbol{P}_{xy} = \boldsymbol{P}_{yx}^{\mathrm{T}}$。注意：$k$ 时刻已知的是先验估计，因此，式(1-24)中$E[(\boldsymbol{X}_k - \overline{\boldsymbol{X}}_k)(\boldsymbol{X}_k - \overline{\boldsymbol{X}}_k)^{\mathrm{T}}] = \boldsymbol{P}_k^-$。

根据表1-2中的状态方程和观测方程可得

$$\begin{aligned}\boldsymbol{P}_{xy} &= E[(\boldsymbol{X}_k - \overline{\boldsymbol{X}}_k)(\boldsymbol{Y}_k - \overline{\boldsymbol{Y}}_k)]^{\mathrm{T}}\\ &= E[(\boldsymbol{X}_k - \overline{\boldsymbol{X}}_k)(\boldsymbol{H}_k\boldsymbol{X}_k + \boldsymbol{v}_k - \boldsymbol{H}_k\overline{\boldsymbol{X}}_k)]^{\mathrm{T}}\\ &= E\{[\boldsymbol{X}_k - \overline{\boldsymbol{X}}_k][\boldsymbol{H}_k(\boldsymbol{X}_k - \overline{\boldsymbol{X}}_k) + \boldsymbol{v}_k]^{\mathrm{T}}\}\\ &= E\{[\boldsymbol{X}_k - \overline{\boldsymbol{X}}_k][(\boldsymbol{X}_k - \overline{\boldsymbol{X}}_k)^{\mathrm{T}}\boldsymbol{H}_k^{\mathrm{T}} + \boldsymbol{v}_k^{\mathrm{T}}]\}\\ &= E[(\boldsymbol{X}_k - \overline{\boldsymbol{X}}_k)(\boldsymbol{X}_k - \overline{\boldsymbol{X}}_k)^{\mathrm{T}}]\boldsymbol{H}_k^{\mathrm{T}} + E[(\boldsymbol{X}_k - \overline{\boldsymbol{X}}_k)\boldsymbol{v}_k^{\mathrm{T}}]\\ &= \boldsymbol{P}_k^-\boldsymbol{H}_k^{\mathrm{T}}\end{aligned} \tag{1-25}$$

$$
\begin{aligned}
\boldsymbol{P}_{yy} &= E[(\boldsymbol{Y}_k-\overline{\boldsymbol{Y}}_k)(\boldsymbol{Y}_k-\overline{\boldsymbol{Y}}_k)]^{\mathrm{T}} \\
&= E[(\boldsymbol{H}_k\boldsymbol{X}_k+\boldsymbol{v}_k-\boldsymbol{H}_k\overline{\boldsymbol{X}}_k)(\boldsymbol{H}_k\boldsymbol{X}_k+\boldsymbol{v}_k-\boldsymbol{H}_k\overline{\boldsymbol{X}}_k)^{\mathrm{T}}] \\
&= E\{[\boldsymbol{H}_k(\boldsymbol{X}_k-\overline{\boldsymbol{X}}_k)+\boldsymbol{v}_k][\boldsymbol{H}_k(\boldsymbol{X}_k-\overline{\boldsymbol{X}}_k)+\boldsymbol{v}_k]^{\mathrm{T}}\} \\
&= E\{[\boldsymbol{H}_k(\boldsymbol{X}_k-\overline{\boldsymbol{X}}_k)+\boldsymbol{v}_k][(\boldsymbol{X}_k-\overline{\boldsymbol{X}}_k)^{\mathrm{T}}\boldsymbol{H}_k^{\mathrm{T}}+\boldsymbol{v}_k^{\mathrm{T}}]\} \\
&= \boldsymbol{H}_kE[(\boldsymbol{X}_k-\overline{\boldsymbol{X}}_k)(\boldsymbol{X}_k-\overline{\boldsymbol{X}}_k)^{\mathrm{T}}]\boldsymbol{H}_k^{\mathrm{T}}+\boldsymbol{H}_kE[(\boldsymbol{X}_k-\overline{\boldsymbol{X}}_k)\boldsymbol{v}_k^{\mathrm{T}}]+ \\
&\quad E[\boldsymbol{v}_k(\boldsymbol{X}_k-\overline{\boldsymbol{X}}_k)^{\mathrm{T}}]\boldsymbol{H}_k^{\mathrm{T}}+E[\boldsymbol{v}_k\boldsymbol{v}_k^{\mathrm{T}}] \\
&= \boldsymbol{H}_k\boldsymbol{P}_k^{-}\boldsymbol{H}_k^{\mathrm{T}}+\boldsymbol{R}
\end{aligned}
\tag{1-26}
$$

式中,过程噪声和观测噪声的均值为零,且与状态量互不相关。

基于式(1-23)和式(1-24)对后验状态协方差矩阵求迹可得

$$
\begin{aligned}
\mathrm{tr}\boldsymbol{P}_k^{+} &= \mathrm{tr}(\boldsymbol{P}_k^{-}-\boldsymbol{K}_k\boldsymbol{P}_{yx}-\boldsymbol{P}_{xy}\boldsymbol{K}_k^{\mathrm{T}}+\boldsymbol{K}_k\boldsymbol{P}_{yy}\boldsymbol{K}_k^{\mathrm{T}})+\mathrm{tr}(\boldsymbol{z}\boldsymbol{z}^{\mathrm{T}}) \\
&= \mathrm{tr}(\boldsymbol{P}_k^{-}-\boldsymbol{K}_k\boldsymbol{P}_{yx}-\boldsymbol{P}_{xy}\boldsymbol{K}_k^{\mathrm{T}}+K_k\boldsymbol{P}_{yy}\boldsymbol{K}_k^{\mathrm{T}})+\|\overline{\boldsymbol{X}}_k-\boldsymbol{K}_k\overline{\boldsymbol{Y}}_k-\boldsymbol{b}_k\|^2 \\
&= \mathrm{tr}[(\boldsymbol{K}_k-\boldsymbol{P}_{xy}\boldsymbol{P}_{yy}^{-1})\boldsymbol{P}_y(\boldsymbol{K}_k-\boldsymbol{P}_{xy}\boldsymbol{P}_{yy}^{-1})^{\mathrm{T}}]+\mathrm{tr}[\boldsymbol{P}_k^{-}-\boldsymbol{P}_{xy}\boldsymbol{P}_{yy}^{-1}\boldsymbol{P}_{xy}^{\mathrm{T}}]+ \\
&\quad \|\overline{\boldsymbol{X}}_k-\boldsymbol{K}_k\overline{\boldsymbol{Y}}_k-\boldsymbol{b}_k\|^2
\end{aligned}
\tag{1-27}
$$

注意,推导式(1-27)运用了以下3个矩阵运算关系:

①交叉协方差矩阵关系:

$$\boldsymbol{P}_{xy}=\boldsymbol{P}_{yx}^{\mathrm{T}} \tag{1-28}$$

②自相关矩阵为对称矩阵,对称矩阵转置关系:

$$\boldsymbol{P}_{yy}^{-}=(\boldsymbol{P}_{yy}^{-1})^{\mathrm{T}} \tag{1-29}$$

③方阵的矩阵求迹关系(下式中 $\boldsymbol{A}$ 和 $\boldsymbol{B}$ 均为方阵):

$$\mathrm{tr}(\boldsymbol{A}+\boldsymbol{B})=\mathrm{tr}(\boldsymbol{A})+\mathrm{tr}(\boldsymbol{B}) \tag{1-30}$$

此外,式(1-27)的推导还用了凑项法,即加减同一项,原等式成立。

求迹的目的是选取合适的增益矩阵 $\boldsymbol{K}_k$ 和矢量 $\boldsymbol{b}_k$ 使得代价函数式(1-27)的值最小。由式(1-27)得出,最终推导结果的第二项与 $\boldsymbol{K}_k$、$\boldsymbol{b}_k$ 相互独立,而第一项和第三项总是非负的。因此,以下等式成立时,第一项和第三项均为零:

$$\boldsymbol{K}_k=\boldsymbol{P}_{xy}\boldsymbol{P}_{yy}^{-1} \tag{1-31}$$

$$\boldsymbol{b}_k=\overline{\boldsymbol{X}}_k-\boldsymbol{K}_k\overline{\boldsymbol{Y}}_k \tag{1-32}$$

值得注意的是,根据上文无偏估计准则,式(1-32)与式(1-21)是等价的。因此当 $\boldsymbol{K}_k$ 和 $\boldsymbol{b}_k$ 分别满足式(1-31)和式(1-32)时,式(1-27)的第一项和第三项均为零,而误差协方差 $\boldsymbol{P}_k^{+}$ 与第二项相等。此时,将式(1-31)、式(1-32)分别代入式(1-19)和式(1-23)可得

$$\hat{\boldsymbol{X}}_k^{+}=\boldsymbol{K}_k\boldsymbol{Y}_k+\overline{\boldsymbol{X}}_k-\boldsymbol{K}_k\overline{\boldsymbol{Y}}_k=\boldsymbol{K}_k\boldsymbol{Y}_k+\hat{\boldsymbol{X}}_k^{-}-\boldsymbol{K}_k\boldsymbol{H}_k\hat{\boldsymbol{X}}_k^{-}=\hat{\boldsymbol{X}}_k^{-}+\boldsymbol{K}_k(\boldsymbol{Y}_k-\boldsymbol{H}_k\hat{\boldsymbol{X}}_k^{-}) \tag{1-33}$$

$$\boldsymbol{P}_k^{+}=\boldsymbol{P}_k^{-}-\boldsymbol{P}_{xy}\boldsymbol{P}_{yy}^{-1}\boldsymbol{P}_{xy}^{\mathrm{T}}=\boldsymbol{P}_k^{-}-\boldsymbol{K}_k\boldsymbol{P}_{yy}\boldsymbol{K}_k^{\mathrm{T}} \tag{1-34}$$

其中,式(1-33)运用了式(1-2)的函数关系。注意,这里 $\overline{\boldsymbol{X}}_k$ 代表的是先验估计值。

1.2.2 基于统计学的 KF 算法流程

基于统计学公式推导以及离散时间系统的状态和协方差的传播规律得到的 KF 算法流程见表 1-3。

基于统计学推导的 KF 算法内容　　表 1-3

序号	公式	备注
1	$\boldsymbol{X}_k = \boldsymbol{F}_{k-1}\boldsymbol{X}_{k-1} + \boldsymbol{w}_{k-1}$	状态方程
2	$\boldsymbol{Y}_k = \boldsymbol{H}_k\boldsymbol{X}_k + \boldsymbol{v}_k$	观测方程
3	$E(\boldsymbol{w}_k\boldsymbol{w}_j^{\mathrm{T}}) = \boldsymbol{Q}_k\delta_{k-j}$	过程噪声协方差
4	$E(\boldsymbol{v}_k\boldsymbol{v}_j^{\mathrm{T}}) = \boldsymbol{R}_k\delta_{k-j}$	观测噪声协方差
5	$\hat{\boldsymbol{X}}_0^+ = E(\boldsymbol{X}_0)$	初始状态量
6	$\boldsymbol{P}_0^+ = E[(\boldsymbol{X}_0 - \hat{\boldsymbol{X}}_0^+)(\boldsymbol{X}_0 - \hat{\boldsymbol{X}}_0^+)^{\mathrm{T}}]$	初始状态协方差
7	$\hat{\boldsymbol{X}}_k^- = \boldsymbol{F}_{k-1}\hat{\boldsymbol{X}}_{k-1}^+$	时间更新步中的状态量
8	$\boldsymbol{P}_k^- = \boldsymbol{F}_{k-1}\boldsymbol{P}_{k-1}^+\boldsymbol{F}_{k-1}^{\mathrm{T}} + \boldsymbol{Q}_{k-1}$	时间更新步中的状态协方差
9	$\boldsymbol{K}_k = \boldsymbol{P}_{xy}\boldsymbol{P}_{yy}^{-1}$	卡尔曼增益矩阵
10	$\boldsymbol{P}_{xy} = \boldsymbol{P}_k^-\boldsymbol{H}_k^{\mathrm{T}}$	$\boldsymbol{X}_k$ 和 $\boldsymbol{Y}_k$ 的交叉协方差
11	$\boldsymbol{P}_{yy} = \boldsymbol{H}_k\boldsymbol{P}_k^-\boldsymbol{H}_k^{\mathrm{T}} + \boldsymbol{R}$	$\boldsymbol{Y}_k$ 的新息协方差
12	$\hat{\boldsymbol{X}}_k^+ = \hat{\boldsymbol{X}}_k^- + \boldsymbol{K}_k(\boldsymbol{Y}_k - \boldsymbol{H}_k\hat{\boldsymbol{X}}_k^-)$	量测更新步中的状态量
13	$\boldsymbol{P}_k^+ = \boldsymbol{P}_k^- - \boldsymbol{P}_{xy}\boldsymbol{P}_{yy}^{-1}\boldsymbol{P}_{xy}^{\mathrm{T}} = \boldsymbol{P}_k^- - \boldsymbol{K}_k\boldsymbol{P}_{yy}\boldsymbol{K}_k^{\mathrm{T}}$	量测更新步中的状态协方差

注:表中部分符号解释请参考表 1-2。

1.3 基于贝叶斯滤波的 KF 算法推导

当过程噪声和观测噪声均满足高斯分布,且状态方程和观测方程为线性关系时,KF 可以基于贝叶斯滤波进行推导。根据中心极限定理,不管独立随机变量的概率密度函数是什么,多个独立随机变量的和趋近于一个高斯分布,因此,高斯分布是一个在数学、物理和工程领域都极为重要的概率分布,而且已有研究证明[2],当过程噪声和观测噪声满足高斯分布且互不相关时,KF 是状态估计的最优解。因此,基于贝叶斯滤波推导 KF 有助于深入理解算法原理,具有一定的实际意义。

1.3.1 相对频率概率与贝叶斯概率

概率定义领域主要存在两个学派:频率学派和贝叶斯学派。频率学派主要基于事件发生的相对频率来定义概率,如大数定律,设 μ 是 n 次独立重复试验中事件 A 发生的次数,对

于任意正数 ε,若式(1-35)成立,则事件 A 的概率为 p。简言之,事件 A 发生的概率等于事件 A 发生的次数除以试验总次数。需要注意的是,运用大数定律需要满足三个条件:可重复性(相互独立)、试验前所有结果已知以及某次试验结果在试验前未知。

$$\lim_{n\to\infty}P\left(\left|\frac{\mu}{n}-p\right|<\varepsilon\right)=1 \tag{1-35}$$

频率学派以客观规律为主,直接基于事件本身建模,认为事件本身是随机的。事实上,由于观察者的知识储备不完备,无法事先知道某试验的所有结果,或者试验为不具备可重复性的随机过程(如土木工程领域的地震、海啸、飓风等激励对结构的作用),只能通过已观察到的证据(数据),并结合既有的经验进行推断,由此便产生了另一种概率定义方式——贝叶斯概率,也叫作主观概率,是贝叶斯学派的概率计算方式。其思想为基于先验概率(土木工程领域可通过工程经验、有限元计算或设计图纸计算等进行估计),融合观测数据,对后验概率进行推测,引入实际观测数据,提高了后验概率的计算可信度。

1.3.2 贝叶斯公式及其解释

土木工程结构参数识别问题中的状态量变量不是相互独立的[式(1-14)和式(1-15)],而是与时间相关的随机变量,属于随机过程研究,因此,不适合选用频率学派的大数定律进行相关概率估计,而贝叶斯学派的贝叶斯概率则不受此限制,且能够融合外部观测数据对后验概率进行可靠估计。此外,由递推最小二乘法得知,其核心思想是基于上一步的状态量估计值及本时刻的观测值对本时刻的状态量进行最优估计,与贝叶斯概率有异曲同工之妙,并且递推最小二乘法属于 KF 量测更新的关键步骤,因此,基于贝叶斯理论思想研究 KF 算法的推导过程成为可能。

为推导贝叶斯公式,首先介绍条件概率,其具体定义如下。

如果事件 B 的概率不为零,则可以定义在事件 B 发生的条件下事件 A 发生的条件概率为

$$P(A\mid B)=\frac{P(AB)}{P(B)} \tag{1-36}$$

同理,在事件 A 发生的条件下,事件 B 发生的条件概率为

$$P(B\mid A)=\frac{P(AB)}{P(A)} \tag{1-37}$$

整理式(1-36)和式(1-37)可得

$$P(AB)=P(A\mid B)P(B)=P(B\mid A)P(A) \tag{1-38}$$

根据式(1-38)可得贝叶斯公式

$$P(A\mid B)=\frac{P(B\mid A)P(A)}{P(B)} \tag{1-39}$$

式中:$P(A\mid B)$——后验概率;

$P(B\mid A)$——似然概率;

$P(A)$——先验概率;

$P(B)$——根据全概率公式计算的常数项。

下面以水温预测为例，解释式(1-39)中分母为常数的原因。

假设有一杯水，猜测可能的水温概率分布，见表1-4。

水温概率分布　　表1-4

温度 T(℃)	20	25	30	35
概率	0.15	0.40	0.35	0.1

为方便讨论，假设所有概率之和等于1。用温度计测量水温后发现，水的温度 $T_m=25.1$℃（这里下角标 m 代表单词 measure 的首字母），那么，在已知测量温度为25.1℃的条件下，水温 $T=20$℃的概率有多大？注意，温度计不是绝对准确的，有一定精度范围，即测量是有误差的。根据贝叶斯公式可得该问题的具体计算方法见式(1-40)。为方便分析，下面公式省略了温度单位。

$$P(T=20 \mid T_m=25.1)=\frac{P(T_m=25.1 \mid T=20)P(T=20)}{P(T_m=25.1)} \tag{1-40}$$

式中：$P(T=20)$——先验概率，为已知项；

$P(T=20 \mid T_m=25.1)$——后验概率，代表测量水温为25.1℃时水温状态等于20℃的条件概率，即导致测量水温为25.1℃的最可能的状态；

$P(T_m=25.1 \mid T=20)$——似然概率，代表水温为20℃状态下测量温度为25.1℃的条件概率，即某种状态下最可能的测量温度，此项受传感器的精度控制，为已知项；

$P(T_m=25.1)$——测量水温等于25.1℃的概率。

为求解式(1-40)的分母，基于全概率公式计算如下：

$$\begin{aligned}&P(T_m=25.1)\\&=P(T_m=25.1 \mid T=20)P(T=20)+P(T_m=25.1 \mid T=25)P(T=25)+\\&\quad P(T_m=25.1 \mid T=30)P(T=30)+P(T_m=25.1 \mid T=35)P(T=35)\end{aligned} \tag{1-41}$$

由式(1-41)可得，测量水温等于25.1℃的概率等于所有水温先验概率与其似然概率乘积的和，其中，似然概率与传感器精度有关，先验概率为事先猜测值，均为已知项，因此，式(1-40)的分母为常数项。同理，式(1-39)的分母也为常数项。

1.3.3　连续随机变量的贝叶斯公式

上面简单介绍了贝叶斯公式的组成及其字符含义，这里重点推导连续随机变量下的贝叶斯公式，为后续KF的推导奠基。连续随机变量的概率分布函数如式(1-42)所示。为方便理解和推导，各随机变量考虑单值情况。

$$F_X(x_1)=P(X \leqslant x_1) \tag{1-42}$$

式中：X——状态随机变量；

x_1——某个具体的状态随机变量值。

先基于贝叶斯公式展开可得

$$P(X \leqslant x_1 \mid Y=y_1)=\frac{P(Y=y_1 \mid X \leqslant x_1)P(X \leqslant x_1)}{P(Y=y_1)} \tag{1-43}$$

式中：Y——测量的随机变量；

y_1——某次具体的测量随机变量值。

由式(1-43)，强行基于贝叶斯公式对连续随机变量展开后发现，分母为零，而分子中的似然概率没有实际意义。为了应用贝叶斯公式，进行如下推导：

$$
\begin{aligned}
P(X\leqslant x_1 \mid Y=y_1) &= \sum_{u=-\infty}^{x_1} P(X=u \mid Y=y_1) = \sum_{u=-\infty}^{x_1} \frac{P(Y=y_1 \mid X=u)P(X=u)}{P(Y=y_1)} \\
&= \sum_{u=-\infty}^{x_1} \lim_{\varepsilon\to 0} \frac{P(y_1<Y<y_1+\varepsilon \mid X=u)P(u<X<u+\varepsilon)}{P(y_1<Y<y_1+\varepsilon)} \\
&= \sum_{u=-\infty}^{x_1} \lim_{\varepsilon\to 0} \frac{\int_{y_1}^{y_1+\varepsilon} f(Y \mid u)\mathrm{d}y \int_{u}^{u+\varepsilon} f(x)\mathrm{d}x}{\int_{y_1}^{y_1+\varepsilon} f(Y)\mathrm{d}y} = \sum_{u=-\infty}^{x_1} \lim_{\varepsilon\to 0} \frac{f(\xi_1 \mid u)\cdot\varepsilon\cdot f(\xi_2)\cdot\varepsilon}{f(\xi_1)\cdot\varepsilon} \\
&= \lim_{\varepsilon\to 0} \sum_{u=-\infty}^{x_1} \frac{f(\xi_1 \mid u)\cdot f(\xi_2)}{f(\xi_1)}\cdot\varepsilon = \int_{-\infty}^{x_1} \frac{f(y_1 \mid u)\cdot f(u)}{f(y_1)}\mathrm{d}u = \int_{-\infty}^{x_1} \frac{f(y_1 \mid x)\cdot f(x)}{f(y_1)}\mathrm{d}x
\end{aligned}
\tag{1-44}
$$

式中：$f(\cdot)$——概率密度函数，$y_1\leqslant\xi_1\leqslant y_1+\varepsilon$，$u\leqslant\xi_2\leqslant u+\varepsilon$，且推导过程应用了中值定理。

同理，式(1-44)左边也可以写成概率密度函数的形式，即

$$P(X\leqslant x_1 \mid Y=y_1) = \int_{-\infty}^{x_1} f(x \mid y_1)\mathrm{d}x \tag{1-45}$$

因此，根据式(1-44)和式(1-45)可得连续随机变量的贝叶斯公式：

$$
\begin{gathered}
\int_{-\infty}^{x_1} f(x \mid y_1)\mathrm{d}x = \int_{-\infty}^{x_1} \frac{f(y_1 \mid x)\cdot f(x)}{f(y_1)}\mathrm{d}x \\
\Downarrow \\
f(x \mid y) = \frac{f(y \mid x)\cdot f(x)}{f(y)}
\end{gathered}
\tag{1-46}
$$

根据边缘密度函数及全概率公式可得

$$
\begin{aligned}
f(y) &= \int_{-\infty}^{+\infty} f(x,y)\mathrm{d}x \\
&= \int_{-\infty}^{+\infty} f(y \mid x)f(x)\mathrm{d}x
\end{aligned}
\tag{1-47}
$$

根据上文分析可得，式(1-47)为常数项，因此，式(1-46)可简化为

$$f(x \mid y) = \eta\cdot f(y \mid x)\cdot f(x) \tag{1-48}$$

式中：$\eta=1/f(y)$。

通过式(1-47)和式(1-48)可以计算连续随机变量的后验概率密度，再通过积分即可获得其后验概率。因此，应用连续随机变量的贝叶斯公式有两个难点：一是获取似然概率密度及先验概率密度的函数形式，二是执行积分运算。因为上述积分上下限涉及±∞，即无穷积分，所以，为了计算方便，还需要进一步假设具体的概率密度函数分布形式，其中高斯分布假设应用最为广泛。

为了更好地理解计算原理，假定上述似然概率密度函数和先验概率密度函数均服从高

斯分布，即$f(y|x) \sim N(\mu_1,\sigma_1^2)$，$f(x) \sim N(\mu_2,\sigma_2^2)$，则

$$f(y \mid x) \cdot f(x) = \frac{1}{2\pi\sigma_1\sigma_2}e^{-\frac{(x-\mu_1)^2}{2\sigma_1^2}-\frac{(x-\mu_2)^2}{2\sigma_2^2}} = \frac{1}{2\pi\sigma_1\sigma_2}e^{-\frac{1}{2}\left[\frac{(x-\mu_1)^2}{\sigma_1^2}+\frac{(x-\mu_2)^2}{\sigma_2^2}\right]} \tag{1-49}$$

令h等于式(1-49)中指数项的中括号部分，则

$$\begin{aligned} h &= \frac{(x-\mu_1)^2}{\sigma_1^2}+\frac{(x-\mu_2)^2}{\sigma_2^2} \\ &= \frac{x^2-2x\mu_1+\mu_1^2}{\sigma_1^2}+\frac{x^2-2x\mu_2+\mu_2^2}{\sigma_2^2} \\ &= \frac{1}{\sigma_1^2\sigma_2^2}\left[(\sigma_1^2+\sigma_2^2)x^2-2(\mu_1\sigma_2^2+\mu_2\sigma_1^2)x+\sigma_2^2\mu_1^2+\sigma_1^2\mu_2^2\right] \\ &= \frac{\sigma_1^2+\sigma_2^2}{\sigma_1^2\sigma_2^2}\left(x^2-2\frac{\mu_1\sigma_2^2+\mu_2\sigma_1^2}{\sigma_1^2+\sigma_2^2}x+\frac{\sigma_2^2\mu_1^2+\sigma_1^2\mu_2^2}{\sigma_1^2+\sigma_2^2}\right) \\ &= \frac{\sigma_1^2+\sigma_2^2}{\sigma_1^2\sigma_2^2}\left(x-\frac{\mu_1\sigma_2^2+\mu_2\sigma_1^2}{\sigma_1^2+\sigma_2^2}\right)^2+\frac{\sigma_1^2+\sigma_2^2}{\sigma_1^2\sigma_2^2}\left[\frac{\sigma_2^2\mu_1^2+\sigma_1^2\mu_2^2}{\sigma_1^2+\sigma_2^2}-\left(\frac{\mu_1\sigma_2^2+\mu_2\sigma_1^2}{\sigma_1^2+\sigma_2^2}\right)^2\right] \\ &= \frac{\sigma_1^2+\sigma_2^2}{\sigma_1^2\sigma_2^2}\alpha+\frac{\sigma_1^2+\sigma_2^2}{\sigma_1^2\sigma_2^2}\beta \end{aligned} \tag{1-50}$$

式中：α、β——分别表达$\left(x-\frac{\mu_1\sigma_2^2+\mu_2\sigma_1^2}{\sigma_1^2+\sigma_2^2}\right)$和$\left[\frac{\sigma_2^2\mu_1^2+\sigma_1^2\mu_2^2}{\sigma_1^2+\sigma_2^2}-\left(\frac{\mu_1\sigma_2^2+\mu_2\sigma_1^2}{\sigma_1^2+\sigma_2^2}\right)^2\right]$。

通过式(1-50)可得，β为与随机变量无关的常数。为简化等式，继续对β化简：

$$\begin{aligned} \beta &= \frac{\sigma_2^2\mu_1^2+\sigma_1^2\mu_2^2}{\sigma_1^2+\sigma_2^2}-\left(\frac{\mu_1\sigma_2^2+\mu_2\sigma_1^2}{\sigma_1^2+\sigma_2^2}\right)^2 \\ &= \frac{(\sigma_2^2\mu_1^2+\sigma_1^2\mu_2^2)(\sigma_1^2+\sigma_2^2)-(\mu_1\sigma_2^2+\mu_2\sigma_1^2)^2}{(\sigma_1^2+\sigma_2^2)^2} = \frac{(\mu_1-\mu_2)^2\sigma_1^2\sigma_2^2}{(\sigma_1^2+\sigma_2^2)^2} \end{aligned} \tag{1-51}$$

将式(1-50)和式(1-51)代入式(1-49)可得

$$\begin{aligned} f(y \mid x) \cdot f(x) &= \frac{1}{2\pi\sigma_1\sigma_2} \cdot e^{-\frac{\alpha}{2\cdot\frac{\sigma_1^2\sigma_2^2}{\sigma_1^2+\sigma_2^2}}} \cdot e^{-\frac{1}{2}\cdot\frac{\sigma_1^2+\sigma_2^2}{\sigma_1^2\sigma_2^2}\cdot\frac{(\mu_1-\mu_2)^2\sigma_1^2\sigma_2^2}{(\sigma_1^2+\sigma_2^2)^2}} \\ &= \frac{1}{2\pi\sigma_1\sigma_2} \cdot e^{-\frac{\left(x-\frac{\mu_1\sigma_2^2+\mu_2\sigma_1^2}{\sigma_1^2+\sigma_2^2}\right)^2}{2\cdot\frac{\sigma_1^2\sigma_2^2}{\sigma_1^2+\sigma_2^2}}} \cdot e^{-\frac{1}{2}\cdot\frac{(\mu_1-\mu_2)^2}{(\sigma_1^2+\sigma_2^2)}} \\ &= \frac{1}{\sqrt{2\pi}\Omega} \cdot e^{-\frac{(x-\Lambda)^2}{2\cdot\Omega^2}} \cdot \frac{\Omega}{\sqrt{2\pi}\sigma_1\sigma_2}e^{-\frac{1}{2}\cdot\frac{(\mu_1-\mu_2)^2}{(\sigma_1^2+\sigma_2^2)}} \\ &= \Theta \cdot \frac{1}{\sqrt{2\pi}\Omega} \cdot e^{-\frac{(x-\Lambda)^2}{2\cdot\Omega^2}} \end{aligned} \tag{1-52}$$

式中：$\Lambda=\dfrac{\mu_1\sigma_2^2+\mu_2\sigma_1^2}{\sigma_1^2+\sigma_2^2}$；$\Omega=\dfrac{\sigma_1^2\sigma_2^2}{\sigma_1^2+\sigma_2^2}$；$\Theta=\dfrac{\Omega}{\sqrt{2\pi}\sigma_1\sigma_2}\mathrm{e}^{-\frac{1}{2}\cdot\frac{(\mu_1-\mu_2)^2}{(\sigma_1^2+\sigma_2^2)}}$。

综上，两个高斯分布的乘积依旧服从高斯分布，只是多了一个缩放系数 Θ。此外，由于式(1-48)为常系数、似然概率密度函数与先验概率密度函数三者的乘积，基于高斯分布的假设条件可得，后验概率密度函数也服从高斯分布，其中，无穷积分可通过 Mathematica 数学软件直接计算得到。

为了进一步了解贝叶斯公式的概率估计原理，接下来单独讨论式(1-52)中的方差。根据式(1-52)可得

$$\Omega^2=\frac{\sigma_1^2\sigma_2^2}{\sigma_1^2+\sigma_2^2}=\frac{\sigma_1^2}{\dfrac{\sigma_1^2}{\sigma_2^2}+1}=\frac{\sigma_2^2}{1+\dfrac{\sigma_2^2}{\sigma_1^2}} \tag{1-53}$$

由式(1-53)的简单变换可知，当似然概率密度和先验概率密度均服从高斯分布时，同样满足高斯分布的后验概率密度的方差将变小，而方差小代表不确定性低，即估计的准确性高，这便是贝叶斯公式概率估计的核心原理。实际应用时，先验概率将被先验估计代替，而似然概率将被实际观测值代替，此内容将在下文具体展开分析。

1.3.4　贝叶斯滤波

设状态方程和观测方程如下：

$$X_k=h(X_{k-1})+q_{k-1} \tag{1-54}$$

$$Y_k=g(X_k)+r_k \tag{1-55}$$

式中：　q_{k-1}——过程噪声；

r_k——观测噪声；

X——状态量；

Y——观测量；

$h(\cdot)$、$g(\cdot)$——分别代表相应的函数关系；

k——时间步，且 $k\in[1,\ n]$。

需要注意的是，下文推导过程中 X 和 Y 代表随机变量，而 x 和 y 代表一次具体的随机变量取值。

为方便推导做出以下假设：①X_k、X_{k-1}、Y_k、q_{k-1} 和 r_k 都是随机变量；②随机变量 X_0、$q_0\sim q_{k-1}$、$r_0\sim r_k$ 之间都是相互独立的；③观测值为 Y_1、Y_2、$Y_3\cdots Y_k$；④设 X_{k-1} 的概率密度函数为 $f_{X_{k-1}}(x)$，q_{k-1} 的概率密度函数为 $f_{q_{k-1}}(x)$，r_{k-1} 的概率密度函数为 $f_{r_{k-1}}(x)$。此外，根据概率统计相关知识，条件概率密度的条件可以作为已知量参与计算，即

$$\begin{aligned}&P(X=1\mid Y=2,Z=3)\\=&P(X+Y=3\mid Y=2,Z=3)\\=&P(X=1\mid Y=2,Z-Y=1)\end{aligned} \tag{1-56}$$

根据上述条件假设及贝叶斯公式的组成[式(1-48)]，先基于状态方程推导先验概率分布函数：

$$
\begin{aligned}
P(X_k<x) &= \sum_{u=-\infty}^{x} P(X_k=u) \\
&= \sum_{u=-\infty}^{x}\sum_{v=-\infty}^{+\infty} P(X_k=u \mid X_{k-1}=v)P(X_{k-1}=v) \\
&= \sum_{u=-\infty}^{x}\sum_{v=-\infty}^{+\infty} P(X_k-h(X_{k-1})=u-h(v) \mid X_{k-1}=v)P(X_{k-1}=v) \\
&= \sum_{u=-\infty}^{x}\sum_{v=-\infty}^{+\infty} P(q_{k-1}=u-h(v) \mid X_{k-1}=v)P(X_{k-1}=v) \\
&= \sum_{u=-\infty}^{x}\sum_{v=-\infty}^{+\infty} P(q_{k-1}=u-h(v))P(X_{k-1}=v) \\
&= \sum_{u=-\infty}^{x}\sum_{v=-\infty}^{+\infty} \lim_{\varepsilon\to 0}P(u-h(v)<q_{k-1}<u-h(v)+\varepsilon)P(v<X_{k-1}<v+\varepsilon) \\
&= \sum_{u=-\infty}^{x} \lim_{\varepsilon\to 0}\sum_{v=-\infty}^{+\infty} f_{q_{k-1}}[u-h(v)]\cdot\varepsilon\cdot f_{X_{k-1}}(v)\cdot\varepsilon \\
&= \sum_{u=-\infty}^{x} \lim_{\varepsilon\to 0}\int_{-\infty}^{+\infty} f_{q_{k-1}}[u-h(v)]f_{X_{k-1}}(v)\,\mathrm{d}v\cdot\varepsilon \\
&= \int_{-\infty}^{x}\int_{-\infty}^{+\infty} f_{q_{k-1}}[u-h(v)]f_{X_{k-1}}(v)\,\mathrm{d}v\mathrm{d}u
\end{aligned}
\tag{1-57}
$$

式(1-57)第四行到第五行的推导应用了统计独立性的条件,具体证明如下:

$$
\begin{aligned}
X_1 &= h(X_0,q_0) \\
X_2 &= h(X_1,q_1)=h(X_0,q_0,q_1) \\
X_3 &= h(X_2,q_2)=h(X_0,q_0,q_1,q_2) \\
&\vdots \\
X_k &= h(X_{k-1},q_{k-1})=h(X_0,q_0,q_1,q_2,\cdots,q_{k-1})
\end{aligned}
\tag{1-58}
$$

根据假设②可得 X_0与 $q_s(s=0,1,2,3,\cdots,k-1)$之间是相互独立的,再根据统计独立性即可完成式(1-57)中第四行到第五行的变换证明。

根据式(1-57)可得先验概率密度函数:

$$
\begin{aligned}
f_k^-(x) &= \frac{\mathrm{d}[P(X_k<x)]}{\mathrm{d}x} \\
&= \int_{-\infty}^{+\infty} f_{q_{k-1}}[u-h(x)]f_{X_{k-1}}(x)\,\mathrm{d}x
\end{aligned}
\tag{1-59}
$$

同理,基于观测方程可得似然概率密度函数的推导过程:

$$
\begin{aligned}
f_{Y_k \mid X_{k'}}(y_k \mid x) &= \lim_{\varepsilon\to 0}\frac{P(y_k<Y_k<y_k+\varepsilon \mid X_k=x)}{\varepsilon} \\
&= \lim_{\varepsilon\to 0}\frac{P(y_k-g(x)<Y_k-g(X_k)<y_k-g(x)+\varepsilon \mid X_k=x)}{\varepsilon} \\
&= \lim_{\varepsilon\to 0}\frac{P(y_k-g(x)<r_k<y_k-g(x)+\varepsilon \mid X_k=x)}{\varepsilon} \\
&= \lim_{\varepsilon\to 0}\frac{P(y_k-g(x)<r_k<y_k-g(x)+\varepsilon)}{\varepsilon} \\
&= f_{r_k}[y_k-g(x)]
\end{aligned}
\tag{1-60}
$$

式中:第三行到第四行的推导同样应用了统计独立性的条件,具体证明参考式(1-58)。

根据式(1-59)、式(1-60)以及连续随机变量的贝叶斯公式可得贝叶斯滤波的后验概率密度函数:

$$f_k^+(x)=\eta\cdot f_{r_k}[y_k-g(x)]\cdot f_k^-(x) \tag{1-61}$$

$$\eta=\left\{\int_{-\infty}^{+\infty} f_{r_k}[y_k-g(x)]\cdot f_k^-(x)\mathrm{d}x\right\}^{-1} \tag{1-62}$$

综上为贝叶斯滤波的具体推导过程,具体应用时同样需要求解无穷积分并假定具体的概率密度函数分布形式,如卡尔曼滤波的实现,这将在下一节具体展开。

1.3.5 KF算法推导及其流程

此部分将贝叶斯滤波公式应用于卡尔曼滤波器的推导。为便于理解,先考虑单变量,即假定随机变量为单值。为了实际应用贝叶斯滤波公式,假定状态方程和观测方程中的函数 $h(\cdot)$ 和 $g(\cdot)$ 是线性的:

$$f(X_{k-1})=FX_{k-1} \tag{1-63}$$

$$g(X_k)=hX_k \tag{1-64}$$

式中:F、h——分别代表标量系数。

此外,假定过程噪声 q_k、观测噪声 r_k 和状态量 X_{k-1} 都服从高斯分布,其中 $q_k\sim N(0,Q)$,$r_k\sim N(0,R)$,$X_{k-1}\sim N(\mu_{k-1}^+,\sigma_{k-1}^+)$。

首先,进行时间预测步推导:

$$\begin{aligned}f_k^-(x)&=\int_{-\infty}^{+\infty}\frac{1}{\sqrt{2\pi Q}}\cdot \mathrm{e}^{-\frac{(x-Fv)^2}{2Q}}\cdot\frac{1}{\sqrt{2\pi\sigma_{k-1}^+}}\cdot \mathrm{e}^{-\frac{(v-\mu_{k-1}^+)^2}{2\sigma_{k-1}^+}}\mathrm{d}v\\&=\frac{1}{\sqrt{2\pi(Q+F^2\sigma_{k-1}^+)}}\mathrm{e}^{-\frac{(x-F\mu_{k-1}^+)^2}{2(F^2\sigma_{k-1}^++Q)}}\end{aligned} \tag{1-65}$$

则

$$f_k^-(x)\sim N(F\mu_{k-1}^+,F^2\sigma_{k-1}^++Q)=N(\mu_k^-,\sigma_k^-) \tag{1-66}$$

其次,进行时间更新步推导:

$$f_k^+(x)=\eta\cdot\frac{1}{\sqrt{2\pi R}}\cdot \mathrm{e}^{-\frac{(y_k-hx)^2}{2R}}\cdot\frac{1}{\sqrt{2\pi\sigma_k^-}}\cdot \mathrm{e}^{-\frac{(v-\mu_k^-)^2}{2\sigma_k^-}} \tag{1-67}$$

令 $\mu_1=\frac{y_k}{h}$、$\sigma_1^2=\frac{R}{h^2}$、$\mu_2=\mu_k^-$、$\sigma_2^2=\sigma_k^-$,则应用前文两个高斯分布相乘的结论得式(1-67)的期望和方差:

$$\begin{aligned}\mu_k^+&=\frac{\mu_1\sigma_2^2+\mu_2\sigma_1^2}{\sigma_1^2+\sigma_2^2}=\frac{\frac{y_k}{h}\sigma_k^-+\mu_k^-\frac{R}{h^2}}{\frac{R}{h^2}+\sigma_k^-}\\&=\frac{hy_k\sigma_k^-+R\mu_k^-}{R+h^2\sigma_k^-}=\frac{hy_k\sigma_k^--h^2\sigma_k^-\mu_k^-+h^2\sigma_k^-\mu_k^-+R\mu_k^-}{R+h^2\sigma_k^-}=\mu_k^-+\frac{h\sigma_k^-}{R+h^2\sigma_k^-}(y_k-h\mu_k^-)\end{aligned} \tag{1-68}$$

$$\sigma_k^+ = \frac{\sigma_1^2\sigma_2^2}{\sigma_1^2+\sigma_2^2} = \frac{\frac{R\sigma_k^-}{h^2}}{\frac{R}{h^2}+\sigma_k^-} = \frac{R\sigma_k^-}{R+h^2\sigma_k^-} = \frac{R\sigma_k^- + h^2\sigma_k^- - h^2\sigma_k^-}{R+h^2\sigma_k^-}\cdot\sigma_k^-$$

$$= \left(1-\frac{h\sigma_k^-}{R+h^2\sigma_k^-}\cdot h\right)\cdot\sigma_k^- \tag{1-69}$$

令 $K = h\sigma_k^-/(R+h^2\sigma_k^-)$，则式(1-68)和式(1-69)变换为

$$\mu_k^+ = \mu_k^- + K(y_k - h\mu_k^-) \tag{1-70}$$

$$\sigma_k^+ = (1-K\cdot h)\cdot\sigma_k^- \tag{1-71}$$

综上，基于贝叶斯滤波公式的单变量 KF 算法见表 1-5。

基于贝叶斯滤波公式的单变量 KF 算法 表 1-5

序号	公式	备注
1	$X_k = FX_{k-1} + q_{k-1}$	状态方程
2	$Y_k = hX_k + r_k$	观测方程
3	$q_{k-1} \sim N(0,Q)$	服从高斯分布的过程噪声
4	$r_k \sim N(0,R)$	服从高斯分布的观测噪声
5	$X_{k-1} \sim N(\mu_{k-1}^+, \sigma_{k-1}^+)$	服从高斯分布的状态量，其中 μ_{k-1}^+ 为先验估计值（相当于表 1-2 或表 1-3 的序号 5 的内容），σ_{k-1}^+ 为先验估计的协方差（相当于表 1-2 或表 1-3 的序号 6 的内容）
6	$\mu_k^- = F\mu_{k-1}^+$	时间更新步中的状态量
7	$\sigma_k^- = F^2\sigma_{k-1}^+ + Q$	时间更新步中的状态协方差
8	$K = \frac{h\sigma_k^-}{R+h^2\sigma_k^-}$	卡尔曼增益矩阵
9	$\mu_k^+ = \mu_k^- + K(y_k - h\mu_k^-)$	量测更新步中的状态量
10	$\sigma_k^+ = (1-K\cdot h)\cdot\sigma_k^-$	量测更新步中的状态协方差

观察表 1-5 和表 1-2 可知，当随机变量为矢量时，基于贝叶斯滤波公式推导的 KF 算法公式与基于递推最小二乘法推导的相应公式是一致的。通过贝叶斯滤波公式的推导过程，可以进一步加深对 KF 原理的理解。

第2章

CHARTER 2

无迹卡尔曼滤波算法及其优劣性分析

对卡尔曼滤波器的推导可以发现,卡尔曼滤波器适用于线性结构系统,但在实际工程应用时,更多的是解决非线性结构系统的状态估计问题。因此,以卡尔曼滤波器为基本框架,衍生出许多适用于非线性结构系统的变种卡尔曼滤波器,如扩展卡尔曼滤波器(EKF)[3-4]、无迹卡尔曼滤波器(UKF)[5-7]以及粒子滤波器(PF)[8-9]等。其中粒子滤波器也称为蒙特卡罗滤波器,它的执行过程需要生成大量的样本点,需要巨大的算力作为基础,这限制了其工程推广与应用。EKF 通过对非线性函数本身执行一阶泰勒展开式,并忽略二阶及以上级数,扩大了线性卡尔曼滤波器的适用范围,但其计算过程需要求解复杂的雅可比矩阵,估计均值只有一阶精度,且当采样频率较大时存在算法发散的问题,因此 EKF 更适用于解决弱非线性问题。UKF 从近似概率密度分布的角度出发,通过确定性采样(无迹变换)的方式构造出一系列 sigma 点,并保证 sigma 点的均值和协方差与原状态分布一致,避免了直接对非线性函数进行一阶线性化所带来的误差以及求解复杂雅可比矩阵的难题,估计均值精度至少为二阶,且对于高斯分布,估计均值精度能达到三阶,受到广泛的研究和工程应用。

UKF 用于状态估计和识别时,将结构振动响应和待识别参数扩展为状态量的形式,并基于部分观测值响应估计和追踪结构状态及参数。UKF 的识别效率高,近些年被广泛应用于导航[10]、水下机器人状态估计[11-12]、飞行器状态估计[13]、电量估计[14]、疲劳裂缝预测[15]、寿命预测[16-17]、模型更新[18]以及外荷载识别[19-20]等领域。

本章首先通过非线性函数变换实例解释直接对非线性函数本身进行线性化所带来的估计误差,然后引出无迹变换方法,最后给出 UKF 算法的完整递推流程,并基于数值仿真分析说明 UKF 的均值估计精度优势及其不善于识别时变参数的问题。

2.1 非线性变换的均值和协方差估计

本节主要基于数学推导,证明线性近似是如何导致均值和协方差变换误差的。首先考虑均值变换误差,为了便于理解,先基于具体的非线性函数展开说明。其中,考虑如下非线性函数:

$$\begin{cases} y_1 = r\cos\theta \\ y_2 = r\sin\theta \end{cases} \Rightarrow \boldsymbol{Y} = h(\boldsymbol{X}) \tag{2-1}$$

式中,状态量 $\boldsymbol{X} = [r,\theta]^{\mathrm{T}}$;假设 r 是均值为 1、标准差为 σ_r 的随机变量,θ 是均值为 $\pi/2$、标准差为 σ_θ 的随机变量,则 $\overline{\boldsymbol{X}} = [\bar{r},\bar{\theta}]^{\mathrm{T}} = [1,\pi/2]^{\mathrm{T}}$;假设 r 和 θ 是相互独立的,且其概率密度分布函数在均值附近呈对称分布(如高斯分布)。考虑到 r 和 θ 的相互独立性,直观上认为 y_1 的均值为 0,y_2 的均值为 1。

首先,考虑基于一阶泰勒展开式对式(2-1)的非线性函数直接进行线性化操作,并求取函数 $\boldsymbol{Y}$ 的均值,具体过程和计算结果如下:

$$
\begin{aligned}
E(\boldsymbol{Y}) &= E[h(\boldsymbol{X})] = E\left[h(\overline{\boldsymbol{X}}) + \frac{\partial h}{\partial \boldsymbol{X}}\bigg|_{\overline{X}}(\boldsymbol{X}-\overline{\boldsymbol{X}})\right] \\
&= E[h(\overline{\boldsymbol{X}})] + \frac{\partial h}{\partial \boldsymbol{X}}\bigg|_{\overline{X}} E(\boldsymbol{X}-\overline{\boldsymbol{X}}) \\
&= h(\overline{\boldsymbol{X}}) \\
&= \begin{bmatrix} 0 \\ 1 \end{bmatrix}
\end{aligned} \tag{2-2}
$$

由式(2-2)可得,一阶线性化得到的函数均值与直观上 y_1,y_2的均值一致。

其次,为了深入研究此问题,将随机变量 r 和 θ 分别写成如下形式:

$$r = \bar{r} + \tilde{r} \tag{2-3}$$

$$\theta = \bar{\theta} + \tilde{\theta} \tag{2-4}$$

式中:$\tilde{r}$、$\tilde{\theta}$——分别是 r 和 θ 的均值偏差,则 $E(\tilde{r})=0$ 和 $E(\tilde{\theta})=0$。

由于已知随机变量 r 和 θ 相互独立,且其概率密度分布函数在均值附近呈对称分布,$\tilde{r}$ 和 $\tilde{\theta}$ 也相互独立并且具有对称的概率密度分布。

关于函数 $\boldsymbol{Y}$ 的均值的严格数学推导如下。

(1)基于式(2-3)和式(2-4),推导均值 $E(y_1)$:

$$
\begin{aligned}
E(y_1) &= E(r\cos\theta) = E[r\cos(\bar{\theta}+\tilde{\theta})] \\
&= E[r(\cos\bar{\theta}\cos\tilde{\theta} - \sin\bar{\theta}\sin\tilde{\theta})] \\
&= -E(r\sin\tilde{\theta}) \\
&= -E(\bar{r}\sin\tilde{\theta} + \tilde{r}\sin\tilde{\theta}) \\
&= -E(\sin\tilde{\theta} + \tilde{r}\sin\tilde{\theta})
\end{aligned} \tag{2-5}
$$

设 $\tilde{\theta}\in[-\theta_m,\theta_m]$,$\theta_m$服从均匀分布,且在此定义域内,$\sin\tilde{\theta}$ 单调变化。$\tilde{r}$ 和 $\tilde{\theta}$ 相互独立,则 $\tilde{r}$ 和 $\sin\tilde{\theta}$ 相互独立,因此 $E(y_1)=E(-\sin\tilde{\theta})$。

继续推导之前,先引入一个准则公式。根据随机变量的函数变换准则,当两个随机变量 X 和 Y 通过单调函数相关联时,其概率密度函数之间存在以下变换关系:

$$
\begin{cases} Y = f(X) \\ f_X(x)\,\mathrm{d}x = f_Y(y)\,|\mathrm{d}y| \end{cases} \Rightarrow f_Y(y) = \left|\frac{\mathrm{d}x}{\mathrm{d}y}\right| f_X(f^{-1}(y)) \tag{2-6}
$$

式中:$f_X(x)$——随机变量 X 的概率密度函数;

$f_Y(y)$——随机变量 Y 的概率密度函数;

$\mathrm{d}x$、$\mathrm{d}y$——微量。

令 $y_1=-\sin\tilde{\theta}$,则根据随机变量的函数变换准则可得函数 y_1 的概率密度函数为

$$f_Y(y_1) = -\frac{1}{\sqrt{1-y_1^2}}\frac{1}{2\theta_m} \tag{2-7}$$

进一步根据均值定义可得

$$E(y_1) = \int_{-\sin\theta_m}^{\sin\theta_m} \frac{-y_1}{\sqrt{1-y_1^2}}\frac{1}{2\theta_m}\mathrm{d}y_1 = -\frac{1}{2\theta_m}\int_{-\sin\theta_m}^{\sin\theta_m}\frac{y}{\sqrt{1-y^2}}\mathrm{d}y \tag{2-8}$$

令式(2-8)中的积分变量 $y=\sin\alpha$，则式(2-8)变换为

$$
\begin{aligned}
E(y_1) &= -\frac{1}{2\theta_m}\int_{-\theta_m}^{\theta_m}\frac{\sin a}{\sqrt{1-\sin^2 a}}\mathrm{d}\sin a \\
&= -\frac{1}{2\theta_m}\int_{-\theta_m}^{\theta_m}\frac{\sin a}{|\cos a|}\cos a\mathrm{d}a = -\frac{1}{2\theta_m}\int_{-\theta_m}^{\theta_m}\pm\sin a\mathrm{d}a \\
&= -\frac{1}{2\theta_m}(\mp\cos a|_{-\theta_m}^{\theta_m})=0
\end{aligned}
\tag{2-9}
$$

(2)基于式(2-3)和式(2-4)，推导均值 $E(y_2)$：

$$
\begin{aligned}
E(y_2) &= E(r\sin\theta)=E[r\sin(\bar{\theta}+\tilde{\theta})] \\
&= E[r(\sin\bar{\theta}\cos\tilde{\theta}+\cos\bar{\theta}\sin\tilde{\theta})] \\
&= E(r\cos\tilde{\theta}) \\
&= E(\bar{r}\cos\tilde{\theta}+\tilde{r}\cos\tilde{\theta}) \\
&= E(\cos\tilde{\theta}+\tilde{r}\cos\tilde{\theta})
\end{aligned}
\tag{2-10}
$$

同理，设 $\tilde{\theta}\in[-\theta_m,\theta_m]$，且 θ_m服从均匀分布，进一步将此定义区间均分成两段$[-\theta_m,0]$和$[0,\theta_m]$，且 $\cos\tilde{\theta}$ 分别在区间$[-\theta_m,0]$和$[0,\theta_m]$内单调变化。同样，由于 $\tilde{r}$ 和 $\tilde{\theta}$ 相互独立，每个定义区间内 $\tilde{r}$ 和 $\cos\tilde{\theta}$ 相互独立，因此 $E(y_2)=E(\cos\tilde{\theta})$。

令 $y_2=\cos\tilde{\theta}$，则根据随机变量的函数变换准则可得

$$
f_Y(y_2) = -\frac{1}{\sqrt{1-y_2^2}}\frac{1}{2\theta_m}
\tag{2-11}
$$

令 $y_{21}=\cos\tilde{\theta}$，其中 $\tilde{\theta}\in[-\theta_m,0]$。且令 $y_{22}=\cos\tilde{\theta}$，其中 $\tilde{\theta}\in[0,\theta_m]$，考虑函数对称性可得

$$
\begin{aligned}
E(y_2) &= 2E(y_{22}) = 2\int_{\cos\theta_m}^{1}\frac{-y_{22}}{\sqrt{1-y_{22}^2}}\frac{1}{2\theta_m}\mathrm{d}y_{22} = \frac{1}{\theta_m}\int_{\cos\theta_m}^{1}\frac{-y}{\sqrt{1-y^2}}\mathrm{d}y \\
&= \frac{1}{\theta_m}\int_0^{\theta_m}\frac{-\cos a}{|\sin a|}\mathrm{d}\cos a \qquad (令\ y=\cos a) \\
&= \frac{1}{\theta_m}\int_0^{\theta_m}\frac{\cos a}{|\sin a|}\sin a\mathrm{d}a = \frac{1}{\theta_m}\int_0^{\theta_m}\pm\cos a\mathrm{d}a \\
&= \frac{1}{\theta_m}(\pm\sin a|_0^{\theta_m}) \\
&= \pm\frac{\sin\theta_m}{\theta_m}
\end{aligned}
\tag{2-12}
$$

综上，通过严格数学推导得到式(2-1)中函数 $\boldsymbol{Y}$ 的均值为

$$
E(\boldsymbol{Y})=\begin{bmatrix}0\\ \dfrac{\sin\theta_m}{\theta_m}\end{bmatrix} 或\ E(\boldsymbol{Y})=\begin{bmatrix}0\\ \dfrac{-\sin\theta_m}{\theta_m}\end{bmatrix}
$$

其结果与线性化结果明显不同。此外，根据洛必达法则可得，当 θ_m趋近于零时，有 $\lim\limits_{\theta_m\to 0}\frac{\sin\theta_m}{\theta_m}=1$，因此，一阶线性化计算的非线性函数均值误差较大。

对于非线性变换均值的更一般性分析，考虑多元函数泰勒展开式：

$$Y = h(X) = h(\overline{X}) + D_{\tilde{X}}h + \frac{1}{2!}D_{\tilde{X}}^{2}h + \frac{1}{3!}D_{\tilde{X}}^{3}h + \cdots + \frac{1}{n!}D_{\tilde{X}}^{n}h \quad (2\text{-}13)$$

$$(X = [x_1 \quad x_2 \quad x_3 \quad \cdots \quad x_k]^{\mathrm{T}}, Y = [y_1 \quad y_2 \quad y_3 \quad \cdots \quad y_z]^{\mathrm{T}})$$

$$D_{\tilde{X}}^{n}h = \left(\sum_{i=1}^{k} \tilde{x}_i \frac{\partial}{\partial x_i}\right)^{n} h(X) \mid_{\overline{X}} \quad (\tilde{x}_i = x_i - \overline{x}_i) \quad (2\text{-}14)$$

式中：k、z——属于正整数；

$h(\cdot)$——联结 X 和 Y 的函数；

$\overline{X}$——变量 X 的均值；

x_i——第 i 个独立变量；

$\overline{x}_i$——第 i 个独立变量的均值，即 $E(\tilde{x}_i) = 0$。

其中，关于 $D_{\tilde{X}}^{n}h$ 的具体计算方法参考式(2-20)，同时，为了方便理解和推导，假定各个变量互不相关，且其概率密度函数在均值附近呈对称分布。

根据多元泰勒展开式可得式(2-13)的均值：

$$\begin{aligned}\overline{Y} &= E(Y) = E[h(X)] \\ &= h(\overline{X}) + E\left(D_{\tilde{X}}h + \frac{1}{2!}D_{\tilde{X}}^{2}h + \frac{1}{3!}D_{\tilde{X}}^{3}h + \cdots + \frac{1}{n!}D_{\tilde{X}}^{n}h\right)\end{aligned} \quad (2\text{-}15)$$

单独分析 $D_{\tilde{X}}h$ 可得

$$\begin{aligned}E(D_{\tilde{X}}h) &= E\left[\left(\sum_{i=1}^{k} \tilde{x}_i \frac{\partial}{\partial x_i}\right)^{1} h(X) \mid_{\overline{X}}\right] \\ &= \sum_{i=1}^{k} E(\tilde{x}_i) \frac{\partial h}{\partial x_i}\bigg|_{\overline{X}} \\ &= \sum_{i=1}^{k} E(x_i - \overline{x}_i) \frac{\partial h}{\partial x_i}\bigg|_{\overline{X}} \\ &= 0\end{aligned} \quad (2\text{-}16)$$

继续推导之前，先引入一条定理：当均值为零且概率密度函数对称时，随机变量的奇数阶距为零。

证明如下：

设随机变量 X 的均值为零且概率密度函数对称，即 $f_X(x) = f_X(-x)$，则 X 的 i 阶距为

$$m_i = E(X^i) = \int_{-\infty}^{+\infty} x^i f_X(x)\,\mathrm{d}x = \int_{-\infty}^{0} x^i f_X(x)\,\mathrm{d}x + \int_{0}^{+\infty} x^i f_X(x)\,\mathrm{d}x \quad (2\text{-}17)$$

当 i 是奇数时，$x^i = -(-x)^i$；结合 $f_X(x) = f_X(-x)$ 得

$$\begin{aligned}\int_{-\infty}^{0} x^i f_X(x)\,\mathrm{d}x &= \int_{0}^{+\infty} (-x)^i f_X(-x)\,\mathrm{d}x \\ &= -\int_{0}^{+\infty} x^i f_X(x)\,\mathrm{d}x\end{aligned} \quad (2\text{-}18)$$

因此，$m_i = 0$，证毕。

由上述定理可知，式(2-15)的奇数次项都等于零，则式(2-15)简化为

$$\overline{\boldsymbol{Y}} = h(\overline{\boldsymbol{X}}) + \frac{1}{2!}E(D_{\tilde{X}}^{2}h) + \frac{1}{4!}E(D_{\tilde{X}}^{4}h) + \cdots \tag{2-19}$$

针对本节开始的非线性函数实例,取式(2-19)的二阶近似可得

$$\begin{aligned}
\overline{\boldsymbol{Y}} &= h(\overline{\boldsymbol{X}}) + \frac{1}{2!}E(D_{\tilde{X}}^{2}h) \\
&= h(\overline{\boldsymbol{X}}) + \frac{1}{2}E\left[(x_1-\bar{x}_1)^2\frac{\partial^2 h(\boldsymbol{X})}{\partial x_1^2}\bigg|_{\bar{X}} + 2(x_1-\bar{x}_1)(x_2-\bar{x}_2)\frac{\partial^2 h(\boldsymbol{X})}{\partial x_1\partial x_2}\bigg|_{\bar{X}} + (x_2-\bar{x}_2)^2\frac{\partial^2 h(X)}{\partial x_2^2}\bigg|_{\bar{X}}\right] \\
&= \begin{bmatrix}0\\1\end{bmatrix} + \frac{1}{2}\cdot\left\{\sigma_r^2\cdot\begin{bmatrix}0\\0\end{bmatrix} + 2\cdot 0\cdot\begin{bmatrix}-\sin\bar{\theta}\\ \cos\bar{\theta}\end{bmatrix} + \sigma_\theta^2\cdot\begin{bmatrix}-\bar{r}\cos\bar{\theta}\\ -\bar{r}\sin\bar{\theta}\end{bmatrix}\right\} \\
&= \begin{bmatrix}0\\1\end{bmatrix} + \frac{1}{2}\cdot\sigma_\theta^2\cdot\begin{bmatrix}0\\-1\end{bmatrix} = \begin{bmatrix}0\\1-\dfrac{\sigma_\theta^2}{2}\end{bmatrix} = \begin{bmatrix}0\\1-\dfrac{E(\tilde{\theta}^2)}{2}\end{bmatrix} = \begin{bmatrix}0\\1-\dfrac{E[(\theta-\bar{\theta})(\theta-\bar{\theta})]}{2}\end{bmatrix}
\end{aligned} \tag{2-20}$$

式中,$x_1 = r, x_2 = \theta$,且由式(2-1)可得,$\overline{\boldsymbol{X}} = [x_1 \quad x_2] = [\bar{r} \quad \bar{\theta}]^{\mathrm{T}} = [1 \quad \pi/2]^{\mathrm{T}}$。

综上,基于二阶泰勒展开式计算的式(2-1)的函数均值 $\overline{\boldsymbol{Y}}$ 与一阶线性化计算的结果存在本质不同,因此,基于一阶泰勒展开式线性化非线性函数的方法存在明显误差。

接下来考虑协方差变换误差。考虑通用性,继续基于上文讨论的多元泰勒展开式进行研究分析,则 $\boldsymbol{Y}$ 的协方差可表示为

$$\boldsymbol{P}_{yy} = E[(\boldsymbol{Y}-\overline{\boldsymbol{Y}})(\boldsymbol{Y}-\overline{\boldsymbol{Y}})^{\mathrm{T}}] \tag{2-21}$$

参考式(2-13)~式(2-19)可得

$$\begin{aligned}
\boldsymbol{Y}-\overline{\boldsymbol{Y}} = &\left[h(\overline{\boldsymbol{X}}) + D_{\tilde{X}}h + \frac{1}{2!}D_{\tilde{X}}^{2}h + \frac{1}{3!}D_{\tilde{X}}^{3}h + \cdots + \frac{1}{n!}D_{\tilde{X}}^{n}h\right] - \\
&\left[h(\overline{\boldsymbol{X}}) + \frac{1}{2!}E(D_{\tilde{X}}^{2}h) + \frac{1}{4!}E(D_{\tilde{X}}^{4}h) + \cdots\right]
\end{aligned} \tag{2-22}$$

将式(2-22)代入式(2-21)并整理得

$$\boldsymbol{P}_{yy} = E[D_{\tilde{X}}h\,(D_{\tilde{X}}h)^{\mathrm{T}}] + E\left[\frac{D_{\tilde{X}}h\,(D_{\tilde{X}}^{3}h)^{\mathrm{T}}}{3!} + \frac{D_{\tilde{X}}^{2}h}{2!}\left(\frac{D_{\tilde{X}}^{2}h}{2!}\right)^{\mathrm{T}} + \frac{D_{\tilde{X}}^{3}h\,(D_{\tilde{X}}h)^{\mathrm{T}}}{3!}\right] + \cdots \tag{2-23}$$

只考虑式(2-23)右边的第一项可得

$$\begin{aligned}
E[D_{\tilde{X}}h\,(D_{\tilde{X}}h)^{\mathrm{T}}] &= E\left[\left(\sum_{i=1}^{k}\tilde{x}_i\frac{\partial h}{\partial x_i}\bigg|_{\bar{X}}\right)\left(\sum_{i=1}^{k}\tilde{x}_i\frac{\partial h}{\partial x_i}\bigg|_{\bar{X}}\right)^{\mathrm{T}}\right] = E\left[\sum_{i,j=1}^{k}\tilde{x}_i\frac{\partial h}{\partial x_i}\bigg|_{\bar{X}}\left(\frac{\partial h}{\partial x_j}\bigg|_{\bar{X}}\right)^{\mathrm{T}}\tilde{x}_j\right] \\
&= \sum_{i,j=1}^{k}\boldsymbol{H}_i E(\tilde{x}_i\tilde{x}_j)\boldsymbol{H}_j^{\mathrm{T}} = \sum_{i,j=1}^{k}\boldsymbol{H}_i\boldsymbol{P}_{ij}\boldsymbol{H}_j^{\mathrm{T}} = \frac{\partial h}{\partial \boldsymbol{X}}\bigg|_{\bar{X}}\boldsymbol{P}\frac{\partial h^{\mathrm{T}}}{\partial \boldsymbol{X}}\bigg|_{\bar{X}} = \boldsymbol{HPH}^{\mathrm{T}}
\end{aligned} \tag{2-24}$$

式中,偏微分矩阵 $\boldsymbol{H}$ 和协方差矩阵 $\boldsymbol{P}$ 由式(2-24)定义,且 $\boldsymbol{H}_i$ 是 $\boldsymbol{H}$ 中的第 i 列,$\boldsymbol{P}_{ij}$ 为 $\boldsymbol{P}$ 中的第 i 行、第 j 列元素,具体实例计算参考式(2-25)~式(2-27)。

在 KF、EKF 中,仅使用式(2-24)来估计误差的协方差[式(1-19)和式(1-27)]。但是,当函数具有强非线性时,这些协方差近似方法会产生较大误差。为说明问题,继续考虑本节开始时提到的非线性函数式(2-1),其线性协方差可近似为 $\boldsymbol{P}_{yy} \approx \boldsymbol{HPH}^{\mathrm{T}}$,其中 $\boldsymbol{H}$ 和 $\boldsymbol{P}$ 可分别

计算：

$$\boldsymbol{H}=\frac{\partial h}{\partial x}\bigg|_{\bar{X}}=\begin{bmatrix}\dfrac{\partial y_1}{\partial x_1} & \dfrac{\partial y_1}{\partial x_2}\\ \dfrac{\partial y_2}{\partial x_1} & \dfrac{\partial y_2}{\partial x_2}\end{bmatrix}\Bigg|_{\bar{X}}=\begin{bmatrix}\cos\theta & -r\sin\theta\\ \sin\theta & r\cos\theta\end{bmatrix}\bigg|_{\bar{\theta}=\frac{\pi}{2},\bar{r}=1}=\begin{bmatrix}0 & -1\\ 1 & 0\end{bmatrix} \tag{2-25}$$

$$\begin{aligned}\boldsymbol{P}&=E([r-\bar{r}\quad \theta-\bar{\theta}]^{\mathrm{T}}[r-\bar{r}\quad \theta-\bar{\theta}])\\&=\begin{bmatrix}\sigma_r^2 & 0\\ 0 & \sigma_\theta^2\end{bmatrix}\end{aligned} \tag{2-26}$$

式中：$x_1=r,x_2=\theta$。

则 $\boldsymbol{P}_{yy}$ 计算可得

$$\boldsymbol{P}_{yy}=\boldsymbol{HPH}^{\mathrm{T}}=\begin{bmatrix}0 & -1\\ 1 & 0\end{bmatrix}\begin{bmatrix}\sigma_r^2 & 0\\ 0 & \sigma_\theta^2\end{bmatrix}\begin{bmatrix}0 & 1\\ -1 & 0\end{bmatrix}=\begin{bmatrix}\sigma_\theta^2 & 0\\ 0 & \sigma_r^2\end{bmatrix} \tag{2-27}$$

根据式(2-9)和式(2-12)的均值计算结果可得 $E(y_1)=0$ 及 $E(y_2)=\pm\sin\theta_m/\theta_m$。这里以 $\bar{\boldsymbol{Y}}=[0\quad \sin\theta_m/\theta_m]^{\mathrm{T}}$ 为例，说明协方差 $\boldsymbol{P}_{yy}$ 的更严格的数学推导结果，具体计算过程如下：

$$\begin{aligned}\boldsymbol{P}_{yy}&=E[(\boldsymbol{Y}-\bar{\boldsymbol{Y}})(\boldsymbol{Y}-\bar{\boldsymbol{Y}})^{\mathrm{T}}]\\&=E\left\{\begin{bmatrix}r\cos\theta\\ r\sin\theta-\dfrac{\sin\theta_m}{\theta_m}\end{bmatrix}\begin{bmatrix}r\cos\theta & r\sin\theta-\dfrac{\sin\theta_m}{\theta_m}\end{bmatrix}\right\}\\&=E\begin{bmatrix}r^2\cos^2\theta & r^2\cos\theta\sin\theta-r\cos\theta\cdot\dfrac{\sin\theta_m}{\theta_m}\\ r^2\cos\theta\sin\theta-r\cos\theta\cdot\dfrac{\sin\theta_m}{\theta_m} & \left(r\sin\theta-\dfrac{\sin\theta_m}{\theta_m}\right)^2\end{bmatrix}\end{aligned} \tag{2-28}$$

根据上文已知条件可得

$$E[(r-\bar{r})^2]=E[r^2-2r\cdot\bar{r}+\bar{r}^2]=E[r^2]-1\Rightarrow E[r^2]=1+\sigma_r^2 \tag{2-29}$$

$$E[\cos^2\theta]=E\{[\cos(\bar{\theta}+\tilde{\theta})]^2\}=E(\sin^2\tilde{\theta})=\frac{1-E(\cos2\tilde{\theta})}{2} \tag{2-30}$$

$$\begin{aligned}E[\sin^2\theta]&=E\{[\sin(\bar{\theta}+\tilde{\theta})]^2\}\\&=E(\cos^2\tilde{\theta})=\frac{1+E(\cos2\tilde{\theta})}{2}\end{aligned} \tag{2-31}$$

$$E(\cos2\tilde{\theta})=\frac{\sin2\theta_m}{2\theta_m} \tag{2-32}$$

$$E(\sin\theta)=E(\cos\tilde{\theta})=\frac{\sin\theta_m}{\theta_m} \tag{2-33}$$

$$E(\cos\theta)=E(-\sin\tilde{\theta})=0 \tag{2-34}$$

$$E(\sin\theta\cos\theta)=\frac{1}{2}E(\sin2\theta)=\frac{1}{2}E[\sin(2\bar{\theta}+2\tilde{\theta}]=\frac{1}{2}E(-\sin2\tilde{\theta})=0 \tag{2-35}$$

将式(2-35)代入式(2-28)可得

$$\boldsymbol{P}_{yy}=\begin{bmatrix}(1+\sigma_r^2)\cdot\dfrac{1-\dfrac{\sin2\theta_m}{2\theta_m}}{2} & 0\\ 0 & (1+\sigma_r^2)\cdot\dfrac{1+\dfrac{\sin2\theta_m}{2\theta_m}}{2}-\dfrac{\sin^2\theta_m}{\theta_m^2}\end{bmatrix}\tag{2-36}$$

综上所述,基于一阶线性化方法计算的协方差同样存在明显误差。

2.2 无迹变换方法

由上一节的理论推导发现,直接对非线性函数线性化计算函数均值和协方差的方式会带来明显的误差,如何降低或改善其计算方式是本节阐述的重点内容。为此,假设 $\boldsymbol{X}$ 为 $n\times1$ 维列向量,其均值和协方差分别为 $\overline{\boldsymbol{X}}$ 和 $\boldsymbol{P}$,非线性函数 $\boldsymbol{Y}$ 与 $\boldsymbol{X}$ 之间的联系如下:

$$\boldsymbol{Y}=h(\boldsymbol{X})\tag{2-37}$$

如何更准确地估计 $\boldsymbol{Y}$ 的均值和协方差?为解决这一问题,Julier 和 Uhlmann 创造性地提出无迹变换(Unscented Transformation, UT)的确定性采样方法[21,22]。首先,找到一组确定的向量,称作 sigma 点,使得这些点的均值和协方差分别等于 $\overline{\boldsymbol{X}}$ 和 $\boldsymbol{P}$;其次,将每一个确定的向量代入非线性函数得到变换后的向量;最后,用变换后向量的均值和协方差准确地估计出非线性函数 $\boldsymbol{Y}$ 的均值和协方差。常规的 sigma 点计算方式如下:

$$\begin{aligned}\boldsymbol{X}^{(i)}&=\overline{\boldsymbol{X}}+\widetilde{\boldsymbol{X}}^{(i)}\quad(i=1,2,3,\cdots,2n)\\ \widetilde{\boldsymbol{X}}^{(i)}&=(\sqrt{n\boldsymbol{P}})_i^{\mathrm{T}}\quad(i=1,2,3,\cdots,n)\\ \widetilde{\boldsymbol{X}}^{(i+n)}&=-(\sqrt{n\boldsymbol{P}})_i^{\mathrm{T}}\quad(i=1,2,3,\cdots,n)\end{aligned}\tag{2-38}$$

式中:$(\sqrt{n\boldsymbol{P}})_i$——$n\boldsymbol{P}$ 矩阵的第 i 行,且 $(\sqrt{n\boldsymbol{P}}^{\mathrm{T}}(\sqrt{n\boldsymbol{P}})=n\boldsymbol{P}$,即 $(\sqrt{n\boldsymbol{P}})$ 为矩阵 $n\boldsymbol{P}$ 的上三角阵。因为涉及求解矩阵的平方根,所以要求矩阵 $n\boldsymbol{P}$ 对称正定。

基于上述内容,sigma 点的非线性变换为

$$\boldsymbol{Y}^{(i)}=h(\boldsymbol{X}^{(i)})\tag{2-39}$$

首先讨论均值近似。为便于讨论,规定 $\boldsymbol{Y}$ 的真实均值为 $\overline{\boldsymbol{Y}}$,$\boldsymbol{Y}$ 的近似均值为 $\overline{\boldsymbol{Y}}_u$,则

$$\overline{\boldsymbol{Y}}_u=\sum_{i=1}^{2n}W^{(i)}\boldsymbol{Y}^{(i)}\tag{2-40}$$

式中:$W^{(i)}$——权重系数,这里定义为 $W^{(i)}=1/2n$,其中 $i=1,2,3,\cdots,2n$。

根据上述条件可得 $\boldsymbol{Y}$ 的近似均值为

$$\overline{Y}_u = \frac{1}{2n}\sum_{i=1}^{2n} Y^{(i)} \tag{2-41}$$

基于上文讨论的多元函数泰勒展开式(2-13)可得

$$\begin{aligned}\overline{Y}_u &= \frac{1}{2n}\sum_{i=1}^{2n}\left[h(\overline{X}) + D_{\widetilde{X}^{(i)}}h + \frac{1}{2!}D_{\widetilde{X}^{(i)}}^2 h + \frac{1}{3!}D_{\widetilde{X}^{(i)}}^3 h + \cdots + \frac{1}{k!}D_{\widetilde{X}^{(i)}}^k h\right]\\ &= h(\overline{X}) + \frac{1}{2n}\sum_{i=1}^{2n}\left[D_{\widetilde{X}^{(i)}}h + \frac{1}{2!}D_{\widetilde{X}^{(i)}}^2 h + \frac{1}{3!}D_{\widetilde{X}^{(i)}}^3 h + \cdots + \frac{1}{k!}D_{\widetilde{X}^{(i)}}^k h\right]\end{aligned} \tag{2-42}$$

因为

$$\begin{aligned}\sum_{i=1}^{2n} D_{\widetilde{X}}^{2k+1}h &= \sum_{i=1}^{2n}\left[\sum_{j=1}^{n}\left(\widetilde{X}_j^{(i)}\frac{\partial}{\partial X_j}\right)^{2k+1} h(X)\bigg|_{\overline{X}}\right] = \sum_{i=1}^{2n}\left[\sum_{j=1}^{n}(\widetilde{X}_j^{(i)})^{2k+1}\frac{\partial^{2k+1}h(X)}{\partial X_j^{2k+1}}\bigg|_{\overline{X}}\right]\\ &= \sum_{j=1}^{n}\left[\sum_{i=1}^{2n}(\widetilde{X}_j^{(i)})^{2k+1}\frac{\partial^{2k+1}h(X)}{\partial X_j^{2k+1}}\bigg|_{\overline{X}}\right]\end{aligned} \tag{2-43}$$

又因为根据式(2-38)可得$\widetilde{X}^{(i)} = -\widetilde{X}^{(i+n)}$,所以式(2-42)中的所有奇数次项为零。因此得到

$$\overline{Y}_u = h(\overline{X}) + \frac{1}{2n}\sum_{i=1}^{2n}\left[\frac{1}{2!}D_{\widetilde{X}^{(i)}}^2 h + \frac{1}{4!}D_{\widetilde{X}^{(i)}}^4 h + \cdots\right] \tag{2-44}$$

仅考虑式(2-44)右边的第二项可得

$$\begin{aligned}\frac{1}{2n}\sum_{i=1}^{2n}\frac{1}{2!}D_{\widetilde{X}^{(i)}}^2 h &= \frac{1}{4n}\sum_{i=1}^{2n}\left[\sum_{j=1}^{n}\widetilde{X}_j^{(i)}\frac{\partial}{\partial X_j}\right]^2\cdot h(X)\,|_{\overline{X}} = \frac{1}{4n}\sum_{i=1}^{2n}\sum_{q,t=1}^{n}\widetilde{X}_q^{(i)}\widetilde{X}_t^{(i)}\frac{\partial^2 h(X)}{\partial X_q\partial X_t}\bigg|_{\overline{X}}\\ &= \frac{1}{2n}\sum_{q,t=1}^{n}\sum_{i=1}^{n}\widetilde{X}_q^{(i)}\widetilde{X}_t^{(i)}\frac{\partial^2 h(X)}{\partial X_q\partial X_t}\bigg|_{X}\end{aligned} \tag{2-45}$$

式中,再次用到式(2-38)中$\widetilde{X}^{(i)} = -\widetilde{X}^{(i+n)}$的性质。

将式(2-38)代入式(2-45)并化简可得

$$\begin{aligned}&\frac{1}{2n}\sum_{q,t=1}^{n}\sum_{i=1}^{n}\widetilde{X}_q^{(i)}\widetilde{X}_t^{(i)}\frac{\partial^2 h(X)}{\partial X_q\partial X_t}\bigg|_{\overline{X}}\\ &= \frac{1}{2n}\sum_{q,t=1}^{n}\sum_{i=1}^{n}(\sqrt{nP})_{iq}(\sqrt{nP})_{it}\frac{\partial^2 h(X)}{\partial X_q\partial X_t}\bigg|_{\overline{X}}\\ &= \frac{1}{2}\sum_{q,t=1}^{n}P_{qt}\frac{\partial^2 h(X)}{\partial X_q\partial X_t}\bigg|_{\overline{X}}\end{aligned} \tag{2-46}$$

即 Y 的近似均值为

$$\overline{Y}_u = h(\overline{X}) + \frac{1}{2}\sum_{q,t=1}^{n}P_{qt}\frac{\partial h(X)}{\partial X_q\partial X_t}\bigg|_{\overline{X}} + \frac{1}{2n}\sum_{i=1}^{2n}\left[\frac{1}{4!}D_{\widetilde{X}^{(i)}}^4 h + \frac{1}{6!}D_{\widetilde{X}^{(i)}}^6 h + \cdots\right] \tag{2-47}$$

根据式(2-19)可得函数 Y 的真实均值为

$$\overline{Y} = h(\overline{X}) + \frac{1}{2!}E(D_{\widetilde{X}}^2 h) + \frac{1}{4!}E(D_{\widetilde{X}}^4 h) + \cdots \tag{2-48}$$

同样,只考虑式(2-48)右边的第二项可得

$$\frac{1}{2!}E(D_{\widetilde{X}}^2h)=\frac{1}{2}E\left[\left(\sum_{i=1}^{n}\widetilde{X}_i\frac{\partial}{\partial X_i}\right)^2h(X)\mid_{\overline{X}}\right]$$
$$=\frac{1}{2}E\left[\sum_{i,j=1}^{n}\widetilde{X}_i\widetilde{X}_j\frac{\partial^2h(X)}{\partial X_i\partial X_j}\Big|_{\overline{X}}\right]$$
$$=\frac{1}{2}\sum_{i,j=1}^{n}E(\widetilde{X}_i\widetilde{X}_j)\frac{\partial^2h(X)}{\partial X_i\partial X_j}\Big|_{\overline{X}}$$
$$=\frac{1}{2}\sum_{i,j=1}^{n}P_{ij}\frac{\partial^2h(X)}{\partial X_i\partial X_j}\Big|_{\overline{X}}\tag{2-49}$$

则 Y 的真实均值为

$$\overline{Y}=h(\overline{X})+\frac{1}{2!}\sum_{i,j=1}^{n}P_{ij}\frac{\partial^2h(X)}{\partial X_i\partial X_j}\Big|_{\overline{X}}+\frac{1}{4!}E(D_{\widetilde{X}}^4h)+\frac{1}{6!}E(D_{\widetilde{X}}^6h)+\cdots\tag{2-50}$$

对比式(2-47)和式(2-50)可得,Y 的近似均值 $\overline{Y}_u$ 可以匹配到其真实均值 $\overline{Y}$ 的三阶,而一阶线性化均值仅仅能匹配到 Y 的真实均值的一阶[式(2-2)]。因此基于式(2-38)~式(2-40)的无迹变换计算的函数均值可以匹配到其真实均值的三阶。综上,无迹变换算法的难点是计算矩阵的平方根,对矩阵的对称正定性有要求,但是无迹变换不需要求解线性化矩阵(雅可比矩阵),对于复杂非线性结构系统的适应性更强。

接下来讨论协方差近似。同样,规定 Y 的近似协方差为 P_u,根据前文已知内容可得

$$P_u=\sum_{i=1}^{2n}W^{(i)}[Y^{(i)}-\overline{Y}_u][Y^{(i)}-\overline{Y}_u]^{\mathrm{T}}$$
$$=\frac{1}{2n}\sum_{i=1}^{2n}[Y^{(i)}-\overline{Y}_u][Y^{(i)}-\overline{Y}_u]^{\mathrm{T}}\tag{2-51}$$

基于式(2-14)和式(2-44),展开式(2-51)可得

$$P_u=\frac{1}{2n}\sum_{i=1}^{2n}\Bigg[h(\overline{X})+D_{\widetilde{X}(i)}h+\frac{1}{2!}D_{\widetilde{X}(i)}^2h+\frac{1}{3!}D_{\widetilde{X}(i)}^3h+\cdots-$$
$$h(\overline{X})-\frac{1}{2n}\sum_{j=1}^{2n}\left(\frac{1}{2!}D_{\widetilde{X}(j)}^2h+\frac{1}{4!}D_{\widetilde{X}(j)}^4h\right)\Bigg][\cdots]^{\mathrm{T}}\tag{2-52}$$

同样,由于 $\widetilde{X}^{(i)}=-\widetilde{X}^{(i+n)}$,式(2-52)中奇数次项为零,则近似协方差可进一步表示为

$$P_u=\frac{1}{2n}\sum_{i=1}^{2n}\Bigg[D_{\widetilde{X}(i)}h\,(D_{\widetilde{X}(i)}h)^{\mathrm{T}}+D_{\widetilde{X}(i)}h\left(\frac{1}{3!}D_{\widetilde{X}(i)}^3h\right)^{\mathrm{T}}+D_{\widetilde{X}(i)}h\left(\frac{1}{5!}D_{\widetilde{X}(i)}^5h\right)^{\mathrm{T}}+\cdots+$$
$$\frac{1}{2!}D_{\widetilde{X}(i)}^2h\left(\frac{1}{2!}D_{\widetilde{X}(i)}^2h\right)^{\mathrm{T}}+\cdots+\frac{1}{2!}D_{\widetilde{X}(i)}^2h\left(\frac{1}{2n}\sum_{j=1}^{2n}\frac{1}{2!}D_{\widetilde{X}(j)}^2h\right)^{\mathrm{T}}+\cdots+$$
$$\left(\frac{1}{2n}\sum_{j=1}^{2n}\frac{1}{2!}D_{\widetilde{X}(j)}^2h\right)\left(\frac{1}{2n}\sum_{j=1}^{2n}\frac{1}{2!}D_{\widetilde{X}(j)}^2h\right)^{\mathrm{T}}+\cdots\Bigg]\tag{2-53}$$

将四阶及以上高阶项用单词“*HIGH*”表示,则式(2-53)可简化为

$$P_u=\frac{1}{2n}\sum_{i=1}^{2n}D_{\widetilde{X}(i)}h\,(D_{\widetilde{X}(i)}h)^{\mathrm{T}}+\mathrm{HIGH}\tag{2-54}$$

忽略高阶项继续化简可得

$$
\begin{aligned}
\boldsymbol{P}_u &= \frac{1}{2n}\sum_{i=1}^{2n}\sum_{q,t=1}^{n}\left(\widetilde{\boldsymbol{X}}_q^{(i)}\frac{\partial h(\boldsymbol{X})}{\partial \boldsymbol{X}_q}\bigg|_{\bar{X}}\right)\left(\widetilde{\boldsymbol{X}}_t^{(i)}\frac{\partial h(\boldsymbol{X})}{\partial \boldsymbol{X}_t}\bigg|_{\bar{X}}\right)^{\mathrm{T}} \\
&= \frac{1}{n}\sum_{i=1}^{n}\sum_{q,t=1}^{n}\left(\widetilde{\boldsymbol{X}}_q^{(i)}\frac{\partial h(\boldsymbol{X})}{\partial \boldsymbol{X}_q}\bigg|_{\bar{X}}\right)\left(\widetilde{\boldsymbol{X}}_t^{(i)}\frac{\partial h(\boldsymbol{X})}{\partial \boldsymbol{X}_t}\bigg|_{\bar{X}}\right)^{\mathrm{T}} = \sum_{q,t=1}^{n}\boldsymbol{P}_{qt}\frac{\partial h(\boldsymbol{X})}{\partial \boldsymbol{X}_q}\bigg|_{\bar{X}}\left(\frac{\partial h(\boldsymbol{X})}{\partial \boldsymbol{X}_t}\bigg|_{\bar{X}}\right)^{\mathrm{T}} \\
&= \boldsymbol{HPH}^{\mathrm{T}}
\end{aligned}
\tag{2-55}
$$

式中,当 $i=1, 2, 3,\cdots, n$ 时,$\widetilde{\boldsymbol{X}}_q^{(i)} = -\widetilde{\boldsymbol{X}}_q^{(i+n)}$ 和$\widetilde{\boldsymbol{X}}_t^{(i)} = -\widetilde{\boldsymbol{X}}_t^{(i+n)}$;此外,最后结果推导参考式(2-24)。

综上,对比分析式(2-55)和式(2-24)可得,忽略高阶项后,基于无迹变换得到的协方差近似值与一阶线性化方法得到的近似值一致,但是线性化方法只包含 $\boldsymbol{HPH}^{\mathrm{T}}$这一项,而无迹变换得到的协方差却包含四阶甚至更高阶项,因此,直觉上认为无迹变换得到的协方差精度更高。另外,值得注意的是,上文只介绍了一种 sigma 点的生成方式及其作用效果,实际还存在其他确定性采样方法,如一般型无迹变换($2n+1$ 个 sigma 点)[21~23]、单形无迹变换($n+1$ 个 sigma 点)[23~24]、球形无迹变换($n+1$ 个 sigma 点)[2]等。

2.3 UKF 算法流程

前两节系统分析了非线性变换对均值和协方差估计的误差影响,以及为提高估计精度而产生的无迹变换方法。这里将无迹变换应用于线性的 KF 算法,引出适用于非线性结构系统的 UKF,将算法适用领域扩展至非线性系统。

考虑如下非线性离散系统:

状态方程:
$$\boldsymbol{X}_k = f(\boldsymbol{X}_{k-1}, \boldsymbol{U}_{k-1}) + \boldsymbol{w}_{k-1} \tag{2-56}$$

观测方程:
$$\boldsymbol{Y}_k = h(\boldsymbol{X}_k, \boldsymbol{U}_k) + \boldsymbol{v}_k \tag{2-57}$$

式中:$\boldsymbol{X}$——n 维状态量;

$\boldsymbol{Y}$——m 维观测量;

$\boldsymbol{U}$——系统输入矩阵;

$\boldsymbol{w}$——过程噪声矢量;

$\boldsymbol{v}$——观测噪声矢量;

f、h——非线性函数。

假定 $\boldsymbol{w}$ 和 $\boldsymbol{v}$ 的均值为零,且其协方差分别为 $\boldsymbol{Q}$ 和 $\boldsymbol{R}$。

首先,算法初始化:

$$\hat{\boldsymbol{X}}_0^+ = E(\boldsymbol{X}_0) \tag{2-58}$$

$$\hat{\boldsymbol{P}}_0^+ = E[(\boldsymbol{X}_0 - \hat{\boldsymbol{X}}_0^+)(\boldsymbol{X}_0 - \hat{\boldsymbol{X}}_0^+)^{\mathrm{T}}] \tag{2-59}$$

式中:$\hat{\boldsymbol{X}}_0^+$——初始状态量;

$\hat{\boldsymbol{P}}_0^+$——初始状态协方差。

其次，基于一般型无迹变换生成$(2n+1)$个 sigma 点：

$$\hat{\boldsymbol{\chi}}_{k-1}=[\hat{\boldsymbol{X}}_{k-1}^{+},\hat{\boldsymbol{X}}_{k-1}^{+}+\sqrt{n+\lambda}(\sqrt{\boldsymbol{P}_{k-1}^{+}})_j,\hat{\boldsymbol{X}}_{k-1}^{+}-\sqrt{n+\lambda}(\sqrt{\boldsymbol{P}_{k-1}^{+}})_j] \tag{2-60}$$

式中：j——矩阵的列数，$j=1,2,\cdots,n$，n为状态量的维数；

λ——与状态量维度和分布相关的增益系数[22]。

注意：式(2-60)共生成$(2n+1)$个 sigma 点，为一般型无迹变换方法，相比 2.2 介绍的无迹变换多生成一个 sigma 点。实际多生成的 sigma 点为原点，不影响整体 sigma 点的均值和协方差分布，且能减小均值和协方差的高阶误差[21~23]。此外，式(2-60)需要计算矩阵的平方根，传统方法通过 Cholesky 分解完成相应矩阵开方运算，因此，对矩阵的对称正定性有数值要求。

再次，开展时间更新步，具体过程如下：

$$\hat{\boldsymbol{\chi}}_k^{(i)}=f(\hat{\boldsymbol{\chi}}_{k-1}^{(i)},\boldsymbol{U}_{k-1}) \tag{2-61}$$

$$\hat{\boldsymbol{\chi}}_k^{-}=\sum_{i=0}^{2n}W_m^i\hat{\boldsymbol{\chi}}_k^{(i)} \tag{2-62}$$

$$\hat{\boldsymbol{P}}_k^{-}=\sum_{i=0}^{2n}W_c^i(\hat{\boldsymbol{\chi}}_k^{(i)}-\hat{\boldsymbol{\chi}}_k^{-})(\hat{\boldsymbol{\chi}}_k^{(i)}-\hat{\boldsymbol{\chi}}_k^{-})^{\mathrm{T}}+\boldsymbol{Q}_k \tag{2-63}$$

$$W_c^i=\begin{cases}\dfrac{\lambda}{n+\lambda}+1-a^2+b & (i=0)\\ \dfrac{1}{2(n+\lambda)} & (i=1,2,\cdots,2n)\end{cases} \tag{2-64}$$

$$W_m^i=\begin{cases}\dfrac{\lambda}{n+\lambda} & (i=0)\\ \dfrac{1}{2(n+\lambda)} & (i=1,2,\cdots,2n)\end{cases} \tag{2-65}$$

$$\lambda=a^2(n+\kappa)-n \tag{2-66}$$

式中：κ——三次缩放因子，通常被设置为$\kappa=3-n$；

a——均值调整系数[7]，$10^{-4}\leqslant a\leqslant 1$；

b——方差调整系数[7]，一般取$b=2$。

又次，基于式(2-62)和式(2-63)计算的状态量先验估计值和先验状态协方差再次通过一般型无迹变换方法生成$(2n+1)$个 sigma 点：

$$\hat{\boldsymbol{\chi}}_k^{<i>}=[\hat{\boldsymbol{\chi}}_k^{-},\hat{\boldsymbol{\chi}}_k^{-}+\sqrt{n+\lambda}(\sqrt{\boldsymbol{P}_k^{-}})_j,\hat{\boldsymbol{\chi}}_k^{-}-\sqrt{n+\lambda}(\sqrt{\boldsymbol{P}_k^{-}})_j] \tag{2-67}$$

最后，开展量测更新步，具体过程如下：

$$\hat{\boldsymbol{y}}_k^{(i)}=h(\hat{\boldsymbol{\chi}}_k^{<i>}) \tag{2-68}$$

$$\hat{\boldsymbol{y}}_k=\sum_{i=0}^{2n}W_m^i\hat{\boldsymbol{y}}_k^{(i)} \tag{2-69}$$

$$\boldsymbol{P}_{yy,k}=\sum_{i=0}^{2n}W_c^i(\hat{\boldsymbol{y}}_k^{(i)}-\hat{\boldsymbol{y}}_k)(\hat{\boldsymbol{y}}_k^{(i)}-\hat{\boldsymbol{y}}_k)^{\mathrm{T}}+\boldsymbol{R}_k \tag{2-70}$$

$$\boldsymbol{P}_{xy,k}=\sum_{i=0}^{2n}W_c^i(\hat{\boldsymbol{\chi}}_k^{(i)}-\hat{\boldsymbol{\chi}}_k^{-})(\hat{\boldsymbol{y}}_k^{(i)}-\hat{\boldsymbol{y}}_k)^{\mathrm{T}} \tag{2-71}$$

$$\boldsymbol{K}_k = \boldsymbol{P}_{xy,k}\boldsymbol{P}_{yy,k}^{-1} \tag{2-72}$$

$$\hat{\boldsymbol{\chi}}_k^+ = \hat{\boldsymbol{\chi}}_k^- + \boldsymbol{K}_k(\boldsymbol{y}_k - \hat{\boldsymbol{y}}_k) \tag{2-73}$$

$$\hat{\boldsymbol{P}}_k^+ = \hat{\boldsymbol{P}}_k^- - \boldsymbol{K}_k\boldsymbol{P}_{yy,k}\boldsymbol{K}_k^{\mathrm{T}} \tag{2-74}$$

式中:$\hat{\boldsymbol{y}}_k$——预测观测值;

$\boldsymbol{P}_{yy,k}$——新息协方差;

$\boldsymbol{P}_{xy,k}$——交叉协方差;

权重系数参考式(2-64)和式(2-65)。

综上,介绍了UKF算法的完整计算流程。注意:一个时间更新步加上一个量测更新步等于一步UKF计算。图2-1所示为UKF实施步骤。

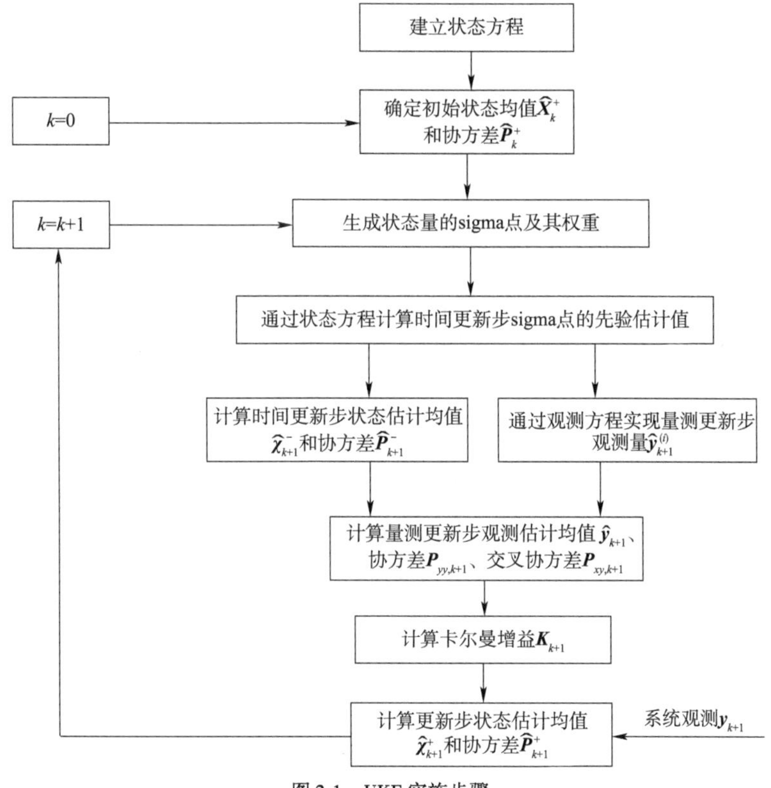

图2-1 UKF实施步骤

2.4 算法优劣性分析

2.4.1 主要参数设置

UKF是一种基于模型驱动的结构状态估计及参数识别方法,结构模型通常写作状态空间方程的形式[式(1-15)]。在讨论 UKF 算法的具体应用之前,先对其主要影响参数及其取值特性做一说明。值得注意的是,鉴于一般型无迹变换技术已经很成熟[22],本书未对式(2-64)和式(2-65)中的权重影响参数做进一步说明。根据前文描述,UKF 算法的起始参数为 $\hat{\boldsymbol{X}}_0^+ = E(\boldsymbol{X}_0)$ 和 $\hat{\boldsymbol{P}}_0^+ = E[(\boldsymbol{X}_0 - \hat{\boldsymbol{X}}_0^+)(\boldsymbol{X}_0 - \hat{\boldsymbol{X}}_0^+)^{\mathrm{T}}]$,其中 $\hat{\boldsymbol{X}}_0^+$ 代表初始状态量,而 $\boldsymbol{X}_0$ 代表由工程经验、有限元计算或设计图纸计算得到的初始状态值;矩阵 $\hat{\boldsymbol{P}}_0^+$ 代表初始状态协方差,其通常由不相关的对角元素组成[25]。初始状态协方差代表对初始状态估计的信任度,当没有任何关于初始状态值 $\boldsymbol{X}_0$ 的先验信息时,通常将初始状态协方差 $\hat{\boldsymbol{P}}_0^+$ 设置为较大值[13~26]。此外,过程噪声协方差 $\boldsymbol{Q}$ 代表既选数学模型本身存在的误差[27],而观测噪声协方差 $\boldsymbol{R}$ 则与测量噪声息息相关。通常,如果足够信任建立的数学模型,过程噪声协方差可以取较小的值,但是不能取零值,因为非零小值可以促进参数的收敛[28]。同时,如果测量噪声水平较低,观测噪声协方差也建议取较小值;相反,观测噪声协方差适宜选取较大值,具体应用时还需结合自适应 UKF 算法的特点进行调试。

2.4.2 均值估计精度

为了说明 UKF 在状态估计精度方面的优势,针对式(2-1)展示的非线性函数变换实例开展分析研究。首先,根据 r 和 θ 相互独立且 r 和 θ 服从均匀分布或高斯分布的假定,随机产生 300 个样本点,根据式(2-1)计算的 y_1 和 y_2 的分布情况如图 2-2 中的红色圆圈所示。然后,分别基于 EKF 和 UKF 对 y_1 和 y_2 的均值进行估计,具体计算结果如图 2-2 所示。通过对图 2-2 的对比分析可得,UKF 估计均值与真实均值基本重合,而 EKF 的估计均值大于真实均值,说明 UKF 算法的均值估计精度更高。

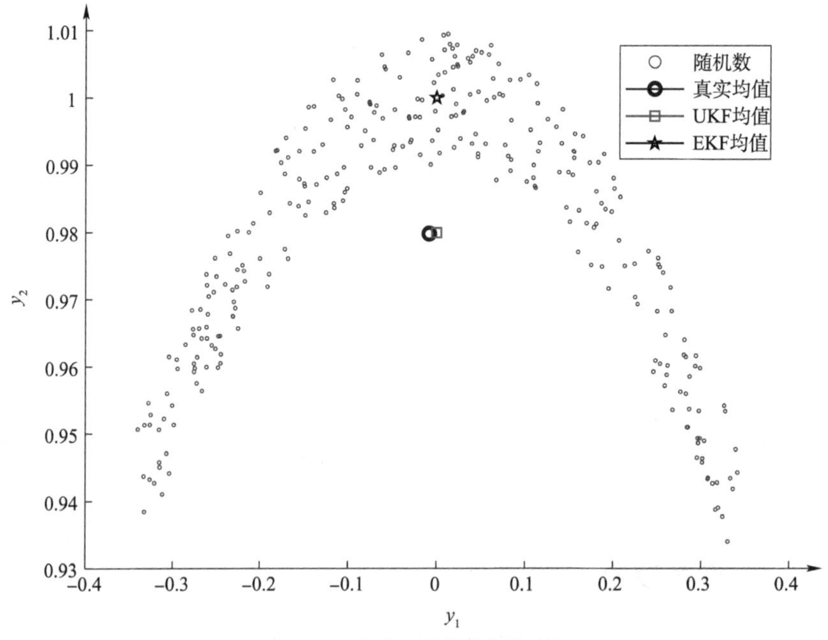

图 2-2 不同算法的均值估计对比

2.4.3 时变参数识别

为进一步说明 UKF 算法的识别效果和局限性,下面基于单自由度弹簧系统的刚度识别案例展开说明,模型结构如图 2-3a)所示,具体结构参数定义如下:质量 $m=0.5$kg,刚度 $k=80$ N/s,阻尼 $c=0.6$ Ns/m。假设该弹簧系统受到图 2-3b)所示的正弦激励荷载作用,传感器的采样频率为 200Hz。本案例研究目的为:以加速度为观测值,通过 UKF 算法识别结构的刚度参数 k。其中 UKF 算法的参数设置如下:初始状态量为 $\widehat{\boldsymbol{X}}_0^+=[0\quad 0\quad 100]^{\mathrm{T}}$,初始状态协方差 $\widehat{\boldsymbol{P}}_0^+=\mathrm{diag}([1\times10^{-8}\quad 1\times10^{-8}\quad 10])$,过程噪声协方差 $\boldsymbol{Q}=1\times10^{-8}\boldsymbol{I}_{3\times3}$,以及观测噪声协方差 $\boldsymbol{R}=5\times10^{-1}I_{1\times1}$。注意:初始状态量的第三个元素是刚度参数,识别过程中假定结构质量、阻尼和荷载参数已知。

不考虑结构参数时变性,即认为荷载作用过程中刚度参数恒定,基于 UKF 算法的具体识别结果如图 2-3c)所示。假定结构刚度参数在第 5s 时发生 10% 的折减,即 5s 后结构刚度突变为 $k=80\times(1-10\%)=72$N/m,基于 UKF 算法的具体识别结果如图 2-3d)所示。对图 2-3c)、图 2-3d)的结果进行对比分析可得,UKF 算法可以快速准确地收敛到恒定结构参数值,但是当结构参数发生时变时,UKF 算法的识别效果并不好,具体表现为收敛速度明显下降。由此可以看出,UKF 并不善于处理时变参数的识别问题。为了增强 UKF 对时变结构参数的识别能力,书中第 4 章至第 7 章基于 UKF 理论框架,研发了多种自适应 UKF 算法。

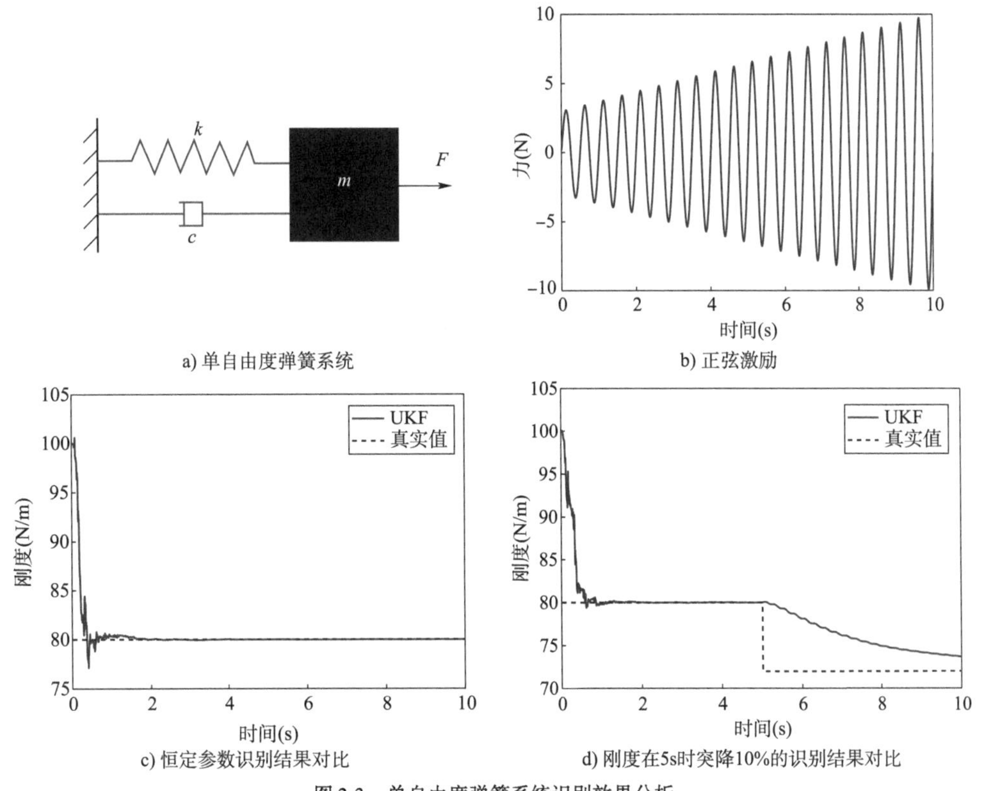

a) 单自由度弹簧系统　b) 正弦激励

c) 恒定参数识别结果对比　d) 刚度在5s时突降10%的识别结果对比

图 2-3　单自由度弹簧系统识别效果分析

综上所述,为了适应非线性系统的需求,首先介绍了无迹变换方法,并通过非线性变换过程中的均值和协方差估计,详细说明了直接对非线性函数本身线性化所带来的截断误差及一阶均值估计精度的局限性。传统的线性化方法常忽略高阶项,从而造成一定误差,而无迹变换方法通过引入一组精心选择的采样点,有效减少了此类误差。进一步的数学推导证明,无迹变换的均值估计精度可达到二阶及以上,因此更适应复杂的非线性系统。在此基础上,将无迹变换与卡尔曼滤波器(KF)结合,得出了无迹卡尔曼滤波器(UKF)的完整计算流程。该算法在每一次递推过程中通过无迹变换生成一组称作 sigma 点的确定向量,并通过计算这些 sigma 点的函数值来近似非线性函数的均值和协方差,进而结合 KF 框架优化系统状态的估计,避免了直接对非线性函数线性化所带来的误差。

最后,为了直观展示 UKF 算法的优势,书中通过具体案例说明了该算法在处理非线性系统时的优越性。然而,尽管 UKF 在处理非线性问题上展现出显著优势,但在某些特定情况下仍存在不足。通过进一步分析基于单自由度弹簧系统的时变刚度参数识别案例,可以发现常规 UKF 在应对时变结构参数识别问题时表现出一定的劣势。这是因为在时变系统中,参数的快速变化会导致滤波器无法及时更新和适应,从而影响估计结果的准确性。这一现象表明,在动态参数识别中,常规 UKF 具有改进的空间和必要性。

第3章 CHARTER 3

基于正交分解与直接扩展状态量 UKF 的荷载识别算法

结构外荷载信息的准确获取对于结构健康监测中的参数识别和结构状态评估具有重要意义。结构外荷载虽然可以通过力传感器直接获得,但在实际工程中,受传感器的位置、测点数量的限制,很难直接通过力传感器获得荷载的全部时程信息。大多数情况下,需要根据结构有限测点的信息来重构外荷载。

在地震作用时,结构常呈现非线性特性。在非线性结构地震损伤的监测中,外界荷载和结构响应的测量信息都十分有限,这要求荷载识别方法适应结构呈现非线性的特性以及输出信息不完备的苛刻条件。因此,现有的荷载识别方法在非线性结构地震损伤监测和估计中难以取得良好的效果,这给非线性结构震后的安全性评估带来很大困难。

针对以上问题,本章首先提出基于正交分解的非线性结构外荷载识别方法。基于结构的频域响应,本章还提出外荷载正交分解中标准正交基展开阶数的确定方法。其次,为提高识别效率和识别精度,本章给出时间窗递推、迭代的识别策略。最后,通过三层剪切型框架模型的基底地震激励的仿真分析、六层基底隔震框架的白噪声激励、地震激励以及冲击荷载的数值仿真分析,重点研究基于正交分解方法对非线性结构外荷载估计的适用性。在数值仿真过程中,将分别考虑噪声和模型误差对识别结果的影响,验证所提方法的精度及其对测试噪声的鲁棒性。

考虑到基于正交分解的识别方法状态量中待识别未知量的数量过多,导致识别过程的计算效率较低,本章还提出将外荷载直接作为状态量进行识别的荷载估计方法。该方法将结构未知外荷载直接扩展到状态量中进行递推识别。在数值仿真研究中,还应考虑白噪声、模型误差对基于状态量扩展方法的影响。

3.1 基于改进奇异值分解的无迹变换

在基于 UKF 算法递推估计结构状态及参数的过程中,一般使用 Cholesky 分解计算无迹变换中状态协方差矩阵的平方根。这要求矩阵满足对称正定性。然而,由于实际递推过程中计算机舍入误差和噪声的不利影响,状态协方差矩阵可能失去对称正定属性,导致无迹变换出现矩阵病态问题,进而导致算法异常中断。为了提高 UKF 算法的数值稳定性和矩阵开方精度,可基于奇异值分解技术(SVD)[1]代替 Cholesky 分解完成状态协方差矩阵的平方根计算。基于 SVD 分解的状态协方差矩阵可表示为

$$\boldsymbol{P}=\boldsymbol{U}\boldsymbol{S}\,\boldsymbol{V}^{\mathrm{T}} \tag{3-1}$$

式中:$\boldsymbol{U}$——一个 $m\times m$ 阶酉矩阵,$\boldsymbol{U}^{\mathrm{T}}\boldsymbol{U}=\boldsymbol{I}$;

V——一个 $n \times n$ 阶酉矩阵，$V^{\mathrm{T}}V = I$；

S——$m \times n$ 阶对角矩阵，即 $S = \mathrm{diag}\{s_1, s_2, \cdots, s_n\}$，且 $s_1, s_2, \cdots, s_n \geqslant 0$，为协方差矩阵 P 的奇异值。

基于 SVD 分解的协方差矩阵平方根可表述如下：

$$\sqrt{P} = U\sqrt{S}V^{\mathrm{T}} \tag{3-2}$$

因此，式(2-60)中的协方差平方根可以写为

$$\sqrt{P_{k-1}^{+}} = U\sqrt{S_{k-1}^{+}}V^{\mathrm{T}} \tag{3-3}$$

另外，根据赵博宇博士的研究[29]，基于 SVD 分解的 UKF 方法虽然提高了 UKF 对于病态协方差矩阵的鲁棒性，但其数值稳定的前提依旧为状态协方差矩阵保持对称性。当状态协方差矩阵满足对称属性时，基于 SVD 分解的协方差矩阵开方计算结果准确且数值稳定；然而，当运算过程中出现状态协方差矩阵不对称的情况时，SVD 分解方法的数值稳定性和计算精度仍会受到影响，即使程序可以继续运行，但识别结果可能误差较大。为了直观说明此问题，针对下述矩阵实例进行讨论分析。

假设在基于 UKF 进行递推识别的过程中，计算机舍入误差和噪声导致状态协方差矩阵失去对称性，且假定此时的状态协方差矩阵如下：

$$P = \begin{bmatrix} 16 & -2 & 4 & 5 \\ -1.99 & 8 & 7.01 & 3 \\ 3.99 & 7 & 9 & 6.02 \\ 5.01 & 3.01 & 5.99 & 15 \end{bmatrix} \tag{3-4}$$

基于 SVD 分解方法，通过式(3-2)进行开方运算：

$$A = \begin{bmatrix} 3.8559 & -0.5321 & 0.6958 & 0.6065 \\ -0.5288 & 2.2946 & 1.5313 & 0.3385 \\ 0.6910 & 1.5262 & 2.3418 & 0.8405 \\ 0.6102 & 0.3437 & 0.8304 & 3.7169 \end{bmatrix} \tag{3-5}$$

基于矩阵 A 反算协方差矩阵：

$$A^{\mathrm{T}}A = \begin{bmatrix} 15.9972 & -2.0008 & 3.9983 & 5.0081 \\ -2.008 & 7.9957 & 7.0029 & 3.0142 \\ 3.9983 & 7.0029 & 9.0028 & 5.9952 \\ 5.0081 & 3.0142 & 5.9952 & 15.0044 \end{bmatrix} \neq P \tag{3-6}$$

由式(3-6)可得，当协方差矩阵不对称时，SVD 分解无法准确进行协方差矩阵的开方运算。

为了进一步提高 SVD 分解方法在 UKF 递推算法中的计算稳定性和精度，参考赵博宇博士的做法[29]，基于矩阵均值化来保证每一递推步的状态协方差矩阵的对称性：

$$P = \frac{P + P^{\mathrm{T}}}{2} \tag{3-7}$$

则基于式(3-7)计算式(3-4)可得

$$P=\begin{bmatrix}16.000 & -1.995 & 3.995 & 5.005\\ -1.995 & 8.000 & 7.005 & 3.005\\ 3.995 & 7.005 & 9.000 & 6.005\\ 5.005 & 3.005 & 6.005 & 15.000\end{bmatrix}=A^{\mathrm{T}}A \tag{3-8}$$

式中,矩阵 A 的计算方式参考式(3-5)。由式(3-8)可得,SVD 的计算结果更稳定。

3.2 正交分解理论

本节主要介绍切比雪夫正交多项式分解以及将荷载等效为系数与正交基乘积的原理,并提出正交基展开阶数确定方法以及基于正交分解的荷载识别方法改进措施。

结构的外荷载时程往往具有很强的时变性和随机性,而这种时变性和随机性在状态空间中无法用模型准确描述。因此,直接使用 UKF 识别方法进行结构的外荷载识别不仅工作量大而且往往难以取得良好的效果。正交多项式分解利用分解阶数的递增,逐渐逼近连续任意函数,在数值分析及物理方程中占据重要地位。荷载时程的正交分解理论是将荷载随机过程表达为展开系数与标准正交基的线性组合。这种分解方式有效地将随机过程进行量化拟合,使其更便于数学运算分析,且一般形式的随机过程仅需要少数的展开阶数便可以有效拟合出其主要概率特性。基于标准正交基分解的随机过程分解方法被普遍认为在荷载时程拟合中具有较好的效果。

3.2.1 正交基展开阶数确定方法

多自由度纯滞回型非线性结构的运动方程可表达为

$$M\ddot{x}(t)+C\dot{x}(t)+Kz(t)=LF(t) \tag{3-9}$$

$z(t)=[z_1(t)\quad z_2(t)\quad \cdots \quad z_i(t)]^{\mathrm{T}}$ 为结构的滞回位移向量,其分量的数学表达为

$$\dot{z}_i=\dot{x}_i-\beta_i|\dot{x}_i||z_i|^{n_i-1}z_i-\gamma_i\dot{x}_i|z_i|^{n_i} \tag{3-10}$$

式中:x_i——第 i 层的层间位移;

z_i——第 i 层的层间滞回位移;

β、γ、n——Bouc-Wen 模型参数,一般基于试验获得。

在结构运动方程(3-9)中,输入力 $F(t)$ 为随机过程,其可以使用标准正交基的形式进行正交分解。分解后的输入力可表达成式(3-11)。输入力的表达形式为正交展开系数与标准正交基的线性组合。因此,结构外荷载的识别问题转换成正交展开系数的识别问题。

$$F^i(t)=\sum_{i=1}^{N_f}\sum_{m=1}^{N_m}w_m^iT_m^i(t) \tag{3-11}$$

式中:w_m^i——第 i 个结构荷载的第 m 阶正交展开系数;

$T_m^i(t)$——第 i 个结构荷载的第 m 阶标准正交基;

N_m——荷载正交展开阶数;

N_f——作用于结构的荷载个数。

切比雪夫正交基时间序列可以表达为

$$T_1 = \frac{1}{\sqrt{\pi}}$$

$$T_2 = \sqrt{\frac{2}{\pi}}\left(\frac{2t}{T} - 1\right)$$

$$T_{n+1}(t) = 2\left(\frac{2t}{T} - 1\right)T_n(t) - T_{n-1}(t) \quad (n = 2,3,4,\cdots,N_m - 1) \tag{3-12}$$

式中：T——随机时程长度。

式(3-12)给出了荷载正交展开的一般形式，由此表达式可以看出，正交多项式拟合的荷载由正交展开系数和标准正交基两部分组成。标准正交基 $T_m^i(t)$ 有固定计算公式，不同正交基的计算方法也不同。由于切比雪夫正交基在荷载拟合方面效果较好，且一维切比雪夫加权多项式具有较快的收敛速度，本节采用切比雪夫标准正交基进行荷载分解。根据式(3-11)，外部激励作用下 N 个自由度非线性系统的运动方程式(3-9)可以表达为

$$\boldsymbol{M}\ddot{\boldsymbol{x}}(t) + \boldsymbol{C}\dot{\boldsymbol{x}}(t) + \boldsymbol{K}\boldsymbol{z}(t) = \boldsymbol{L}\sum_{i=1}^{N_f}\sum_{m=1}^{N_m} w_m^i T_m^i(t) \tag{3-13}$$

式(3-13)所示的非线性结构系统的运动方程可以表示成状态方程的形式：

$$\dot{\boldsymbol{Z}}(t) = \boldsymbol{A}\boldsymbol{Z}(t) + \boldsymbol{B}\boldsymbol{L}\sum_{i=1}^{N_f}\sum_{m=1}^{N_m} w_m^i T_m^i(t) \tag{3-14}$$

$$\boldsymbol{Z} = \begin{bmatrix} x \\ \dot{\boldsymbol{x}} \end{bmatrix}, \boldsymbol{A} = \begin{bmatrix} 0 & \boldsymbol{I} \\ -\boldsymbol{M}^{-1}\boldsymbol{K} & -\boldsymbol{M}^{-1}\boldsymbol{C} \end{bmatrix}, \boldsymbol{B} = \begin{bmatrix} 0 \\ \boldsymbol{M}^{-1} \end{bmatrix}$$

对于剪切型非线性框架结构，位移向量$\boldsymbol{z}(t) = [z_1(t) \quad z_2(t) \quad \cdots \quad z_i(t)]^{\mathrm{T}}$，状态方程为式(3-15)，基底隔震结构状态方程为式(3-16)。

$$\dot{\boldsymbol{Z}} = \begin{bmatrix} \dot{\boldsymbol{x}} \\ \dot{\boldsymbol{x}} \\ \dot{\boldsymbol{z}}_i \\ \dot{\boldsymbol{w}} \end{bmatrix} = \begin{bmatrix} \dot{x} \\ M^{-1}[L\sum_{i=1}^{N_f}\sum_{m=1}^{N_m} w_m^i T_m^i - (f_c[\boldsymbol{c},\dot{\boldsymbol{x}}] + f_s[\boldsymbol{k},\boldsymbol{z}])] \\ \dot{x}_i - \beta_i|\dot{x}_i||z_i|^{n_i-1}z_i - \gamma_i\dot{x}_i|z_i|^{n_i} \\ \boldsymbol{0} \end{bmatrix} \tag{3-15}$$

$$\dot{\boldsymbol{Z}} = \begin{bmatrix} \dot{\boldsymbol{x}} \\ \dot{\boldsymbol{x}} \\ \dot{z}_1 \\ \dot{\boldsymbol{w}} \end{bmatrix} = \begin{bmatrix} \dot{\boldsymbol{x}} \\ \boldsymbol{M}^{-1}[\boldsymbol{L}\sum_{i=1}^{N_f}\sum_{m=1}^{N_m} w_m^i T_m^i - (f_c[\boldsymbol{c},\dot{\boldsymbol{x}}] + f_s[\boldsymbol{k},\boldsymbol{z}])] \\ \dot{x}_1 - \beta_1|\dot{x}_1||z_1|^{n_1-1}z_1 - \gamma_1\dot{x}_1|z_1|^{n_1} \\ \boldsymbol{0} \end{bmatrix} \tag{3-16}$$

对于基底隔震结构，假设隔震层以外各楼层为线性结构，非线性模型仅存在于结构第一自由度的隔震层，此时，结构滞回位移 $\boldsymbol{Z}$ 是一维向量。位移向量 $\boldsymbol{z}(t)$ =

$[z_1(t) \quad z_2(t) \quad \cdots \quad z_i(t)]^{\mathrm{T}}$,在状态空间中的表达式为式(3-16)。其中,式(3-15)与式(3-16)的主要区别在于结构的非线性恢复力模型假设:剪切型非线性框架假设每层均为非线性模型,而隔震结构仅隔震层假设为非线性模型。

在对外荷载进行正交分解时,正交基的展开阶数对拟合精度影响较大。此外,荷载拟合的精度还与荷载的持续时长有关。在以往的研究及工程应用中,一般根据工程经验预先估计展开阶数并进行识别计算,最后根据识别效果及精度要求再次调整展开阶数,如此往复,直到最后满足精度要求。本书根据切比雪夫多项式的展开规律,结合结构响应的自身频域特征,给出了外荷载识别中确定切比雪夫多项式展开阶数的估计公式,并通过数值仿真计算校验估计公式的适用性。

当持续时间为1.0s,采样频率为1000Hz时,切比雪夫多项式第四至第六阶标准正交基展开图如图3-1所示。表3-1为正交基展开阶数与波峰个数的对应关系。

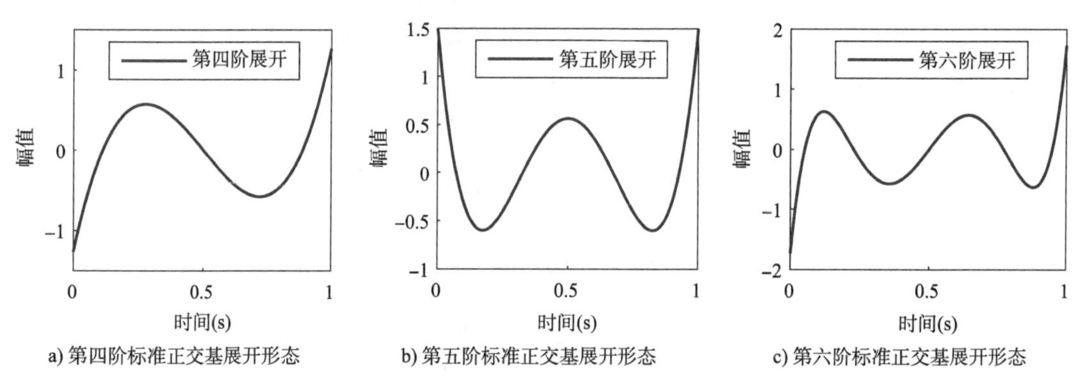

a) 第四阶标准正交基展开形态　b) 第五阶标准正交基展开形态　c) 第六阶标准正交基展开形态

图3-1　切比雪夫多项式第四至第六阶标准正交基展开图(纵坐标为波形幅值,无物理量纲)

正交基展开阶数与波峰个数的对应关系　表3-1

展开阶数	波峰个数	展开阶数	波峰个数	展开阶数	波峰个数
1	0	7	2	13	5
2	0	8	3	14	6
3	0	9	3	15	6
4	1	10	4	…	…
5	1	11	4	$2\times n+2$	n
6	2	12	5	$2\times n+2$	n

切比雪夫多项式的标准正交基展开后,其前两阶为直线,从第三阶开始,正交基的时程曲线出现峰值,并按标准正交基的展开阶数依次增加,即在第三阶展开后,展开阶数每增加一阶,标准正交基的时程曲线会随之增加一个峰值,且波峰、波谷交叉依次增加,变化规律明显。

结合标准正交基的变化规律,本书给出了标准正交基展开阶数的确定方法。假设结构的主要关心频率不超过n Hz,则结构响应在1s内最多出现n个波峰。结构的响应是由外荷载的激励作用产生的,根据共振原理,外界激励在1s内最少拥有n个波峰方能全部激起结构的响应。结合前文所述的正交基的展开规律,在1s内正交基多项式的线性组合中,最高阶多项式所包含的波峰个数应不少于外荷载所拥有的波峰个数。因此，在 1s 内，正交基的最小展开阶数为 $2 \times n + 2$，而在 2s 内，正交基最小的展开阶数为 $2 \times 2 \times n + 2$，以此类推，正交基最佳展开阶数经验公式如下：

$$w = 2 \times t \times n + 2 \tag{3-17}$$

式中：t——采样时长，s；

n——结构主要关心频率，Hz。

3.2.2 基于正交分解的荷载识别方法改进措施

对于多自由度、荷载持续时间较长的结构，荷载识别方法的精度易受自由度个数及采样时间的影响。一般而言，计算效率随自由度的增加、荷载持续时间的延长而降低。为了解决上述问题，本节提出增加时间窗和迭代循环的策略来改善识别效果。

一般情况下，外界激励可能很复杂并且包含高频成分，为了更为精确地描述外界激励，进行切比雪夫多项式分解时，需要具有足够多的分解阶数，并用高阶多项式来代表原激励的高频部分。然而，增加分解阶数，将导致状态空间中系数增多，从而影响识别精度和识别效率。前面章节已经讨论过，正交基的最佳分解阶数随采样时间的增加而增加。因此，如果将结构响应的采样时间分割成多个时间窗，正交基多项式的阶数就可以根据时间窗的长度重新确定。相比总体采样时间而言，时间窗可根据计算效率自由定义，在每一个时间窗内，对目标变量进行识别。由于采样点数量减少，在识别过程中可保证在每一个时间窗内都具有足够的多项式来表示该时间窗范围内的外界激励，从而有效地提升识别效果。

在第一个时间窗内，初始值可以设成初始预估值。一般情况下，荷载的预估值为零，而在后续的时间窗内，初始值为前一个时间窗的最后一个时间步的识别值，从而保证识别变量在时间上的连续性。基于时间窗的优化处理过程，时间窗分割示意图如图 3-2 所示。

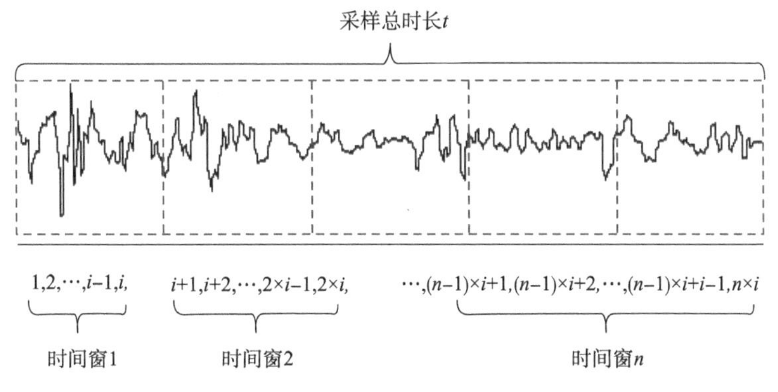

图 3-2　时间窗分割示意图

时间窗的时长设置不受外界激励时长的限制，因此更为灵活。每一个时间窗内的识别工作可以使用相对较少的分解阶数来实现，计算效率较高。该方法在降低多项式阶数的同时，可能会导致外界激励高频部分的识别效果变差，对于这种情况，需要结合后面提到的迭代算法来提升整体识别效果。

与时间窗处理手段不同,迭代处理是在采样时间总时长范围内对识别结果进行细化处理,迭代计算流程如图 3-3 所示。

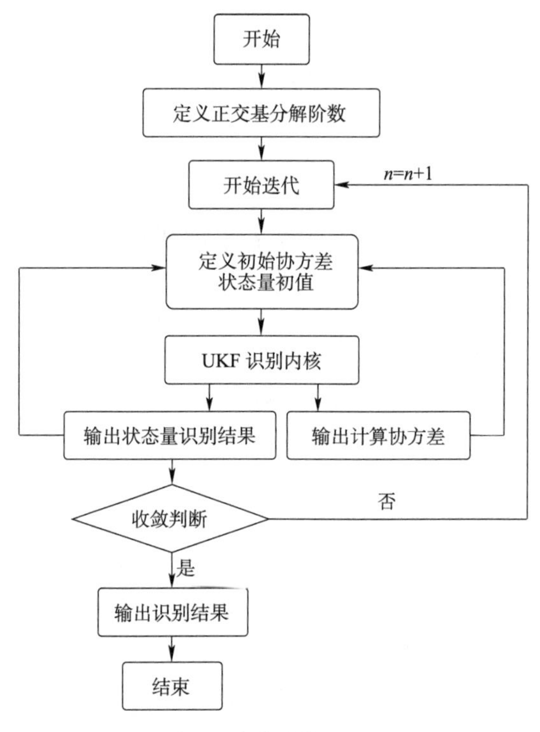

图 3-3 迭代计算流程图

在识别过程中,识别变量及系统协方差的初始值往往根据经验来设置,而初始参数的取值将直接影响整体的识别精度,特别是初始协方差矩阵取值对荷载影响较为明显。因此,在以往不采用迭代递推手段的识别过程中,需要反复调整识别变量及系统协方差的初始值并进行大量的试算,然后根据精度要求确定最终的初始值取值。当在识别过程中采取迭代递推手段时,前一次的识别结果可以作为下一次递推过程的初始值,在此过程中,识别变量及系统协方差的初始值不断更新,因此,识别结果将逐步逼近识别变量的真实值。迭代过程的本质是识别变量及协方差矩阵的优化过程,随着迭代计算的进行,初始值与真实值之间的偏差越来越小,识别值逐步逼近真实值。因此,迭代识别可减小初始值设置不合理导致的偏差,从整体上提高识别精度。

迭代过程中的收敛准则如下:

$$\left\| \frac{X_{i+1} - X_i}{X_{i+1}} \right\| \leqslant \mathrm{Tol} \tag{3-18}$$

式中:i——时间迭代步数;

Tol——预先设定的识别精度。

时间窗是对采样时长的分段处理,减少采样点个数可以减少正交基分解阶数,提高计算效率;而迭代处理是对选定时间段的优化处理,通过迭代逐步更新识别变量及协方差矩阵可以提高识别精度。因此,二者结合使用可有效提升识别效果。上述方法将通过本章后面的数值仿真分析进行验证。

3.3 直接扩展状态量理论

对于一般的情况(包括线性结构和非线性结构),外部荷载作用下结构系统的运动方程如下:

$$\boldsymbol{M}\ddot{\boldsymbol{x}}(t)+\boldsymbol{F}_d(\dot{\boldsymbol{x}}(t))+\boldsymbol{F}_r(\boldsymbol{x}(t),\boldsymbol{z}(t))=\boldsymbol{LF}(t) \tag{3-19}$$

式中:$\boldsymbol{F}_d(\dot{\boldsymbol{x}}(t))$——阻尼力向量;

$\boldsymbol{F}_r(\boldsymbol{x}(t))$——恢复力向量。

状态量可设置成式(3-20)的形式:

$$\boldsymbol{Z}(t)=[\boldsymbol{x}(t)^{\mathrm{T}}\quad \dot{\boldsymbol{x}}(t)^{\mathrm{T}}\quad \boldsymbol{z}(t)^{\mathrm{T}}\quad \boldsymbol{\theta}^{\mathrm{T}}]^{\mathrm{T}} \tag{3-20}$$

式中:$\boldsymbol{\theta}$——代表结构的 m 个未知参数,$\boldsymbol{\theta}=[\theta_1\quad \theta_2\quad \cdots\quad \theta_m]^{\mathrm{T}}$,包括阻尼、刚度和非线性参数。

等式可写成状态空间形式:

$$\boldsymbol{Z}_{k+1}=f(\boldsymbol{Z}_k,\boldsymbol{F}_k)+\boldsymbol{w}_k \tag{3-21}$$

式中:$\boldsymbol{Z}$、$\boldsymbol{F}$、$\boldsymbol{w}$——状态变量、外荷载和过程噪声向量。

当部分外荷载 $\boldsymbol{F}$ 未知时,对于时变外荷载,$\boldsymbol{F}_k$ 可以用前一时刻的 $\boldsymbol{F}_{k-1}$ 来表示,$\boldsymbol{F}_k$ 和 $\boldsymbol{F}_{k-1}$ 之间的关系如下:

$$\boldsymbol{F}_k=\boldsymbol{F}_{k-1}+\boldsymbol{\eta}_{k-1} \tag{3-22}$$

其中,假设 $\boldsymbol{\eta}_{k-1}$ 为过程噪声,服从均值为 $\boldsymbol{0}$,标准差为 $\boldsymbol{S}$ 的正态分布。对于非线性系统的识别问题,状态量方程可以写成下面的形式:

$$\begin{bmatrix}\boldsymbol{X}_k\\ \boldsymbol{F}_k\end{bmatrix}=\begin{bmatrix}F(\boldsymbol{X}_{k-1},\ddot{\boldsymbol{x}}_{g,k-1},\boldsymbol{F}_{k-1})\\ \boldsymbol{F}_{k-1}\end{bmatrix}+\begin{bmatrix}\boldsymbol{w}_{k-1}\\ \boldsymbol{\eta}_{k-1}\end{bmatrix} \tag{3-23}$$

新扩展的状态方程可以写成:

$$\boldsymbol{Z}_k=G(\boldsymbol{Z}_{k-1},\ddot{\boldsymbol{x}}_{g,k-1})+\boldsymbol{\mu}_{k-1} \tag{3-24}$$

式中:$\boldsymbol{Z}_k$——用$[\boldsymbol{X}_k\quad \boldsymbol{F}_k]^{\mathrm{T}}$ 表述的新的状态量;

$\boldsymbol{\mu}$——可用$[\boldsymbol{w}_{k-1}\quad \boldsymbol{\eta}_{k-1}]^{\mathrm{T}}$ 表示;

$G(\cdot)$——与新的状态量和过程噪声对应的非线性方程。

因此,新的观测方程可以写成:

$$\boldsymbol{y}_k=H(\boldsymbol{Z}_k,\ddot{\boldsymbol{x}}_{g,k})+\boldsymbol{v}_k \tag{3-25}$$

式中:H——观测方程的非线性函数。

而后,可选用改进的 SVD-UKF 算法对外荷载进行识别,具体识别步骤如下:

(1)获得结构初始模型,包括质量、刚度、阻尼矩阵,判定外力作用下的非线性模型。

(2)对结构进行动态测试。在仿真阶段,计算结构在响应作用下的反应。

(3)建立非线性结构在外力作用下的运动方程,此时模型误差比较容易获得。

(4)基于 SVD-UKF 方法在状态量空间中识别结构的响应以及外荷载。

3.4 基于正交分解 UKF 的荷载识别数值仿真

考虑现有非线性结构的主要类型及应用情况,数值仿真算例分别以三层剪切型框架及六层基底隔震结构为例,研究基于正交分解方法的非线性结构的外荷载识别问题。其中,三层剪切型框架考虑了基底地震激励工况,而六层基底隔震结构除考虑地震作用外,还考虑了白噪声工况。此外,针对大震作用下隔震结构的碰撞情况,特别考虑了碰撞过程中产生的冲击荷载。

3.4.1 剪切型框架结构的荷载识别

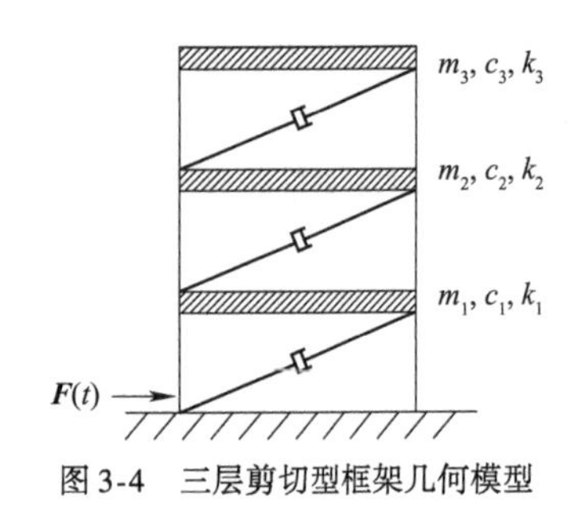

图 3-4　三层剪切型框架几何模型

数值仿真模型以三层剪切型框架结构为研究对象,如图 3-4 所示。三层剪切模型框架的每一层均为非线性模型,且各层的非线性模型均采用 Bouc-Wen 模型来模拟。三层剪切型框架模型参数见表 3-2。采用的外界激励为地震作用且作用位置为结构基底。地震记录为 El-Centro（NS,1940）,采样频率为 100Hz,持续时间为 20s。

三层剪切型框架模型参数　　表 3-2

参数	数值	参数	数值
楼层质量(kg)	100	阻尼系数[kN/(m/s)]	0.32
一层刚度（kN/m)	38	β	4
二层刚度（kN/m)	35	γ	2
三层刚度（kN/m)	35	n	1.1

图 3-5 和图 3-6 分别为地震激励作用下三层剪切型框架上部两层的加速度频谱曲线。由图 3-5 及图 3-6 可知,在地震激励作用下,结构主要响应在 4Hz 处。本算例中时间窗长度为 1s,由前文给出的式(3-17)可确定标准正交分解阶数:$w = 2 \times 1 \times 4 + 2 = 10$(阶)。

地震激励加速度时程曲线的识别结果如图 3-7 所示。在不考虑系统测量噪声影响的识别工况中,地震激励识别曲线与真实值能很好地吻合,个别峰值点处地震激励识别值略大于真实值,最大峰值点处识别误差为 2.3%。考虑 5% 的系统测量噪声时,在地震激励幅值偏小的时段,噪声的影响使得识别值偏大,地震激励最大峰值点处识别误差为 2.9%。

地震激励识别值与真实值的频域对比如图 3-8 所示。在高频部分,特别是当频率大于 90Hz 以后,识别曲线与真实曲线之间存在一定的差异,实际地震激励的功率谱曲线在高频部分有明显下降,而通过识别获得的功率谱曲线中则没有体现该特性。此外,可以看出,噪声的影响在频域内的分布较为均匀,但在 70Hz 附近和 100～120Hz 范围,噪声的存在使得识别功率谱曲线误差较大。在两种工况下,地震激励的形态已经完全得到识别,基于正交分解的外荷载识别方法对三层剪切型框架有较好的识别效果。

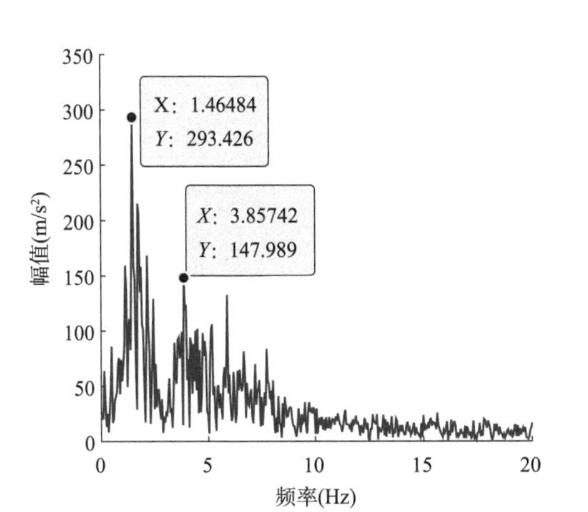

图 3-5 三层剪切型框架第三层(从下向上数)加速度频谱曲线

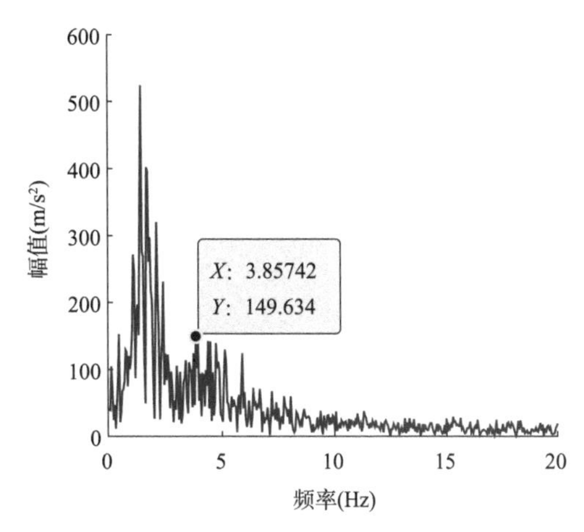

图 3-6 三层剪切型框架第二层加速度频谱曲线

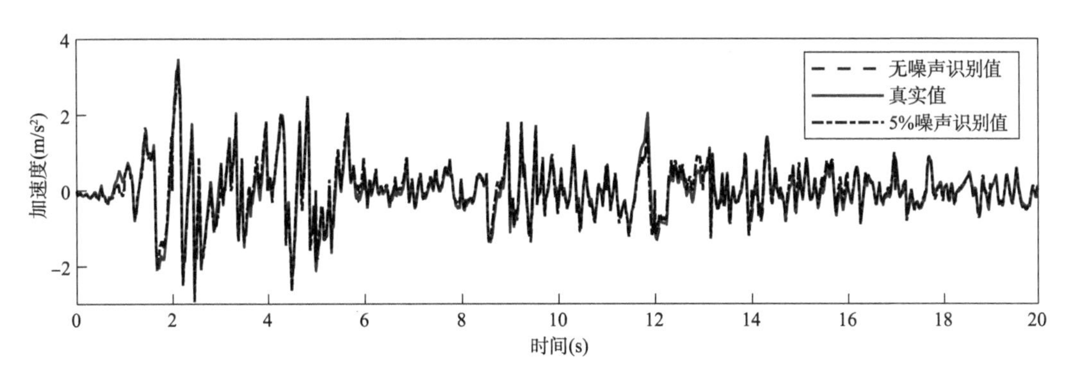

图 3-7 地震激励加速度时程曲线的识别结果

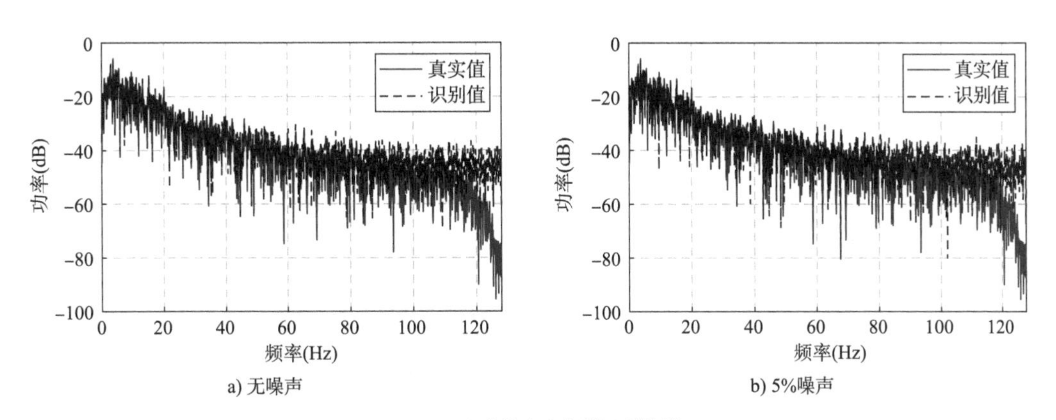

图 3-8 地震激励功率谱识别结果

3.4.2 基底隔震框架结构的荷载识别

数值仿真算例以六层基底隔震框架结构为研究对象,隔震结构几何模型如图 3-9 所示。隔震支座属于非线性构件,采用 Bouc-Wen 模型来模拟,上部结构假设为线性结构。六层基底隔震框架参数见表 3-3。在大震作用下,隔震层会产生较大位移,并有可能发生与周边结构碰撞的现象，因此，针对隔震结构，外界激励包括白噪声、地震激励以及地震过程中碰撞荷载。其中，白噪声及地震激励的作用位置为结构基底，冲击荷载的作用位置为隔震层。

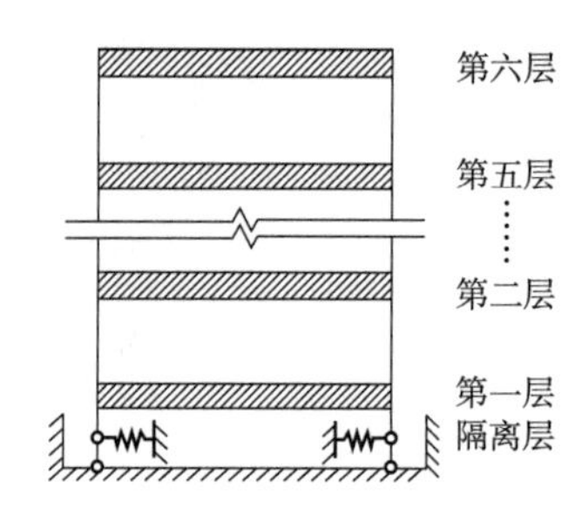

图 3-9　隔震结构几何模型

六层基底隔震框架参数　　表 3-3

参数	数值	参数	数值
隔震层质量(t)	906	第五层刚度（kN/m）	1120001
第一层至第六层质量（t）	835	第六层刚度（kN/m）	1127991
隔震层刚度（kN/m）	66078	阻尼系数	0.15
第一层刚度（kN/m）	1106488	β	4
第二层刚度（kN/m）	1107447	γ	2
第三层刚度（kN/m）	1109323	n	1.1
第四层刚度（kN/m）	1113274	—	—

数值仿真工况 A：基底白噪声激励

由图 3-10 和图 3-11 可以确定，当时间窗时长为 1.0s、时间窗个数为 3 时，分解阶数 $w = 2 \times 1 \times 10.25 + 2 = 22.5$，取分解阶数 24 阶。

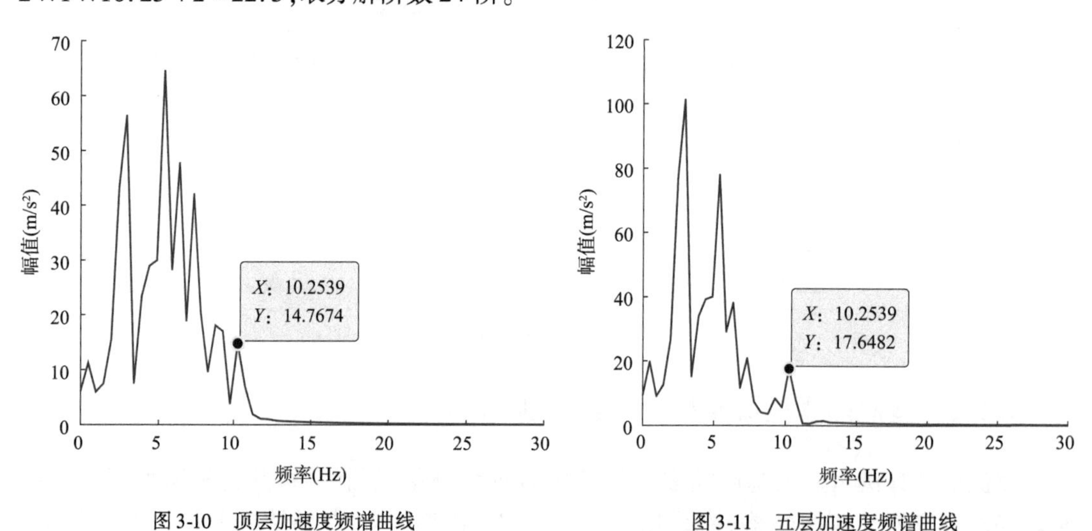

图 3-10　顶层加速度频谱曲线　　图 3-11　五层加速度频谱曲线

在工况 A-3 中，基底隔震结构白噪声激励的识别结果如图 3-12 所示。在工况 A-3 中，正交基分解阶数为 24 阶，迭代后白噪声识别误差为 6%，从局部识别结果可以判断白噪声的识别效果是比较理想的。

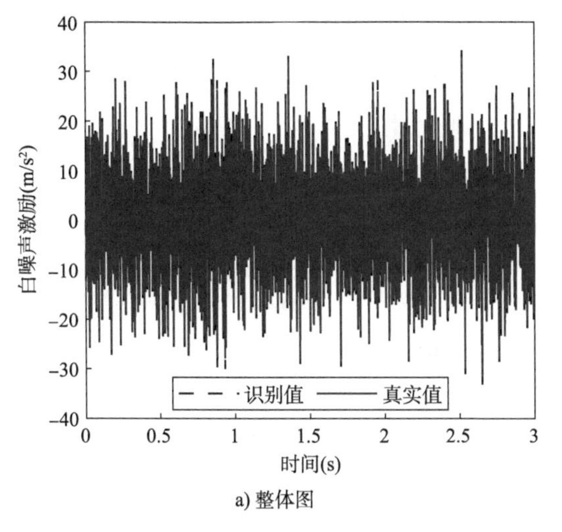

a) 整体图

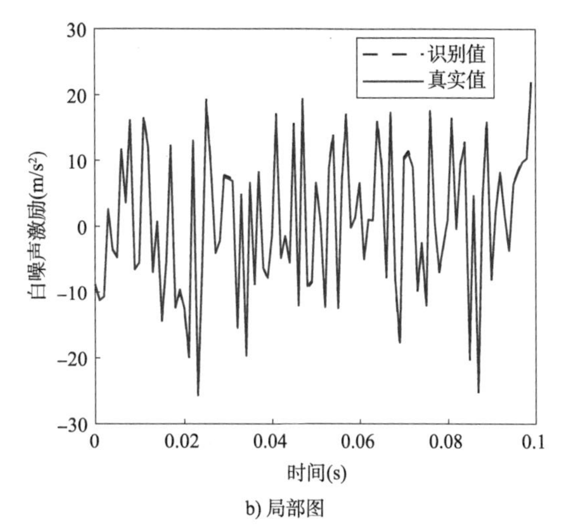

b) 局部图

图 3-12 白噪声激励识别结果（工况 A-3）

图 3-13 和图 3-14 给出了工况 A-6 中基底隔震结构白噪声激励的识别结果。工况 A-6 是在工况 A-3 的基础上考虑了 5% 的测量噪声。此时白噪声整体识别误差为 8%。

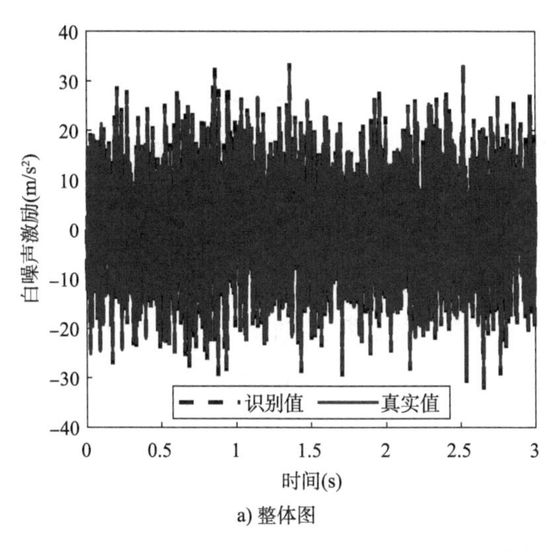

a) 整体图

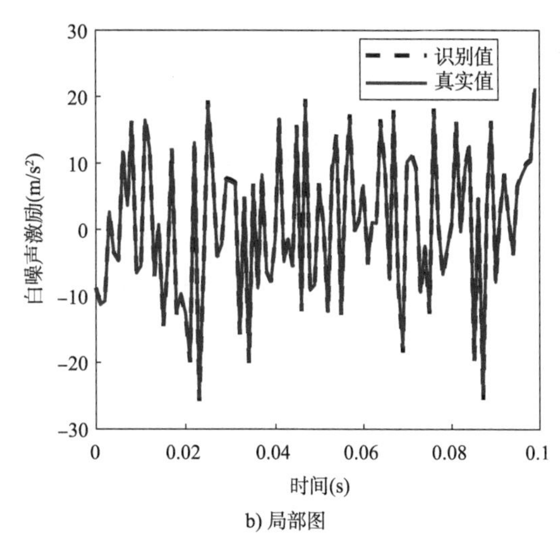

b) 局部图

图 3-13 白噪声激励识别结果（工况 A-6）

当采样时长为 3.0s 时，由分解阶数估算公式得 $w=2\times3\times10.25+2=63.5$，取分解阶数为 64 阶。在工况 A-1、工况 A-4 和工况 A-5 中，单个时间窗内白噪声激励时长为 3.0s，正交基分解阶数为 64 阶。其中，只有工况 A-4 迭代计算，工况 A-1 和工况 A-5 均没有采用迭代算法，而工况 A-5 是在工况 A-1 的基础上考虑了 5% 的测量噪声。同理，在工况 A-2、工况 A-3 和工况 A-6 中，单个时间窗内白噪声激励时长为 1.0s，正交基分解阶数为 24 阶，工况 A-3 和工况 A-6 迭代计算，工况 A-2 没有采用迭代算法，工况 A-6 是在工况 A-3 的基础上考虑了 5% 的测量噪声影响。表 3-4 给出了数值仿真工况 A 的识别结果。

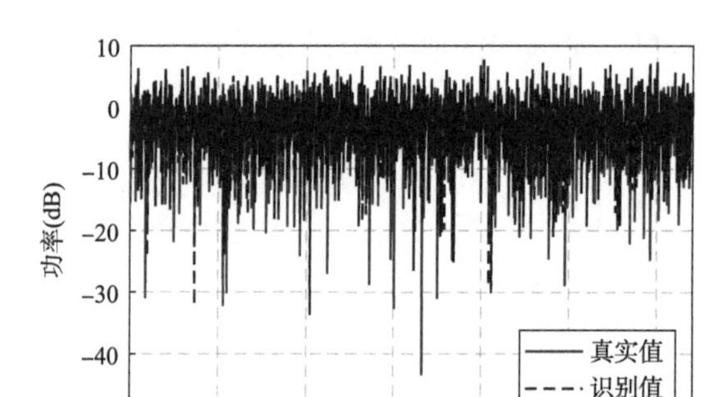

a) 无噪声

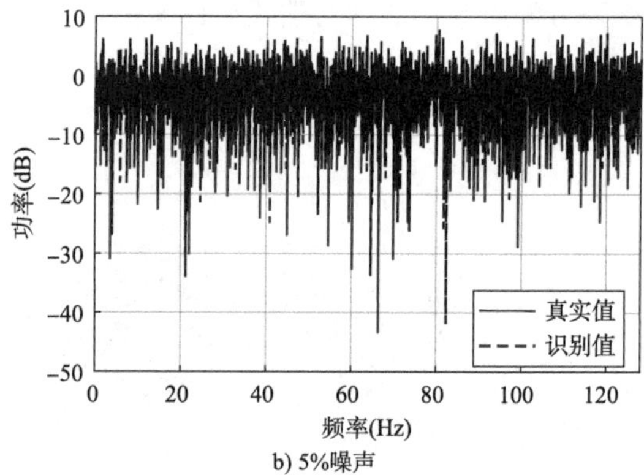

b) 5%噪声

图 3-14　白噪声激励功率谱识别结果

数值仿真工况 A 的识别结果　　表 3-4

参数	工况编号					
	A-1	A-2	A-3	A-4	A-5	A-6
分解阶数	64	24	24	64	64	24
时间窗个数	1	3	3	1	1	3
迭代与否	否	否	是	是	否	是
误差（%）	29.03	6.19	6.03	29.62	29.91	8.01
计算耗时（s）	131.14	61.84	185.43	393.27	128.60	179.41

同时比较前四个工况可以发现,考虑迭代后识别精度几乎没有改变,而计算耗时却大幅度增加。在设置了时间窗的工况 A-3 和工况 A-4 中,正交基分解阶数减少了 65.5%,计算耗时同比增加了 200%,工况 A-3 识别精度为 6.03%,相比工况 A-4 的识别精度有所提高,由此说明,迭代处理手段只有在时间窗较短的情况下使用,才能使迭代获得的协方差矩阵及识别量与真实值更为接近。当采样时长较长时,可能导致迭代获得的结果与下一次迭代初始值之间差异过大,此时迭代处理便失去了意义。此时,单独使用迭代处理可能不会明显提高识别精度。为了获得较好的识别效果,可以将迭代处理与时间窗结合使用。

考虑观测噪声的工况 A-5 和工况 A-6,外界激励识别误差变化并不明显,特别是在分解阶数较高的 64 阶时,噪声对激励识别几乎没有影响,主要原因是白噪声本身就是宽频信号,结构响应受噪声干扰并不会十分明显。

数值仿真工况 B:El-Centro 地震激励

在工况 B 中,采用 El-Centro 地震记录,采样频率为 100Hz,持续时间取 21s。图 3-15、图 3-16 给出了地震激励作用下基底隔震框架上部两层结构的加速度频谱曲线。

在地震激励作用下,结构响应频率集中在 7.0Hz 以内,当时间窗时长为 3.0s 时,时间窗个数为 7,由分解阶数估算公式可得 $w = 2 \times 3.0 \times 7 + 2 = 44$,取分解阶数 44 阶。当不考虑时间窗处理手段时,标准正交基分解阶数为 80 阶。以下分析分别考虑分解阶数、时间窗、观测噪声及迭代处理对识别效果的影响。

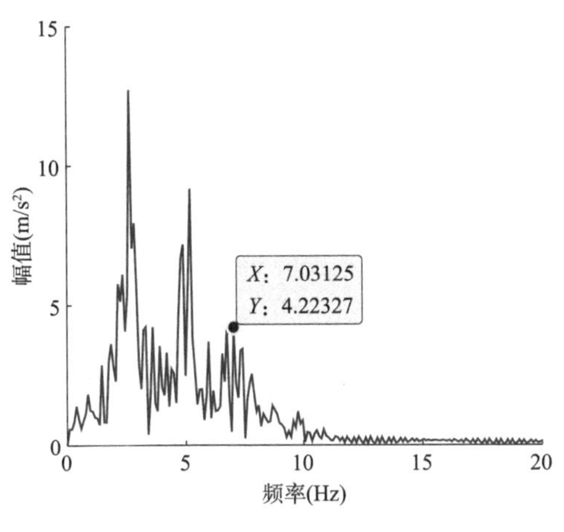

图 3-15　顶层加速度频谱曲线

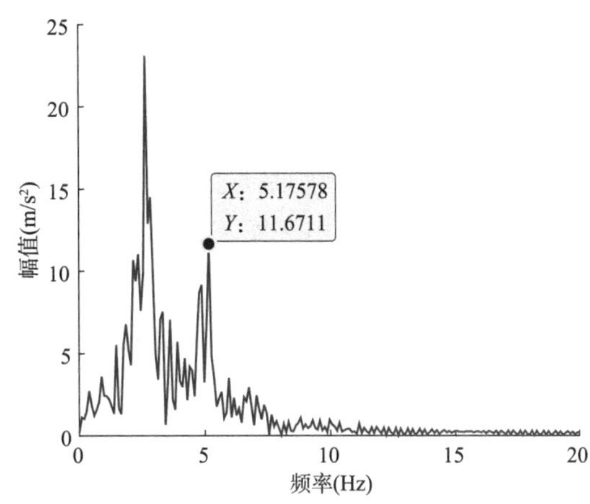

图 3-16　五层加速度频谱曲线

图 3-17、图 3-18 给出了工况 B-3 和工况 B-6 的地震激励前 20s 的时域和频域对比结果。工况 B-3 没有考虑噪声的影响，此时地震激励整体误差为 8.42%，考虑 5% 系统测量噪声后，地震激励识别误差增大至 12.2%。识别误差的增大主要由噪声引起。在图 3-18 中，在功率谱曲线中真实值相对突出的负向功率附近，识别误差较大，其原因是地震激励在该频率附近的激励成分较少，而噪声在频域内的分布比较均匀。因此，噪声在真实值相对缺失的频率附近的影响较大，局部误差也随之增加。

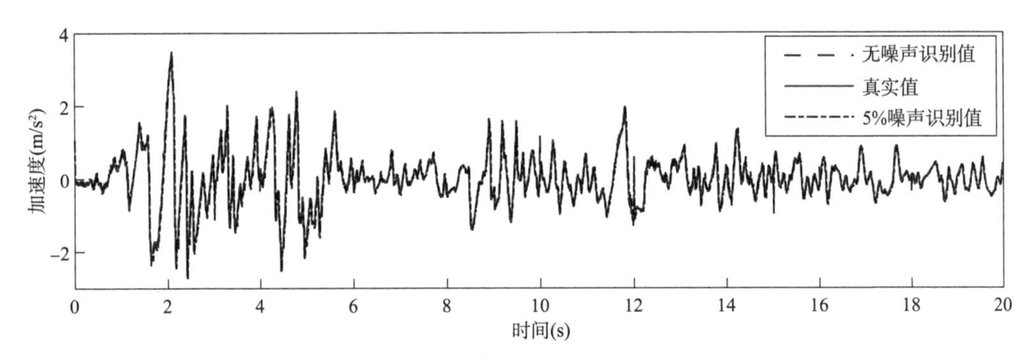

图 3-17　地震激励识别结果（44 阶）

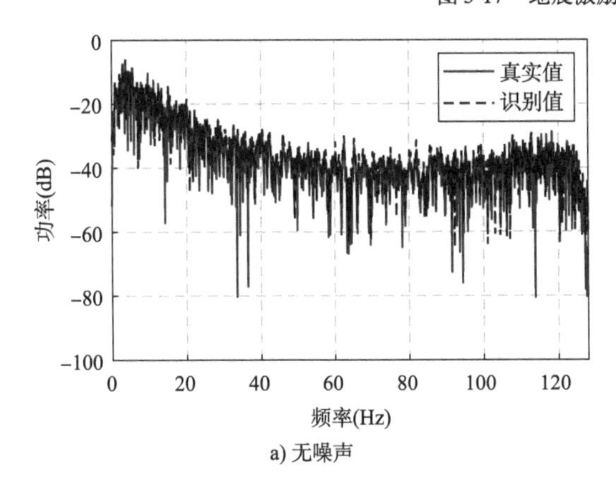

a) 无噪声

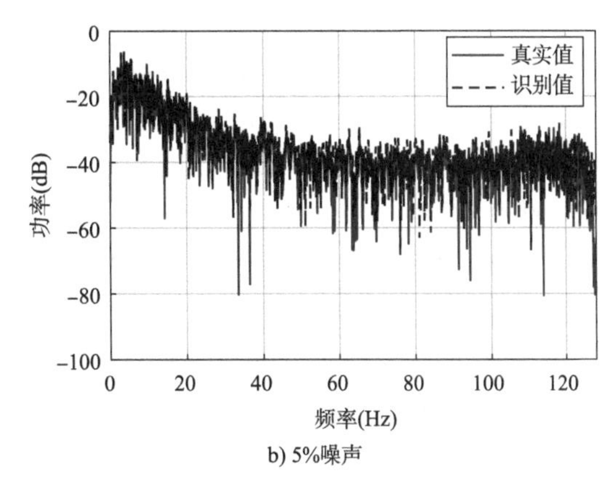

b) 5%噪声

图 3-18　地震激励功率谱识别结果（44 阶）

在工况 B-1、工况 B-2 和工况 B-5 中，单个时间窗内地震激励时长为 21.0s，正交基分解阶数为 80 阶。其中，工况 B-2 和工况 B-5 迭代计算，工况 B-1 没有采用迭代方法，工况 B-5 是在工况 B-2 的基础上考虑了 5% 的测量噪声。同理，在工况 B-3、工况 B-4 和工况 B-6 中，单个时间窗内白噪声激励时长为 4.0s，正交基分解阶数为 44 阶，工况 B-4 和工况 B-6 迭代计算，工况 B-3 没有采用迭代方法，工况 B-6 是在工况 B-4 的基础上考虑了 5% 的测量噪声影响。表 3-5 给出了数值仿真工况 B 的识别结果。

数值仿真工况 B 的识别结果 表 3-5

参数	工况编号					
	B-1	B-2	B-3	B-4	B-5	B-6
分解阶数	80	80	44	44	80	44
时间窗个数	1	1	7	7	1	7
迭代与否	否	是	否	是	是	是
范数误差（%）	11.66	11.72	8.42	8.63	13.79	12.22
计算耗时（s）	122.97	362.95	73.90	218.76	371.51	209.46

根据表 3-5 各工况的识别结果，比较工况 B-1 和工况 B-2，考虑迭代处理时，识别精度略有改变，而计算时间增加了一倍多，因此，迭代处理在该工况中对精度的改善效果并不理想，同样的情况在工况 B-3 和工况 B-4 中也有体现。原因同工况 A 一样，当时间窗时长较长时，单独使用迭代处理手段并不能有效改善识别效果。根据工况 B-3 的结果可以看出，增加时间窗，不仅提高了识别精度，而且缩短了识别过程的计算时间，对识别效率改善较为明显。考虑噪声之后，工况 B-5 和工况 B-6 的识别误差均有所增加，但识别精度仍在可接受范围内，地震激励识别值与真实值的变化趋势及峰值拟合较好。因此，基于正交基分解的外荷载识别方法对隔震结构的地震激励识别具有较好的效果。

数值仿真工况 C：冲击荷载

隔震结构在遭遇大震作用时，隔震层会产生较大变形，并有可能发生周边结构或隔震沟的碰撞现象。由碰撞产生的冲击荷载也会对结构产生不利影响。在工况 C 中，地震作用及碰撞产生的冲击荷载同时作用于结构，其中，地震作用为 El-Centro，峰值为 510gal。地震作用已知并作用于结构基底，冲击荷载未知并作用于结构的隔震层。地震作用和冲击荷载的采样频率均为 100Hz，持续时间为 4.0s。表 3-6 为数值仿真工况 C 的识别结果。

在工况 C-1 和工况 C-2 中，正交基分解阶数为 60 阶，时间窗时长为 4.0s，工况 C-2 特别考虑了噪声的影响。在工况 C-2 中正交基分解阶数为 120 阶，时间窗时长为 4.0s。工况 C-3、工况 C-4 和工况 C-5 中正交基分解阶数为 40 阶，时间窗时长为 2.0s，其中工况 C-4 和工况 C-5 采用了迭代计算，工况 C-5 考虑了 5% 噪声的影响。工况 C-4 和工况 C-5 的识别结果分别如图 3-19 和图 3-20 所示。冲击荷载的作用时间为 2.3s，在工况 C-4 中，冲击荷载识别值 2.3s 附近有一定的震荡，震荡的时间范围是 1.0 ~ 3.0s，震荡的幅值约为冲击荷载峰值的 20%，冲击荷载峰值识别效果较好，峰值识别误差为 13%。而在其他时段内，识别值与真实值都趋近零。

数值仿真工况 C 的识别结果　　表 3-6

参数	工况编号					
	C-1	C-2	C-3	C-4	C-5	C-6
分解阶数	60	120	40	40	40	60
时间窗个数	1	1	2	2	2	1
是否迭代	否	否	否	是	是	否
峰值误差（%）	51.66	48.58	37.09	13.11	56.03	63.28
计算耗时（s）	13.46	31.43	14.84	43.37	45.09	13.65

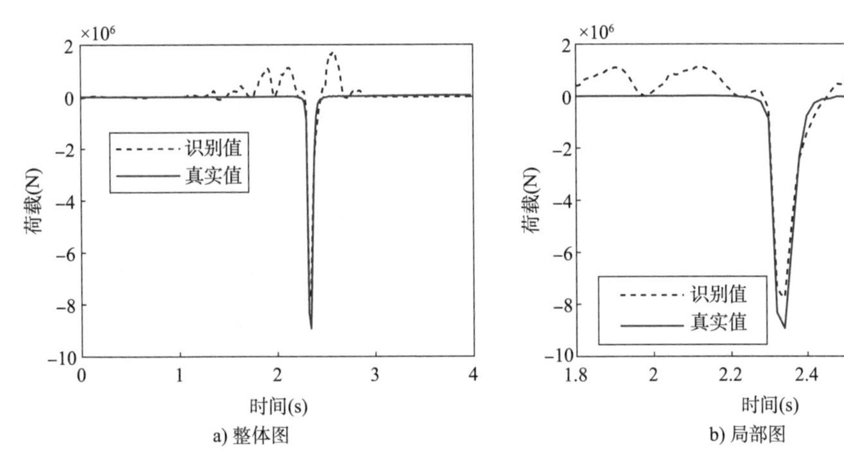

图 3-19　冲击荷载识别结果(工况 C-4)

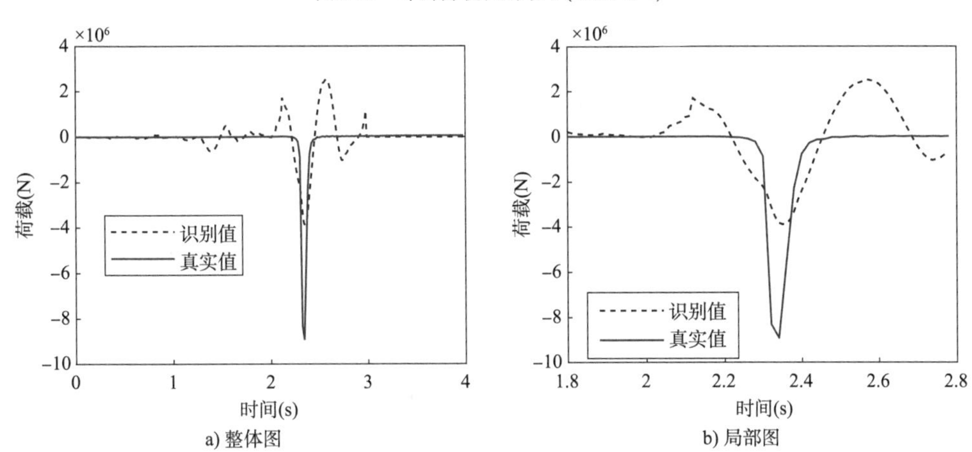

图 3-20　冲击荷载识别结果（工况 C-5）

工况 C-5 考虑 5% 测量噪声的影响，冲击荷载识别值在峰值附近有波动，但冲击荷载的峰值识别值较真实值小很多，噪声的引入对冲击荷载的识别影响较大。图 3-21 给出了工况 C-4 和工况 C-5 的频域对比结果。由图 3-21 可以看出，误差的影响在频域内的表现更为明显，不考虑噪声时，功率谱密度曲线识别值与真实值变化趋势比较一致，考虑噪声后，识别值的功率谱密度曲线较真实值整体偏小，且识别曲线的光滑性及变化趋势都有明显改善。

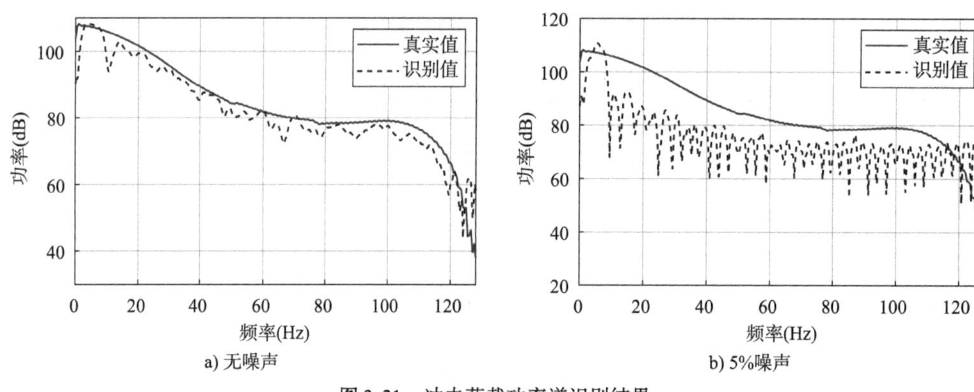

图 3-21 冲击荷载功率谱识别结果

比较工况 C-1 和工况 C-2,当正交基分解阶数由原来的 60 阶增加至 120 阶时,计算时间由 13.46s 增加至 31.43s,耗时增加了 133.5%,冲击荷载的整体识别精度由 51.66% 提高至 48.58%,改善效果并不明显。在工况 C-3 和工况 C-4 中增加时间窗,识别效果得到一定的改善,特别是工况 C-4,考虑迭代以后,峰值荷载的识别精度提高到 13.11%,而在考虑 5% 噪声的工况 C-5 和工况 C-6 中,噪声的干扰非常明显,此时,增加时间窗、迭代处理等手段对精度提高效果较弱。主要原因在于:冲击荷载本身是宽频荷载,宽频荷载需要有足够多的分解阶数才能得以表达,而时间窗手段主要用于降低分解阶数,因此对冲击荷载并不适用;迭代处理以前一次的识别值作为下一次迭代的初始值,冲击荷载出现在时间窗的中间时段且具有突变性,因此,迭代处理对冲击荷载的识别同样是不适用的。对于冲击荷载的识别,提高识别精度最有效的办法是保证有足够的正交基分解阶数。

数值仿真工况 D:模型误差

本工况主要考虑模型误差对地震激励识别效果的影响。模型误差通过模型刚度调整来反映。其中,在工况 D1 中,隔震层刚度保持不变,第一至第六层刚度的变化幅度服从均值为零,标准差为第一至第六层楼层刚度平均值的 0% ~30% 的高斯分布。正交基分解阶数为 44 阶,时间窗 10 个。

根据表 3-7 的分析结果可知,当隔震层以上楼层刚度变化 30% 时,外荷载整体识别误差始终保持在 8.53% 左右。因此,隔震结构的响应对隔震层以外的楼层刚度的变化并不敏感。为了进一步了解隔震层刚度的影响,在工况 D2 中,模型误差的考虑范围包含隔震层在内的结构各层刚度。刚度变化规律同工况 D1。

工况 D1 计算结果 表 3-7

参数	工况编号				
	D1-1	D1-2	D1-3	D1-4	D1-5
模型误差(%)	0	5	10	20	30
识别误差(%)	8.42	8.53	8.53	8.53	8.54
计算耗时(s)	73.90	74.27	74.43	73.37	73.31

图 3-22 给出了模型误差 0% 的工况 D2-1 和模型误差 30% 的工况 D2-5 中地震激励的识

别结果。当模型误差达到 30% 时，地震激励的识别值较真实值有一定的偏差。

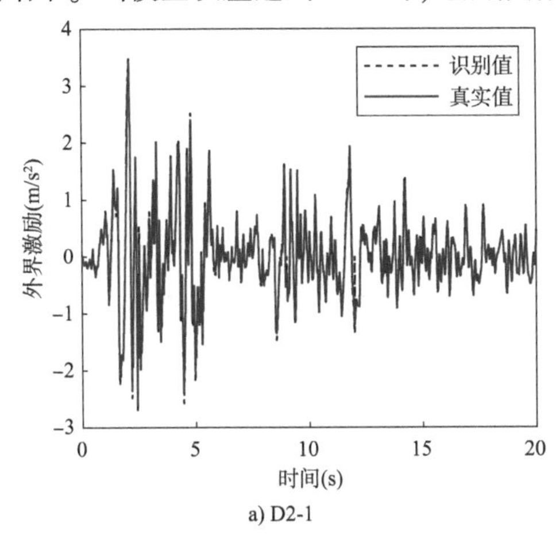

a) D2-1

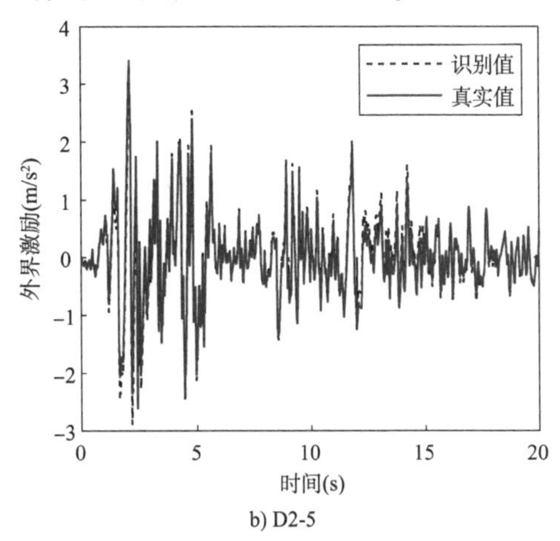

b) D2-5

图 3-22　地震激励的识别结果

表 3-8 给出了工况 D2 的识别结果。当考虑隔震层刚度影响时，随着模型误差的增大，外界激励的识别误差也会增大。因此，隔震结构的响应受隔震层刚度的影响较为明显，同时验证了基于正交分解的荷载识别方法对模型误差的影响并不敏感——即便在考虑 30% 模型误差的情况下，仍能完成对外界激励的识别。

工况 D2 的识别结果　表 3-8

参数	工况编号				
	D2-1	D2-2	D2-3	D2-4	D2-5
模型误差（%）	0	5	10	20	30
识别误差（%）	8.42	8.59	8.88	11.16	20.14
计算耗时（s）	73.90	74.39	74.34	73.99	74.33

3.5 基于直接扩展状态量 UKF 的荷载识别数值仿真

本节将进行两个非线性模型的仿真研究：第一个模型为三层滞回型框架结构，第二个模型为十四层基底隔震结构。仿真工况设置见表 3-9。

仿真工况设置　表 3-9

荷载识别案例	方案	模型误差（%）	测量噪声（%）	环境基础激励
案例 1	方案 1	0	0	0
	方案 2	0	5	0
	方案 3	0	5	0

续上表

荷载识别案例	方案	模型误差（%）	测量噪声（%）	环境基础激励
案例 2	方案 1	0	0	0
	方案 2	0	5	是
	方案 3	5	0	0
	方案 4	5	5	是

3.5.1 滞回型框架结构的荷载识别

三层滞回型非线性框架如图 3-23 所示。每一层结构使用 Bouc-Wen 模型来模拟。三层滞回型非线性框架的 Bouc-Wen 模型参数设置为 $\beta=4$、$\gamma=2$ 和 $n=1.1$。每一层的刚度和阻尼分别为 40kN/m 和 0.32kN/(m/s)。外荷载作用于框架的顶层，如图 3-24a）所示。外力为低频率时，状态量包括位移、速度和外力，且初始值均为 0。

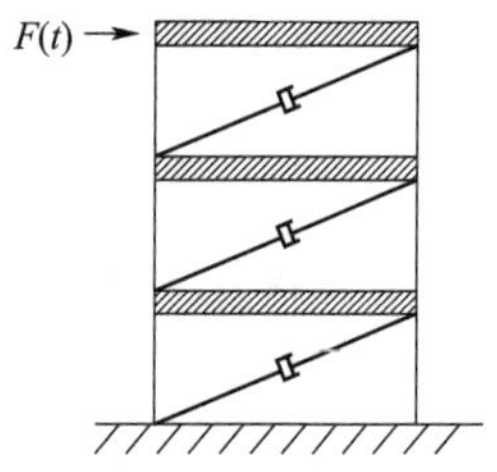

图 3-23　三层非线性剪切框架［$F(t)$为外荷载激励］

不考虑测量噪声时。外力和识别力的载荷时程以及频谱如图 3-24 所示。从图 3-24 可以看出，外力识别非常准确。当考虑 5% 的测量噪声时，外力识别和频谱如图 3-25 所示。外力识别结果显示，荷载时程中有一部分高频成分。外力识别的功率谱显示，低频识别结果很好。

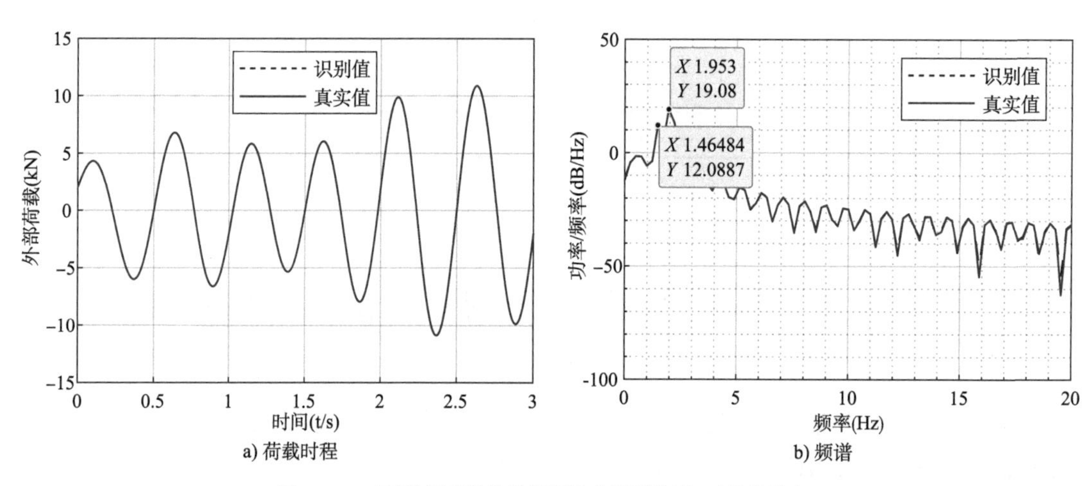

a) 荷载时程　　b) 频谱

图 3-24　三层滞回型非线性框架外力识别结果(不考虑噪声)

当外界激励均值为 0 并作用于结构顶层时，随机激励的标准差同前两个工况一样。三层滞回型非线性框架随机外力识别(不考虑测量噪声)如图 3-26 所示，三层滞回型非线性框架随机外力识别(考虑 5% 测量噪声)如图 3-27 所示。在时域范围内，识别结果比较精确；在频域范围内，在考虑噪声的情况下识别效果仍然比较理想。考虑了多种形式的外荷载后，本部分的识别算例验证了本节所提方法的识别有效性。

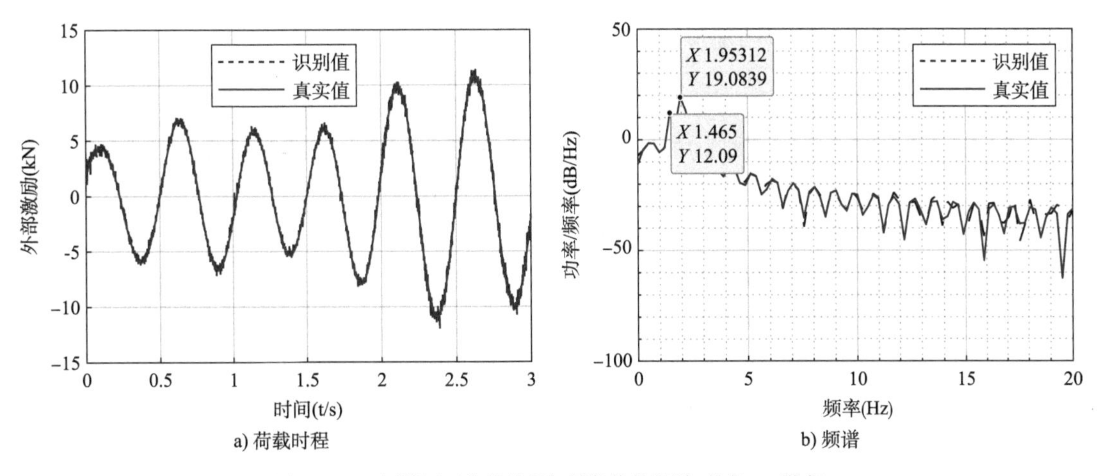

a) 荷载时程　　b) 频谱

图 3-25　三层滞回型非线性框架周期荷载识别(考虑 5% 噪声)

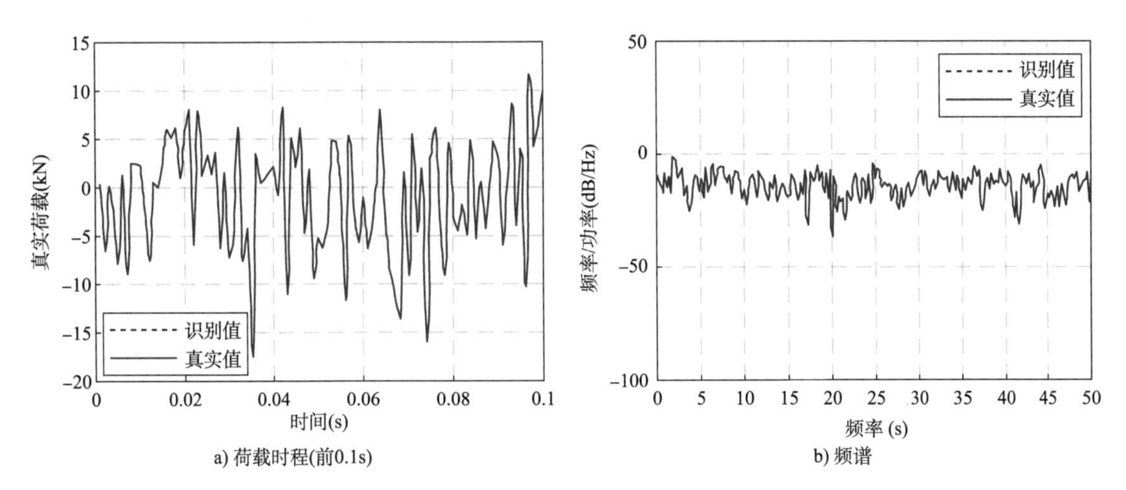

a) 荷载时程(前0.1s)　　b) 频谱

图 3-26　三层滞回型非线性框架随机外力识别(不考虑测量噪声)

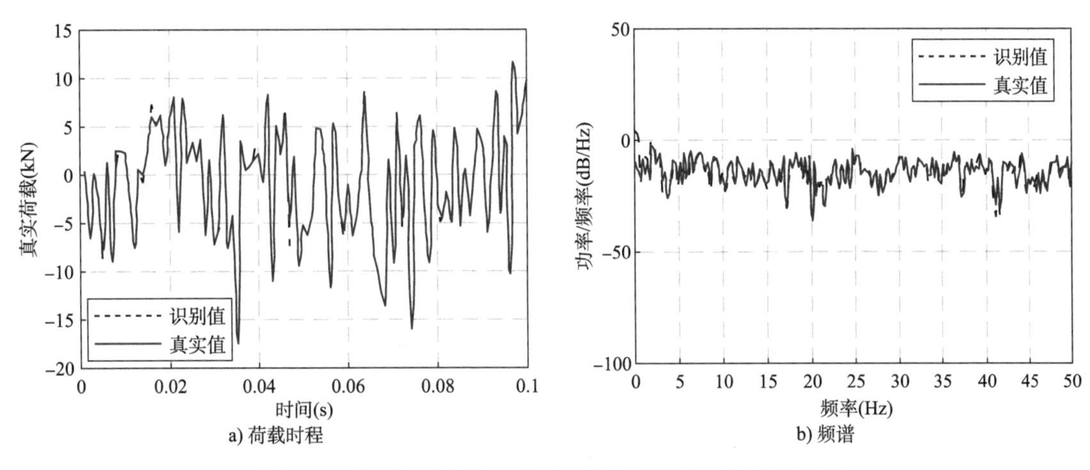

a) 荷载时程　　b) 频谱

图 3-27　三层滞回型非线性框架随机外力识别(考虑 5% 测量噪声)

3.5.2 隔震结构的荷载识别

在地震多发区域,隔震结构被越来越多地应用。在地面运动或者隔震沟与隔震层的碰撞荷载作用下,需要考虑隔震结构的抗震有效性。地震作用时,隔震层的位移是未知的,隔震层可能产生超过隔震垫与隔震沟间预留宽度的较大位移。因此,隔震层可能与隔震沟有相互作用,而对于隔震结构,这种力是必须进行评估的。

在这个工况中,十四层隔震结构如图 3-28 所示。为了证实本节所提方法的可靠性,在这个工况中,基础激励为 El-Centro (1940, NS)地震记录。在地震过程中,作用于隔震结构隔震层的外力有可能是上部结构与隔震沟、周围结构之间的相互作用。本研究算例中,上部结构保持线性,而隔震层在地震作用时表现为非线性。作用于隔震层的外力是隔震层发生最大变形时产生的。地面震动通过加速度传感器测得,外力是未知的并通过本节所提方法进行识别。每层的刚度和质量分别为 114kN/m 和 115t。隔震层的质量为 80t,瑞利阻尼的前两阶系数为 0.05。隔震层的非线性属性用 Bouc-Wen 模型模拟。Bouc-Wen 模型参数设置为 $\beta=2$、$\gamma=2$ 以及 $n=1.1$,采样频率为 100Hz。第一层到第十四层的水平加速度认为是已经测得的响应。某些自适应 UKF 方法只能使用加速度测量值,隔震层的位移往往是持久的观测量。这些观测量可以应用于实际工程。受加速度传感器的位置及测量噪声影响,加速度响应的不完备测量体现在外力识别中。本节关注的是外力识别方法,而非传感器安装位置,因此并没有考虑不完备测量。本部分的工况设置见表 3-9。

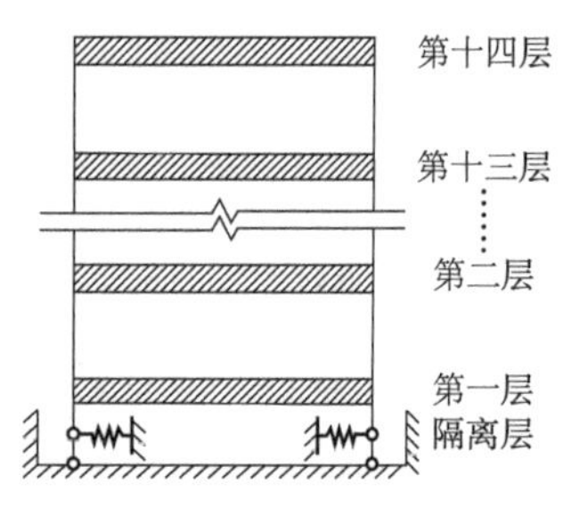

图 3-28 十四层隔震结构

第一部分,在地震中结构的响应不考虑模型误差、测量噪声。十四层隔震结构状态识别结果(不考虑测量噪声和模型误差)如图 3-29 所示。这种情况的精确度类似于前两个工况,外力能够准确识别。

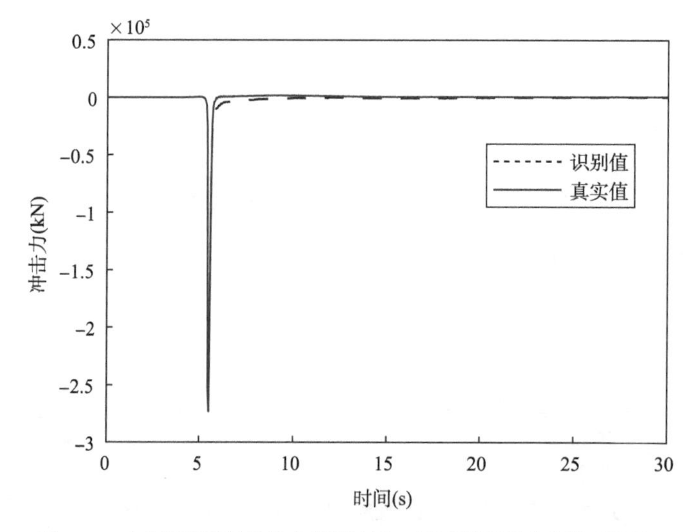

图 3-29 十四层隔震结构状态识别结果(不考虑测量噪声和模型误差)

第二部分,考虑了测量噪声,识别结果如图 3-30a)所示。测量噪声使外力峰值识别时出现误差波动。外力和真实力的频域对比如图 3-30b)所示。与前面工况类似,在频域部分,存在高频部分和两个低频部分,测量噪声引起识别结果的波动。虽然噪声水平同第一个工况中设置的一样,但是,测量噪声的影响却大于第一个工况。这是因为结构在外力影响的同时仍受地震作用的影响。当测量噪声掩盖了外力引起的响应时,外力是无法被识别的。

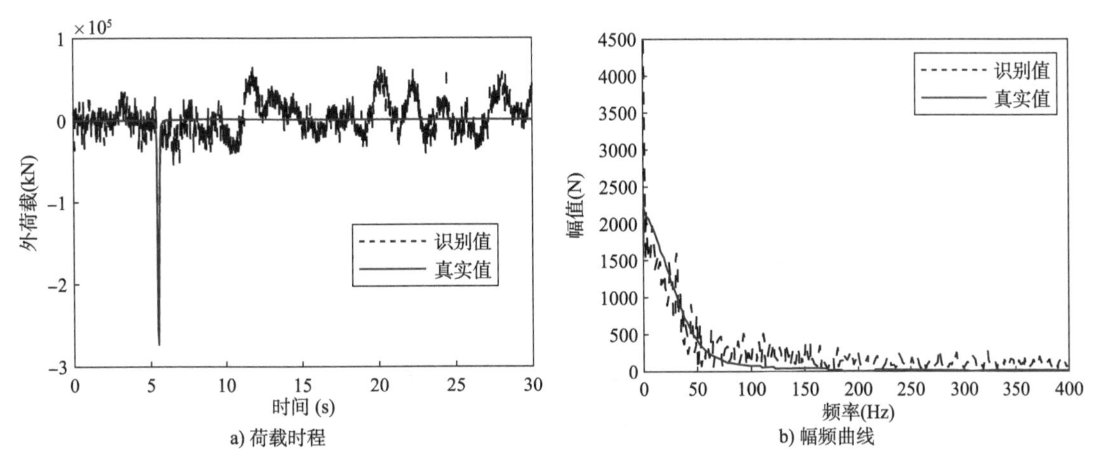

图 3-30 十四层隔震结构外力识别结果(考虑 5% 测量噪声)

第三部分,考虑了结构模型误差对识别的影响,如图 3-31、图 3-32 所示。5% 的模型误差通过层间初始刚度来考虑。框架的模型可以写成下面的形式:

$$\boldsymbol{k} = \mu(\boldsymbol{k}) + \boldsymbol{\delta} \cdot \mu(\boldsymbol{k}) \cdot N_{\text{noise}} \tag{3-26}$$

式中:$\boldsymbol{k}$——层间刚度系数;

$\mu(\boldsymbol{k})$——均值;

$\boldsymbol{\delta}$——协方差,这里的协方差研究取 0.05。

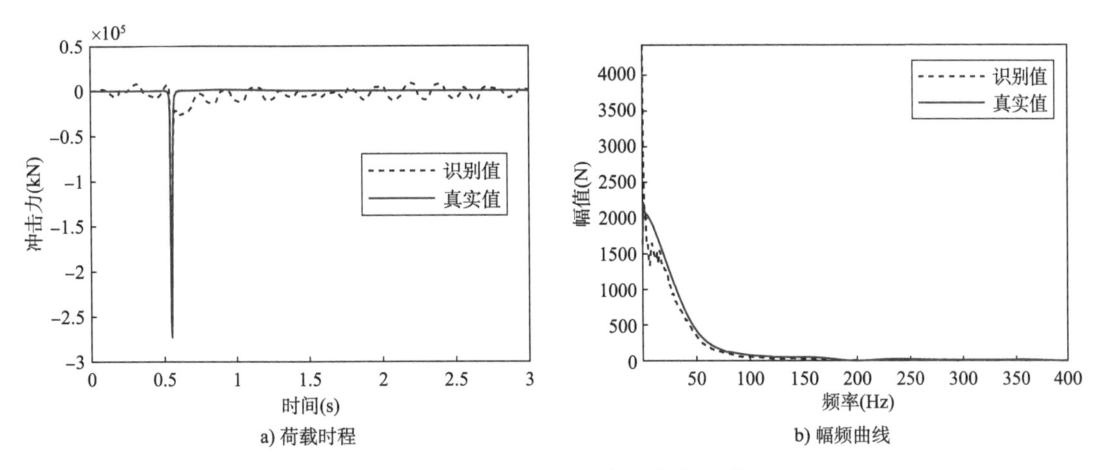

图 3-31 十四层隔震结构外力识别结果(考虑 5% 模型误差)

本节研究了当加速度测试信息不完备时,传感器布设位置对荷载识别结果的影响。研究工况1:仅测量隔震层位移和加速度。研究工况2:以隔震层位移,十五层楼顶加速度为观测量。研究工况3:以隔震层位移、第一至第六层楼板水平加速度为观测量。工况4:以隔震层位移和第九至第十四层水平加速度为观测量。识别结果和冲击荷载真实值对比如图3-33所示。

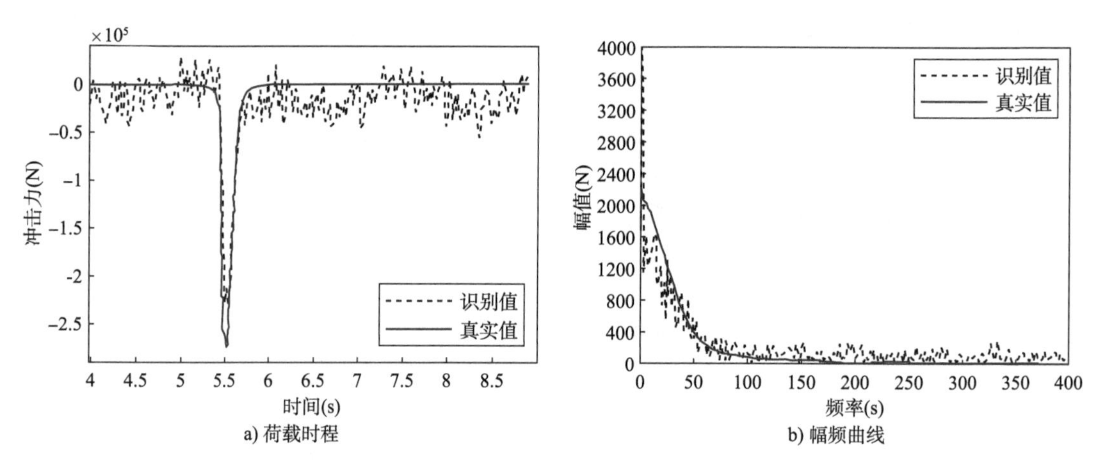

a) 荷载时程　　b) 幅频曲线

图3-32　十四层隔震结构外力识别结果(考虑5%测量噪声和5%模型误差)

从图3-33中可以看出,当仅测量隔震层位移、加速度时,冲击荷载未被准确识别;而测试隔震层位移和十五层水平加速度时,荷载能够被较为准确地识别。在使用多个加速度传感器的工况中,当以第一至第六层加速度为观测值时仍未能较好地识别冲击荷载;而以当第九至第十四层加速度作为观测量时,冲击荷载识别效果较好。以上结果表明,在进行外荷载识别时,并非传感器数量越多识别效果越好。识别效果与传感器布设位置相关,一般布设于反应较大的位置,识别效果较好。此外,传感器布设需兼顾多个模态对结构反应的贡献,并避免在低阶模态节点部位布设传感器,同时满足可观性要求。

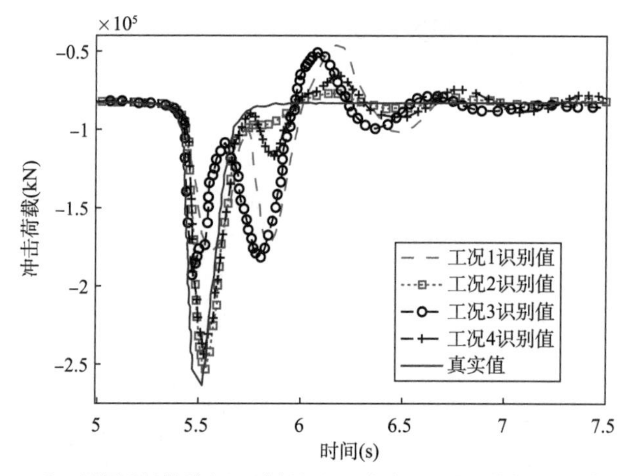

图3-33　十四层隔震结构外力识别结果对比(考虑5%测量噪声和5%模型误差)

第 4 章

CHARTER 4

基于自适应遗忘因子 UKF 的时变参数识别算法

土木工程结构遭遇极端荷载作用时可能产生损伤,导致结构参数发生变化。准确跟踪和识别时变参数对于结构健康监测、性能评价和维修管养等意义重大。然而,由第 2 章对 UKF 的分析可知,UKF 识别时变参数的精度低,且收敛速度慢。为此,本章基于自适应遗忘因子和灵敏参数改进 UKF,提出自适应遗忘因子 UKF 算法 AUKF-FF(Adaptive UKF with Forgetting Factor),同时,考虑数值稳定性,UKF 的无迹变换过程基于改进的 SVD 分解计算矩阵平方根。与既有方法相比[27~28,30~31],AUKF-FF 中的遗忘因子能够根据每一迭代步的残差信息自适应确定,同时,基于灵敏参数时程曲线特征确定灵敏参数阈值,更具普适性。

UKF 主要基于无迹变换增强算法的非线性适应性,而每一递推步的无迹变换都使用相同的权重值,即每一个 sigma 点对滤波的贡献作用相同。随着越来越多的数据产生,旧数据的大量累积将削弱新数据对状态值的更新作用,导致状态协方差矩阵失去对状态量的更新作用,致使滤波过程趋于稳定,这意味着 UKF 算法无法有效追踪时变结构参数的变化。为了解决这一问题,研究提出基于自适应遗忘因子修正的 UKF 算法,通过状态协方差矩阵的自适应调节提高新观测值的权重贡献值,提高 UKF 算法追踪和识别时变结构参数的能力。

4.1 灵敏参数定义及其阈值计算方法

为了提高 UKF 算法在追踪和识别时变结构参数方面的能力,首先,借鉴 Bisht 等[31]的研究思路,即通过定义标量参数识别结构参数发生变化的时刻,并进一步根据最小标量位置判断状态协方差矩阵中时变结构参数的位置的研究方法。本节同样应用标量参数 $\boldsymbol{\eta}$ 来计算结构参数的时变开始时刻,并将此时刻作为自适应算法启动的标识。为便于研究分析,将本节中定义的标量称作灵敏参数,其中,灵敏参数的具体离散形式如下:

$$\eta_k = \boldsymbol{\varepsilon}_k^{\mathrm{T}} \left(\boldsymbol{P}_{yy,k}\right)^{-1} \boldsymbol{\varepsilon}_k$$

$$\boldsymbol{\varepsilon}_k = \boldsymbol{y}_k - \hat{\boldsymbol{y}}_k \tag{4-1}$$

式中:$\boldsymbol{y}_k$——第 k 递推步的观测值;

$\boldsymbol{P}_{yy,k}$——新息协方差。

值得注意的是,式(4-1)中的$(\boldsymbol{P}_{yy,k})^{-1}$包含观测噪声协方差,即灵敏参数的计算受测量噪声的影响。由于噪声的不确定性和随机性,同时根据下文对灵敏参数阈值确定方法的描述,灵敏参数值将决定灵敏参数阈值的大小。因此,考虑测量噪声的灵敏参数计算方法可能对识别结果产生不利影响。综上,研究提出两种计算灵敏参数 η_k 的方法:式(4-2)和式(4-3)。当具体应用时,建议先测试两种计算方法的识别效果,如通过参数识别趋势或参数识别结果或同类型结构的数值模拟仿真结果判断,然后择优继续深入研究分析。

$$\eta_k=\boldsymbol{\varepsilon}_k^{\mathrm{T}}\left(\sum_{i=0}^{2n}W_c^i(\hat{\boldsymbol{y}}_k^{(i)}-\hat{\boldsymbol{y}}_k)(\hat{\boldsymbol{y}}_k^{(i)}-\hat{\boldsymbol{y}}_k)^{\mathrm{T}}+\boldsymbol{R}_k\right)^{-1}\boldsymbol{\varepsilon}_k \tag{4-2}$$

$$\eta_k=\boldsymbol{\varepsilon}_k^{\mathrm{T}}\left(\sum_{i=0}^{2n}W_c^i(\hat{\boldsymbol{y}}_k^{(i)}-\hat{\boldsymbol{y}}_k)(\hat{\boldsymbol{y}}_k^{(i)}-\hat{\boldsymbol{y}}_k)^{\mathrm{T}}\right)^{-1}\boldsymbol{\varepsilon}_k \tag{4-3}$$

式(4-2)考虑了观测噪声协方差 $\boldsymbol{R}$ 的影响,等价于式(4-1);而式(4-3)没有考虑观测噪声协方差 $\boldsymbol{R}$ 的影响。为便于讨论分析,将式(4-2)的计算方法命名为 SR 算法,将式(4-3)的计算方法命名为 S 算法。

接下来,考虑计算效率,制定自适应算法的智能调用机制。这将通过灵敏参数阈值来实现,用符号 η_0 表示,其具体功能为:在递推识别过程中,当某递推步的灵敏参数值超过预先定义的阈值 η_0 时,自适应算法被成功激活。既有文献指出[31~32],对于新息变量[式(2-69)计算的预测观测值和实际观测值的差值]服从零均值高斯分布的情况,灵敏参数阈值满足自由度数等于观测值数目的卡方分布,再通过定义超越概率的方式,基于卡方逆累积分布函数(Chi-square Inverse Cumulative Distribution Function)即可确定灵敏参数阈值详见本书 5.1.2。简言之,确定灵敏参数阈值只需要两个条件:观测值的数目以及超越概率。其中,超越概率根据工程经验获得,如定义超越某一值的概率为 0.001。通过卡方分布计算灵敏参数阈值需要新息变量服从零均值的高斯分布且已知其先验信息,这可能无法满足工程通用性。此外,灵敏参数阈值的确定还受观测噪声、过程噪声协方差、观测噪声协方差、初始状态量、初始状态协方差、采样频率等多个参数的影响,如书中 4.5.2 所述。因此,仅仅依靠观测值数目及超越概率两个条件可能无法获得有效的灵敏参数阈值。鉴于灵敏参数阈值的影响因素众多,获取求解灵敏参数阈值的数学解析方法比较困难,本书提出一种更满足工程通用性、更合理且更简便的灵敏参数阈值计算方法,具体包括以下三个步骤:①基于 UKF 计算灵敏参数时程曲线;②找到灵敏参数时程曲线脉冲响应前的最大值,用符号 η_t 表示;③选择略大于 η_t 的值作为灵敏参数阈值,然后微调即可。若灵敏参数时程曲线没有明显的脉冲响应特征产生,可能原因为结构参数未发生变化或变化量太小或者测量噪声太大。

为了简要说明结构参数发生时变变化时,灵敏参数时程曲线的特性及其阈值确定方法,以剪切型单自由度系统为例进行说明,模型结构如图 4-1a)所示。假设初始状态下该单自由度系统的质量、阻尼和刚度分别为 $m=0.1\mathrm{kg}$、$c=0.32\mathrm{Ns/m}$ 及 $k=38\mathrm{N/m}$,所受外部荷载作用位置如图 4-1a)所示,外荷载激励时程曲线如图 4-1b)所示,传感器的采样频率为 200Hz。假定在第 5s 时刻,结构刚度突变为 34N/m,其余参数不变。选择结构的位移、速度和刚度作为状态量,如式(4-4)所示,而状态方程如式(4-5)所示。选择结构的加速度响应作为观测值,观测方程如式(4-6)所示。考虑计算机的数据处理能力,需要将式(4-5)和式(4-6)的连续函数离散化,如式(4-7)所示。同时,为了考虑实际噪声影响,参考文献[20]的做法,将满足正态分布的随机数添加到观测响应中[式(4-8)],其中本案例的 RMS 噪声水平为1%,即 $E_P = 1\%$。

$$\boldsymbol{X} = [x \quad \dot{x} \quad k]^{\mathrm{T}} = [s_1 \quad s_2 \quad s_3]^{\mathrm{T}} \tag{4-4}$$

$$\dot{\boldsymbol{X}} = \begin{Bmatrix} \dot{s}_1 \\ \dot{s}_2 \\ \dot{s}_3 \end{Bmatrix} = \begin{Bmatrix} s_2 \\ \dfrac{F}{m} - \dfrac{c \cdot s_2 + s_3 \cdot s_1}{m} \\ 0 \end{Bmatrix} \tag{4-5}$$

$$Y = \dot{s}_2 = \frac{F}{m} - \frac{c \cdot s_2 + s_3 \cdot s_1}{m} \tag{4-6}$$

$$\boldsymbol{X}_k = \boldsymbol{X}_{k-1} + \int_{k\Delta t}^{(k+1)\Delta t} f(\boldsymbol{X}, \boldsymbol{U}, t)\,\mathrm{d}t \tag{4-7}$$

$$\boldsymbol{X}_{\text{measurement}} = \boldsymbol{X}_{\text{ture}} + E_P N_{\text{noise}} \sigma(\boldsymbol{X}_{\text{ture}}) \tag{4-8}$$

式中:s_1——位移,m;

s_2——速度,m/s;

s_3——刚度,N/m;

F——外荷载,N;

Δt——离散时间步长,s;

E_P——均方根(RMS)噪声百分比;

N_{noise}——服从标准正态分布(均值为0,协方差为1)的随机矢量;

σ——不考虑噪声时真实响应的标准差。

本书提出的灵敏参数阈值确定方法是基于 UKF 实现的,因此,根据 UKF 算法的执行条件定义参数如下:初始状态量为 $\hat{\boldsymbol{X}}_0^+ = [0 \quad 0 \quad 40]^{\mathrm{T}}$,初始状态协方差 $\hat{\boldsymbol{P}}_0^+ = \mathrm{diag}([1\times10^{-8} \quad 1\times10^{-8} \quad 10])$,过程噪声协方差 $\boldsymbol{Q} = 1\times10^{-8}\boldsymbol{I}_{3\times3}$ 以及观测噪声协方差 $\boldsymbol{R} = 5\times10^{-1}\boldsymbol{I}_{1\times1}$,其中,单位矩阵 $\boldsymbol{I}$ 的下角标代表矩阵维度。

灵敏参数时程曲线及其阈值的具体计算过程简述如下:首先,基于四阶龙格库塔积分求解正问题,即计算结构的加速度响应;然后,以结构加速度响应为观测值,以结构的位移、速度和刚度为状态量;最后,基于 UKF 算法计算灵敏参数时程曲线,并确定灵敏参数阈值,具体结果如图4-1c)~图4-1f)所示。由图4-1c)和图4-1e)的计算结果可知,当结构参数发生时变时,灵敏参数时程曲线将在其变化时刻产生脉冲响应,表明结构参数的时变特性。其中由于图4-1e)为基于式(4-3)计算的灵敏参数时程曲线,相较于式(4-2),其分子项不变,而分母项相对减小,因此图4-1e)的灵敏参数值更大。进一步通过图4-1d)的局部放大示意图可得,脉冲响应发生前的最大值 $\eta_t \approx 0.432$,则基于 SR 算法计算的灵敏参数阈值可取 $\eta_0 = 0.44$;而根据图4-1f)的局部放大示意图可得,脉冲响应发生前的最大值 $\eta_t \approx 10.665$,则基于 S 算法计算的灵敏参数阈值可取 $\eta_0 = 10.67$。

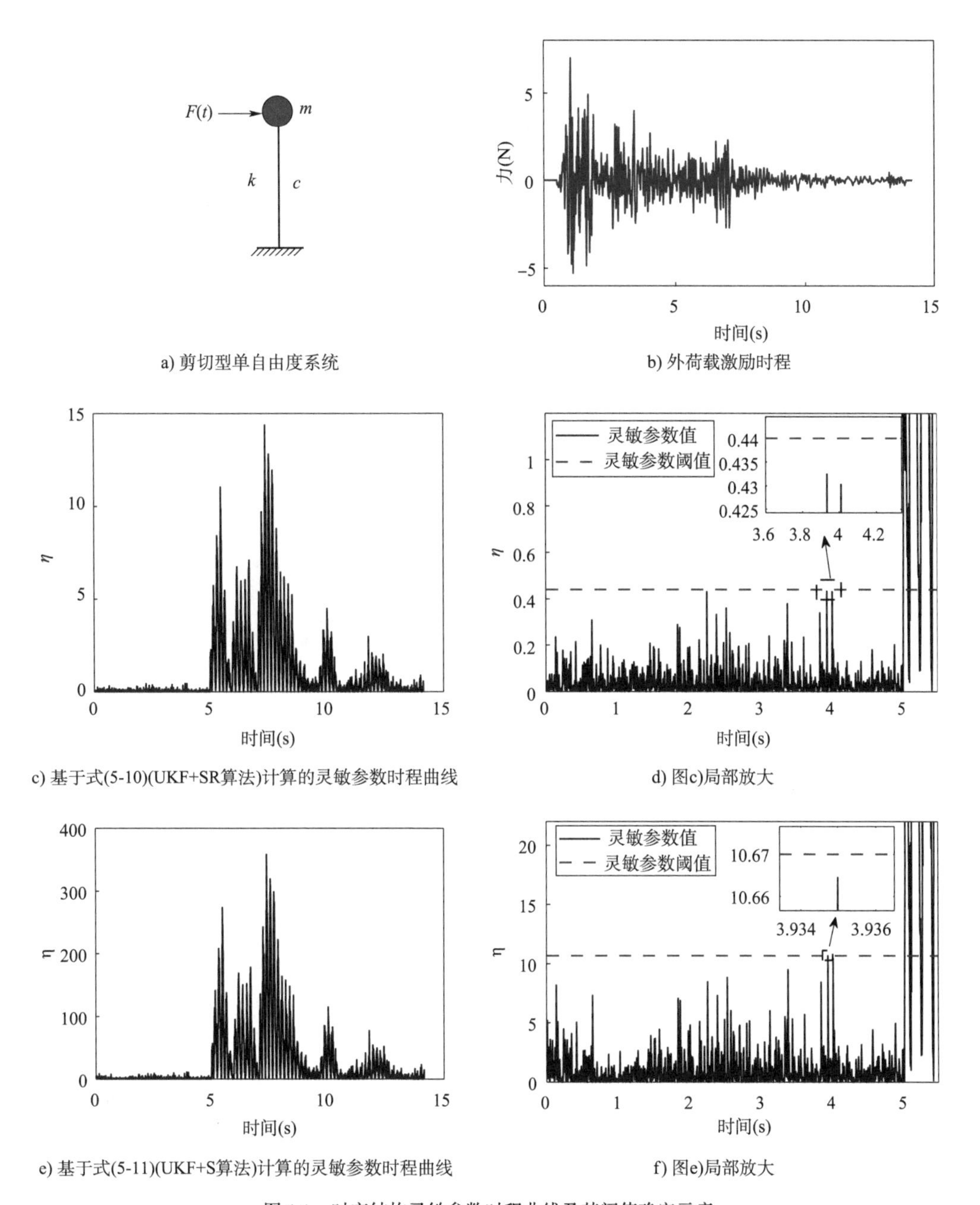

a) 剪切型单自由度系统

b) 外荷载激励时程

c) 基于式(5-10)(UKF+SR算法)计算的灵敏参数时程曲线

d) 图c)局部放大

e) 基于式(5-11)(UKF+S算法)计算的灵敏参数时程曲线

f) 图e)局部放大

图 4-1　时变结构灵敏参数时程曲线及其阈值确定示意

4.2 自适应遗忘因子定义及其作用模式

在 UKF 的递推识别过程中，状态协方差在量化状态估计的不确定性方面起着至关重要的作用，合理的状态协方差是准确识别系统时变结构参数的前提。正如 2.4.1 所述，当足够信任初始状态量的取值时，初始状态协方差可以设置为较小值。另外，根据文献[31]所述，在递推识别的中间过程，合理调节状态协方差能够加速待识别参数收敛至真实值。因此，为实现准确跟踪和识别时变结构参数的目的，研究提出基于自适应遗忘因子的协方差修正方法，具体遗忘因子形式如式(4-9)所示，其中 $\alpha \in (0,1)$。

$$\alpha_k = \begin{cases} 1 & [\mathrm{tr}(\boldsymbol{\varepsilon}_k \boldsymbol{\varepsilon}_k^{\mathrm{T}}) \leqslant \mathrm{tr}(\boldsymbol{P}_{yy,k})] \\ \dfrac{\mathrm{tr}(\boldsymbol{P}_{yy,k})}{\mathrm{tr}(\boldsymbol{\varepsilon}_k \boldsymbol{\varepsilon}_k^{\mathrm{T}})} & [\mathrm{tr}(\boldsymbol{\varepsilon}_k \boldsymbol{\varepsilon}_k^{\mathrm{T}}) > \mathrm{tr}(\boldsymbol{P}_{yy,k})] \end{cases} \tag{4-9}$$

注意：递推识别过程中要保持式(4-9)中的分子项与计算灵敏参数公式的分母项的一致性。

为了提升对结构时变参数的识别效果，基于遗忘因子同时修正 UKF 算法递推识别过程中的新息协方差、交叉协方差及后验状态协方差，具体计算过程如式(4-10)～式(4-14)所示。

$$\widehat{\boldsymbol{P}}_{yy,k} = \frac{1}{\alpha_k} \sum_{i=0}^{2n} W_c^i (\widehat{\boldsymbol{y}}_k^{(i)} - \widehat{\boldsymbol{y}}_k)(\widehat{\boldsymbol{y}}_k^{(i)} - \widehat{\boldsymbol{y}}_k)^{\mathrm{T}} + \boldsymbol{R}_k \tag{4-10}$$

$$\widehat{\boldsymbol{P}}_{xy,k} = \frac{1}{\alpha_k} \sum_{i=0}^{2n} W_c^i (\widehat{\boldsymbol{\chi}}_k^{(i)} - \widehat{\boldsymbol{\chi}}_k^{-})(\widetilde{\boldsymbol{y}}_k^{(i)} - \widehat{\boldsymbol{y}}_k)^{\mathrm{T}} \tag{4-11}$$

$$\widehat{\boldsymbol{K}}_k = \widehat{\boldsymbol{P}}_{xy,k} \widehat{\boldsymbol{P}}_{yy,k}^{-1} \tag{4-12}$$

$$\widehat{\boldsymbol{\chi}}_k^{+} = \widehat{\boldsymbol{\chi}}_k^{-} + \widehat{\boldsymbol{K}}_k (\boldsymbol{y}_k - \widehat{\boldsymbol{y}}_k) \tag{4-13}$$

$$\widehat{\boldsymbol{P}}_k^{+} = \frac{1}{\alpha_k} \boldsymbol{P}_k^{-} - \widehat{\boldsymbol{K}}_k \widehat{\boldsymbol{P}}_{yy,k} \widehat{\boldsymbol{K}}_k^{\mathrm{T}} \tag{4-14}$$

4.3 自适应功能原理分析

根据前文分析可知，状态估计的不确定性可由状态协方差体现，当状态估计的不确定性或误差较大时，对应的状态协方差也较大。因此，研究提出基于一个小于 1 的正数适时修正 UKF 算法中的状态协方差矩阵。为了进一步说明 4.2 修正公式的由来，这里基于 UKF 算法的相关公式展开推导。首先，根据修正系数 $\alpha(0 < \alpha < 1)$ 以及式(2-74)可得

$$\widetilde{\boldsymbol{P}}_k^{+} = \frac{\boldsymbol{P}_k^{-} - \boldsymbol{K}_k \boldsymbol{P}_{yy,k} \boldsymbol{K}_k^{\mathrm{T}}}{\alpha_k} = \frac{\boldsymbol{P}_k^{-}}{\alpha_k} - \frac{\boldsymbol{K}_k \boldsymbol{P}_{yy,k} \boldsymbol{K}_k^{\mathrm{T}}}{\alpha_k} \tag{4-15}$$

将式(2-72)代入式(4-15)可得

$$\widetilde{\boldsymbol{P}}_k^{+} = \frac{\boldsymbol{P}_k^{-}}{\alpha_k} - \boldsymbol{P}_{xy,k} \cdot \boldsymbol{P}_{yy,k}^{-1} \cdot \frac{\boldsymbol{P}_{yy,k}}{\alpha_k} \cdot (\boldsymbol{P}_{xy,k} \boldsymbol{P}_{yy,k}^{-1})^{\mathrm{T}} \tag{4-16}$$

基于恒等式原则，整理式(4-16)可得

$$\widetilde{\boldsymbol{P}}_k^{+} = \frac{\boldsymbol{P}_k^{-}}{\alpha_k} - \frac{\boldsymbol{P}_{xy,k}}{\alpha_k} \left(\frac{\boldsymbol{P}_{yy,k}}{\alpha_k} \right)^{-1} \frac{\boldsymbol{P}_{yy,k}}{\alpha_k} \left[\frac{\boldsymbol{P}_{xy,k}}{\alpha_k} \cdot \left(\frac{\boldsymbol{P}_{yy,k}}{\alpha_k} \right)^{-1} \right]^{\mathrm{T}} \tag{4-17}$$

测量噪声与传感器精度和测试环境有关，而过大的测量噪声将导致识别过程发散，因此，不建议对测量噪声进行扩大修正。通过式(2-70)、式(2-71)和式(4-17)可得

$$\widetilde{\boldsymbol{P}}_{yy,k}=\frac{\boldsymbol{P}_{yy,k}}{\alpha_k}=\frac{1}{\alpha_k}\sum_{i=0}^{2n}W_c^i(\widehat{\boldsymbol{y}}_k^{(i)}-\widehat{\boldsymbol{y}}_k)(\widehat{\boldsymbol{y}}_k^{(i)}-\widehat{\boldsymbol{y}}_k)^{\mathrm{T}}+\boldsymbol{R}_k \tag{4-18}$$

$$\widetilde{\boldsymbol{P}}_{xy,k}=\frac{\boldsymbol{P}_{xy,k}}{\alpha_k}=\frac{1}{\alpha_k}\sum_{i=0}^{2n}W_c^i(\widehat{\boldsymbol{\chi}}_k^{(i)}-\widehat{\boldsymbol{\chi}}_k^-)(\widehat{\boldsymbol{y}}_k^{(i)}-\widehat{\boldsymbol{y}}_k)^{\mathrm{T}} \tag{4-19}$$

与式(2-72)和式(2-74)的形式类似，基于式(4-18)和式(4-19)可得新的卡尔曼增益矩阵[式(4-20)]。因此，推导后验状态协方差如式(4-21)所示。

$$\widetilde{\boldsymbol{K}}_k=\widetilde{\boldsymbol{P}}_{xy,k}\widetilde{\boldsymbol{P}}_{yy,k}^{-1} \tag{4-20}$$

$$\widetilde{\boldsymbol{P}}_k^+=\frac{\boldsymbol{P}_k^-}{\alpha_k}-\widetilde{\boldsymbol{K}}_k\cdot\frac{\boldsymbol{P}_{yy,k}}{\alpha_k}\cdot\widetilde{\boldsymbol{K}}_k^{\mathrm{T}} \tag{4-21}$$

由上述推导可知，式(4-18)~式(4-21)分别与 4.2 的式(4-10)、式(4-11)、式(4-12)及式(4-14)的形式相同。此外，修正系数 α 的作用在于强调新观测值的贡献，同时削弱累积旧数据的误差影响，因此被命名为遗忘因子。

为了进一步阐述遗忘因子的构造原理，继续对式(4-18)进行分析并整理得到

$$\alpha_k(\widetilde{\boldsymbol{P}}_{yy,k}-\boldsymbol{R}_k)=\sum_{i=0}^{2n}W_c^i(\widehat{\boldsymbol{y}}_k^{(i)}-\widehat{\boldsymbol{y}}_k)(\widehat{\boldsymbol{y}}_k^{(i)}-\widehat{\boldsymbol{y}}_k)^{\mathrm{T}} \tag{4-22}$$

在式(4-22)等号两边同时加上观测噪声协方差 $\boldsymbol{R}_k$ 并整理得

$$\alpha_k(\widetilde{\boldsymbol{P}}_{yy,k}-\boldsymbol{R}_k)+\boldsymbol{R}_k=\boldsymbol{P}_{yy,k} \tag{4-23}$$

$$\alpha_k(\widetilde{\boldsymbol{P}}_{yy,k}-\boldsymbol{R}_k)=\boldsymbol{P}_{yy,k}-\boldsymbol{R}_k \tag{4-24}$$

式(4-24)等号两边同时取迹可得

$$\alpha_k=\frac{\mathrm{tr}(\boldsymbol{P}_{yy,k}-\boldsymbol{R}_k)}{\mathrm{tr}(\widetilde{\boldsymbol{P}}_{yy,k}-\boldsymbol{R}_k)}\approx\frac{\mathrm{tr}(\boldsymbol{P}_{yy,k})}{\mathrm{tr}(\widetilde{\boldsymbol{P}}_{yy,k})} \tag{4-25}$$

通过上述推导可得，式(4-25)为遗忘因子的近似值。然而，这种近似在数学上是成立的，因为式(4-25)的分子和分母同时包含相同的测量噪声。此外，式(4-25)的分母着重强调新观测值的贡献作用，因此，修正后的新息协方差由预测观测值($\widehat{y}_k$)和实际观测值(y_k)计算得到，进而式(4-25)可表述为式(4-26)的形式。最后，考虑遗忘因子的取值范围，关于遗忘因子表达式的最终形式为

$$\alpha_k=\frac{\mathrm{tr}(\boldsymbol{P}_{yy,k})}{\mathrm{tr}(\boldsymbol{\varepsilon}_k\boldsymbol{\varepsilon}_k^{\mathrm{T}})} \tag{4-26}$$

综上，遗忘因子根据递推识别过程中每个迭代步的新息协方差和新息残差的比值自适应计算；遗忘因子通过同时修正新息协方差、交叉协方差及先验状态协方差的方式达到修正后验状态协方差的目的，促使算法收敛到参数真实值。因此，本质上讲，遗忘因子是通过修正状态协方差提高算法识别时变结构参数能力的。

4.4 AUKF-FF 算法流程

根据上文推导可得,AUKF-FF 的计算流程如图 4-2 所示。

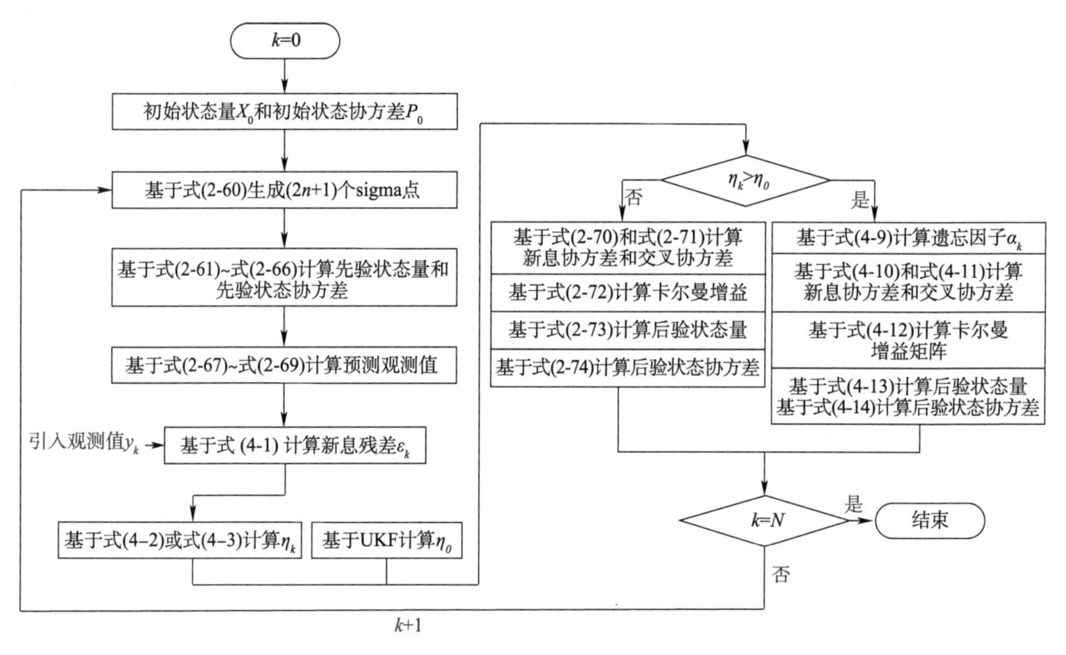

图 4-2 AUKF-FF 算法的计算流程

为简要说明 AUKF-FF 的有效性,继续以 4.1 的剪切型单自由度系统为例,研究基于该系统的加速度响应和图 4-1b)所示的荷载激励时程识别系统刚度的问题。UKF 和 AUKF-FF 的具体识别结果如图 4-3 所示,基于 SR 算法和 S 算法计算的灵敏参数时程曲线及算法遗忘因子变化时程分别如图 4-4 和图 4-5 所示。

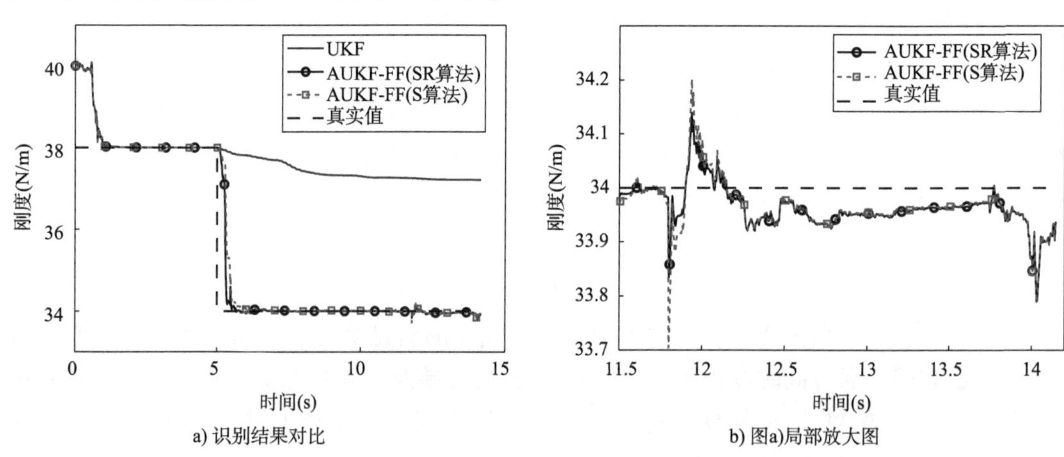

a) 识别结果对比　　b) 图a)局部放大图

图 4-3

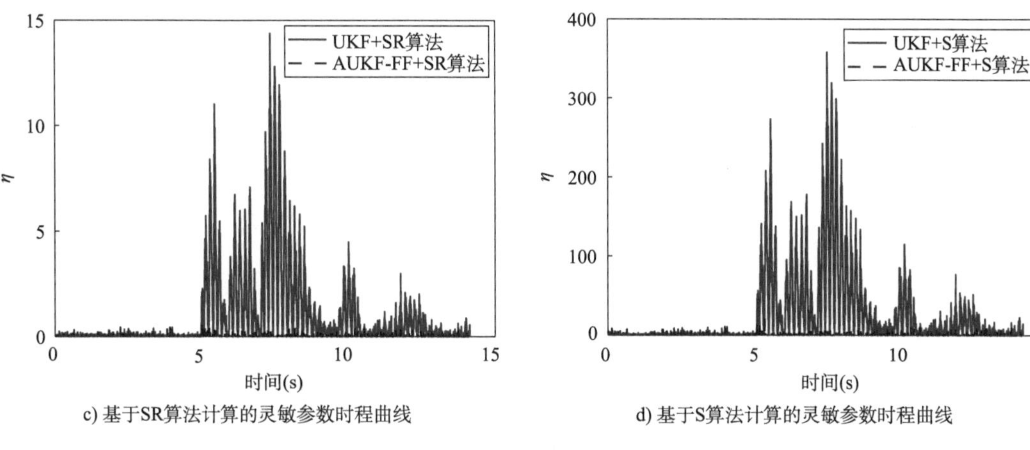

c) 基于SR算法计算的灵敏参数时程曲线

d) 基于S算法计算的灵敏参数时程曲线

图 4-3 UKF 和 AUKF-FF 识别结果

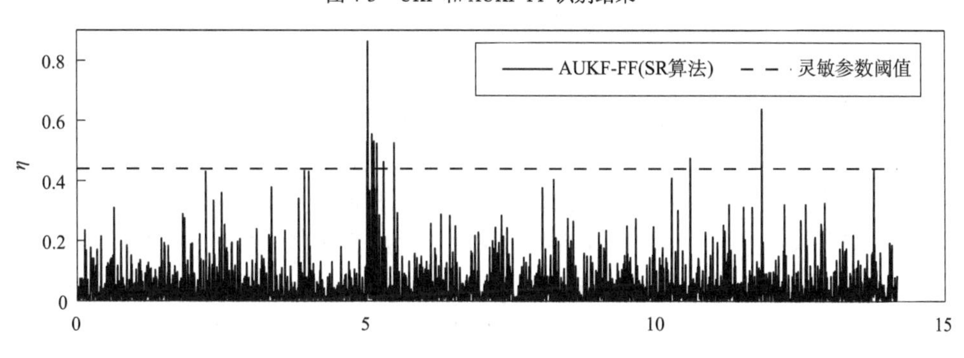

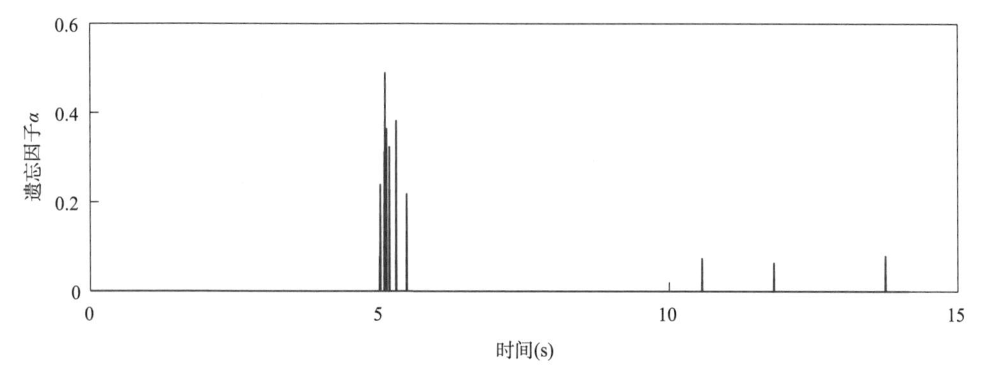

图 4-4 基于 SR 算法计算的灵敏参数时程曲线及算法遗忘因子变化时程

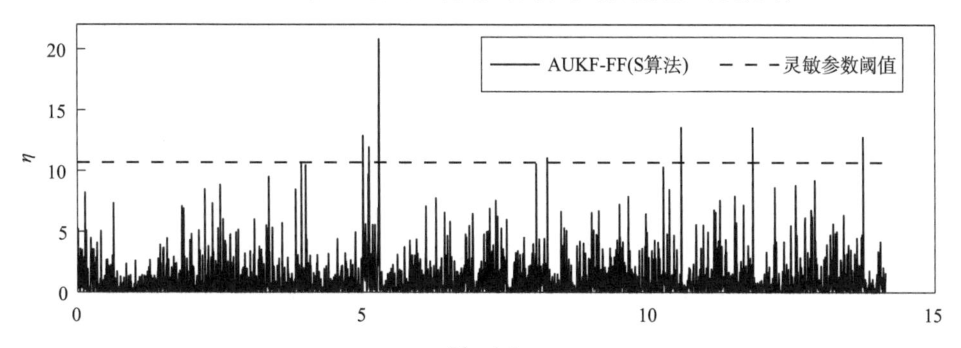

图 4-5

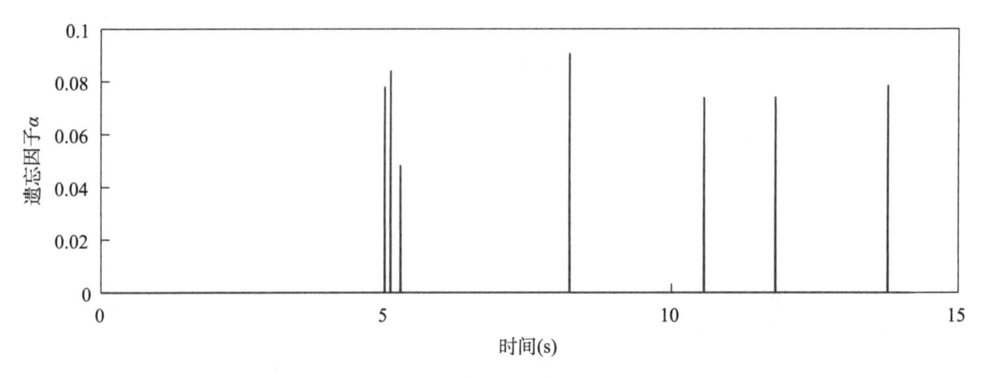

图 4-5 基于 S 算法计算的灵敏参数时程曲线及算法遗忘因子变化时程

由图 4-3a)的数值模拟结果可知,AUKF-FF 算法能够快速准确地跟踪和识别结构的时变刚度参数,而 UKF 算法的收敛速度很慢,且在荷载作用时间内无法收敛到真实值。基于 AUKF-FF 算法计算的灵敏参数时程曲线只在结构参数变化时刻附近(5s 时刻)有较大脉冲响应,参数变化前后的灵敏参数值相对比较平稳,如图 4-3c)、图 4-3d)、图 4-4 和图 4-5 所示。由图 4-3a)结构刚度突变前的识别结果可知,0 ~ 5s 阶段 UKF 算法和 AUKF-FF 算法均能准确收敛到刚度参数的真实值;同时,相较于参数变化时刻的灵敏参数值,0 ~ 5s 阶段的灵敏参数值相对较小,尤其与 UKF 算法参数变化时刻的灵敏参数值相比[图 4-3c)、图 4-3d)],0 ~ 5s 阶段的灵敏参数值甚至可以忽略,这说明较小的灵敏参数值代表识别误差较小,即识别精度较高。由图 4-3b)的最终识别结果可知,基于 SR 算法[式(4-2)]的 AUKF-FF 算法和基于 S 算法[式(4-3)]的 AUKF-FF 算法的最终识别精度类似;然而,由图 4-3a)可知,刚度突变后,基于 SR 算法的 AUKF-FF 收敛速度更快,且能更准确更平稳地跟踪参数的突变特征,说明对于剪切型单自由度结构,基于 SR 算法计算灵敏参数的 AUKF-FF 算法识别效果更好。此外,由图 4-4 和图 4-5 可知,当某时刻的灵敏参数值大于规定的阈值时,自适应算法被激活,并根据残差信息($\boldsymbol{\varepsilon}_k = \boldsymbol{y}_k - \hat{\boldsymbol{y}}_k$)和新息协方差的比值自适应调整遗忘因子的大小,且整个识别过程可能产生多个不同的遗忘因子值。AUKF-FF 算法在整个识别过程中自发地根据观测值情况和结构模型本身自动调整遗忘因子大小,使之适应时变结构参数的识别任务,因此 AUKF-FF 算法被称为自适应算法。

4.5 灵敏参数阈值讨论分析

灵敏参数阈值的功能和计算方法已经在 4.1 简要说明,但并未对其影响因素做深入的研究分析。为了进一步证明各个影响因素的客观存在性、不同灵敏参数阈值的识别效果以及书中所提灵敏参数阈值计算方法的可靠性,以及为 AUKF-FF 方法与其他方法的对比验证奠定理论基础,首先基于两层剪切型框架结构模型对灵敏参数阈值的应用及影响因素展开讨论分析。

4.5.1 两层剪切型框架结构基本信息

为了全面系统地解释灵敏参数阈值的影响因素、作用及效果，本节选择两层剪切型框架结构作为研究对象，如图 4-6a）所示。结构参数取值与文献[31]的相同，即层间质量 $m_1 = m_2 = 1000\text{kg}$，层间刚度 $k_1 = 12\ \text{kN/m}$，$k_2 = 10\text{kN/m}$，层间阻尼 $c_1 = 0.6\ \text{kNs/m}$，$c_2 = 0.5\ \text{kNs/m}$。假设结构基底受到地震激励的作用，这里选取北岭地震中的一条地震波作为输入，并将地震峰值加速度调幅至 10m/s^2，其中地震记录的样本点个数为 3000，具体地震激励波形如图 4-6b）所示。考虑计算效率，本案例基于层间响应建立结构的运动控制微分方程[式(4-27)]。这样的运动方程形式不仅能够简化程序，而且能显著提高运算效率。

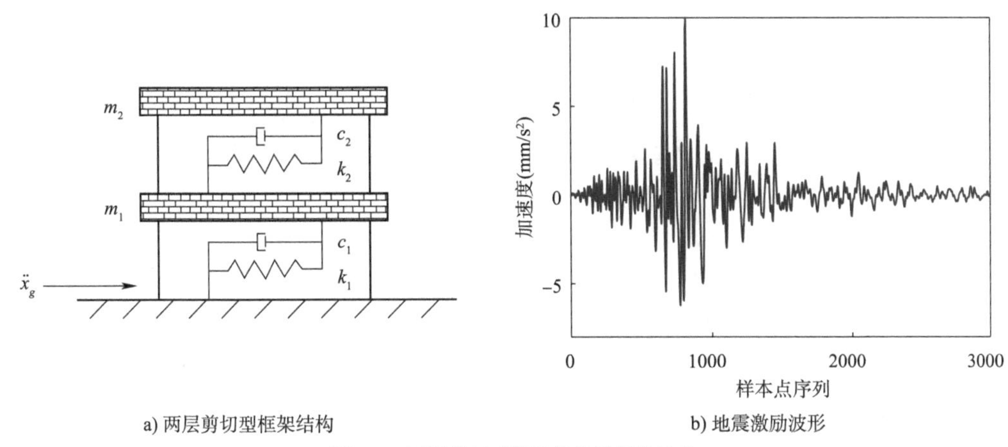

a) 两层剪切型框架结构　　b) 地震激励波形

图 4-6　两层剪切型框架结构及荷载示意

$$
\begin{bmatrix} m_1 & 0 \\ m_2 & m_2 \end{bmatrix}\begin{Bmatrix} \ddot{x}_1 \\ \Delta\ddot{x}_2 \end{Bmatrix} + \begin{bmatrix} c_1 & -c_2 \\ 0 & c_2 \end{bmatrix}\begin{Bmatrix} \dot{x}_1 \\ \Delta\dot{x}_2 \end{Bmatrix} + \begin{bmatrix} k_1 & -k_2 \\ 0 & k_2 \end{bmatrix}\begin{Bmatrix} x_1 \\ \Delta x_2 \end{Bmatrix} = -\begin{bmatrix} m_1 & 0 \\ 0 & m_2 \end{bmatrix}\begin{Bmatrix} 1 \\ 1 \end{Bmatrix}\ddot{x}_g
$$

$$
\Delta x_2 = x_2 - x_1 \tag{4-27}
$$

式中：x_i——第 i 层的相对位移，m，且符号上面的点代表对时间求导数；

$\ddot{x}_g$——地震激励。

4.5.2 灵敏参数阈值影响因素

根据 4.1 节描述的灵敏参数阈值影响因素制定仿真工况，见表 4-1。

仿真工况表　　表 4-1

工况	采样频率(Hz)	噪声水平	初始状态量	初始状态协方差	观测噪声协方差 $\boldsymbol{R}$	过程噪声协方差 $\boldsymbol{Q}$
1	100	2%	$x_1 = x_2 = x_3 = x_4 = 0$，$x_5 = x_6 = 0.4$，$x_7 = x_8 = 15$	$\boldsymbol{P} = [10^{-8}\ \ 10^{-8}\ \ 10^{-8}\ \ 10^{-8}\ \ 10\ \ 10\ \ 1\ \ 1]$，$\widehat{\boldsymbol{P}_0^+} = \text{diag}(\boldsymbol{P})$	$1\times10^{-4}\boldsymbol{I}$	$1\times10^{-8}\boldsymbol{I}$

续上表

工况	采样频率(Hz)	噪声水平	初始状态量	初始状态协方差	观测噪声协方差 $\boldsymbol{R}$	过程噪声协方差 $\boldsymbol{Q}$
2	100	2%	$x_1=x_2=x_3=x_4=0$, $x_5=x_6=0.4$, $x_7=x_8=15$	$\boldsymbol{P}=[10^{-8}\ \ 10^{-8}\ \ 10^{-8}\ \ 10^{-8}\ \ 10\ \ 10\ \ 1\ \ 1]$; $\widehat{\boldsymbol{P}}_0^+=\mathrm{diag}(\boldsymbol{P})$	$1\times10^{-4}\boldsymbol{I}$	$1\times10^{-10}\boldsymbol{I}$
3	100	2%	$x_1=x_2=x_3=x_4=0$, $x_5=x_6=0.4$, $x_7=x_8=15$	$\boldsymbol{P}=[10^{-8}\ \ 10^{-8}\ \ 10^{-8}\ \ 10^{-8}\ \ 10\ \ 10\ \ 1\ \ 1]$; $\widehat{\boldsymbol{P}}_0^+=\mathrm{diag}(\boldsymbol{P})$	$1\times10^{-2}\boldsymbol{I}$	$1\times10^{-8}\boldsymbol{I}$
4	100	2%	$x_1=x_2=x_3=x_4=0$, $x_5=x_6=0.4$, $x_7=x_8=15$	$\boldsymbol{P}=[10^{-8}\ \ 10^{-8}\ \ 10^{-8}\ \ 10^{-8}\ \ 10^{-8}\ \ 10^{-8}\ \ 10^{-8}\ \ 10^{-8}]$; $\widehat{\boldsymbol{P}}_0^+=\mathrm{diag}(\boldsymbol{P})$	$1\times10^{-4}\boldsymbol{I}$	$1\times10^{-8}\boldsymbol{I}$
5	100	2%	$x_1=x_2=x_3=x_4=0$, $x_5=x_6=0.2$, $x_7=x_8=8$	$\boldsymbol{P}=[10^{-8}\ \ 10^{-8}\ \ 10^{-8}\ \ 10^{-8}\ \ 10\ \ 10\ \ 1\ \ 1]$; $\widehat{\boldsymbol{P}}_0^+=\mathrm{diag}(\boldsymbol{P})$	$1\times10^{-4}\boldsymbol{I}$	$1\times10^{-8}\boldsymbol{I}$
6	100	3%	$x_1=x_2=x_3=x_4=0$, $x_5=x_6=0.4$, $x_7=x_8=15$	$\boldsymbol{P}=[10^{-8}\ \ 10^{-8}\ \ 10^{-8}\ \ 10^{-8}\ \ 10\ \ 10\ \ 1\ \ 1]$; $\widehat{\boldsymbol{P}}_0^+=\mathrm{diag}(\boldsymbol{P})$	$1\times10^{-4}\boldsymbol{I}$	$1\times10^{-8}\boldsymbol{I}$
7	160	2%	$x_1=x_2=x_3=x_4=0$, $x_5=x_6=0.4$, $x_7=x_8=15$	$\boldsymbol{P}=[10^{-8}\ \ 10^{-8}\ \ 10^{-8}\ \ 10^{-8}\ \ 10\ \ 10\ \ 1\ \ 1]$; $\widehat{\boldsymbol{P}}_0^+=\mathrm{diag}(\boldsymbol{P})$	$1\times10^{-4}\boldsymbol{I}$	$1\times10^{-8}\boldsymbol{I}$

注:1. $x_1\sim x_2$代表初始位移,$x_3\sim x_4$代表初始速度,$x_5\sim x_6$代表初始阻尼,$x_7\sim x_8$代表初始刚度。

2. “diag”代表对角阵。

3. 工况 1 为基准,其余各个工况与工况 1 的区别通过单元格背景高亮示意。

为验证时变结构参数下 4.1 所提的灵敏参数阈值影响因素的客观存在性,假定如下:当采样频率为 100Hz 时,假设刚度参数 k_2在第 9s 时突然由 12kN/m 降为 8kN/m;当采样频率为 160Hz 时,假设刚度参数 k_2在第 5s 时突然由 12kN/m 降为 8kN/m;同时,假设其余参数保持不变。

首先,基于工况 1 讨论选择 SR 算法还是 S 算法计算灵敏参数值及其阈值。根据前述条件,基于 UKF 并分别通过 SR 算法和 S 算法计算灵敏参数时程曲线;进一步基于 AUKF-FF 并分别通过 SR 算法和 S 算法识别刚度和阻尼结果。根据图 4-7a) ~ 图 4-7b) 可得,SR 算法和 S 算法计算的灵敏参数时程曲线均有明显脉冲响应,且脉冲极大值出现时刻均为刚度参数发生变化的时刻,说明 SR 算法和 S 算法均能作为识别结构参数时变时刻的方法。但是,由图 4-7c) ~ 图 4-7f) 可知,基于 S 算法的 AUKF-FF 的最终识别结果误差较大,且临近识别结束时识别过程抖动明显。综上,基于 SR 算法的 AUKF-FF 算法更适用于图 4-6a) 所示的两层框结构。该框架结构同为剪切型结构,因此,本结论与 4.4 的结论一致。通过单自由度和两自由度剪切型结构的数值模拟结果可得,对于剪切型结构,推荐使用基于 SR 算法计算灵敏参数的 AUKF-FF 算法。由前文描述可知,可通过参数识别趋势或参数识别结果或同类型结构的数值模拟仿真结果判断哪种灵敏参数计算公式更合理。图 4-7c) ~ 图 4-7f) 所示的测试手段即同类型结构的数值模拟仿真验证过程。当遇到其他形式的结构时,同样可基于其简化模型或等效模型的数值模拟进行验证。

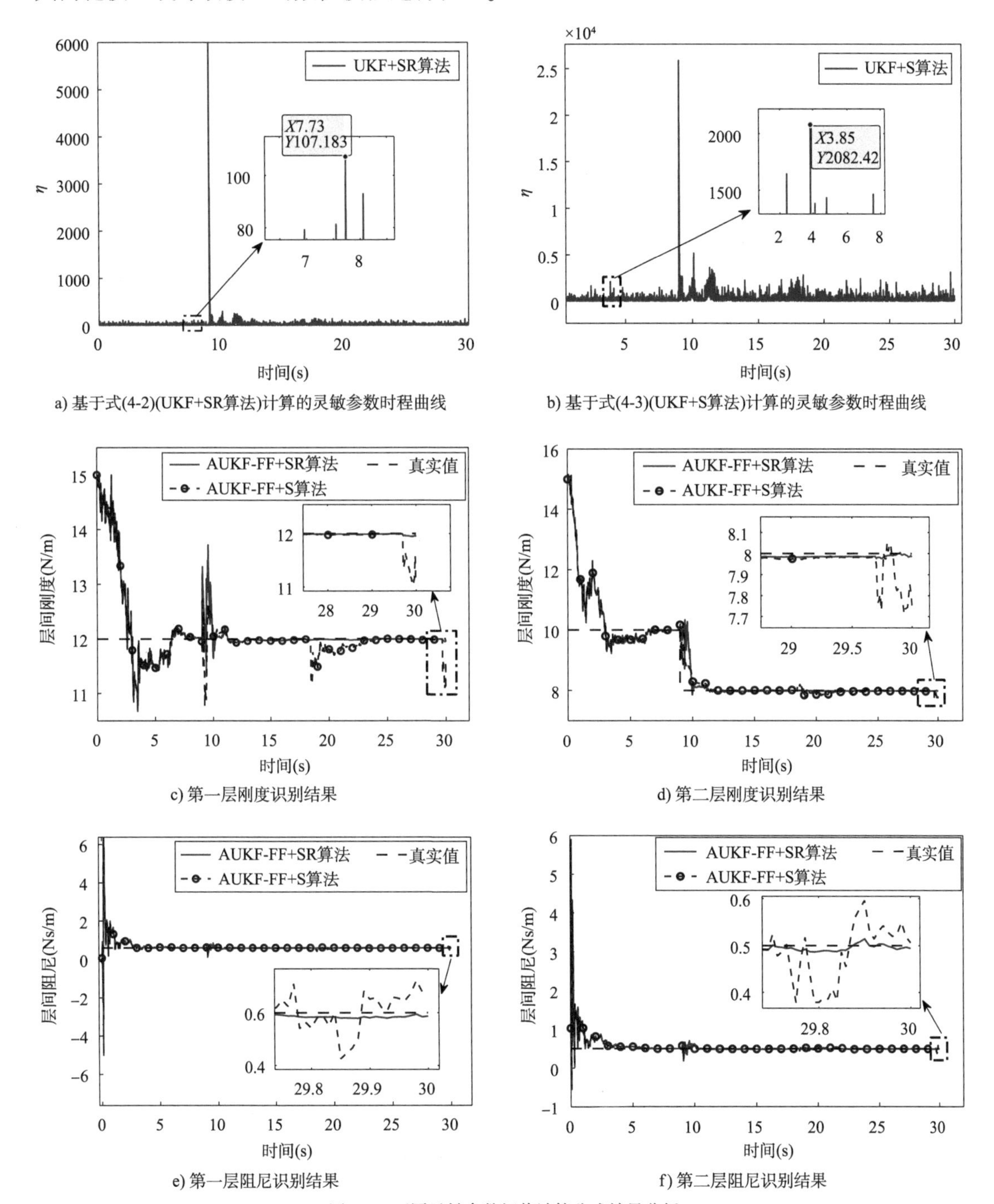

a) 基于式(4-2)(UKF+SR算法)计算的灵敏参数时程曲线

b) 基于式(4-3)(UKF+S算法)计算的灵敏参数时程曲线

c) 第一层刚度识别结果

d) 第二层刚度识别结果

e) 第一层阻尼识别结果

f) 第二层阻尼识别结果

图 4-7　不同灵敏参数阈值计算公式效果分析

其次，基于（UKF + SR 算法）计算工况 2 ~ 7 的灵敏参数时程曲线，如图 4-8 所示。图 4-8a) ~ 图 4-8f) 右上角的图示为脉冲响应前的局部放大图，标签数据为脉冲响应前的灵敏参数最大值。

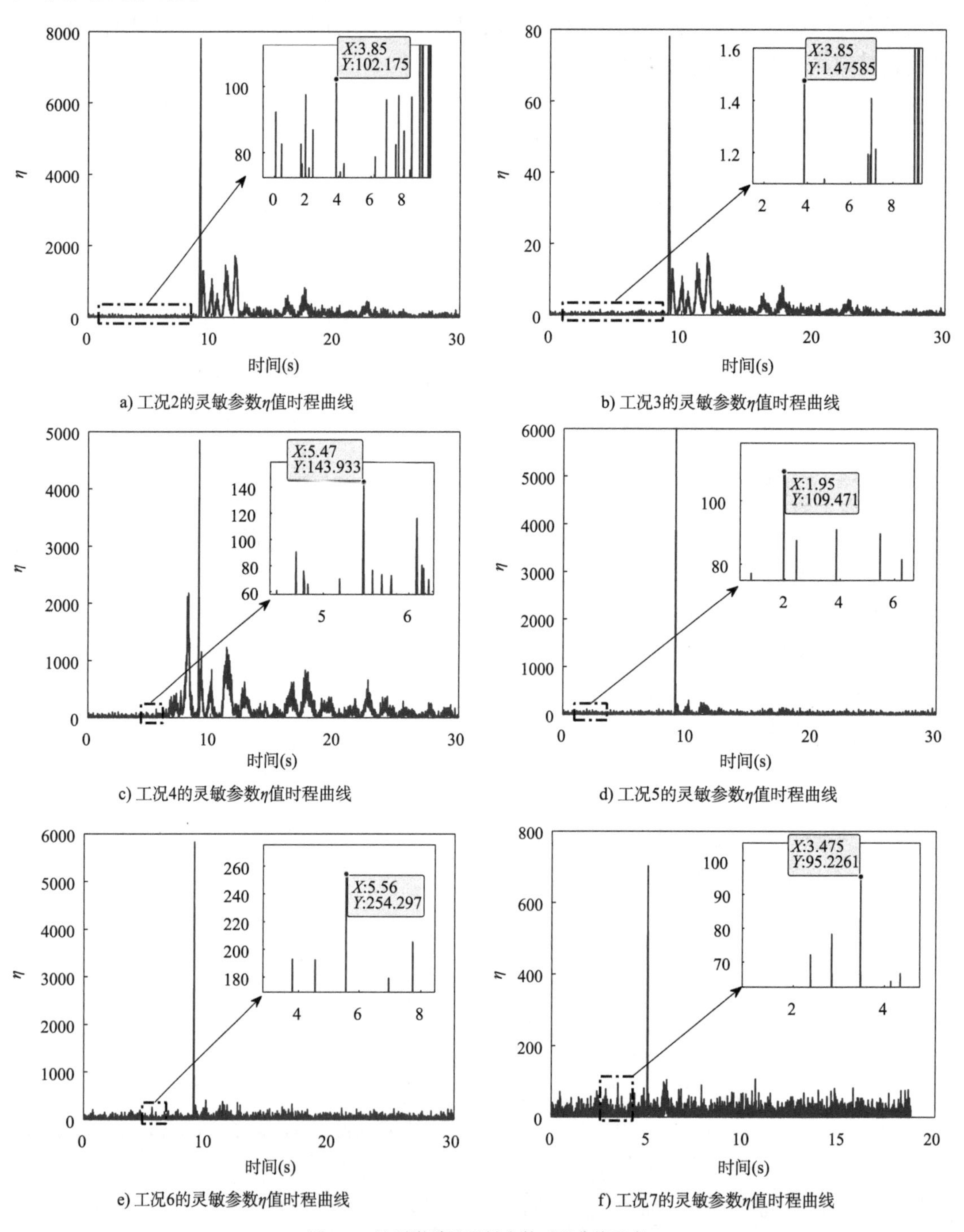

a) 工况2的灵敏参数η值时程曲线

b) 工况3的灵敏参数η值时程曲线

c) 工况4的灵敏参数η值时程曲线

d) 工况5的灵敏参数η值时程曲线

e) 工况6的灵敏参数η值时程曲线

f) 工况7的灵敏参数η值时程曲线

图 4-8　地震激励及灵敏参数时程曲线示意

如图 4-8 所示，灵敏参数阈值受观测噪声、过程噪声协方差、观测噪声协方差、初始状态量、初始状态协方差及采样频率的影响很大。不同的参数设置将导致不同的灵敏参数阈值。特别地，观测噪声协方差、初始状态量和观测噪声对灵敏参数阈值的取值有显著影响。基于文献[31]所提的方法，针对本节两个观测值及 0.001 超越概率的情况，灵敏参数阈值 $\eta_0 = \text{chi2inv}\{1-0.001,\ 2\} = 14$。然而，将该阈值应用于图 4-7a)、图 4-8 的工况可能导致识别结果误差偏大，如 4.5.3 的图 4-9a)、图 4-9b) 所示。因此，考虑到问题的复杂性及多因素影响性，本节提出了 4.1 所述的灵敏参数阈值确定方法。

4.5.3 灵敏参数阈值对识别效果影响分析

为了简化计算过程，本节分别选取第一层和第二层的相对加速度($\ddot{x}_1$ 和 $\Delta\ddot{x}_2$)作为观测值，研究基于观测值和地震输入识别结构刚度的问题。根据 4.5.2 图 4-7a) 和图 4-8 中灵敏参数时程曲线的特征，可以将识别结果分为三类：第一类是图 4-7a) 和图 4-8 中的 d)、e) 和 f)，其曲线特征表现为脉冲响应前后都保持相对稳定；第二类是图 4-8 中的 a) 和 b)，其曲线特征为脉冲响应前保持相对稳定；第三类是图 4-8 中的 c)，其曲线特征为脉冲响应前后都表现出相对较大的灵敏参数值。基于上述分类，本书选择表 4-1 中的工况 1、3 和 4 进行更深层次的参数分析研究。

为了聚焦实际研究问题，图 4-9 仅展示了第二层(参数发生时变的位置)的刚度和位移识别对比结果，而表 4-2 ~ 表 4-5 则列举了所有层的刚度和位移识别误差对比结果，其中误差具体计算方法参考表 4-2 的注释部分。此外，为了深入验证 4.1 所提灵敏参数阈值的确定方法，本节基于工况 2、5、6 和 7 做了进一步的仿真模拟分析，具体识别结果如图 4-9g) ~ 图 4-9j) 所示，识别误差对比见表 4-5。

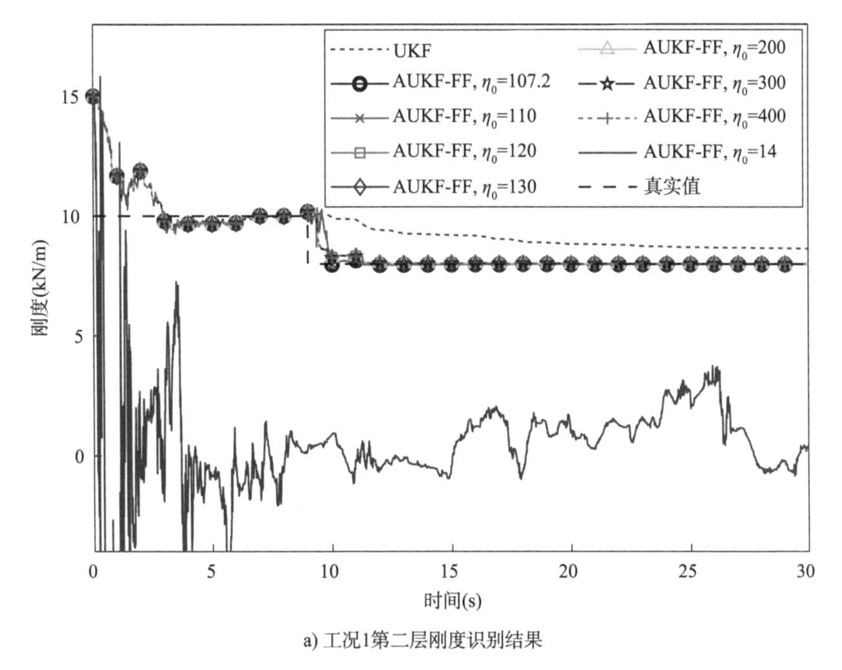

a) 工况1第二层刚度识别结果

图 4-9

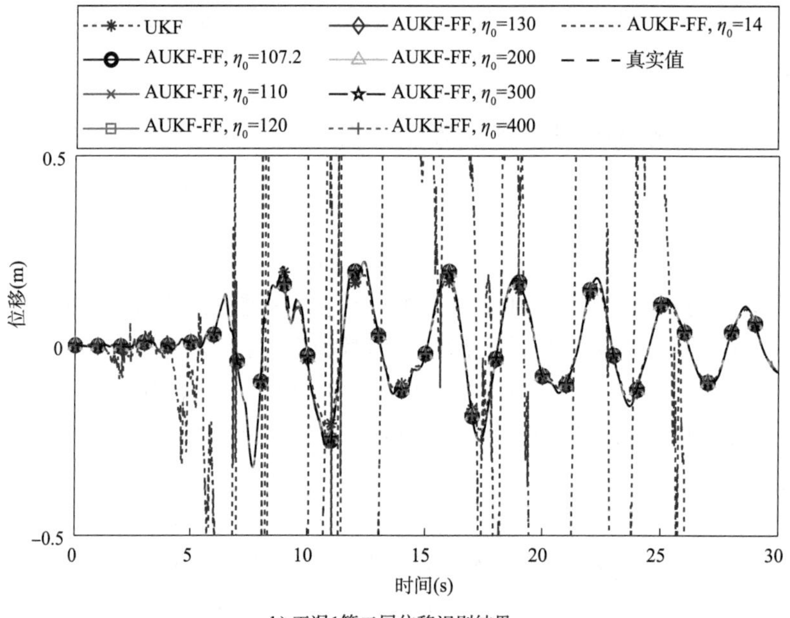

b) 工况1第二层位移识别结果

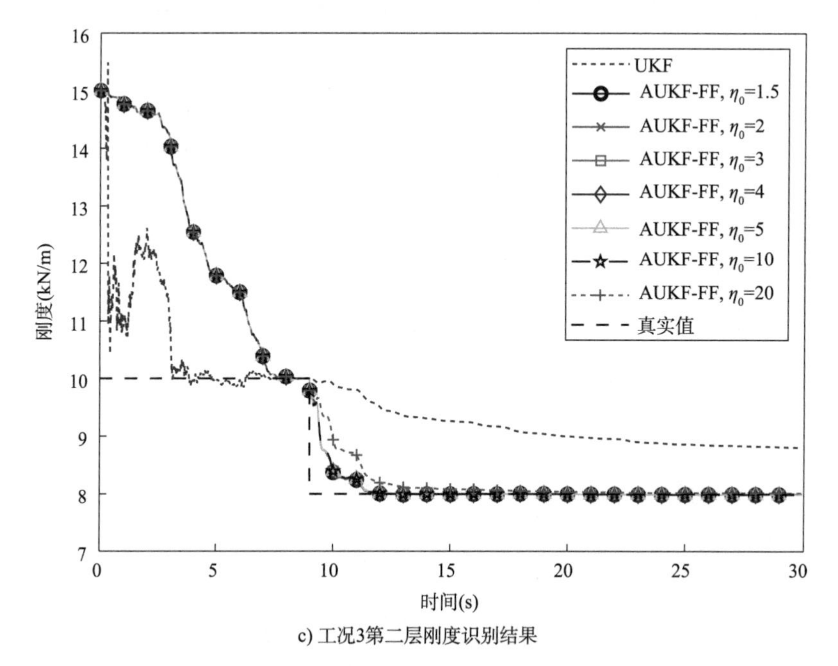

c) 工况3第二层刚度识别结果

图 4-9

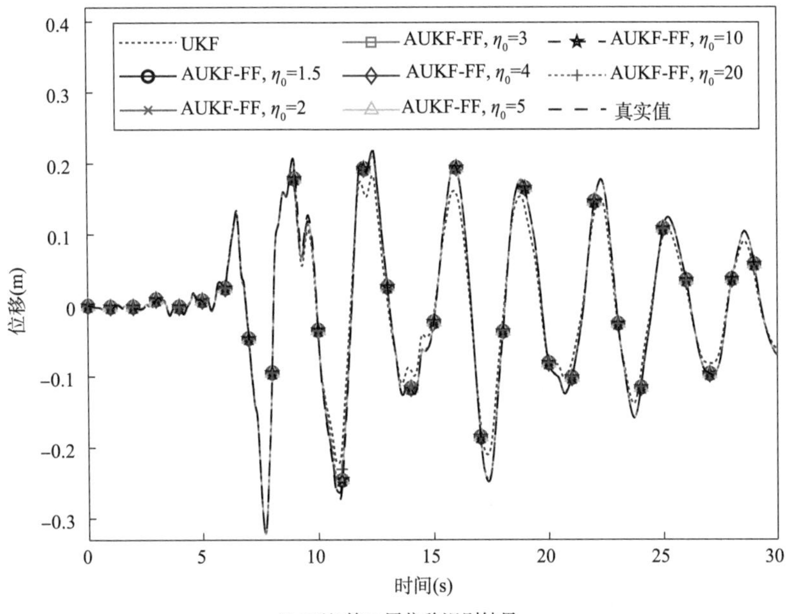

d) 工况3第二层位移识别结果

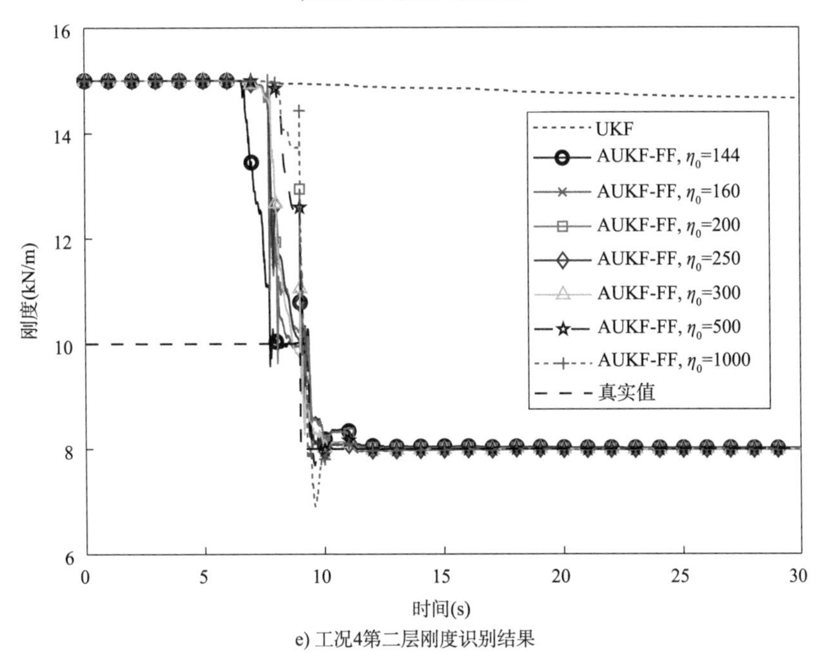

e) 工况4第二层刚度识别结果

图 4-9

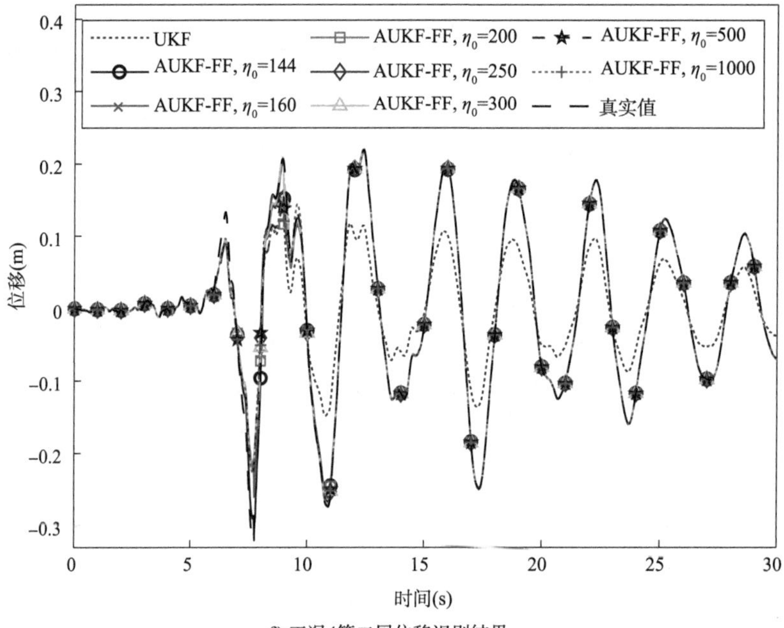

f) 工况4第二层位移识别结果

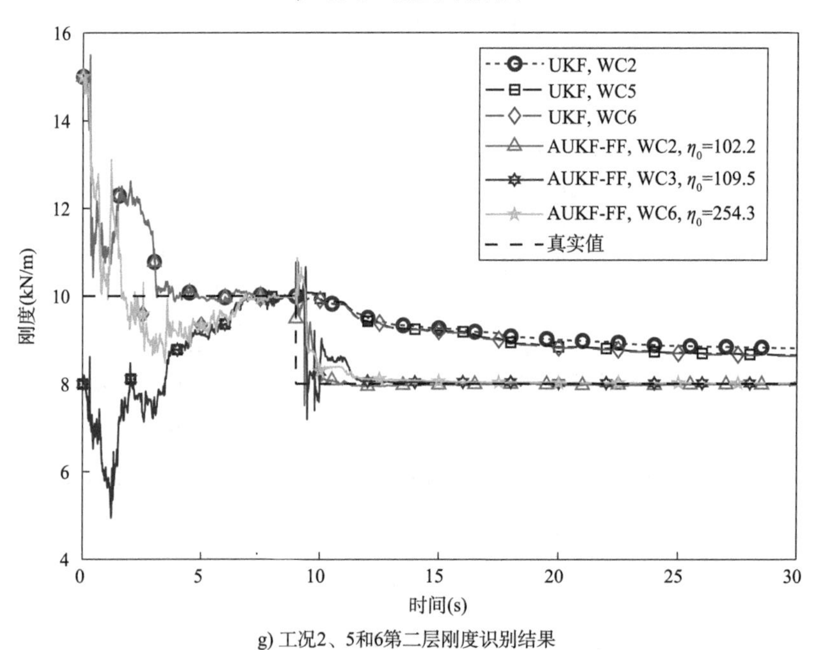

g) 工况2、5和6第二层刚度识别结果

图 4-9

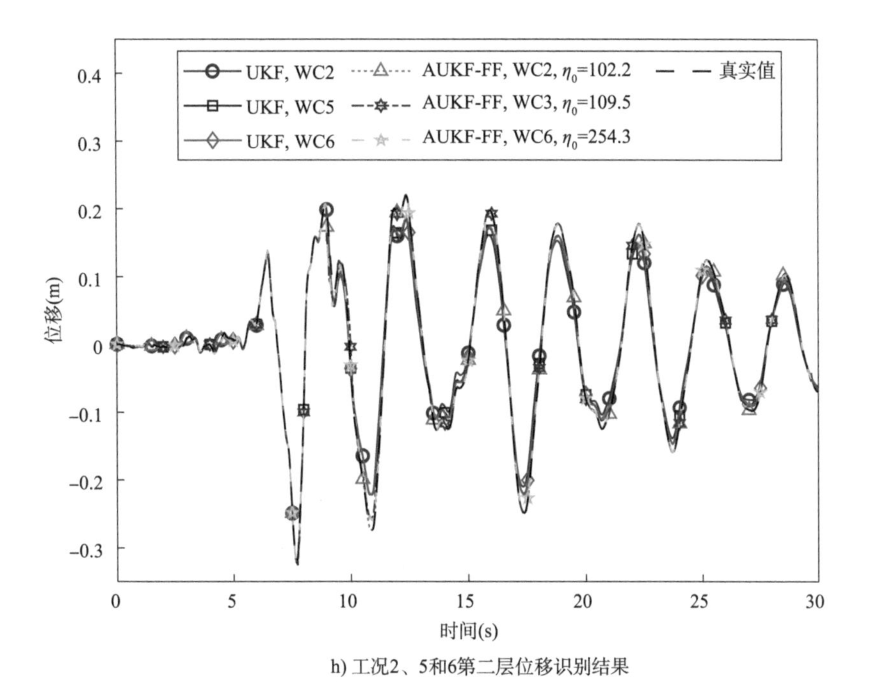

h) 工况2、5和6第二层位移识别结果

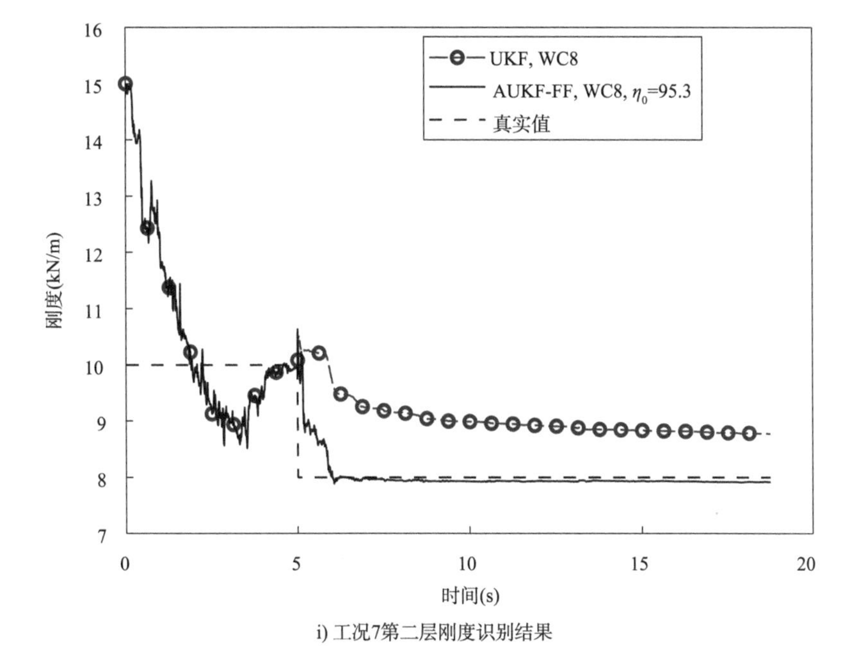

i) 工况7第二层刚度识别结果

图 4-9

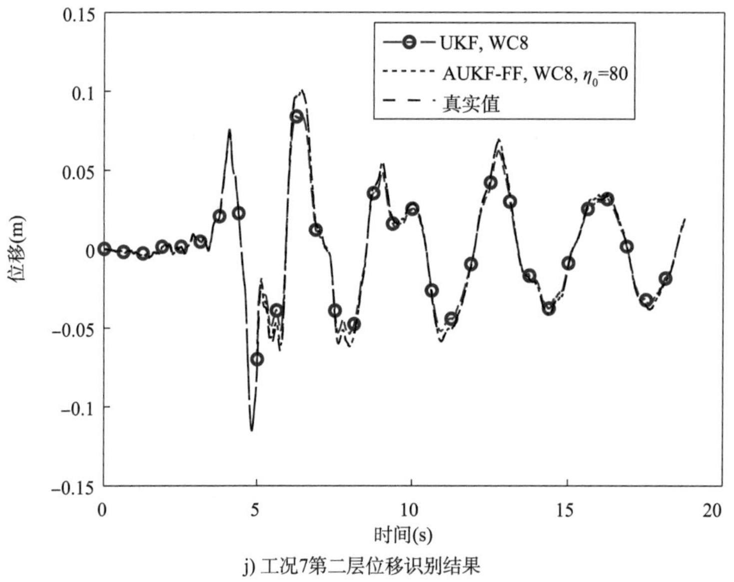

j) 工况7第二层位移识别结果

图4-9　第二层识别结果

工况1识别误差　　表4-2

算法		误差(%)			
		k_1	k_2	x_1	x_2
UKF		−0.577	8.057	0.012	−9.841
AUKF-FF	$\eta_0=14$	−99.090	−96.050	54760.780	2135.250
	$\eta_0=107.2$	−0.334	−0.202	−0.062	−0.380
	$\eta_0=110$	−0.334	−0.202	−0.062	−0.380
	$\eta_0=120$	−0.449	0.066	0.043	−1.054
	$\eta_0=130$	−0.200	0.089	0.053	−1.042
	$\eta_0=200$	−0.200	0.089	0.053	−1.042
	$\eta_0=300$	−0.200	0.089	0.053	−1.042
	$\eta_0=500$	−0.200	0.089	0.053	−1.042

注:1. 刚度识别误差=(识别值−真实值)/真实值×100%。

2. 位移识别误差=[*norm*(识别值)−*norm*(真实值)]/*norm*(真实值)×100%,其中*norm*是范数。

工况3识别误差　　表4-3

算法		误差(%)			
		k_1	k_2	x_1	x_2
UKF		−3.659	10.083	1.181	−12.668
AUKF-FF	$\eta_0=1.5$	0.110	−0.148	−0.548	−0.786
	$\eta_0=2$	0.110	−0.148	−0.548	−0.786
	$\eta_0=3$	0.116	−0.147	−0.580	−0.845

续上表

算法		误差(%)			
		k_1	k_2	x_1	x_2
AUKF-FF	$\eta_0=4$	0.116	-0.147	-0.580	-0.845
	$\eta_0=5$	0.116	-0.147	-0.580	-0.845
	$\eta_0=10$	0.116	-0.147	-0.580	-0.845
	$\eta_0=20$	-0.021	0.181	-0.726	-2.544

工况 4 识别误差　表 4-4

算法		误差(%)			
		k_1	k_2	x_1	x_2
UKF		23.031	83.209	-18.860	-42.500
AUKF-FF	$\eta_0=144$	-0.322	0.164	-0.252	-2.649
	$\eta_0=160$	-0.207	-0.044	-2.126	-3.819
	$\eta_0=200$	-0.117	0.032	-4.007	-4.975
	$\eta_0=250$	-0.049	-0.158	-4.108	-4.032
	$\eta_0=300$	-0.093	-0.122	-3.834	-4.025
	$\eta_0=500$	-0.007	-0.098	-5.102	-5.477
	$\eta_0=1000$	0.090	-0.176	-5.780	-5.466

工况 2、5、6 和 7 的识别误差　表 4-5

工况	算法	误差(%)			
		k_1	k_2	x_1	x_2
2	UKF	-3.659	10.083	1.181	-12.668
	AUKF-FF, $\eta_0=102.2$	0.093	-0.416	-0.059	-0.067
5	UKF	-0.598	8.116	0.113	-9.807
	AUKF-FF, $\eta_0=109.5$	-0.390	0.087	0.211	-1.029
6	UKF	-0.883	7.899	0.356	-9.806
	AUKF-FF, $\eta_0=254.3$	-0.474	0.128	0.736	-1.514
7	UKF	-1.480	9.660	1.100	-9.710
	AUKF-FF, $\eta_0=95.3$	-1.410	-1.020	1.060	-0.290

由图 4-9a) ~ 图 4-9f) 和表 4-2 ~ 表 4-4 的仿真结果可知，UKF 算法不能识别时变结构参数，且识别结果对算法参数的设置很敏感。而 AUKF-FF 算法，除了灵敏参数阈值 $\eta_0=14$ 的情况外，其余都能准确跟踪和识别结构的时变参数，且针对不同的算法、参数设置工况均表现出较强的鲁棒性。此外，灵敏参数阈值 $\eta_0=14$ 是根据 Bisht 和 Singh[31] 所提的卡方逆累积

分布函数计算得到的(详见5.1.2)。由相应灵敏参数时程曲线特征可知,$\eta_0 = 14$对于本案例研究工况偏小,而图4-9a)和图4-9b)进一步说明不合理的灵敏参数阈值将导致识别结果偏差较大。为了更全面系统地分析不同灵敏参数阈值的识别效果,图4-9展示了各种阈值的识别结果。由仿真结果可知,距离灵敏参数时程曲线脉冲响应前最大值较近的阈值能同时准确地识别出刚度和位移响应,这可进一步根据图4-9g)、图4-9j)和表4-5的补充仿真分析来验证。此外,由于所提的AUKF-FF算法面对不同的参数设置时具备较强的计算鲁棒性,说明所提方法在一定程度上能够解决算法参数不确定导致的建模不确定引起的误差问题。

综上所述,为了解决常规UKF算法在识别时变结构参数时存在的精度低、收敛速度慢等问题,书中提出了一种改进方法。首先,设计了用于计算时变结构参数位置的灵敏参数,并基于其时程曲线特征,定义了相应的阈值计算方法。该阈值用于智能判断是否启用自适应算法,从而提升算法对时变参数的跟踪与识别能力。然后,基于新息协方差与新息残差(即预测观测值与实际观测值之差)的比值,构造了扩展状态协方差的遗忘因子,并通过理论推导分析了遗忘因子的来源及其作用机制。

为了提高算法的计算效率,仅在某一递推步的灵敏参数值超过预设阈值时,才使用遗忘因子对新息协方差、交叉协方差及状态协方差进行调整;否则,继续采用常规UKF算法进行结构状态与参数的估计。最后,以流程图的形式给出了完整的自适应遗忘因子UKF(AUKF-FF)算法的计算流程。

为了验证书中提出的灵敏参数阈值计算方法的准确性与可靠性,选择了两层剪切型框架结构作为研究对象,并基于层间响应构建了其运动控制微分方程。通过仿真模拟发现,该剪切型结构适合采用基于SR算法计算灵敏参数的AUKF-FF方法。此外,灵敏参数阈值的计算与观测噪声、过程噪声协方差、观测噪声协方差、初始状态量、初始状态协方差以及采样频率参数的设置密切相关。特别是,观测噪声协方差、初始状态量和观测噪声对灵敏参数阈值的确定有显著影响。与传统的卡方逆累积分布函数计算方法相比,书中提出的灵敏参数阈值计算方法表现出了更高的普适性和可靠性。在实际工程应用中,可优先选取灵敏参数时程曲线脉冲响应前的最大值作为阈值。

第5章

CHARTER 5

自适应遗忘因子 UKF 在时变参数识别中的效果深度分析

第4章基于自适应遗忘因子和灵敏参数改进UKF，提出了AUKF-FF算法，并基于简单结构数值仿真分析初步验证了所提方法识别时变参数的有效性以及灵敏参数阈值计算方法的可靠性。为深度验证AUKF-FF算法识别复杂结构时变参数的精度和鲁棒性，本章首先列举分析了以UKF为理论框架的其他多种自适应算法，并基于各自适应原理特点对所列方法进行分类整理；然后，针对部分自适应UKF算法，从起始参数优化、公式简化以及修正原理类比多个角度提出改良建议；最后，通过框架结构和车-桥耦合振动系统数值仿真分析对比验证了多种自适应UKF方法的识别效果。

UKF不善于跟踪和识别时变结构参数，因此，以UKF为理论框架衍生出多种自适应滤波方法。根据UKF的执行步骤，状态协方差、过程噪声协方差和观测噪声协方差为算法不确定性的主要表征量，其中后两个参数与噪声水平息息相关。因此，该研究领域内较主流的自适应算法大致可分为两类：状态协方差修正算法和噪声协方差修正算法。为了进一步说明本书所提的AUKF-FF算法的时变参数识别优势，本章列举了多个以UKF为框架的自适应算法，解析了各个算法的自适应原理，并针对其中个别算法提出改进措施，最后基于数值模拟对比分析了各个算法的优劣。

5.1 基于状态协方差修正的自适应方法

5.1.1 强追踪滤波方法

强追踪滤波器(Strong Tracking Filter, STF)源自扩展卡尔曼滤波器(EKF)和正交原理[33]。它通过引入衰落因子λ_k来修正EKF时间更新步中的预测状态协方差[式(5-1)]。修正的目的是确保不同时刻的残差序列彼此正交，其中时变的衰落因子根据次优算法由式(5-2)～式(5-7)推导得出。

$$\boldsymbol{P}_{k+1}^{-}=\lambda_{k+1}\boldsymbol{F}_k\boldsymbol{P}_k^{+}\boldsymbol{F}_k^{\mathrm{T}}+\boldsymbol{Q}_k=\lambda_{k+1}\sum_{i=0}^{2n}(\hat{\boldsymbol{\chi}}_k^{(i)}-\hat{\boldsymbol{\chi}}_k^{-})(\hat{\boldsymbol{\chi}}_k^{(i)}-\hat{\boldsymbol{\chi}}_k^{-})^{\mathrm{T}}+\boldsymbol{Q}_k \tag{5-1}$$

$$\lambda_{k+1}=\begin{cases}\lambda_0 & (\lambda_0\geqslant 1)\\ 1 & (\lambda_0<1)\end{cases} \tag{5-2}$$

$$\lambda_0=\frac{\mathrm{tr}[\boldsymbol{N}_{k+1}]}{\mathrm{tr}[\boldsymbol{M}_{k+1}]} \tag{5-3}$$

$$\boldsymbol{N}_{k+1}=\boldsymbol{V}_{k+1}-\boldsymbol{H}_{k+1}\boldsymbol{Q}_k\boldsymbol{H}_{k+1}^{\mathrm{T}}-\tau\boldsymbol{R}_{k+1} \tag{5-4}$$

$$M_{k+1} = H_{k+1} F_k P_k^+ F_k^T H_{k+1}^T \tag{5-5}$$

$$V_{k+1} = \begin{cases} \varepsilon_1 \varepsilon_1^T & (k=0) \\ \dfrac{\rho V_k + \varepsilon_{k+1}\varepsilon_{k+1}^T}{1+\rho} & (k \geqslant 1) \end{cases} \tag{5-6}$$

$$\varepsilon_k = y_k - \hat{y}_k \tag{5-7}$$

式中：ρ——权重系数，取值范围为 $0<\rho\leqslant 1$，一般取 $\rho=0.95$；

τ——弱化系数，$\tau \geqslant 1$，一般取 $\tau=1$；

F_k——状态方程相关的雅可比矩阵；

H_k——观测方程相关的雅可比矩阵；

ε——残差矢量。

衰落因子的具体推导过程十分复杂，详情请参阅《现代故障诊断与容错控制》[33]。这里仅介绍强追踪 UKF 算法（STUKF），即将 STF 技术融合到 UKF 的方法中。为了简化雅可比矩阵的计算过程，本书基于协方差的定义推导了 N_k 和 M_k 的等效形式。

首先，基于 KF 算法，时间更新步的预测状态协方差可以写作如下形式：

$$P_{k+1}^- = F_k P_k^+ F_k^T + Q_k \Rightarrow F_k P_k^+ F_k^T = P_{k+1}^- - Q_k \tag{5-8}$$

其次，UKF 算法的交叉协方差同样可以基于协方差定义推导得到：

$$\begin{aligned} P_{xy,k+1} &= E[(X_{k+1} - \hat{X}_{k+1}^-)(y_{k+1} - \hat{y}_{k+1})^T] \\ &= E[(X_{k+1} - \hat{X}_{k+1}^-)(H_{k+1}X_{k+1} - H_{k+1}\hat{X}_{k+1}^- + v_{k+1})^T] \\ &= E[(X_{k+1} - \hat{X}_{k+1}^-)(X_{k+1} - \hat{X}_{k+1}^-)^T] H_{k+1}^T \\ &= P_{k+1}^- H_{k+1}^T \end{aligned} \tag{5-9}$$

式(5-9)中观测值与观测预测值的含义如下。

$$y_{k+1} = H_{k+1} X_{k+1} + v_{k+1} \tag{5-10}$$

$$\hat{y}_{k+1} = H_{k+1} \hat{X}_{k+1|k} \tag{5-11}$$

因此，雅可比矩阵 H_k 可以写作如下形式：

$$H_{k+1} = P_{xy,k+1}^T P_{k+1}^- \tag{5-12}$$

最后，N_k 和 M_k 的等效形式可表示为

$$N_{k+1} = V_{k+1} - P_{xy,k+1}^T P_{k+1}^- Q_k (P_{k+1}^-)^T P_{xy,k+1} - \tau R_{k+1} \tag{5-13}$$

$$M_{k+1} = P_{xy,k+1}^T P_{k+1}^- (P_{k+1}^- - Q_k)(P_{k+1}^-)^T P_{xy,k+1} \tag{5-14}$$

利用式(5-13)和式(5-14)，可以实现 STUKF 算法。为了增强算法识别结构时变参数的能力，Du 等[34]提出衰落因子矩阵，如 $\Lambda_{k+1} = \mathrm{diag}(\mu_{1,k+1}, \mu_{2,k+1})$，其中 $\mu_{1,k+1} = [1, 1, \cdots, 1]$ 代表由位移和速度响应构成的 r 维矢量，$\mu_{2,k+1} = [\lambda_{k+1}, \lambda_{k+1}, \cdots, \lambda_{k+1}]$ 代表由未知参数（待识别参数）组成的 s 维矢量。基于衰落因子矩阵 Λ_{k+1} 的时间更新步的预测状态协方差修正公式如式(5-15)所示。通过将 STF 概念与衰落因子矩阵相结合，杨纪鹏等[35]提出改进的强追踪平方根 UKF 方法。此外，Shi 等[36]改进了 N_{k+1} 和 M_{k+1} 的计算方法，如式(5-16)和式(5-17)所示。Wang 等[37]基于式(5-16)、式(5-17)以及 Sage-Husa 噪声估计器（详见 5.2.4）

成功识别了时变结构参数。然而,式(5-16)和式(5-17)的数学推导过程并未给出。此外,原STF 的推导过程非常复杂,且其识别简支桥结构时变参数的效果并不好,这将在后续具体展开说明(详见5.3.3)。

$$\boldsymbol{P}_{k+1}^{-} = \sqrt{\boldsymbol{\Lambda}_{k+1}} \sum_{i=0}^{2n} (\hat{\boldsymbol{\chi}}_k^{(i)} - \hat{\boldsymbol{\chi}}_k^{-})(\hat{\boldsymbol{\chi}}_k^{(i)} - \hat{\boldsymbol{\chi}}_k^{-})^{\mathrm{T}} \sqrt{\boldsymbol{\Lambda}_{k+1}}^{\mathrm{T}} + \boldsymbol{Q}_k \tag{5-15}$$

$$\boldsymbol{N}_{k+1} = (\boldsymbol{V}_{k+1} - \boldsymbol{R}_{k+1})^{\mathrm{T}} \tag{5-16}$$

$$\boldsymbol{M}_{k+1} = \sum_{i=0}^{2n} W_c^i (\hat{\boldsymbol{y}}_k^{(i)} - \hat{\boldsymbol{y}}_k)(\hat{\boldsymbol{y}}_k^{(i)} - \hat{\boldsymbol{y}}_k)^{\mathrm{T}} \tag{5-17}$$

5.1.2 常系数修正滤波方法

Bisht 和 Singh[31] 提出一种两阶段方法,并命名为自适应 UKF(Adaptive UKF,AUKF)。它的核心思想为:适当修正状态协方差能够加速算法收敛到真实值。与4.1的式(4-1)相同,在AUKF方法的第一阶段,用于识别结构参数突变时刻的标量参数被定义,为便于区分,这里使用符号β表示,其离散表达式如下:

$$\beta_k = \boldsymbol{\varepsilon}_k^{\mathrm{T}} (\boldsymbol{P}_{yy,k})^{-1} \boldsymbol{\varepsilon}_k \tag{5-18}$$

式中,$\boldsymbol{P}_{yy,k}$计算时考虑了测量噪声影响,即考虑测量噪声协方差$\boldsymbol{R}$。

同理,在递推识别过程中,一旦某时刻的β_k超过预先定义的阈值β_0,则将启动量测更新步中的后验状态协方差修正算法。对于新息变量满足零均值的高斯分布情况,Bisht 和 Singh 通过卡方逆累积分布函数计算阈值β_0。其中,自由度数等于观测值的数目,超越概率根据工程经验获得。因此,计算阈值β_0的数学表达式如下:

$$\beta_0 = \mathrm{chi2inv}\{1-p, m\} \tag{5-19}$$

式中: m——观测值的个数;

p——超越概率;

chi2inv{ }——卡方逆累积分布函数,如 chi2inv{1 -0.001,2} =chi2inv{0.999,2} =14。

Schleiter 等[27]沿用了 Bisht 和 Singh 提出的方法,但是在求解标量参数β时没有使用新息协方差矩阵$\boldsymbol{P}_{yy,k}$,而是直接使用了观测噪声协方差矩阵$\boldsymbol{R}$[式(5-20)]。阈值β_0的定义则直接采用了高斯分布,对不同观测值类型规定不同的修正系数,基于高斯分布定义超越概率的方式计算阈值,具体表达式如下:

$$\beta_k = \boldsymbol{\varepsilon}_k^{\mathrm{T}} \boldsymbol{R}^{-1} \boldsymbol{\varepsilon}_k \tag{5-20}$$

$$\beta_0 = \delta m z_0^2 \tag{5-21}$$

式中,对于位移和速度传感器,规定$\delta = 1$;对于加速度传感器,规定$\delta = 2$;对于高斯分布,定义可靠度为99.998%,超越概率为0.002%[27],此时$z_0 = 3\sqrt{2}$。

在AUKF方法的第二阶段,当检测到结构参数在第k时刻发生变化时,针对所关心的待识别参数,分别将后验状态协方差矩阵中相应主对角元素位置的待识别参数协方差值扩大20倍,且一次只扩大一个待识别参数,随后分别执行一步UKF计算(一次时间更新步和一次量测更新步),并最终得到s个标量参数值β_1、$\beta_2\cdots\beta_s$,其中s为所关心的待识别参数个数。这s个标量参数值中最小的标量参数$\beta_{\min}$所对应的主对角元素位置$L(L\in[1,\ s])$即发生变化的结构参数位置。随后，在执行下一递推步（第 $k+1$ 步）时，将该位置对应的后验状态协方差矩阵$\boldsymbol{P}_{k+1}^{+}$的主对角元素扩大 20 倍，即$\boldsymbol{P}_{k+1}^{+}(L,L)=\boldsymbol{P}_{k+1}^{+}(L,L)\times 20$。

尽管上述所介绍的常系数修正技术很直观，但其阈值计算方法的可靠性有待商榷，因为它只考虑了观测值个数及超越概率两个条件。正如 4.1 所述，阈值确定与多个因素有关，如观测噪声、过程噪声协方差、观测噪声协方差、初始状态量、初始状态量协方差及采样频率等。此外，状态协方差修正系数为根据经验确定的常数，缺乏严谨的数学推导过程及理论支撑。同时，根据 Bisht 和 Singh 所提的 AUKF 算法逻辑，当识别时变结构参数位置时，算法是以当前步（假如第 k 步）的状态估计量$\boldsymbol{X}_{k}^{+}$ 为算法启动参数的。事实上，当前步的标量参数β_{k}已经超过阈值β_{0}，这表示当前步的状态估计量可能不准确，那么继续以当前步的状态估计量为算法启动参数可能导致错误的结果（详见 5.3.2 图 5-5 和图 5-6）。为了解决这个问题，研究建议以前一迭代步的状态估计值$\boldsymbol{X}_{k-1}^{+}$为算法启动参数。为了与原 AUKF 算法相区分，这里将使用前一迭代步的状态估计值求解时变结构参数位置的方法称作改进的 AUKF 算法（Modified AUKF，MAUKF）。

5.2 基于噪声协方差修正的自适应方法

5.2.1 双重自适应滤波方法

Astroza 等[38]引入了双重自适应滤波方法（Adaptive Dual Filter，ADF），其主要功能为通过修正观测噪声协方差 $\boldsymbol{R}$ 来解决非线性有限元模型的建模不确定性问题。简单来讲，ADF 算法基于 UKF 估计结构的未知参数，以及线性的 KF 算法识别观测噪声协方差的主对角元素。为了执行 ADF 算法，Astroza 等在 KF 算法阶段针对观测噪声引入了 4 个全新的变量，即初始噪声误差矢量$\boldsymbol{r}_{k}^{+}$、初始噪声误差协方差$\boldsymbol{P}_{r,0}^{+}$、过程噪声协方差 $\boldsymbol{T}$ 以及观测噪声协方差 $\boldsymbol{U}$。其中 $\boldsymbol{T}$ 和 $\boldsymbol{U}$ 都是针对观测噪声本身考虑的。算法的具体执行流程可参考文献[38]，这里只对算法的思想及局限性做简要分析。

在 Astroza 等的原始研究文章中，基于力学的非线性有限元模型是根据 OpenSEES 软件框架搭建的，并且所提的 ADF 方法主要通过数值模拟来验证。ADF 算法的核心目标是当结构的几何、节点质量、恒荷载、阻尼系数及积分点个数等参数存在误差时准确地更新非线性有限元模型。然而，Astroza 等的研究并没有考虑结构时变参数的识别问题。此外，新引进的参数变量主要根据经验知识确定，这增加了算法的调试难度。

5.2.2 常遗忘因子修正滤波方法

利用 Akhlaghi 等[39]在电气系统领域针对动态状态估计方面提出的遗忘因子技术，Song 等[28]使用基于残差或基于新息的协方差匹配方法，将遗忘因子技术逐步用于调整观测噪声

协方差 $\boldsymbol{R}_{k+1}$，提出遗忘因子 UKF 算法（为便于讨论，记为 UKF with Forgetting Factor，简记为 UKF-FF）。其核心思想为：通过引入常遗忘因子 α 来确保先前观测噪声协方差 $\boldsymbol{R}_k$ 和当前估计之间的加权平衡。更新后的观测噪声协方差 $\boldsymbol{R}_{k+1}$ 表述如下：

基于新息的自适应方法：$\boldsymbol{r}_{k+1}=\alpha\,\boldsymbol{r}_k+(1-\alpha)\mathrm{diag}(\boldsymbol{\varepsilon}_{k+1}\boldsymbol{\varepsilon}_{k+1}^{\mathrm{T}}-\boldsymbol{l}_{k+1})$ (5-22)

基于残差的自适应方法：$\boldsymbol{R}_{k+1}=\alpha\,\boldsymbol{R}_k+(1-\alpha)(\boldsymbol{\zeta}_{k+1}\boldsymbol{\zeta}_{k+1}^{\mathrm{T}}+\boldsymbol{L}_{k+1})\quad(0<\alpha\leqslant1)$ (5-23)

$$\boldsymbol{l}_{k+1}=\mathrm{diag}\left(\sum_{i=0}^{2n}W_c^{(i)}(\boldsymbol{y}_{k+1}^{(i)}-\hat{\boldsymbol{y}}_{k+1})(\boldsymbol{y}_{k+1}^{(i)}-\hat{\boldsymbol{y}}_{k+1})^{\mathrm{T}}\right)\tag{5-24}$$

$$\boldsymbol{L}_{k+1}=\sum_{i=0}^{2n}W_c^{(i)}(\boldsymbol{y}_{k+1}^{(i)}-\hat{\boldsymbol{y}}_{k+1})(\boldsymbol{y}_{k+1}^{(i)}-\hat{\boldsymbol{y}}_{k+1})^{\mathrm{T}}\tag{5-25}$$

$$\boldsymbol{\zeta}_{k+1}=\boldsymbol{y}_{k+1}-\hat{\boldsymbol{y}}_{k+1}^{+},\ \hat{\boldsymbol{y}}_{k+1}^{+}=h(\hat{\boldsymbol{\chi}}_{k+1}^{+},\boldsymbol{U}_{k+1})\tag{5-26}$$

式中：$\boldsymbol{r}_{k+1}$——组成观测噪声协方差 $\boldsymbol{R}_{k+1}$ 的主对角元素，即 $r_{k+1}=\mathrm{diag}(R_{k+1})$；符号具体含义请参考本书第 1 章和第 2 章相关内容。

为了使第 $k+1$ 步的观测噪声协方差估计值 $\boldsymbol{R}_{k+1}$ 实现更缓慢、更平滑的变化，Song 等建议将更高的 α 值分配给 $\boldsymbol{R}_k$。此外，正如式(5-22)和式(5-23)描述的那样，基于残差的自适应方法能够计算完整的观测噪声协方差矩阵 $\boldsymbol{R}_{k+1}$，即包含丰富的非对角元素信息。相反，基于新息的自适应方法只能计算矩阵 $\boldsymbol{R}_{k+1}$ 的主对角元素。此外，基于残差的自适应方法更新的矩阵 $\boldsymbol{R}_{k+1}$ 是正定的，理由是两个正定矩阵的和运算结果仍为正定矩阵。然而，基于新息的自适应方法由于涉及矩阵减法，其计算的观测噪声协方差矩阵 $\boldsymbol{R}_{k+1}$ 可能是非正定的。综上，Song 等建议使用基于残差的自适应方法。但是，遗忘因子的来源缺乏严谨的数学解释，主要通过工程经验确定，并且在识别过程中遗忘因子始终为常数，这就导致当初始的遗忘因子取值不合适时算法不得不重新开始计算的情况发生，且可能需要反复调试更换遗忘因子，这无疑增加了算法调试时间。此外，更为关键的一点是，Song 等的研究没有考虑结构时变参数的识别问题。

5.2.3 移动窗方法

除了 5.2.2 提到的遗忘因子方法，Song 等还将 Mehra[40] 提出的移动窗技术与 UKF 算法结合，提出移动窗 UKF（为便于讨论，记为 UKF with Moving Window，简记为 UKF-MW）。其核心思想依旧为基于移动窗技术调整观测噪声协方差 $\boldsymbol{R}_{k+1}$。基于移动平均的概念，UKF-MW 算法的两种修正公式如下。

基于新息的自适应方法：$\boldsymbol{r}_{k+1}=\mathrm{diag}\left(\dfrac{1}{m}\sum_{i=0}^{m-1}\boldsymbol{\varepsilon}_{k+1-i}\boldsymbol{\varepsilon}_{k+1-i}^{\mathrm{T}}-\boldsymbol{l}_{k+1}\right)$ (5-27)

基于残差的自适应方法：$\boldsymbol{R}_{k+1}=\dfrac{1}{m}\sum_{i=0}^{m-1}\boldsymbol{\zeta}_{k+1-i}\boldsymbol{\zeta}_{k+1-i}^{\mathrm{T}}+\boldsymbol{L}_{k+1}$ (5-28)

式中：m——移动窗的尺寸，如果想让第 $k+1$ 步的观测噪声协方差估计值 $\boldsymbol{R}_{k+1}$ 变化得更缓慢和更平滑，则需要使用更大的 m 值。

其余符号含义参考式(5-22)和式(5-23)，符号具体含义参考 5.2.2。

为了简化移动窗的执行过程，Song 等提出两种实施策略：①保持矩阵 $\boldsymbol{R}_{k+1}$ 为固定值 $\boldsymbol{R}_0$，直到 $k\geqslant m$ 时再更新，其中 $\boldsymbol{R}_0$ 为初始观测噪声协方差；②当迭代步数 $L\leqslant m$ 时，使用能够获得

的残差值估计 $\boldsymbol{R}_{k+1}$，其中 $L \leqslant k \leqslant m$。与5.2.2类似，Song 等同样建议使用基于残差的自适应方法。然而，同样的问题依旧存在，即窗口大小依据经验确定，且整个识别过程窗口大小保持不变。如果初始选择的窗口尺寸不合理，则需要重新基于新的窗口尺寸进行计算，这将导致算法调试困难，计算效率较低。此外，结构时变参数的识别问题依旧未被考虑。

5.2.4 Sage-Husa 噪声估计方法

由前人的研究[37,41~44]可知，标准的 Sage-Husa 噪声估计器能同时修正过程噪声协方差和观测噪声协方差。一般情况下，由于噪声的随机性，UKF 相关算法均假定噪声为零均值。基于零均值的过程噪声和观测噪声的假设，Sage-Husa 噪声估计器可表述如下：

$$\widehat{\boldsymbol{Q}}_k = (1-d_k)\widehat{\boldsymbol{Q}}_{k-1} + d_k\left[\boldsymbol{K}_k \boldsymbol{\varepsilon}_k \boldsymbol{\varepsilon}_k^{\mathrm{T}} \boldsymbol{K}_k^{\mathrm{T}} + \boldsymbol{P}_k^{+} - \sum_{i=0}^{2n} W_i^{(i)} (\boldsymbol{\chi}_k^{(i)} - \boldsymbol{\chi}_k^{-})(\boldsymbol{\chi}_k^{(i)} - \boldsymbol{\chi}_k^{-})^{\mathrm{T}}\right] \tag{5-29}$$

$$\widehat{\boldsymbol{R}}_k = (1-d_k)\widehat{\boldsymbol{R}}_{k-1} + d_k\left[\boldsymbol{\varepsilon}_k \boldsymbol{\varepsilon}_k^{\mathrm{T}} - \sum_{i=0}^{2n} W_i^{(i)} (\boldsymbol{y}_k^{(i)} - \widehat{\boldsymbol{y}}_k)(\boldsymbol{y}_k^{(i)} - \widehat{\boldsymbol{y}}_k)^{\mathrm{T}}\right] \tag{5-30}$$

式中：d_k——修正系数，$d_k = (1-b)/(1-b^{k+1})$；

b——权重系数，且 $0<b<1$。

Yang 等[45]研究发现，当过程噪声和观测噪声的统计特性未知时，基于式(5-29)和式(5-30)同时估计过程噪声和观测噪声容易引起算法发散。因此，有学者提出了几种改进的 Sage-Husa 噪声估计技术，包括单独修正过程噪声协方差的方法[36,37][式(5-29)]、单独修正观测噪声协方差的方法[46][式(5-31)]、简化的 Sage-Husa 噪声估计方法[44][式(5-32)和式(5-33)]。

$$\widehat{\boldsymbol{R}}_k = \widehat{\boldsymbol{R}}_{k-1} + d_k\left[\boldsymbol{\varepsilon}_k \boldsymbol{\varepsilon}_k^{\mathrm{T}} - \sum_{i=0}^{2n} W_i^{(i)} (\boldsymbol{y}_k^{(i)} - \widehat{\boldsymbol{y}}_k)(\boldsymbol{y}_k^{(i)} - \widehat{\boldsymbol{y}}_k)^{\mathrm{T}}\right] \tag{5-31}$$

$$\widehat{\boldsymbol{Q}}_k = (1-d_k)\widehat{\boldsymbol{Q}}_{k-1} + d_k[\boldsymbol{K}_k \boldsymbol{\varepsilon}_k \boldsymbol{\varepsilon}_k^{\mathrm{T}} \boldsymbol{K}_k^{\mathrm{T}} + \boldsymbol{P}_k^{+}] \tag{5-32}$$

$$\widehat{\boldsymbol{R}}_k = (1-d_k)\widehat{\boldsymbol{R}}_{k-1} + d_k \boldsymbol{\varepsilon}_k \boldsymbol{\varepsilon}_k^{\mathrm{T}} \tag{5-33}$$

与式(5-30)不同，式(5-31)中的修正系数 d_k 只对当前步的残差项进行修正。此外，当滤波过程收敛时，先验状态协方差和新息协方差会趋于零或极小值[44]，式(5-32)和式(5-33)未考虑这两项。与式(5-29)、式(5-30)及式(5-31)相比，式(5-32)和式(5-33)更有优势，因为式(5-29)~式(5-31)的运算过程中存在减法，容易导致矩阵值为负，进而影响数值稳定性。此外，考虑到算法收敛，式(5-33)中的后验状态协方差值也极小，因此，研究提出一种更简化和更合理的 Sage-Husa 噪声估计方法：

$$\widehat{\boldsymbol{Q}}_k = (1-d_k)\widehat{\boldsymbol{Q}}_{k-1} + d_k \boldsymbol{K}_k \boldsymbol{\varepsilon}_k \boldsymbol{\varepsilon}_k^{\mathrm{T}} \boldsymbol{K}_k^{\mathrm{T}} \tag{5-34}$$

$$\widehat{\boldsymbol{R}}_k = (1-d_k)\widehat{\boldsymbol{R}}_{k-1} + d_k \boldsymbol{\varepsilon}_k \boldsymbol{\varepsilon}_k^{\mathrm{T}} \tag{5-35}$$

参考式(5-31)，对式(5-34)和式(5-35)继续简化可获得另外一种噪声修正方法：

$$\widehat{\boldsymbol{Q}}_k = \widehat{\boldsymbol{Q}}_{k-1} + d_k \boldsymbol{K}_k \boldsymbol{\varepsilon}_k \boldsymbol{\varepsilon}_k^{\mathrm{T}} \boldsymbol{K}_k^{\mathrm{T}} \tag{5-36}$$

$$\widehat{\boldsymbol{R}}_k = \widehat{\boldsymbol{R}}_{k-1} + d_k \boldsymbol{\varepsilon}_k \boldsymbol{\varepsilon}_k^{\mathrm{T}} \tag{5-37}$$

为了便于区分，总结上述提到的各种 Sage-Husa 噪声估计方法，见表5-1。

Sage-Husa 噪声估计方法总结　　表 5-1

公式	名称	文献来源
式(5-29)和式(5-30)	MSHUKF-0	[37],[41],[42~44]
式(5-36)和式(5-37)	MSHUKF-1	本研究
式(5-34)和式(5-35)	MSHUKF-2	本研究
式(5-29)	MSHUKF-3	[36,37]
式(5-31)	MSHUKF-4	[46]
式(5-32)和式(5-33)	MSHUKF-5	[44]

注:MSHUKF 是英文 Modified Sage-Husa UKF 的缩写。

5.3 多种自适应方法的数值模拟对比验证

前文详细描述了自适应遗忘因子 UKF(AUKF-FF)算法的原理和操作流程、基于 UKF 框架的其余多种自适应方法以及灵敏参数阈值计算方法的可靠性。这里以前文描述的各种自适应 UKF 算法为研究对象,基于数值仿真分析说明各种方法的优劣。首先,通过单自由度系统案例甄选出能够识别结构时变参数的自适应算法,并作为后续章节的研究对象;其次,将单自由度系统扩展到三自由度剪切型框架结构系统,并将单一的识别参数扩展到 6 个未知参数的识别;再次,基于更为复杂的车-桥耦合系统深度验证各自适应算法的识别效果;最后,基于数值模拟结果说明 AUKF-FF 算法的优势。

5.3.1 自适应算法筛选

5.3.1.1 不同自适应 Sage-Husa UKF 算法的识别效果对比

因为 5.2.4 介绍了 5 种 Sage-Husa 噪声估计器,为了缩减后续对比算法的数量,本节先对这 5 种自适应 Sage-Husa 噪声估计算法进行对比分析,以筛选出适用于时变结构参数识别的方法。

首先,研究案例选取物理关系非常明确的剪切型单自由度系统,模型结构如图 4-1a)所示,结构参数及其时变特性与 4.1 一致。同时,为避免重复,这里将荷载幅值定义为图 4-1b)荷载的一半,并将采样频率设置为 100Hz。然后,介绍本案例 Sage-Husa 噪声估计算法的参数设置情况:初始状态量$\hat{\boldsymbol{X}}_0^+=[0\quad 0\quad 40]^{\mathrm{T}}$,初始状态协方差$\hat{\boldsymbol{P}}_0^+=\mathrm{diag}([1\times10^{-8}\quad 1\times10^{-8}\quad 1])$,过程噪声协方差$\boldsymbol{Q}=1\times10^{-8}\boldsymbol{I}_{3\times3}$以及观测噪声协方差$\boldsymbol{R}=\boldsymbol{I}_{1\times1}$。其中,单位矩阵$\boldsymbol{I}$的下角标代表矩阵维度,协方差取值考虑算法收敛性和识别精度。识别过程考虑 1% 的 RMS 噪声,噪声施加方法如式(4-8)所示。此外,根据既有研究成果[42,44]可知,Sage-Husa 噪声估算法的权重系数 b 的一般取值范围为 $0.95\leqslant b<1$,因此,后续讨论中将 b 的最小值设置为 0.95。最后,基于前述条件开展仿真模拟分析。然而,值得注意的是,经过反复调试发现,表 5-1 中的 MSHUKF-5 算法很难收敛,因为原方法(MSHUKF-5)主要应用于锂离子电池的充电状态估计,所以可能不适用于土木工程结构时变参数的识别问题。因此,此部分只对

比了其余 4 种算法。具体的仿真对比结果如图 5-1 所示。

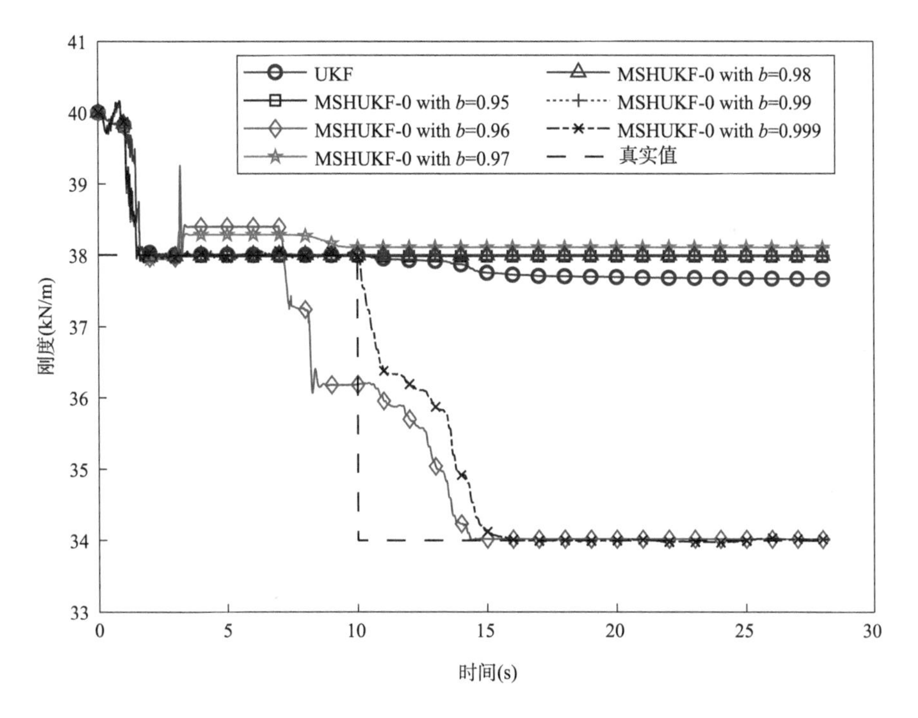

a) MSHUKF-0的识别效果

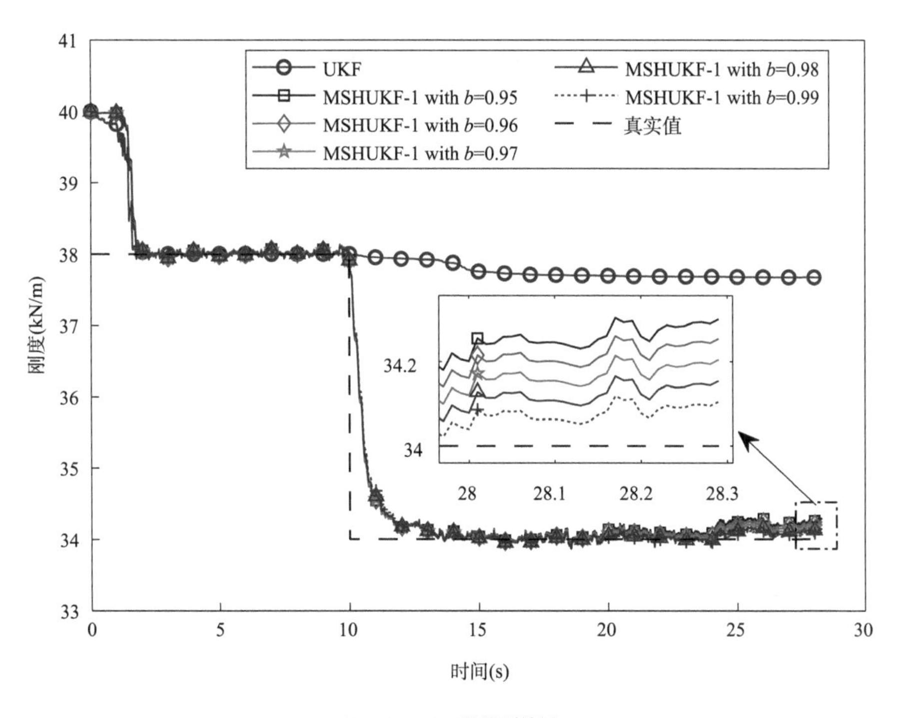

b) MSHUKF-1的识别效果

图　5-1

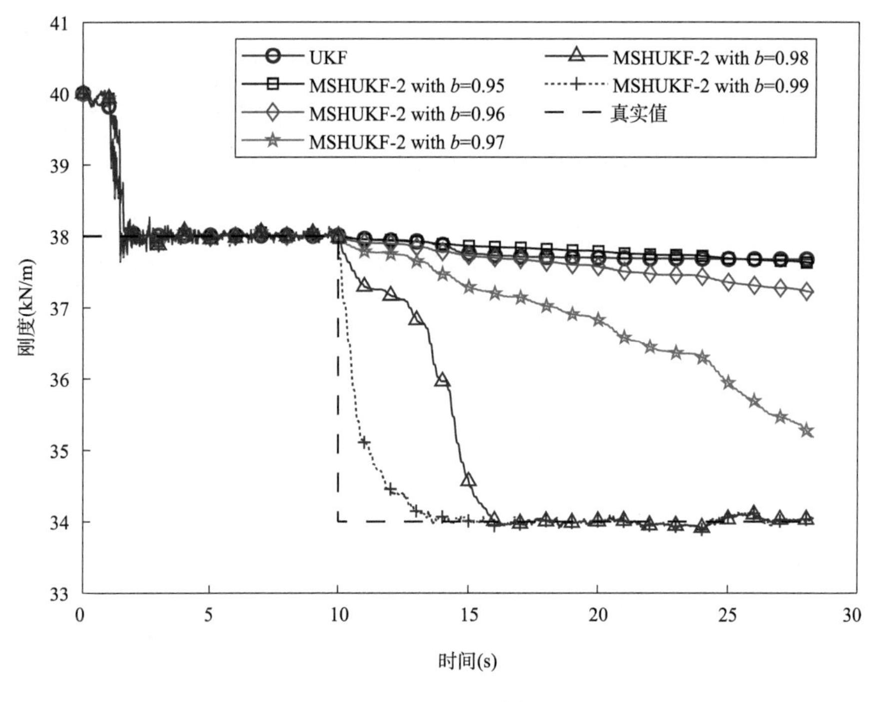

c) MSHUKF-2的识别效果

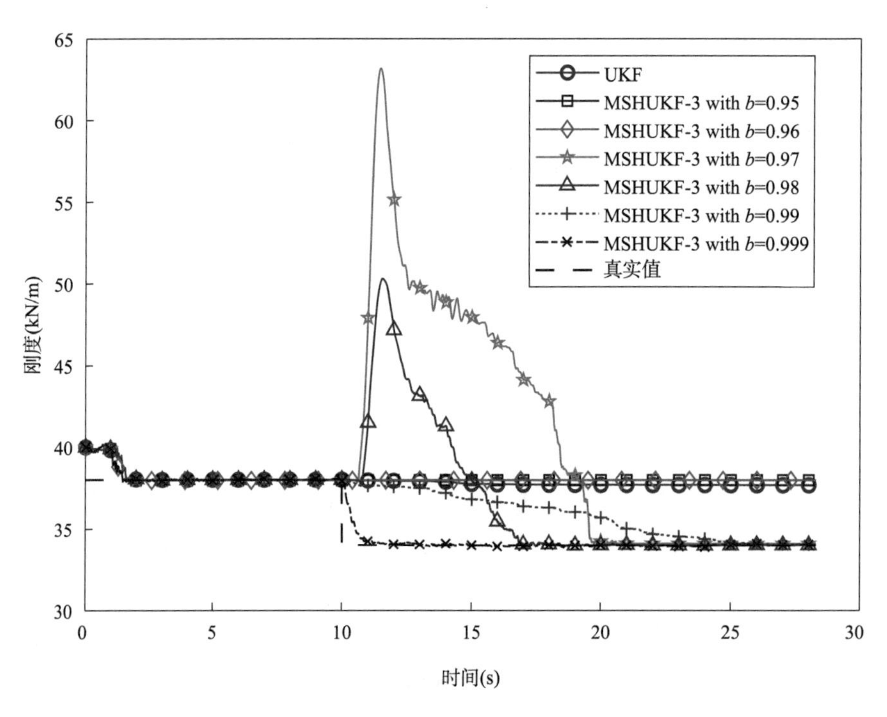

d) MSHUKF-3的识别效果

图 5-1

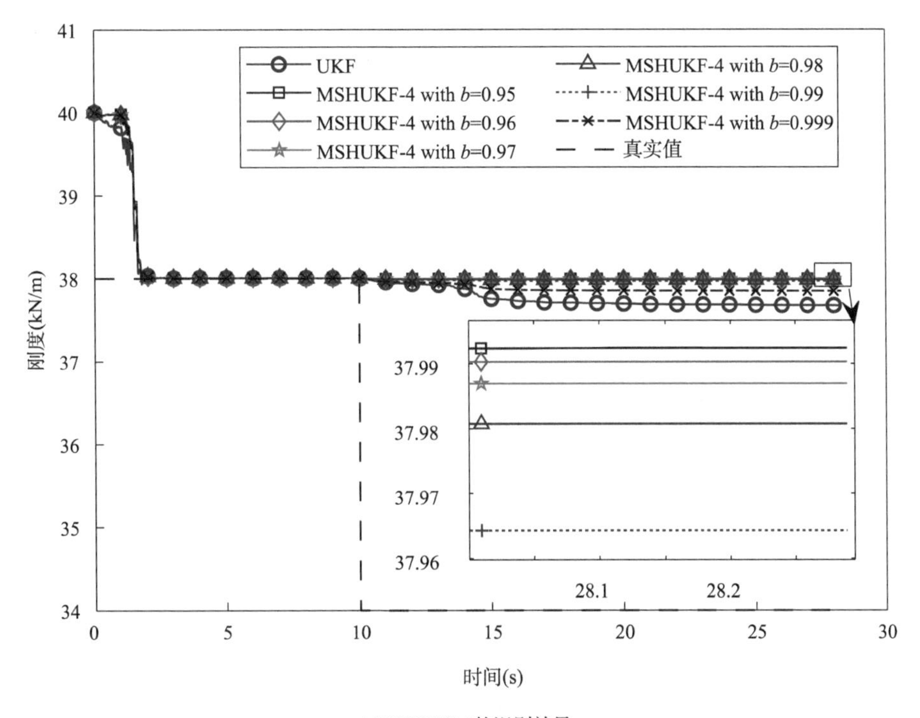

e) MSHUKF-4的识别效果

图 5-1 刚度识别对比结果

通过对图 5-1 的数值模拟结果分析可得:①MSHUKF-0、MSHUKF-1、MSHUKF-2 算法和 MSHUKF-3 算法都能识别时变结构参数,而 UKF 算法和 MSHUKF-4 算法不能跟踪和识别结构参数的时变特征。或者换个角度说,UKF 算法和 MSHUKF-4 算法的收敛速度很慢。②MSHUKF-1 算法表现出最强的识别鲁棒性,因为它对权重系数 b 不敏感。③对于 MSHUKF-2 算法,权重系数越大,其收敛速度越快。④对于 MSHUKF-1 算法和 MSHUKF-4 算法,较大的权重系数时识别精度较高,然而 MSHUKF-4 算法的收敛速度很慢。⑤对于 MSHUKF-0 算法和 MSHUKF-3 算法,识别效果和权重系数 b 的关系并不明显,然而,选择更大的 b 值能保证识别精度和收敛速度,如 $b=0.999$。因此,对于本研究所提的自适应 Sage-Husa UKF 方法,建议优先选用较大的权重系数值。

5.3.1.2 不同自适应 UKF 算法的识别效果对比

以 5.3.1.1 提到的能够识别时变结构参数的自适应 Sage-Husa UKF 算法以及前文提到的其他自适应 UKF 相关方法为研究对象,继续对比研究这些算法识别结构时变参数的能力。其中,除了观测噪声协方差外,其余结构参数与算法参数设置与 5.3.1.1 一致。针对其他自适应 UKF 相关算法(UKF 算法、STUKF 算法、AUKF 算法、AUKF-FF 算法、ADF 算法、UKF-FF 算法、UKF-MW 算法),考虑算法收敛性和识别精度,将观测噪声协方差设置为 $\boldsymbol{R}=1\times10^{-2}\boldsymbol{I}_{1\times1}$。不同自适应 UKF 类算法的识别效果对比如图 5-2 所示。从图 5-2 的对比分析可知,ADF 算法、UKF-FF 算法及 UKF-MW 算法不适用于时变结构参数的识别问题,因此下文将不再对这些算法进行深入的讨论分析。

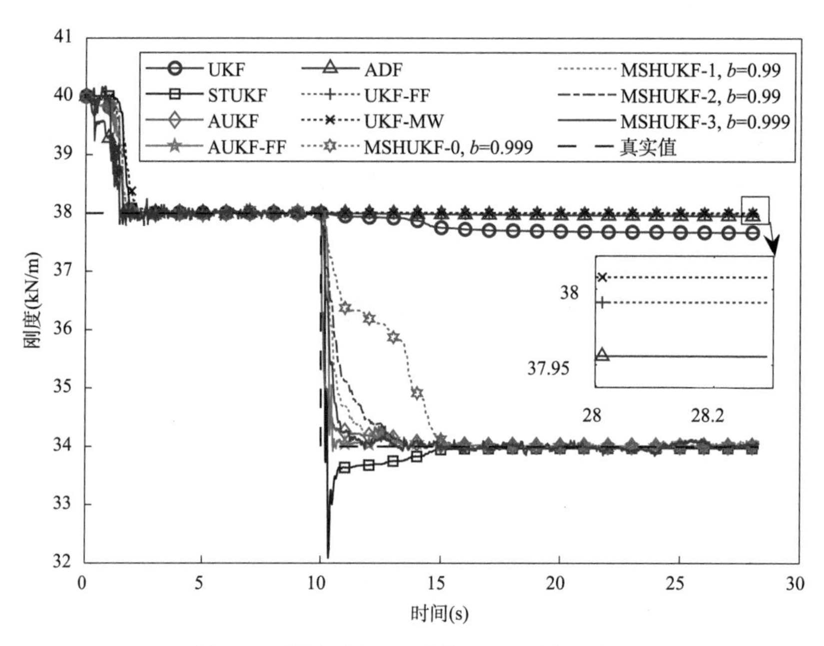

图 5-2　不同自适应 UKF 类算法的识别效果对比

5.3.2　三层剪切型框架结构时变参数识别应用

5.3.2.1　模型建立

框架结构在土木工程领域的应用极为广泛,因此,这里以三层框架结构[图 5-3a)]为研究对象来验证前文提到的自适应 UKF 相关算法的识别精度和鲁棒性。为了便于分析,将该三层框架结构简化为剪切模型,其中 m_i、c_i和 k_i分别为质量、层间阻尼和层间刚度($i=1,2,3$,$\ddot{x}_g$是地震激励),本案例选取 Elcentro 波作为地震输入,采样频率为 100Hz,且调幅后的地震波时程曲线如图 5-3b)所示。

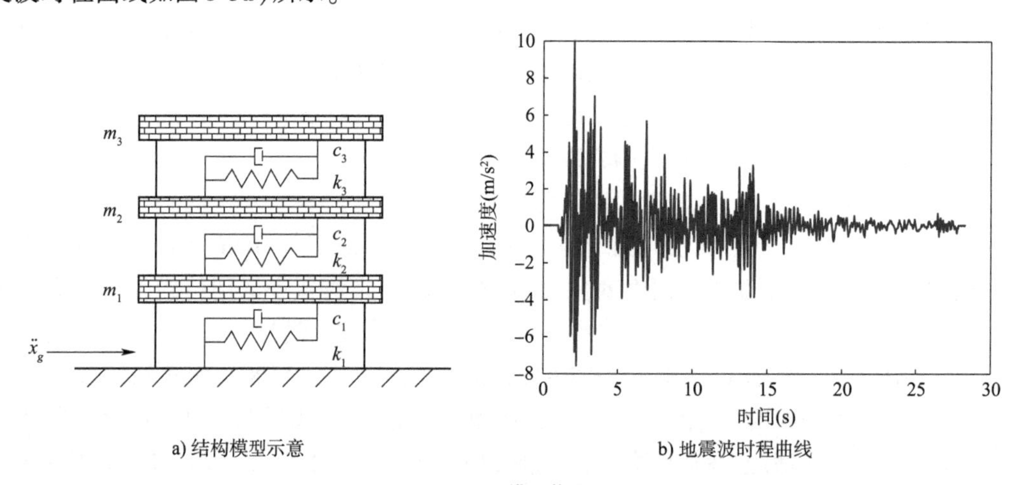

a) 结构模型示意　　b) 地震波时程曲线

图 5-3　模型信息

该三层剪切型框架结构的运动方程如下:

$$\begin{bmatrix} m_1 & 0 & 0 \\ m_2 & m_2 & 0 \\ m_3 & m_3 & m_3 \end{bmatrix}\begin{Bmatrix} \ddot{x}_1 \\ \Delta\ddot{x}_2 \\ \Delta\ddot{x}_3 \end{Bmatrix}+\begin{bmatrix} c_1 & -c_2 & 0 \\ 0 & c_2 & -c_3 \\ 0 & 0 & c_3 \end{bmatrix}\begin{Bmatrix} \dot{x}_1 \\ \Delta\dot{x}_2 \\ \Delta\dot{x}_3 \end{Bmatrix}+\begin{bmatrix} k_1 & -k_2 & 0 \\ 0 & k_2 & -k_3 \\ 0 & 0 & k_3 \end{bmatrix}\begin{Bmatrix} x_1 \\ \Delta x_2 \\ \Delta x_3 \end{Bmatrix}=-\begin{Bmatrix} m_1 \\ m_2 \\ m_3 \end{Bmatrix}\ddot{x}_g \tag{5-38}$$

式中：Δx_2、Δx_3——层间位移，$\Delta x_2 = x_2 - x_1$，$\Delta x_3 = x_3 - x_2$；

x_i——第 i 层的相对位移；

符号上面的点代表对时间求导。

5.3.2.2 状态方程和观测方程

在地震作用过程中，假定结构质量保持不变且为已知量，并假定结构刚度和阻尼是时变的。将相对位移、相对速度、刚度和阻尼扩展为状态量，具体表达式如下：

$$\begin{aligned} \boldsymbol{X} &= [s_1 \quad s_2 \quad s_3 \quad s_4 \quad s_5 \quad s_6 \quad s_7 \quad s_8 \quad s_9 \quad s_{10} \quad s_{11} \quad s_{12}]^{\mathrm{T}} \\ &= [x_1 \quad \Delta x_2 \quad \Delta x_3 \quad \dot{x}_1 \quad \Delta\dot{x}_2 \quad \Delta\dot{x}_3 \quad k_1 \quad k_2 \quad k_3 \quad c_1 \quad c_2 \quad c_3]^{\mathrm{T}} \end{aligned} \tag{5-39}$$

式中：$s_1 \sim s_{12}$——含义同式(5-39)中对应项。

根据状态量形式，写出对应的状态方程[式(5-40)]。将层间加速度作为观测值，写出观测方程[式(5-41)]：

$$\boldsymbol{X}=\begin{Bmatrix} \dot{s}_1 \\ \dot{s}_2 \\ \dot{s}_3 \\ \dot{s}_4 \\ \dot{s}_5 \\ \dot{s}_6 \\ \dot{s}_7 \\ \dot{s}_8 \\ \dot{s}_9 \\ \dot{s}_{10} \\ \dot{s}_{11} \\ \dot{s}_{12} \end{Bmatrix}=\begin{Bmatrix} s_4 \\ s_5 \\ s_6 \\ -\ddot{x}_g-\dfrac{s_{10}\cdot s_4-s_{11}\cdot s_5+s_7\cdot s_1-s_8\cdot s_2}{m_1} \\ -\ddot{x}_g-\dfrac{\dot{s}_4+s_{11}\cdot s_5-s_{12}\cdot s_6+s_8\cdot s_2-s_9\cdot s_3}{m_2} \\ -\ddot{x}_g-\dfrac{\dot{s}_4+\dot{s}_5+s_{12}\cdot s_6+s_9\cdot s_3}{m_3} \\ 0 \\ 0 \\ 0 \\ 0 \\ 0 \\ 0 \end{Bmatrix} \tag{5-40}$$

$$\boldsymbol{Y}=\begin{Bmatrix} \dot{s}_4 \\ \dot{s}_5 \\ \dot{s}_6 \end{Bmatrix}=\begin{Bmatrix} -\ddot{x}_g-\dfrac{s_{10}\cdot s_4-s_{11}\cdot s_5+s_7\cdot s_1-s_8\cdot s_2}{m_1} \\ -\ddot{x}_g-\dfrac{\dot{s}_4+s_{11}\cdot s_5-s_{12}\cdot s_6+s_8\cdot s_2-s_9\cdot s_3}{m_2} \\ -\ddot{x}_g-\dfrac{\dot{s}_4+\dot{s}_5+s_{12}\cdot s_6+s_9\cdot s_3}{m_3} \end{Bmatrix} \tag{5-41}$$

从式(5-40)和式(5-41)的构成可知,状态方程和观测方程表现出较强的非线性,同样,求解其运动微分方程可借助四阶龙格库塔积分。

5.3.2.3　工况及参数设置

在本案例中,结构参数定义如下:$m_1 = m_2 = m_3 = 1000\text{kg}$,$k_1 = k_2 = 120\text{kN/m}$,$k_3 = 60\text{kN/m}$以及$c_1 = c_2 = c_3 = 0.6\text{kNs/m}$。假定结构的刚度和阻尼参数在荷载作用过程中发生以下变化:在10s时刻,结构刚度参数$k_1 \sim k_3$分别突降为80kN/m、80kN/m和40kN/m;同时,在10s时刻,结构阻尼参数$c_1 \sim c_3$分别变为0.7kNs/m、0.65kNs/m和0.65kNs/m。噪声施加方式同式(4-8),且RMS噪声水平考虑3%。

初始状态量及初始状态协方差赋值见表5-2,其中初始状态协方差为对角矩阵。此外,过程噪声协方差$\boldsymbol{Q}$取$1 \times 10^{-8}\boldsymbol{I}_{12 \times 12}$,观测噪声协方差$\boldsymbol{R}$取$1 \times 10^{-2}\boldsymbol{I}_{3 \times 3}$。

初始状态量及初始状态协方差赋值　　表5-2

项目	s_1	s_2	s_3	s_4	s_5	s_6	s_7	s_8	s_9	s_{10}	s_{11}	s_{12}
$\boldsymbol{X}_0$	0	0	0	0	0	0	90	90	50	0.3	0.3	0.3
$\boldsymbol{P}_0$	1×10^{-8}	1×10^{-8}	1×10^{-8}	1×10^{-8}	1×10^{-8}	1×10^{-8}	10	10	10	1	1	1

注:为方便书写,表中忽略了单位。

为保证识别精度、收敛性及对比科学性,自适应Sage-Husa UKF相关算法的权重系数均设置为0.999。此外,值得注意的是,本案例的状态量维度是4.1中单自由度系统状态量维度的4倍,且本案例待识别参数是4.1中单自由度系统待识别参数的6倍,这造成MSHUKF-0算法识别过程难以收敛,表明MSHUKF-0算法面对较大维度的状态量和待识别参数时存在数值不稳定的问题。因此,后续分析中暂时不考虑MSHUKF-0算法。另外,针对AUKF方法,根据0.001的超越概率和3个观测值情况,基于卡方逆累积分布函数计算的阈值为$\beta_0 = \text{chi2inv}\{0.999, 3\} = 16.3$。

5.3.2.4　结构时变刚度和时变阻尼参数识别

(1)不同算法的识别效果对比。

基于4.4和4.5.2得出的结论,选取SR算法计算灵敏参数值及其阈值。首先,不同算法的刚度和阻尼识别结果如图5-4所示,且最终识别结果误差对比见表5-3。

在识别过程中,AUKF算法和AUKF-FF算法的灵敏参数阈值分别为16.3和13.4。结合这两个阈值以及根据图5-4和表5-3的仿真结果分析可得,面对结构刚度和阻尼都是时变参数的情况,UKF算法、AUKF算法和NSHUKF-3算法都不足以应对,且识别误差均较大。对于刚度参数的识别,STUKF算法、AUKF-FF算法、MSHUKF-1算法和MSHUKF-2算法都能准确地收敛到真实值,其中最大识别误差不超过1%;对于阻尼参数的识别,AUKF-FF算法的识别效果最好,最大识别误差不超过2.5%,然而,其他算法均不能同时准确地识别所有阻尼参数。此外,通过识别误差对比可知,MSHUKF-1算法的识别效果要优于MSHUKF-2算法。进一步由不同灵敏参数阈值的AUKF-FF算法的识别结果对比可知,灵敏参数阈值选取灵活性较好,靠近13.4的阈值识别精度均较高,当阈值较大时,识别结果可能误差较大。因此,在实际应用时,如果时间允许,建议基于就近原则选取多个阈值同步进行计算。如果识别结果在趋势和数值上比较接近,那么说明阈值选取是相对合理的。

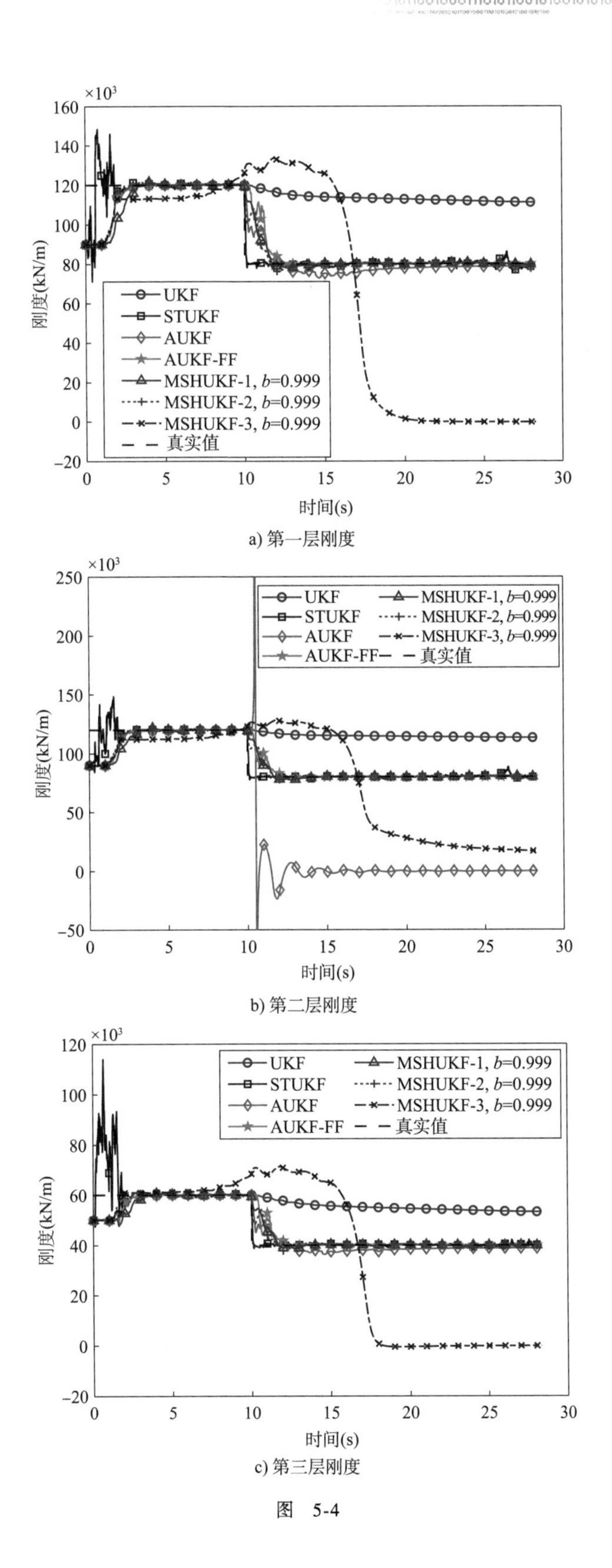

a) 第一层刚度

b) 第二层刚度

c) 第三层刚度

图　5-4

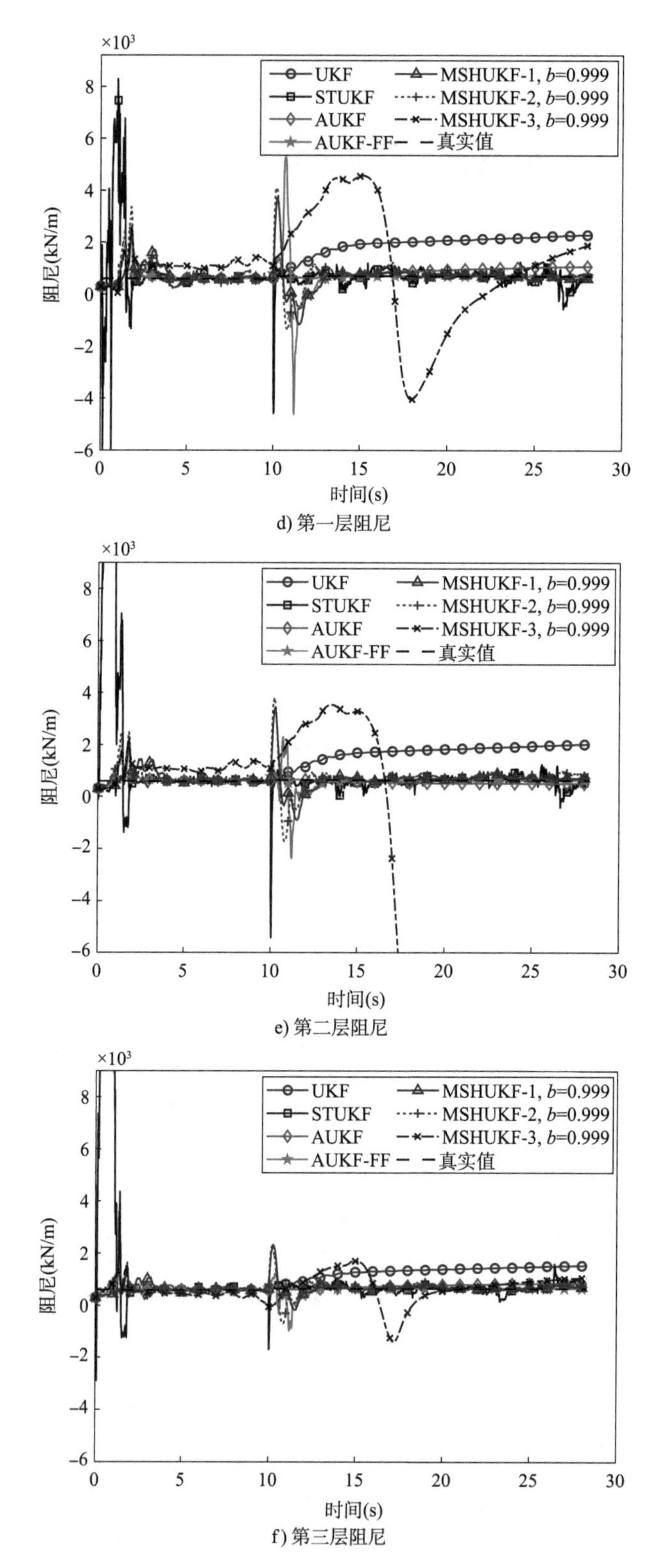

d) 第一层阻尼

e) 第二层阻尼

f) 第三层阻尼

图 5-4　不同算法的刚度和阻尼识别结果

最终识别结果误差对比 表5-3

算法		误差(%)					
		k_1	k_2	k_3	c_1	c_2	c_3
UKF		38.96	41.57	32.82	228.87	211.45	136.02
STUKF		-0.61	0.04	0.54	6.79	3.67	27.73
AUKF	$\beta_0 = 16.3$	-1.69	-100.02	-3.03	52.81	-20.51	31.94
MAUKF		-0.99	0.00	-0.44	-2.95	-0.66	-2.12
AUKF-FF	$\eta_0 = 13.4$	0.08	-0.18	-0.02	-2.30	-0.74	0.75
	$\eta_0 = 14$	0.08	-0.19	-0.02	-2.36	-1.23	0.72
	$\eta_0 = 15$	0.08	-0.18	-0.02	-2.10	-1.30	0.97
	$\eta_0 = 20$	0.07	-0.20	0.00	-5.19	-2.72	1.20
	$\eta_0 = 30$	0.10	-0.32	-0.03	-6.39	-3.75	-2.28
MSHUKF-1	$b = 0.999$	-0.32	0.05	-0.09	-8.66	20.42	7.83
MSHUKF-2		-0.77	-0.32	-0.52	12.91	40.16	18.62
MSHUKF-3		-100.33	-79.00	-100.27	178.82	-9247.42	63.88

注:误差=(识别值-真实值)/真实值×100%。

(2)不同AUKF方法的识别效果讨论。

根据前文描述,对于剪切型框架结构,AUKF算法在面对单自由度系统的时变刚度参数识别时,识别精度较高;然而,当其面对三自由度剪切型框架结构的时变刚度和时变阻尼参数同步识别问题时,识别效果下降。考虑到这个问题,针对AUKF算法提出如5.1.2所述的修正方法,即将上一迭代步的状态估计值$\boldsymbol{X}_{k-1}^{+}$作为算法启动参数,并命名为MAUKF算法。为了说明改进方法的有效性,这里主要对比AUKF算法和MAUKF算法在面对三自由度剪切型框架结构的多个参数同步识别问题时的表现,具体对比结果如图5-5和图5-6所示,其中图5-6所示为分别通过AUKF算法和MAUKF算法计算的灵敏参数时程曲线对比情况。具体的识别误差见表5-3。

通过图5-5和表5-3的结果分析可知,在识别精度方面,MAUKF算法优于AUKF算法,并且MAUKF算法的最大识别误差不超过3%。此外,从图5-6可以看出,AUKF算法计算的灵敏参数时程曲线在脉冲响应后依旧存在较大的脉冲幅值,而MAUKF算法只在参数变化时刻有较大的脉冲响应,其余时刻的灵敏参数时程曲线都比较平稳且灵敏参数值处在较低的水平。4.4得出的结论,即较小的灵敏参数值代表识别精度高,说明MAUKF算法识别效果要优于AUKF算法。虽然改进的MAUKF算法在识别精度和收敛性方面优于原AUKF算法,但是,由表5-3可知,本章提出的AUKF-FF算法的识别精度更高,具体表现为AUKF-FF算法的最大识别误差(绝对值)为2.3%(阈值选择13.4),而MAUKF算法的最大识别误差(绝对值)为2.95%,这进一步验证了AUKF-FF算法的有效性和可靠性。

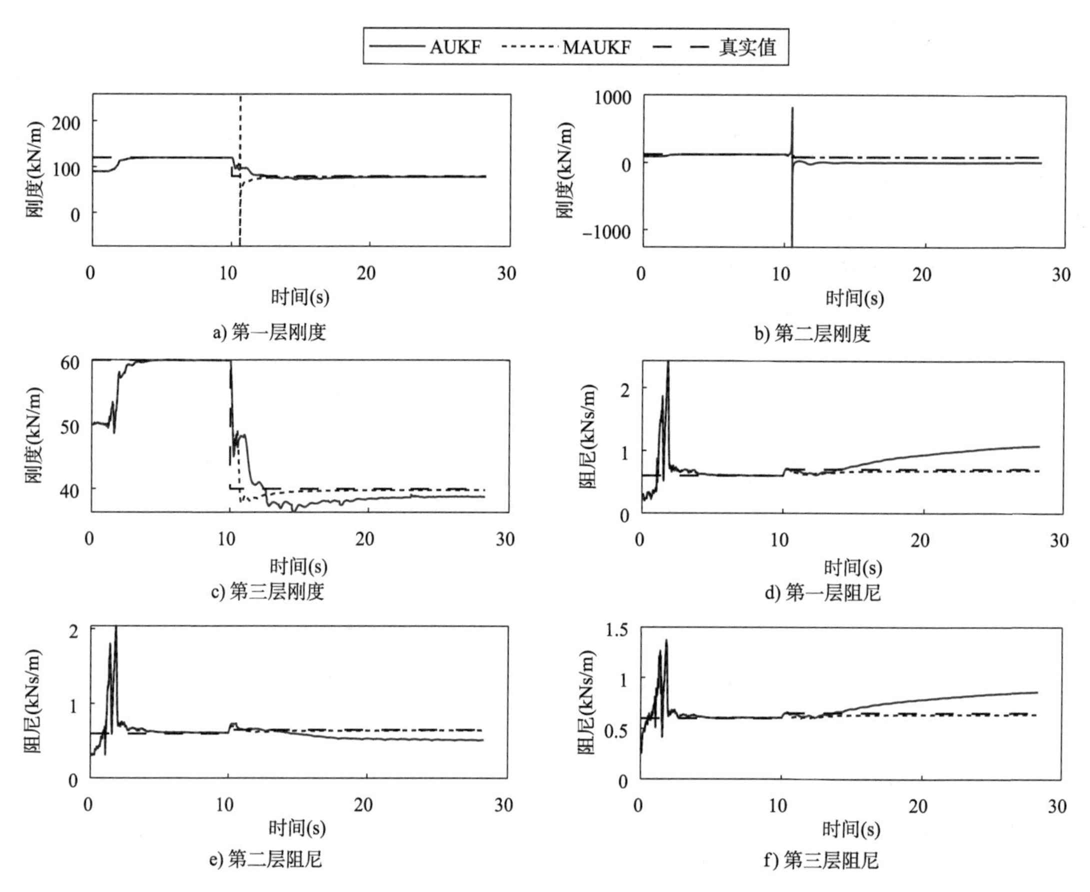

图 5-5　AUKF 算法与改进的 AUKF 算法识别效果对比

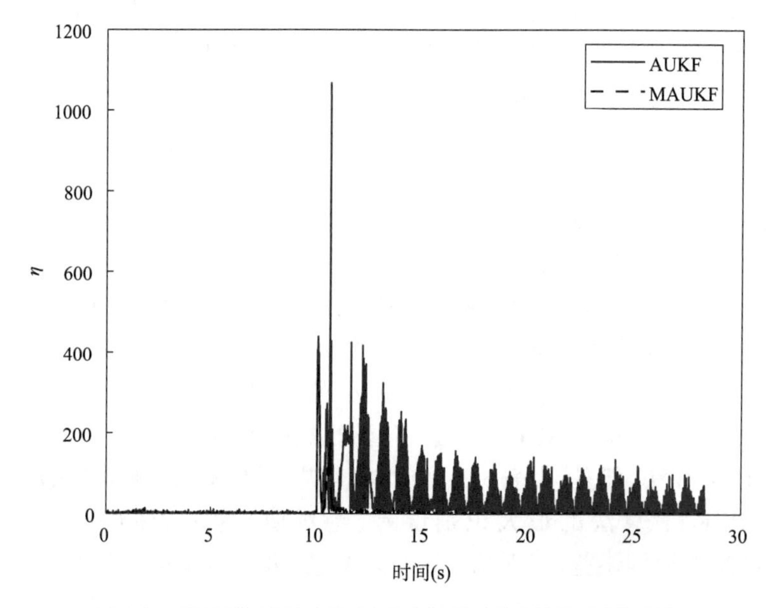

图 5-6　AUKF 算法与改进的 AUKF 算法的灵敏参数时程曲线对比

（3）AUKF-FF 算法自适应原理分析。

为了清楚演示所提的 AUKF-FF 算法自适应识别时变结构参数的本质，以状态协方差中待识别参数位置的主对角元素为研究对象，分别基于 UKF 算法和 AUKF-FF 算法绘制其时程曲线，如图 5-7 所示。由图 5-7 的结果对比可知，识别开始后，UKF 算法和 AUKF-FF 算法的状态协方差值都迅速减小，说明识别值正收敛至真实值，从而使得状态协方差变小，识别的不确定性降低。当结构参数在 10s 时刻发生变化时，由于旧数据的累积作用，UKF 算法未对状态协方差值做出调整，削弱了状态协方差对状态量的更新作用。正如 Bisht 等[31]所述，变小的协方差会影响卡尔曼增益值及算法跟踪突变参数的能力，因此，UKF 算法不能有效识别结构的时变参数。反观 AUKF-FF 算法，当结构参数在 10s 时刻发生变化时，自适应遗忘因子及时对状态协方差值做出调整，扩大了状态协方差，增强了其对状态量的更新作用，进而提高了算法识别时变结构参数的能力。

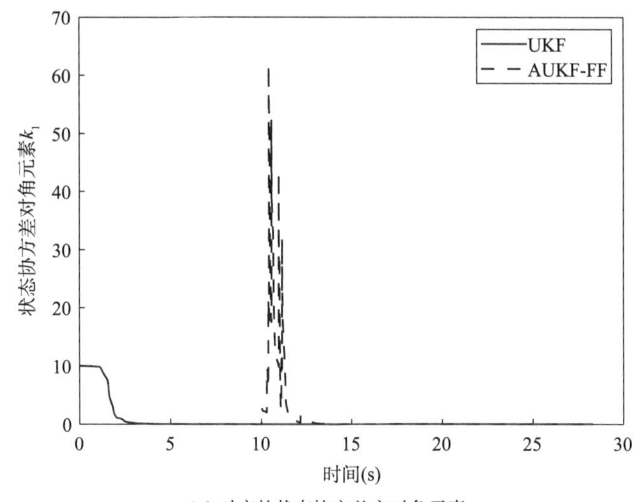

a) k_1对应的状态协方差主对角元素

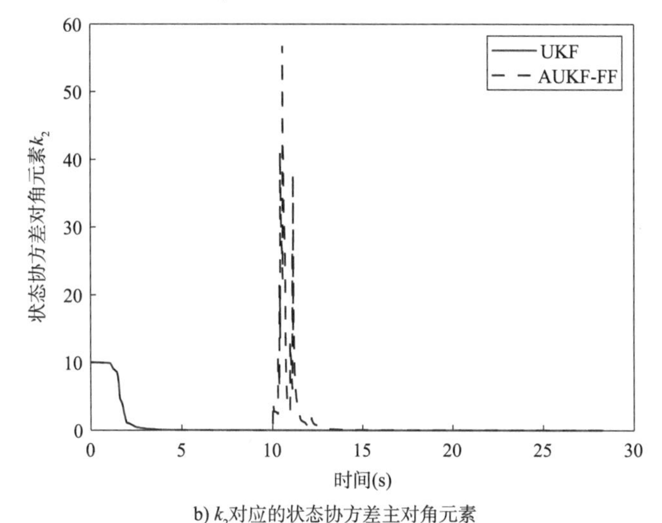

b) k_2对应的状态协方差主对角元素

图　5-7

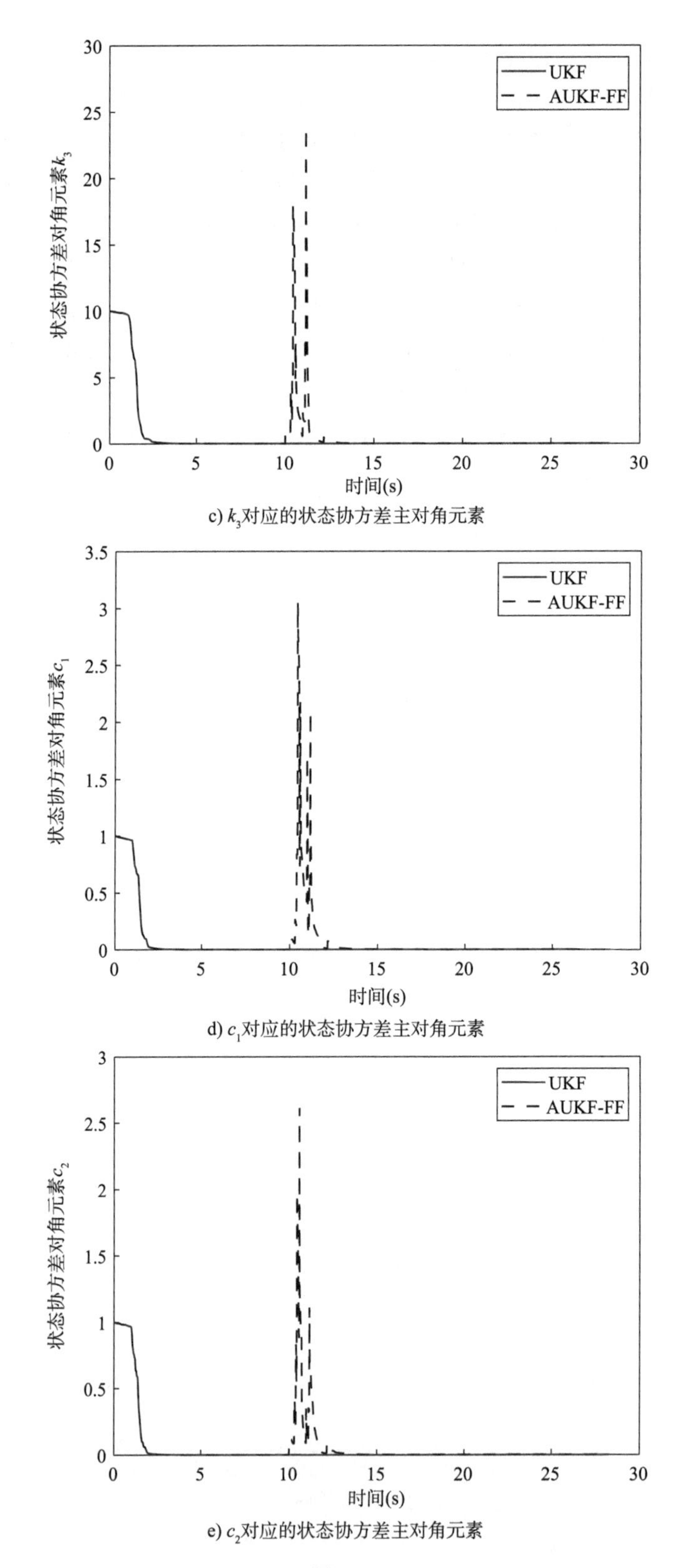

c) k_3对应的状态协方差主对角元素

d) c_1对应的状态协方差主对角元素

e) c_2对应的状态协方差主对角元素

图 5-7

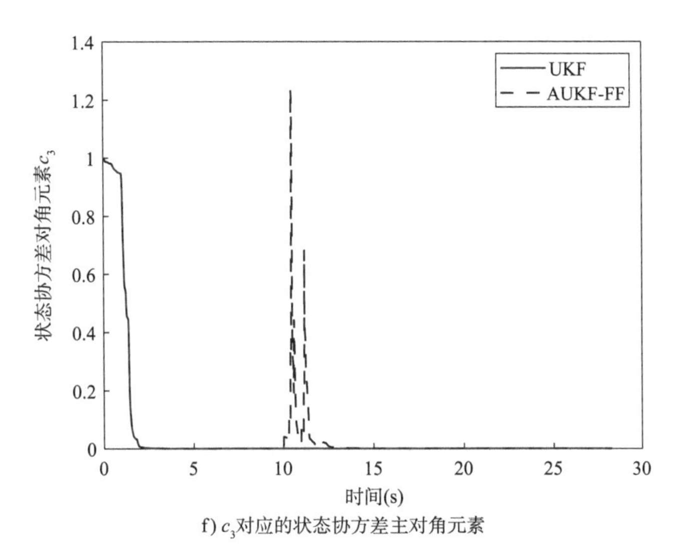

f) c_3对应的状态协方差主对角元素

图 5-7 状态协方差对角元素时程曲线对比

(4) AUKF-FF 算法面对不同损伤程度的识别性能讨论。

为深入探究 AUKF-FF 算法识别时变结构参数的损伤程度,下面着重分析其面对不同损伤时的识别性能,其中损伤具体表现为结构参数的折减或增加。首先,探究 AUKF-FF 算法在 100Hz 采样频率和 3% 噪声情况下,面对不同损伤程度的时变结构参数时的灵敏参数时程曲线特征,具体计算结果如图 5-8 和图 5-9 所示。图例解释如下:以"[$0.99k_1$ $0.99k_2$ $0.99k_3$ $1.01c_1$ $1.01c_2$ $1.01c_3$]"为例,其含义为 10s 后结构参数依次变为 $k_1=0.99k_1$, $k_2=0.99k_2$, $k_3=0.99k_3$, $c_1=1.01c_1$, $c_2=1.01c_2$, $c_3=1.01c_3$。

对比分析图 5-8 的计算结果可知,当结构刚度参数在 10s 时刻发生小于 3% 的折减时,灵敏参数时程曲线的脉冲响应特征不明显;当结构刚度参数在 10s 时刻发生 3% 的折减时,灵敏参数时程曲线脉冲响应特征比较明显,其中最明显的是第二层结构刚度产生 3% 折减的工况,而第一层和第三层结构刚度发生 3% 折减时的灵敏参数时程曲线特征类似。此外,通过图 5-8b) 可得,阻尼参数发生 3% 的变化时,灵敏参数时程曲线的脉冲响应特征不明显。进一步分析图 5-9 的计算结果可知,当刚度参数发生 4% 的折减时,灵敏参数时程曲线产生明显的脉冲响应特征;而当阻尼参数同样发生 4% 的折减时,灵敏参数时程曲线的脉冲响应特征不明显。由此说明两点:一是加速度观测值对刚度参数识别更敏感;二是至少有一个刚度参数发生不小于 4% 的折损时,灵敏参数时程曲线才产生明显的脉冲响应特征。

综上分析,刚度参数的损伤程度越大,灵敏参数时程曲线的脉冲响应特征越明显,越适用于 AUKF-FF 算法。为检验当灵敏参数时程曲线脉冲响应特征较弱时 AUKF-FF 算法的识别性能,这里选取图 5-8a) 中"[$0.97k_1$ $0.99k_2$ $0.99k_3$ $1.01c_1$ $1.01c_2$ $1.01c_3$]"工况为研究对象。为便于计算该工况的灵敏参数阈值,再次作出其灵敏参数时程曲线,如图 5-10a) 所示。从图 5-10a) 得出,脉冲响应可认为发生在图示蓝色虚线框内,由此,基于 4.1 所述方法确定灵敏参数阈值为 17.2。基于 17.2 阈值的具体识别结果如图 5-10b) ~ 图 5-10g) 所示,最终识别结果的误差对比见表 5-4。通过对比分析计算结果可知,AUKF-FF 算法的识别精度更高,最大识别误差绝对值(Absolute Error,AE)约为1.2%,而UKF算法的最大识别AE约为3.1%。

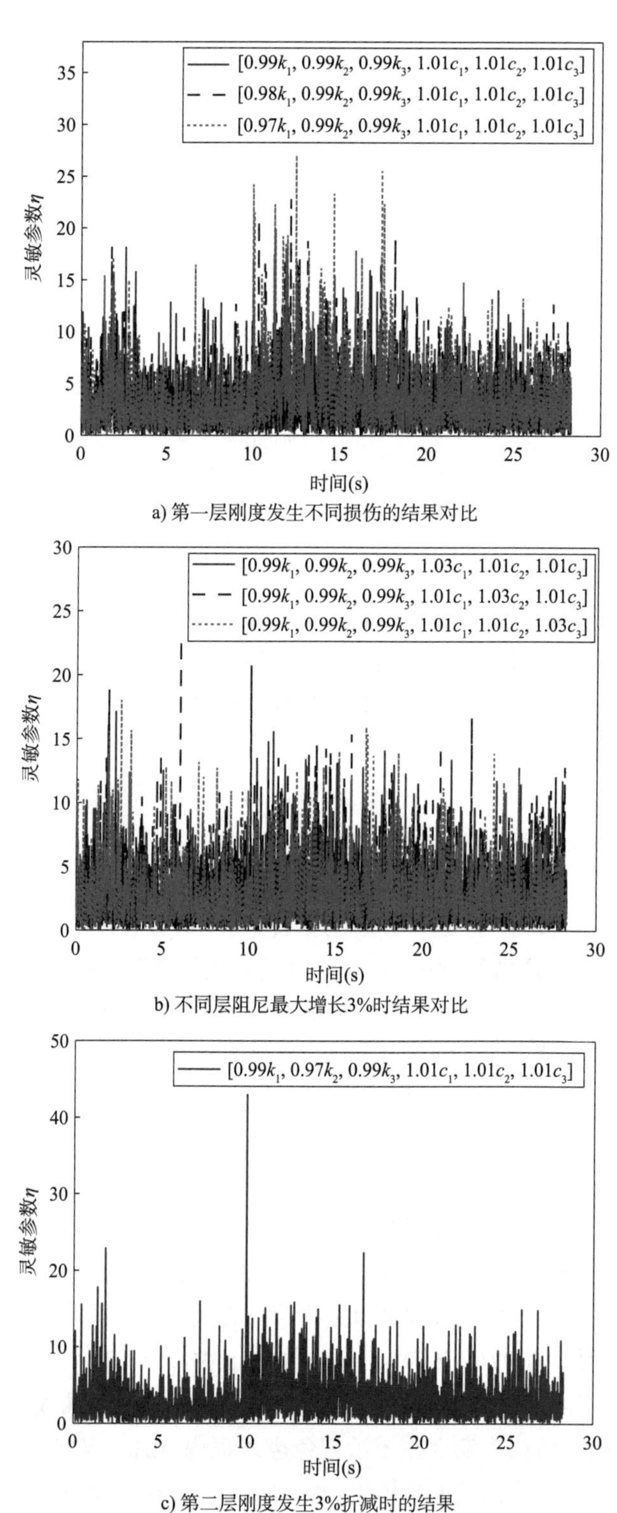

a) 第一层刚度发生不同损伤的结果对比

b) 不同层阻尼最大增长3%时结果对比

c) 第二层刚度发生3%折减时的结果

图 5-8

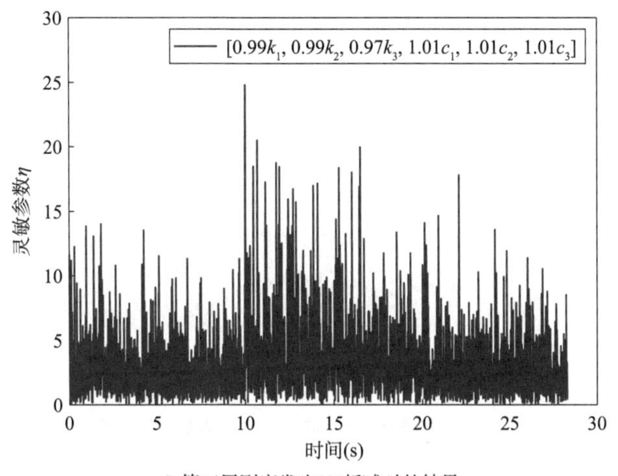

d) 第三层刚度发生3%折减时的结果

图 5-8　不同损伤对应的灵敏参数时程曲线对比

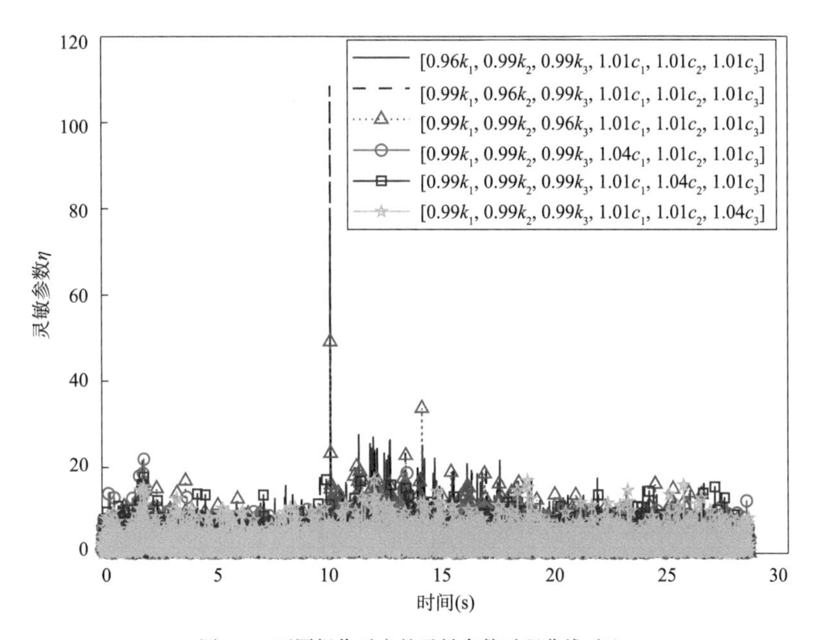

图 5-9　不同损伤对应的灵敏参数时程曲线对比

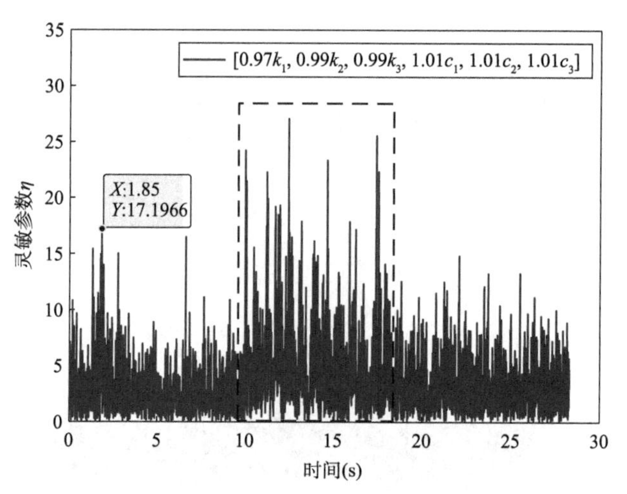

a) 第一层刚度发生3%折减时灵敏参数时程曲线

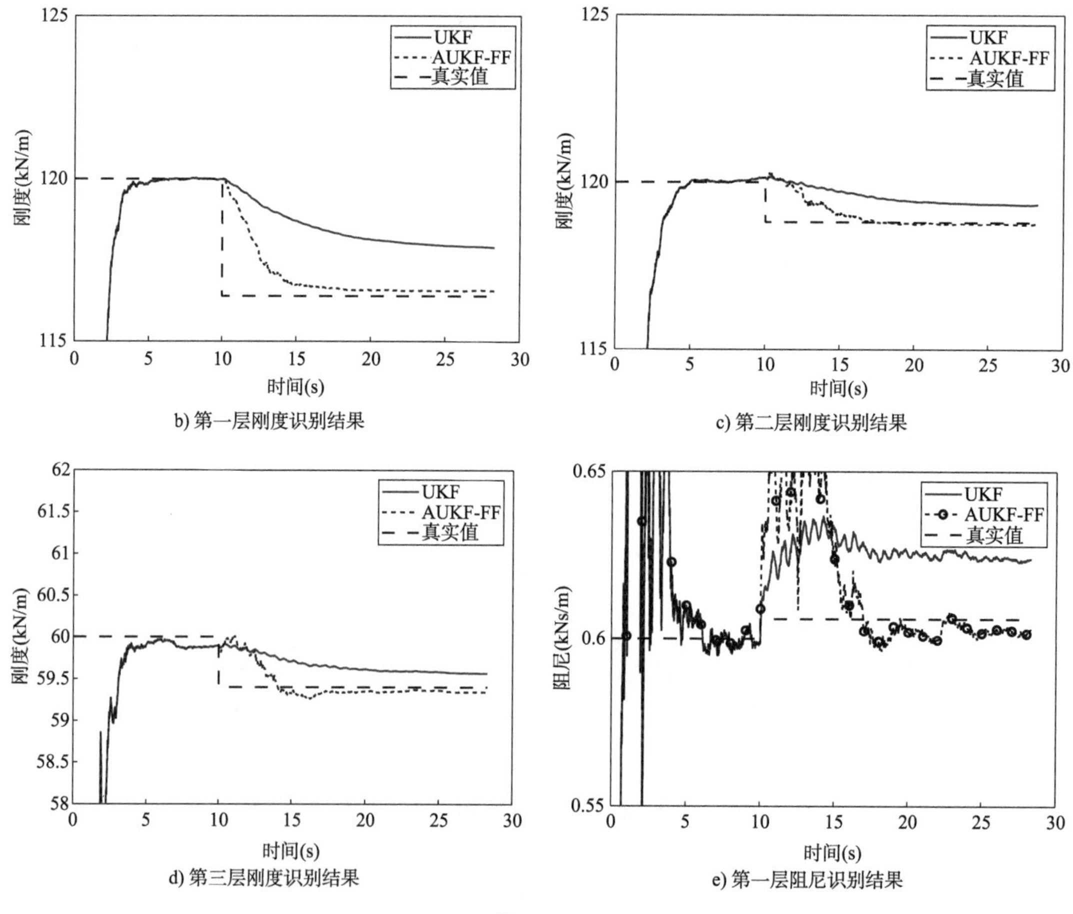

b) 第一层刚度识别结果

c) 第二层刚度识别结果

d) 第三层刚度识别结果

e) 第一层阻尼识别结果

图 5-10

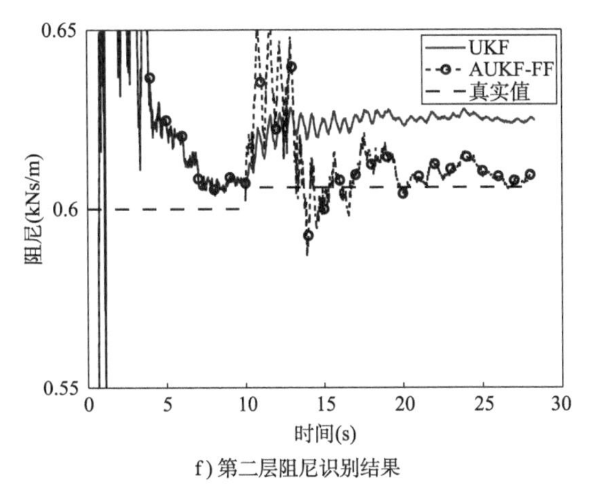

f) 第二层阻尼识别结果

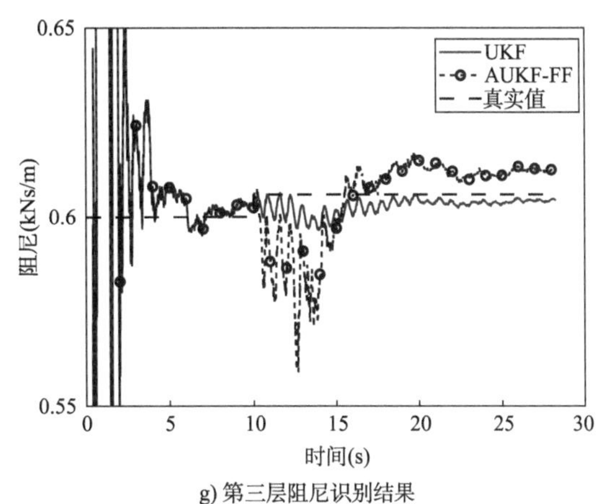

g) 第三层阻尼识别结果

图 5-10　灵敏参数阈值及识别结果对比

识别误差统计　　表 5-4

算法	误差(%)					
	k_1	k_2	k_3	c_1	c_2	c_3
UKF	1.27	0.45	0.27	2.93	3.09	-0.27
AUKF-FF	0.13	-0.03	-0.10	-0.54	0.54	1.11

注:误差 =(识别值 - 真实值)/真实值 ×100%。

(5)较高噪声情况下基于 AUKF-FF 算法的识别性能研究。

首先,研究图 5-8a)中“[$0.97k_1$　$0.99k_2$　$0.99k_3$　$1.01c_1$　$1.01c_2$　$1.01c_3$]”工况面对不同噪声时的识别性能,其中,5% 和 6% 噪声时的灵敏参数时程曲线如图 5-11 所示。由图 5-11 可知,6% 噪声时,灵敏参数时程曲线脉冲响应特征不明显,因此,着重研究 5% 噪声较低损伤的情况,其中具体识别结果如图 5-12 所示,最终识别值误差见表 5-5。

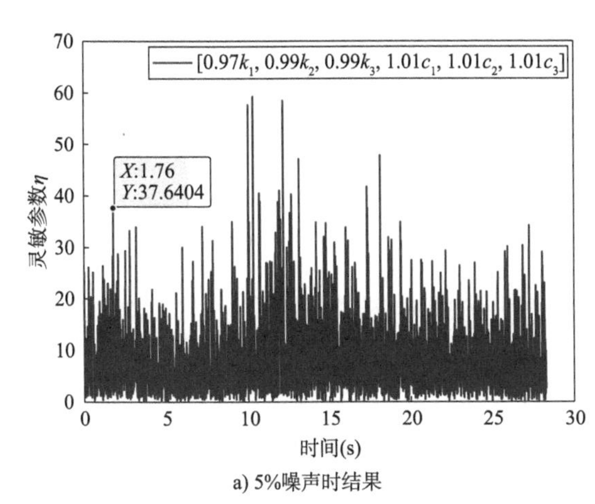

a) 5%噪声时结果

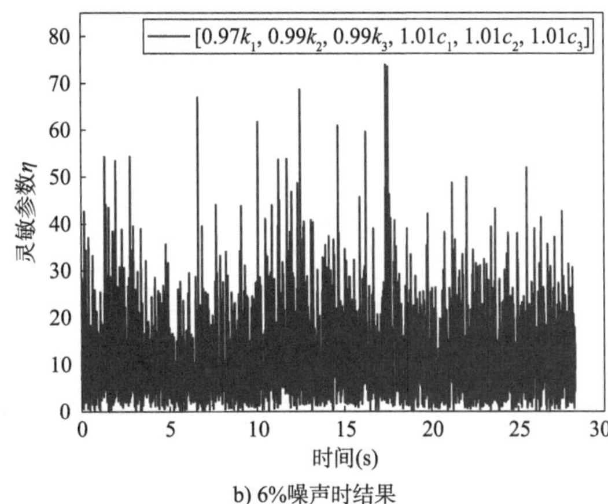

b) 6%噪声时结果

图 5-11　5% 和 6% 噪声时的灵敏参数时程曲线

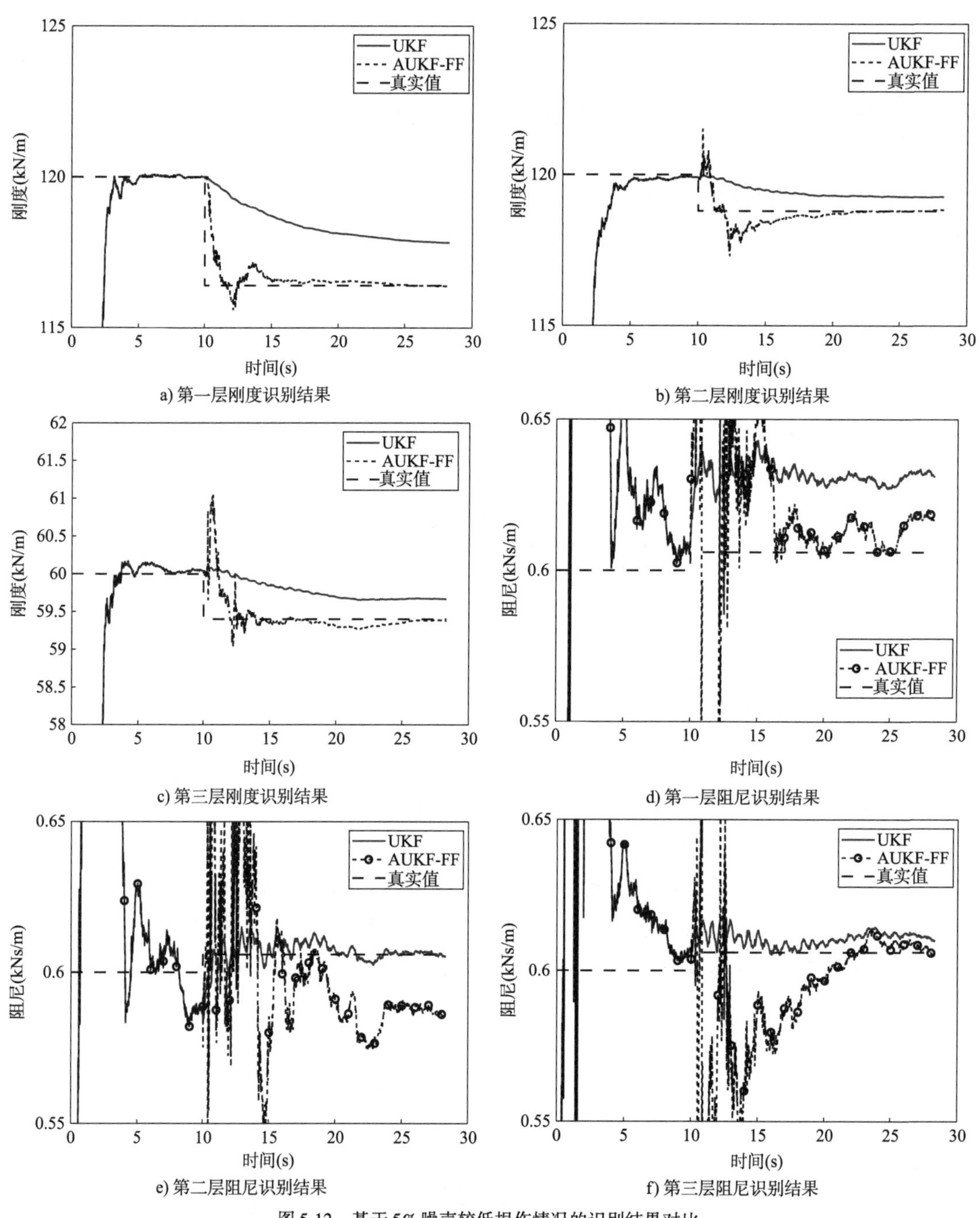

a) 第一层刚度识别结果

b) 第二层刚度识别结果

c) 第三层刚度识别结果

d) 第一层阻尼识别结果

e) 第二层阻尼识别结果

f) 第三层阻尼识别结果

图 5-12　基于 5% 噪声较低损伤情况的识别结果对比

5%噪声较低损伤情况的识别值误差　　表 5-5

算法	误差(%)					
	k_1	k_2	k_3	c_1	c_2	c_3
UKF	1.21	0.40	0.45	4.19	-0.09	0.63
AUKF-FF	-0.01	0.03	-0.03	1.79	-3.30	-0.13

注：误差 =（识别值 - 真实值）/真实值 ×100%。

通过对图 5-12 和表 5-5 的结果分析可知，与 UKF 算法相比，AUKF-FF 算法的识别精度更高。尤其是刚度参数，AUKF-FF 算法的刚度识别精度比 UKF 算法提高了一个量级。

其次，针对 5.3.2.3 所示工况，考虑 20% 的 RMS 噪声水平，基于 4.1 计算方法可得，灵敏参数阈值为 472.8，具体识别结果如图 5-13 所示。

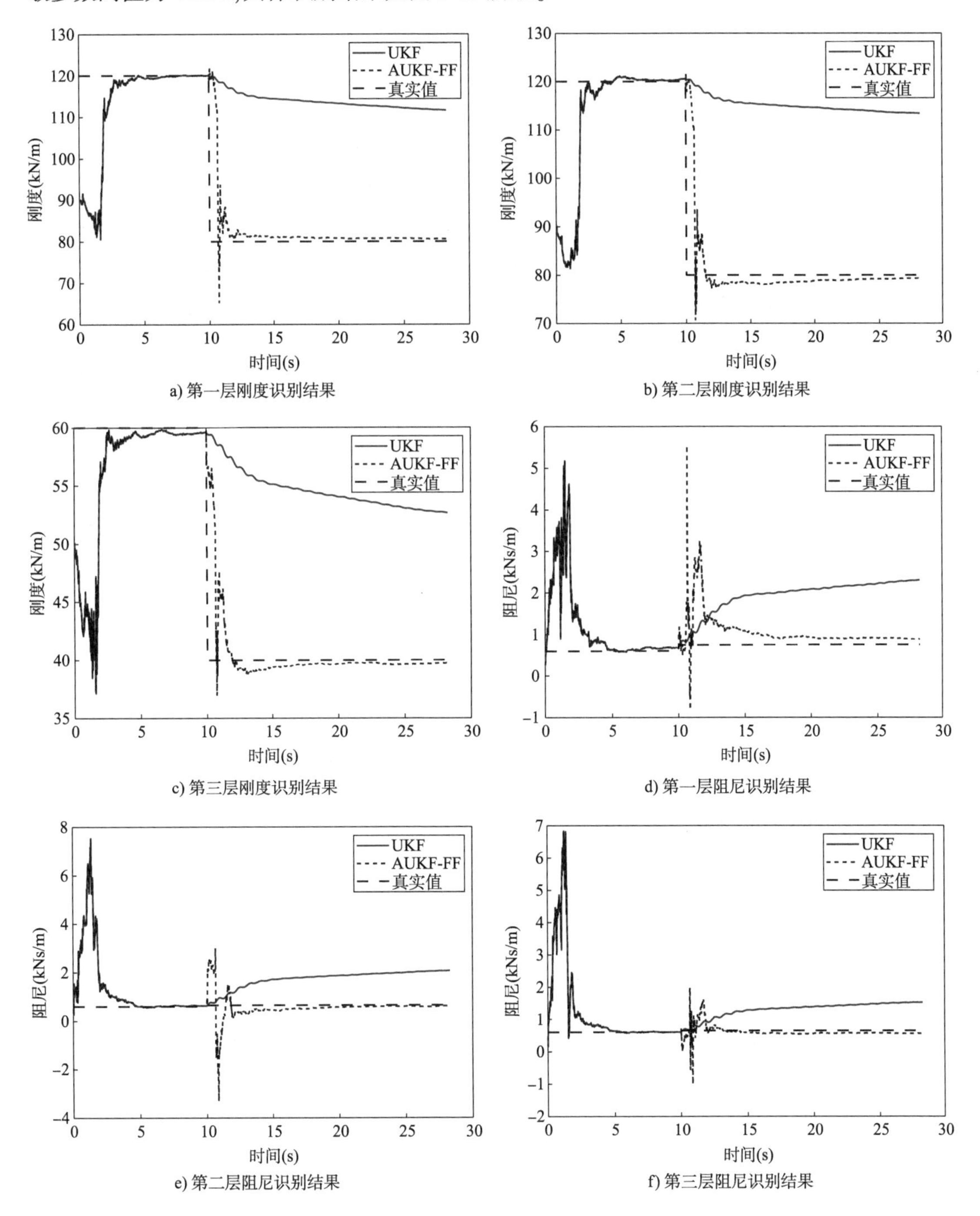

a) 第一层刚度识别结果

b) 第二层刚度识别结果

c) 第三层刚度识别结果

d) 第一层阻尼识别结果

e) 第二层阻尼识别结果

f) 第三层阻尼识别结果

图 5-13　基于 20% 的 RMS 噪声较高损伤情况的识别结果对比

通过对图 5-13 的结果分析可知,针对剪切型框架结构,当结构刚度损伤程度为 33.3%,阻尼损伤程度为 8.3% 时,即使面对 20% 的 RMS 噪声干扰,AUKF-FF 算法依旧可以准确地跟踪和识别时变结构参数。由此可以得出,在较大损伤的情况下,结构响应中的有效成分占比增多,信噪比大,故 AUKF-FF 算法能抵抗更大的噪声干扰。

5.3.3 车-桥耦合振动系统的时变参数识别应用

5.3.3.1 模型建立

从有限元建模角度分析,多层剪切型框架结构每层只包含一个节点,每个节点只有一个自由度,故其刚度矩阵的构造比较简单,对于共用节点处的刚度计算,仅通过加法运算即可完成;而简支梁结构,如欧拉-伯努利梁单元,一根梁单元包含两个节点,每个节点有两个自由度,共用节点的刚度计算不但要用加法,还要考虑乘法,因此,其计算复杂度要远高于剪切型框架结构。越复杂的结构,反问题研究越困难。因此,为更好地论证所提的 AUKF-FF 算法的识别效果,选取车-桥耦合系统作为研究对象(图 5-14),其中桥梁为简支桥。假设桥梁截面恒定,具体的桥梁参数如下:桥梁跨度 $L=21\text{m}$,横截面积 $A=1.2\text{m}^2$,截面惯性矩 $I=0.12\text{m}^4$,弹性模量 $E=2.4\times10^4\text{MPa}$,材料密度 $\rho=2000\text{kg/m}^3$。同时,基于正态分布的随机数表征甲板粗糙度特征。

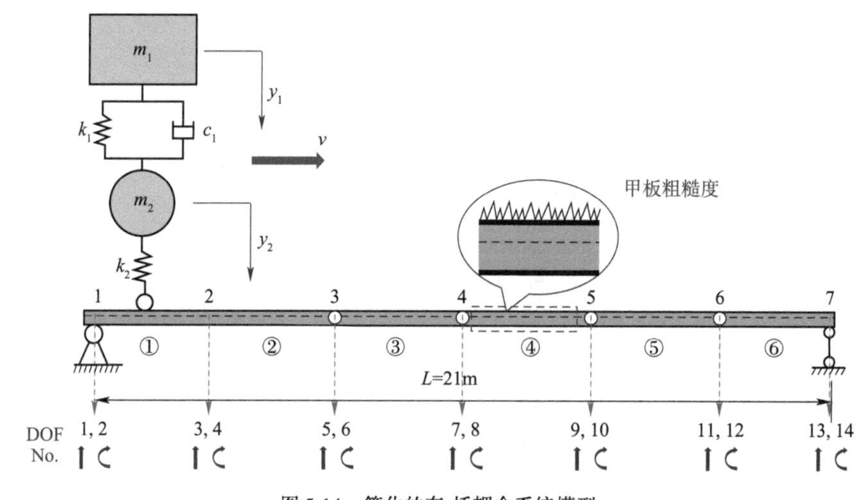

图 5-14 简化的车-桥耦合系统模型

桥梁的有限元模型基于欧拉-伯努利梁单元建立,并划分为 6 个梁单元,编号分别为梁单元①~⑥,如图 5-14 所示。

边界端考虑简支约束,其中梁单元的刚度和质量矩阵表达式如下:

$$\boldsymbol{M}^e=\int_{x_i}^{x_j}\boldsymbol{N}^{\mathrm{T}}\rho A\boldsymbol{N}\mathrm{d}x=\frac{\rho Al_i}{420}\begin{bmatrix}156 & 22l_i & 54 & -13l_i\\ 22l_i & 4l_i^2 & 13l_i & -3l_i^2\\ 54 & 13l_i & 156 & -22l_i\\ -13l_i & -3l_i^2 & -22l_i & 4l_i^2\end{bmatrix}\tag{5-42}$$

$$K^e = \int_{x_i}^{x_j} B^T EIB \mathrm{d}x = \int_{x_i}^{x_j} \left(\frac{\mathrm{d}^2 N}{\mathrm{d}x^2}\right)^T \cdot EI\left(\frac{\mathrm{d}^2 N}{\mathrm{d}x^2}\right)\mathrm{d}x = \frac{EI}{l_i^3}\begin{bmatrix} 12 & 6l_i & -12 & 6l_i \\ 6l_i & 4l_i^2 & -6l_i & 2l_i^2 \\ -12 & -6l_i & 12 & -6l_i \\ 6l_i & 2l_i^2 & -6l_i & 4l_i^2 \end{bmatrix} \tag{5-43}$$

式中：M^e、K^e——质量和刚度矩阵；

x_i、x_j——某梁单元的起点和终点坐标；

N——单元 i 的形函数；

B——单元 i 的应变矩阵。

N 和 B 的具体表达式如下：

$$N = [1-3\xi^2+2\xi^3 \quad l_i\xi(1-\xi)^2 \quad \xi^2(3-2\xi) \quad -l_i\xi^2(1-\xi)] \tag{5-44}$$

$$B = \frac{\mathrm{d}^2 N}{\mathrm{d}x^2} = \frac{1}{l_i^2}[-6+12\xi \quad l_i(-4+6\xi) \quad 6-12\xi \quad l_i(-2+6\xi)] \tag{5-45}$$

式中：ξ——无量纲量，且 $\xi = x/l_i$，其中 x 代表车辆在单元 i 上移动的距离，l_i 代表单元 i 的长度。

整桥的运动微分控制方程如下：

$$M_b \ddot{u}_b(t) + C_b \dot{u}_b(t) + K_b u_b(t) = LF_{\text{int}}(t) \tag{5-46}$$

式中：M_b、K_b、C_b——桥梁的质量、刚度和阻尼矩阵；

u_b、$\dot{u}_b$、$\ddot{u}_b$——桥梁的位移、速度和加速度响应矢量；

L——输入荷载的位置矩阵，如 $L = [0 \quad 0 \quad \cdots \quad N_i(t) \quad \cdots \quad 0 \quad 0]^T$；

F_{int}——车桥相互作用力。

在本案例研究中，桥梁的耗能模型选择 Rayleigh 阻尼，其具体表达式如下：

$$C_b = a_1 M_b + a_2 K_b \tag{5-47}$$

$$\begin{bmatrix} a_1 \\ a_2 \end{bmatrix} = 2\frac{\omega_m\omega_n}{\omega_n^2-\omega_m^2}\begin{bmatrix} \omega_n & -\omega_m \\ \dfrac{-1}{\omega_n} & \dfrac{1}{\omega_m} \end{bmatrix}\begin{bmatrix} \xi_m \\ \xi_n \end{bmatrix} \tag{5-48}$$

式中：a_1、a_2——结构的 Rayleigh 阻尼系数，其中 a_1 与结构质量相关，a_2 与结构刚度相关；

ω_m、ω_n——结构的第 m 阶和第 n 阶圆频率；

ξ_m、ξ_n——结构第 m 阶和第 n 阶阻尼比。

对于该车-桥耦合系统案例，选取 $\xi_m = \xi_n = 0.015$，$\omega_m = \omega_1$，且 $\omega_n = \omega_2$。

在以往的学术研究中，四分之一车辆模型被广泛应用于车-桥耦合系统的理论分析[47,48]及数值模拟[49-52]，因此，本案例选取四分之一车辆模型作为车-桥耦合系统的外部激振力来源。车辆系统包括两个自由度（图 5-14），即车体质量 $m_1 = 3.6\times10^4$kg，车轴质量 $m_2 = 2.5\times10^2$kg，第二悬挂刚度 $k_1 = 6.0\times10^5$N/m，第二悬挂阻尼 $c = 1.0\times10^3$Ns/m 以及第一悬挂刚度 $k_2 = 8.5\times10^5$N/m。假设车辆运行速度为 30.24km/h。车辆的运动方程表述如下：

$$\begin{cases} m_1\ddot{u}_1 + c(\dot{u}_1-\dot{u}_2) + k_1(u_1-u_2) = 0 \\ m_2\ddot{u}_2 + c(\dot{u}_2-\dot{u}_1) + k_1(u_2-u_1) + k_2(u_2-u(x(t))-r(x(t))) = 0 \end{cases} \tag{5-49}$$

式中：u、$\dot{u}$、$\ddot{u}$——位移、速度和加速度响应，其中下标1代表车体，下标2代表车轴；

$u(x(t))$——车辆位置 $x(t)$ 处的桥梁竖向位移；

$r(x(t))$——车辆位置 $x(t)$ 处的桥面粗糙度；

$x(t)$——车辆在时刻 t 的位置。

车桥相互作用力表达式如下：

$$F_{\text{int}}(t)=(m_1+m_2)g+k_2(u_2-u(x(t))-r(x(t)))=(m_1+m_2)g-m_1\ddot{u}_1-m_2\ddot{u}_2 \tag{5-50}$$

基于接触点位置的相互作用力耦合和位移耦合关系，建立车-桥耦合系统的运动控制微分方程：

$$\boldsymbol{M}\ddot{\boldsymbol{U}}(t)+\boldsymbol{C}\dot{\boldsymbol{U}}(t)+\boldsymbol{K}\boldsymbol{U}(t)=\boldsymbol{F}(t)$$

$$\boldsymbol{M}=\begin{bmatrix}\boldsymbol{M}_b & \boldsymbol{L}^{\mathrm{T}}m_1 & \boldsymbol{L}^{\mathrm{T}}m_2\\ 0 & m_1 & 0\\ 0 & 0 & m_2\end{bmatrix},\boldsymbol{C}=\begin{bmatrix}\boldsymbol{C}_b & 0 & 0\\ 0 & c & -c\\ 0 & -c & c\end{bmatrix},\boldsymbol{K}=\begin{bmatrix}\boldsymbol{K}_b & 0 & 0\\ 0 & k_1 & -k_1\\ -k_2\boldsymbol{L} & -k_1 & k_1+k_2\end{bmatrix},$$

$$\boldsymbol{F}=\begin{bmatrix}\boldsymbol{L}^{\mathrm{T}}[(m_1+m_2)g]\\ 0\\ k_2r(x(t))\end{bmatrix},\boldsymbol{U}(t)=\begin{bmatrix}u_b(t)\\ u_1(t)\\ u_2(t)\end{bmatrix} \tag{5-51}$$

式中：$\boldsymbol{M}$、$\boldsymbol{K}$、$\boldsymbol{C}$——车-桥耦合系统的质量、刚度和阻尼矩阵；

$\boldsymbol{U}$、$\dot{\boldsymbol{U}}$、$\ddot{\boldsymbol{U}}$——位移、速度和加速度响应矢量；

$\boldsymbol{F}$——荷载激励。

注意：式(5-51)的求解可基于平均加速度假定的Newmark-β 法[53]。

5.3.3.2 状态方程和观测方程

本案例研究选取桥梁的弹性模量作为待识别参数，状态方程如式(5-52)所示，其中，状态量维度为$(2\theta+m)$，θ 代表桥梁的全部自由度，m 代表待识别参数的个数。由于每个欧拉-伯努利梁单元有2个节点，每个节点有2个自由度，本案例中 $\theta=14$。

$$\dot{\boldsymbol{X}}(t)=\begin{bmatrix}\dot{\boldsymbol{u}}_b(t)\\ \ddot{\boldsymbol{u}}_b(t)\\ \dot{\boldsymbol{E}}\end{bmatrix}=\begin{bmatrix}\dot{\boldsymbol{u}}_b(t)\\ \boldsymbol{M}_b^{-1}[\boldsymbol{L}F_{\text{int}}(t)-\boldsymbol{C}_b\dot{\boldsymbol{u}}_b(t)-\boldsymbol{K}_b\boldsymbol{u}_b(t)]\\ 0_{m\times 1}\end{bmatrix}$$

$$\boldsymbol{X}(t)=\begin{bmatrix}\boldsymbol{u}_b(t)\\ \dot{\boldsymbol{u}}_b(t)\\ E_{m\times 1}\end{bmatrix},u_b=[u_{b1}\quad u_{b2}\quad u_{b3}\quad u_{b4}\quad u_{b5}\quad u_{b6}\quad u_{b7}\quad u_{b8}\quad u_{b9}\quad u_{b10}\quad u_{b11}\quad u_{b12}\quad u_{b13}\quad u_{b14}]^{\mathrm{T}} \tag{5-52}$$

经过仿真模拟验证发现，本案例选取位移响应作为观测值的识别效果更好。因此，为便于讨论，后续研究的各个工况都选择桥梁节点 2、3、4、5 和 6(图 5-14)的竖向位移作为观测值，具体观测方程表达式如下：

$$\boldsymbol{Y}=[y_1 \quad y_2 \quad y_3 \quad y_4 \quad y_5]^{\mathrm{T}}=[u_{b3} \quad u_{b5} \quad u_{b7} \quad u_{b9} \quad u_{11}]^{\mathrm{T}} \tag{5-53}$$

5.3.3.3 观测值灵敏度分析

经过大量仿真模拟研究发现，同步识别桥梁 6 个梁单元的弹性模量参数(图 5-14 中的 $E_1 \sim E_6$)比较困难。从数学角度分析，主要是不同梁单元对位移观测值的敏感度不同导致的，具体表现为图 5-14 的梁单元①和⑥对位移观测值的敏感度较差。为了解释这个原因，这里进行了一个简短的参数敏感性研究分析。为了保证研究的科学性，基于控制变量法设计了 6 个平行仿真试验，即每个试验中除了时变弹性模量参数所在的梁单元位置不同外，其余参数和设置均相同。测试的目的为：探索不同梁单元弹性模量参数识别对相同位移观测值的敏感性。观测值敏感性测试分析对比结果如图 5-15 所示。

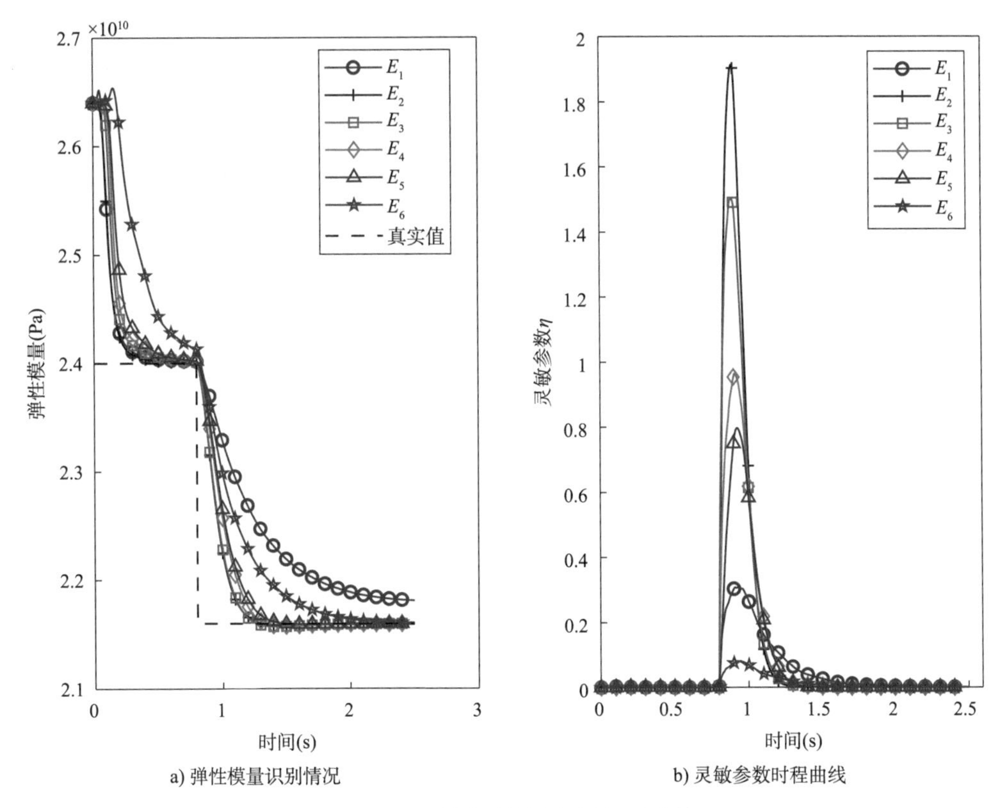

a) 弹性模量识别情况　　b) 灵敏参数时程曲线

图 5-15 观测值敏感性测试分析对比结果

从图 5-15 的数值仿真结果对比情况可知：

(1)弹性模量 E_1 和 E_6 的识别效果较差，其中弹性模量 E_1 在参数变化后阶段的识别效果较差，而弹性模量 E_6 在参数变化前的识别效果较差，因为 E_1 对应梁单元①，而 E_6 对应梁单元⑥，说明简支桥两端的梁单元弹性模量参数对位移观测值不敏感。

(2)梁单元①和⑥的灵敏参数时程曲线的脉冲响应特征不明显，从侧面印证边界端梁单元弹性模量参数对位移观测值不敏感。

综上所述,梁单元①和⑥对位移观测值不敏感导致其相应的弹性模量参数识别效果较差。

5.3.3.4 工况及参数设置

考虑5.3.3.3的观测值敏感性研究结论,假定梁单元①和⑥的弹性模量参数未发生变化且为已知量,同时假定梁单元②~⑤的弹性模量参数未知,且梁单元②和③的弹性模量在车辆通行过程中发生时变变化,结构其余参数未发生变化且为已知量。真实时变弹性模量参数描述见表5-6。

真实时变弹性模量参数描述 表5-6

参数	$E_2(\times 10^{10}\text{Pa})$	$E_3(\times 10^{10}\text{Pa})$
时变特性	$E_2=\begin{cases}2.4 & (0\leqslant t\leqslant 0.8)\\ 4.96-3.2t & (0.8\leqslant t\leqslant 1.1)\\ 1.44 & (1.1\leqslant t\leqslant 2.5)\end{cases}$	$E_3=\begin{cases}2.4 & (0\leqslant t\leqslant 0.8)\\ 1.56 & (0.8\leqslant t\leqslant 2.5)\end{cases}$

本案例研究中,采样频率设置为100Hz,过程噪声协方差$\boldsymbol{Q}$取$1\times 10^{-8}\boldsymbol{I}_{32\times 32}$,观测噪声协方差$\boldsymbol{R}$取$1\times 10^{-8}\boldsymbol{I}_{5\times 5}$。初始状态量和初始状态协方差如下:

$$\widehat{\boldsymbol{X}}_0^+(t)=\begin{bmatrix}\boldsymbol{u}_b(t)\\ \dot{\boldsymbol{u}}_b(t)\\ E_2\\ E_3\\ E_4\\ E_5\end{bmatrix}=\begin{bmatrix}\boldsymbol{0}_{1\times 14}\\ \boldsymbol{0}_{1\times 14}\\ 0.264\\ 0.264\\ 0.264\\ 0.264\end{bmatrix} \tag{5-54}$$

$$\widehat{\boldsymbol{P}}_0^+=\begin{bmatrix}1\times 10^{-8}\text{diag}(14) & \boldsymbol{0}_{14\times 14} & \boldsymbol{0}_{14\times 1} & \boldsymbol{0}_{14\times 1} & \boldsymbol{0}_{14\times 1} & \boldsymbol{0}_{14\times 1}\\ \boldsymbol{0}_{14\times 14} & 1\times 10^{-8}\text{diag}(14) & \boldsymbol{0}_{14\times 1} & \boldsymbol{0}_{14\times 1} & \boldsymbol{0}_{14\times 1} & \boldsymbol{0}_{14\times 1}\\ \boldsymbol{0}_{1\times 14} & \boldsymbol{0}_{1\times 14} & 1\times 10^{-2} & 0 & 0 & 0\\ \boldsymbol{0}_{1\times 14} & \boldsymbol{0}_{1\times 14} & 0 & 1\times 10^{-2} & 0 & 0\\ \boldsymbol{0}_{1\times 14} & \boldsymbol{0}_{1\times 14} & 0 & 0 & 1\times 10^{-2} & 0\\ \boldsymbol{0}_{1\times 14} & \boldsymbol{0}_{1\times 14} & 0 & 0 & 0 & 1\times 10^{-2}\end{bmatrix} \tag{5-55}$$

式中将$E_2\sim E_5$的初始状态值分别设置为0.264,其目的为降低不同状态量初始值间的量纲差异所带来的数值误差,但是在求解状态方程或观测方程时,需要考虑缺失的量纲;$1\times 10^{-8}\text{diag}(14)$代表矩阵维度为14的对角阵,且对角元素分别为$1\times 10^{-8}$。

5.3.3.5 结构时变模量参数识别

(1)不同自适应算法的识别效果对比。

首先,针对简支桥结构,讨论选择SR算法还是S算法计算灵敏参数值及其阈值。根据前述条件，并考虑 3% 的 RMS 噪声水平，基于 UKF 算法和 AUKF-FF 算法并分别通过 SR 算法和 S 算法计算的灵敏参数时程曲线如图 5-16a）、图 5-16b）所示，基于 AUKF-FF 算法并分别通过 SR 算法和 S 算法识别的梁刚度（EI）结果如图 5-16c）～图 5-16f）所示，根据图 5-16 的计算结果可得，尽管基于 SR 算法的 AUKF-FF 算法也能同步跟踪和识别简支桥结构的时变参数[图 5-16c）～图 5-16d）]和恒定参数[图 5-16e）、图 5-16f）]，但是基于 S 算法的 AUKF-FF 算法的最终识别结果精度更高，因此，针对简支桥结构的算例，建议使用基于 S 算法的 AUKF-FF 算法。

其次，对比研究不同算法的识别效果。针对 STUKF 算法，考虑识别收敛性，本案例将其观测噪声协方差 $\boldsymbol{R}$ 设置为 $1\times10^{-6}\boldsymbol{I}_{5\times5}$，其余参数设置参考 5.1.1 和 5.3.3.4。针对 AUKF 算法，考虑 0.001 的超越概率和 5 个观测值情况，基于卡方逆累积分布函数计算的阈值为 $\beta_0=\text{chi2inv}\{1-0.001,5\}=21$，其余算法参数设置参考 5.3.3.4。然而，基于 $\beta_0=21$ 的 AUKF 算法识别结果发散，如图 5-17 所示。因此，考虑 AUKF 算法的识别收敛性，本案例中阈值 β_0 的计算参考 4.1 提出的基于灵敏参数时程曲线脉冲响应前的极大值确定的方法，则根据图 5-16a）得 $\beta_0=33.7$。

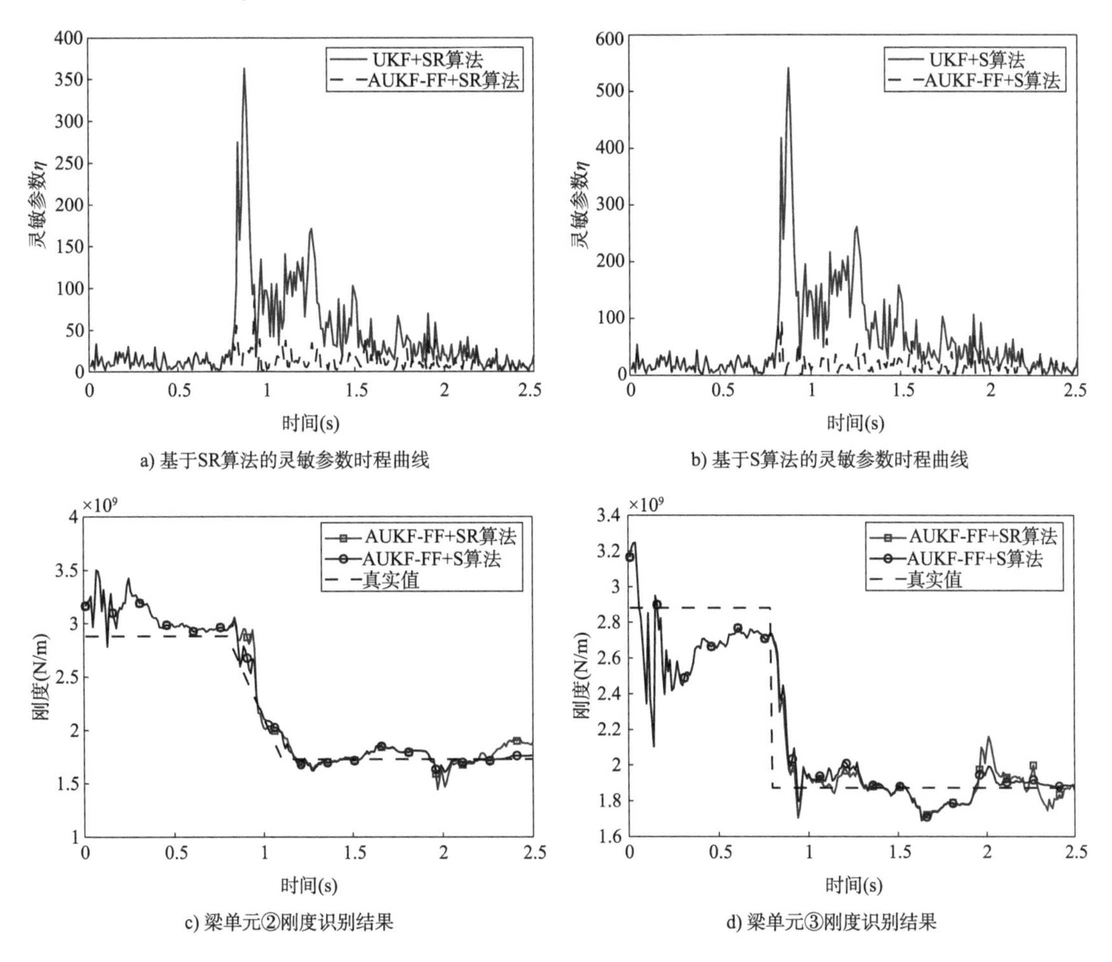

a) 基于SR算法的灵敏参数时程曲线　b) 基于S算法的灵敏参数时程曲线

c) 梁单元②刚度识别结果　d) 梁单元③刚度识别结果

图 5-16

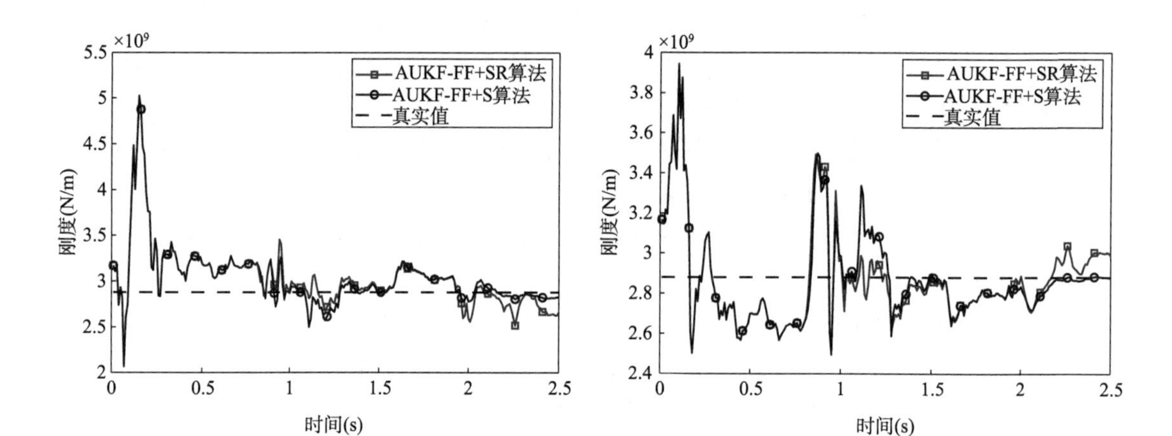

e) 梁单元④刚度识别结果

f) 梁单元⑤刚度识别结果

图 5-16　灵敏参数时程曲线及弹性模量识别结果对比

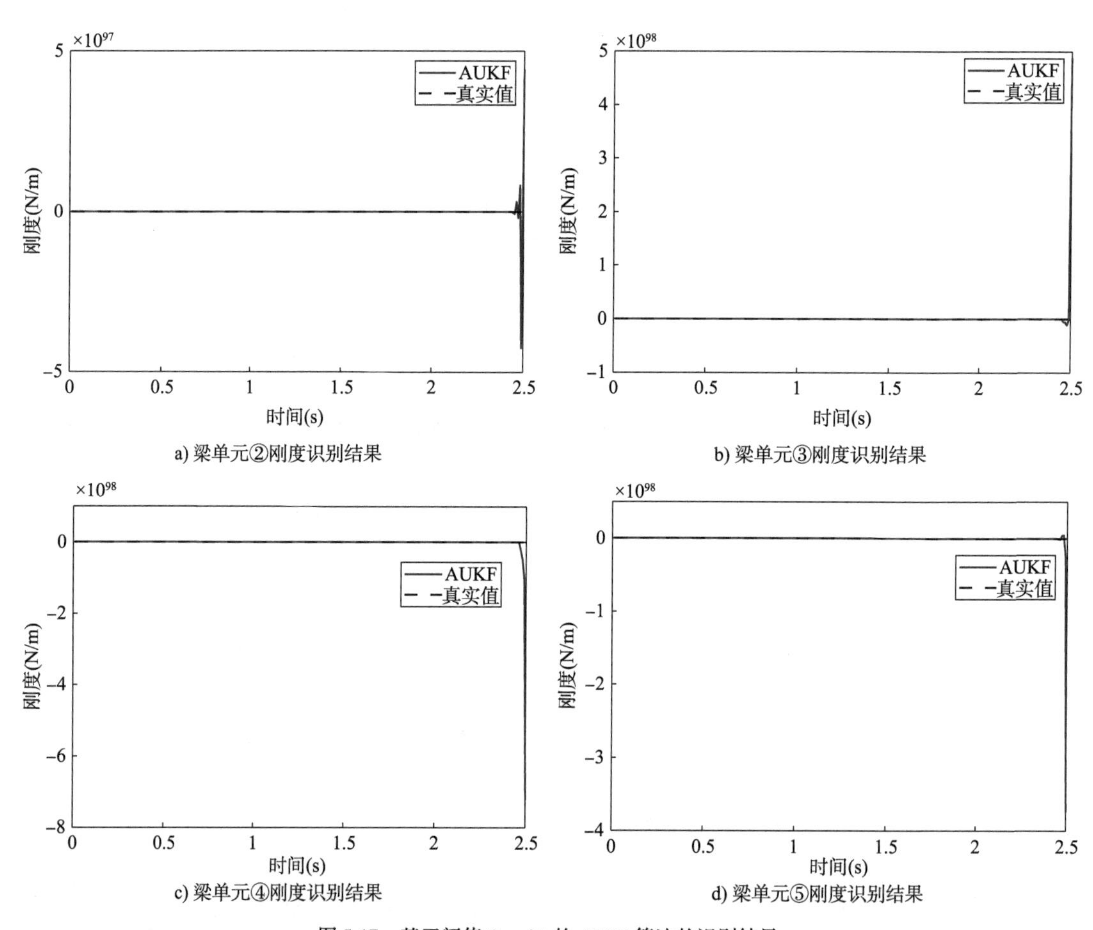

a) 梁单元②刚度识别结果

b) 梁单元③刚度识别结果

c) 梁单元④刚度识别结果

d) 梁单元⑤刚度识别结果

图 5-17　基于阈值$\beta_0 = 21$ 的 AUKF 算法的识别结果

最后,基于前述条件可得不同算法的识别效果对比,如图 5-18 所示,最终识别结果的误差对比情况见表 5-7,其中 RMS 噪声水平为 3%。

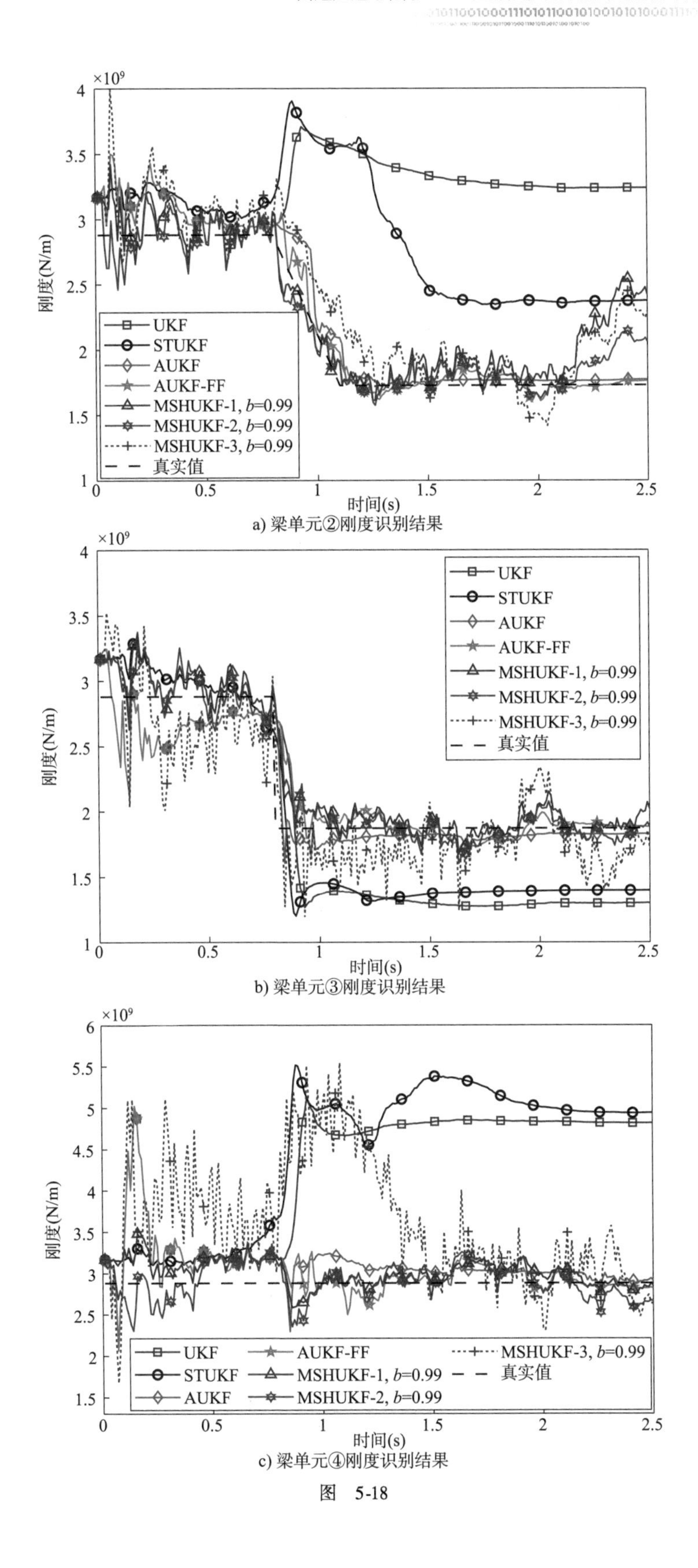

a) 梁单元②刚度识别结果

b) 梁单元③刚度识别结果

c) 梁单元④刚度识别结果

图 5-18

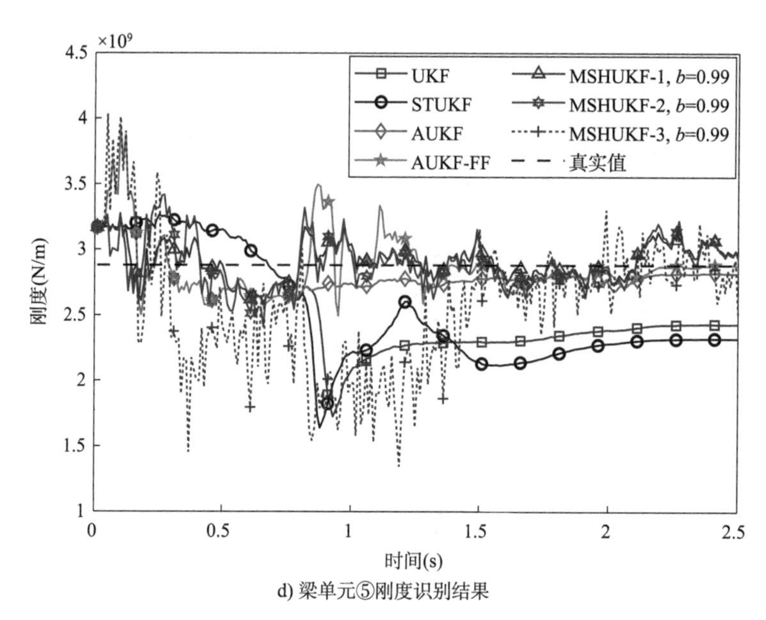

d) 梁单元⑤刚度识别结果

图 5-18　不同算法的识别效果对比

3%噪声时不同算法的识别误差对比　　表 5-7

算法		识别误差(%)			
		梁单元②	梁单元③	梁单元④	梁单元⑤
UKF		87.39	-30.66	67.34	-15.65
STUKF		37.42	-25.49	71.62	-19.43
AUKF	$\beta_0 = 33.7$	2.60	-2.33	1.05	-2.23
MAUKF		1.84	-1.15	-0.12	-2.06
AUKF-FF	$\eta_0 = 54.2$	1.76	0.58	-2.02	-0.07
MSHUKF-1	$b = 0.99$	40.09	7.89	-1.03	2.77
MSHUKF-2		19.30	0.41	-7.64	1.69
MSHUKF-3		32.68	-8.39	-8.59	-12.95

注:误差 = (识别值 - 真实值)/真实值 × 100%。

从图5-18 和表5-7 的仿真结果对比可知,对于梁类型结构,AUKF 算法和 AUKF-FF 算法均能准确跟踪和识别结构的时变弹性模量参数,也能同步识别其他未知的恒定弹性模量参数。AUKF 算法的阈值计算基于本研究提出的方法,再次验证了本研究所提阈值计算方法的广泛适用性以及不合理阈值将导致算法发散的问题。此外,通过最终识别结果误差对比可知,AUKF-FF 算法的识别精度更高,最大识别误差仅为 2.02%。MSHUKF-1 算法、MSHUKF-2 算法和 MSHUKF-3 算法在识别梁单元②的弹性模量参数时表现出相对较大的识别误差,其余梁单元(③ ~ ⑤)弹性模量参数的最终识别值有一定的参考价值。同时,MSHUKF-1 算法、MSHUKF-2 算法和 MSHUKF-3 算法能较为准确地捕获参数的时变特征,如渐变特征和突变特征。UKF 算法和 STUKF 算法则不能有效应用于具备时变参数的梁类型结构反问题研究。

(2)不同 AUKF 算法的对比讨论。

与 5.3.2.4 类似,这里同样对比 AUKF 算法和 MAUKF 算法面对车-桥耦合振动系统问题时的识别效果。RMS 噪声水平同样选取 3%,具体对比结果如图 5-19 和图 5-20 所示,最终识别结果的误差对比情况见表 5-7。

通过图 5-19 和表 5-7 的仿真结果分析可知,对于梁类型结构,MAUKF 算法略优于 AUKF 算法,其中 MAUKF 算法的最大识别误差为 2.1%,而 AUKF 算法的最大识别误差为 2.6%。此外,根据图 5-20 不同算法计算的灵敏参数时程曲线对比可知,MAUKF 算法的灵敏参数时程曲线更平稳且灵敏参数值相对更小,意味着 MAUKF 算法识别精度更高。但是综合对比,AUKF-FF 算法的识别效果更优。同时,基于表 5-7 的仿真结果可知,针对梁类型结构,AUKF-FF 算法的识别精度依旧优于 MAUKF 算法。

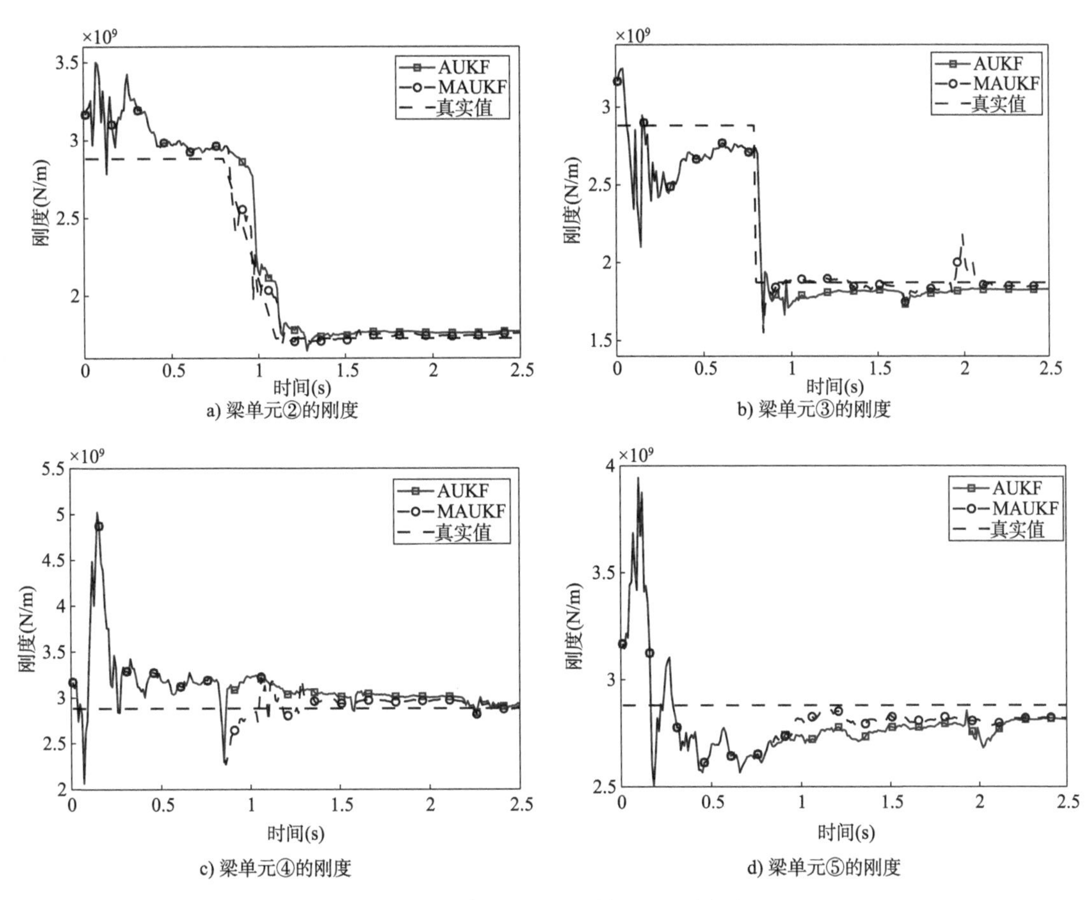

图 5-19 AUKF 算法与 MAUKF 算法的识别效果对比

(3)AUKF-FF 算法面对不同损伤程度的识别性能研究。

当弹性模量 E_2 和 E_3 最终均折减 10% 时,灵敏参数时程曲线和具体识别结果对比如图 5-21 所示。

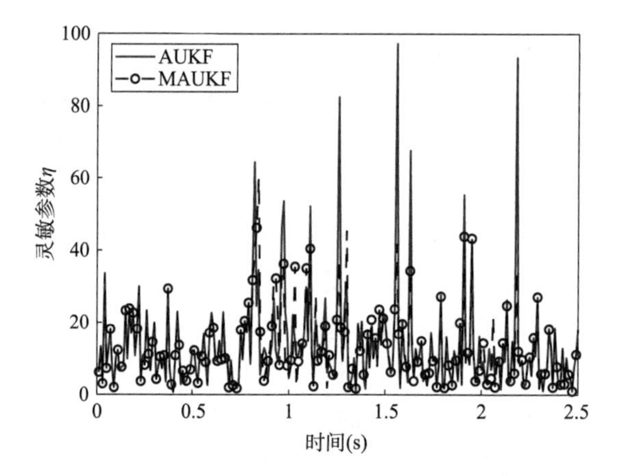

图 5-20　不同算法计算的灵敏参数时程曲线对比

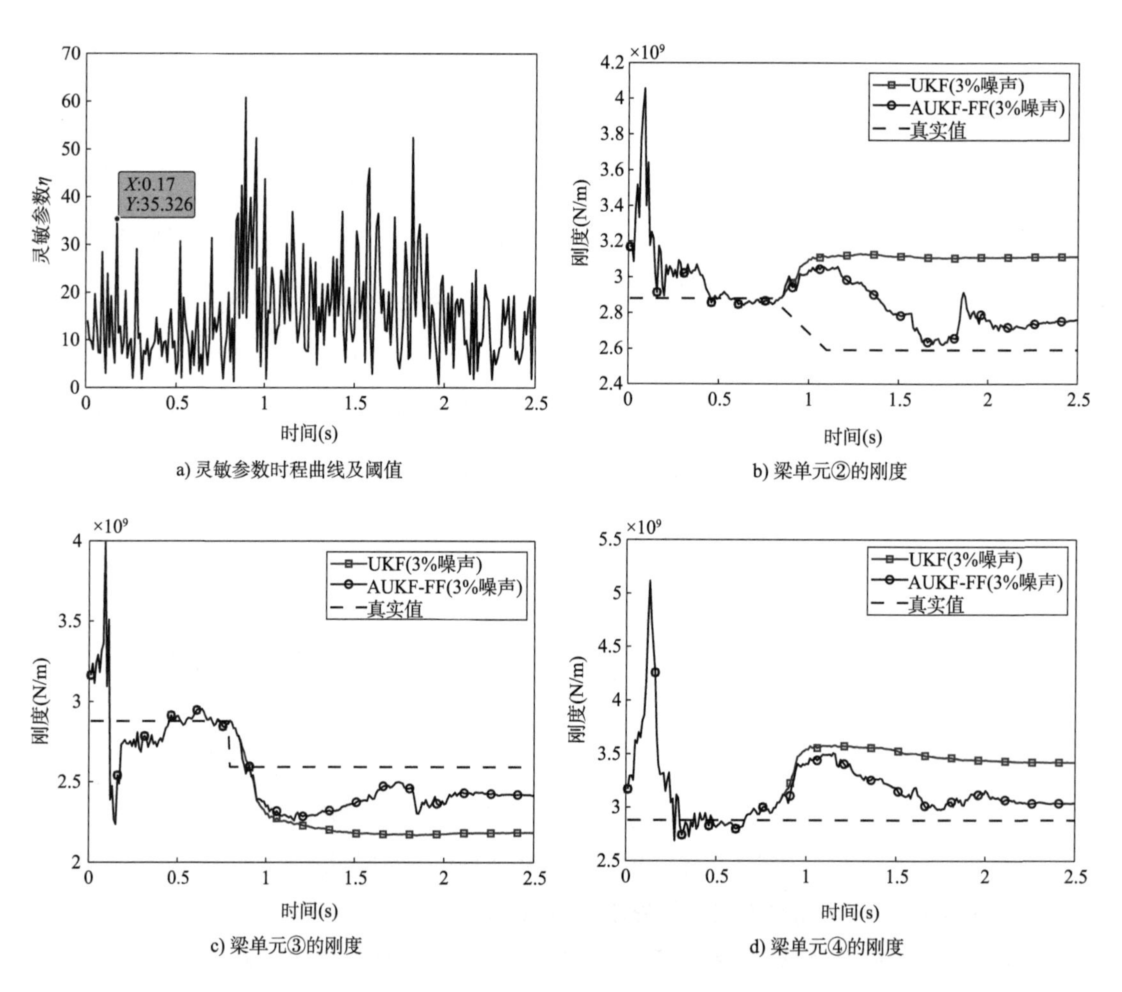

图　5-21

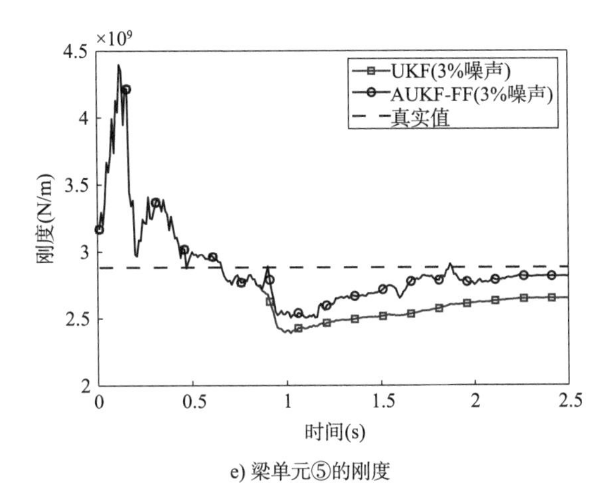

e) 梁单元⑤的刚度

图 5-21　E_2 和 E_3 均损伤 10% 时灵敏参数时程曲线和具体识别结果对比

当弹性模量 E_2 和 E_3 最终均折减 15% 时，灵敏参数时程曲线和具体识别结果对比如图 5-22 所示。

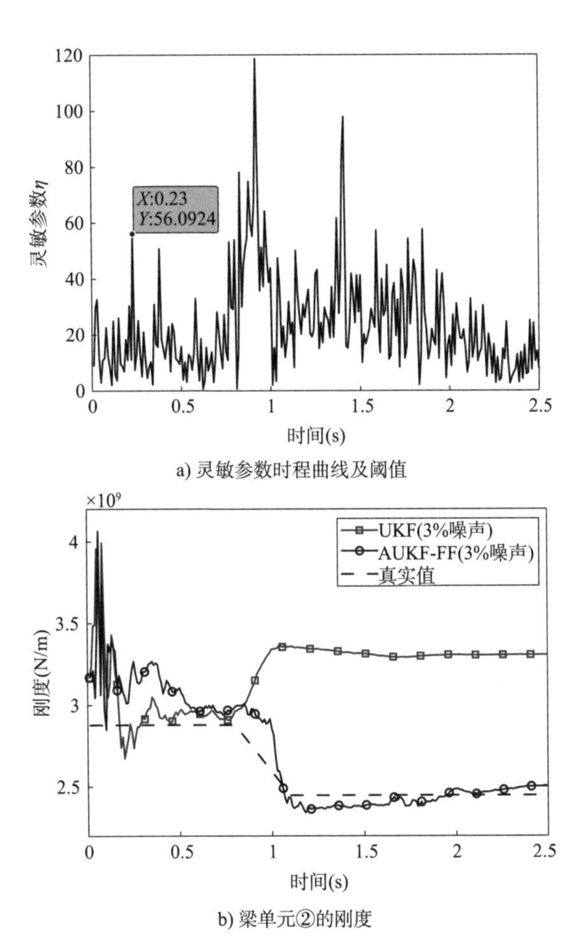

图　5-22

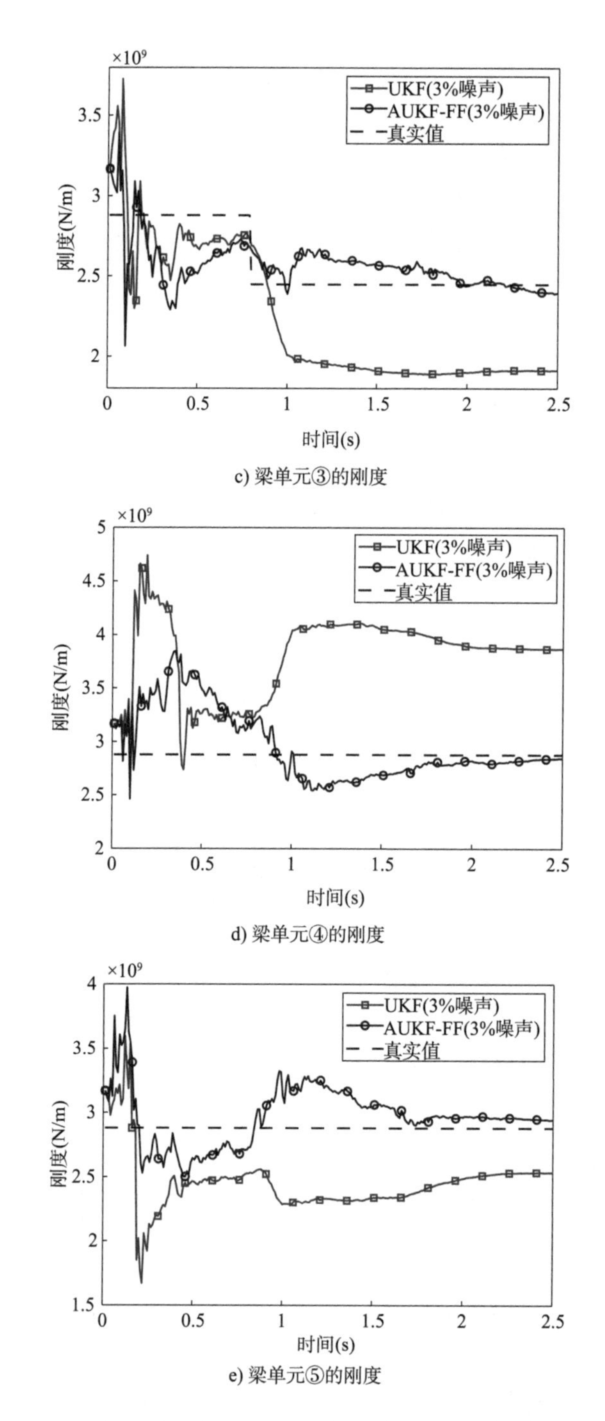

c) 梁单元③的刚度

d) 梁单元④的刚度

e) 梁单元⑤的刚度

图 5-22 E_2 和 E_3 均损伤 15% 时灵敏参数时程曲线和具体识别结果对比

综上,针对简支桥结构,弹性模量参数发生 15% 损伤时所提算法的识别效果优于 10% 的损伤工况。此外,简支桥结构相比剪切型框架结构在参数识别方面的计算复杂度更大,所提算法能够准确识别简支桥结构弹性模量参数的最小损伤为 15% 左右。

(4)较高噪声情况下基于 AUKF-FF 算法的识别性能研究。

基于表 5-6 的工况,讨论当噪声提高至 4% 时 AUKF-FF 算法的识别性能,具体识别结果对比如图 5-23 所示。

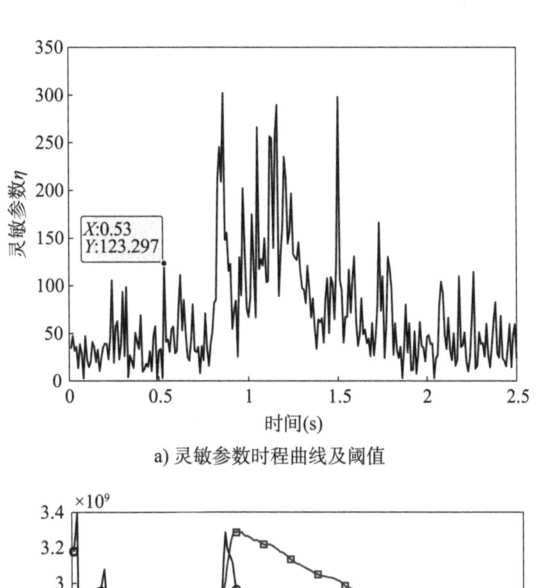

a) 灵敏参数时程曲线及阈值

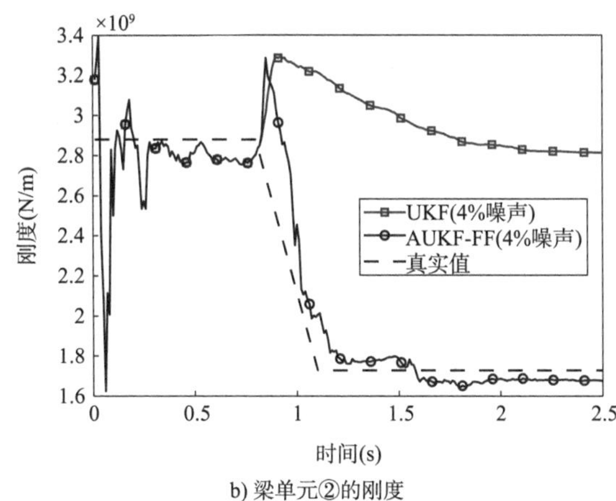

b) 梁单元②的刚度

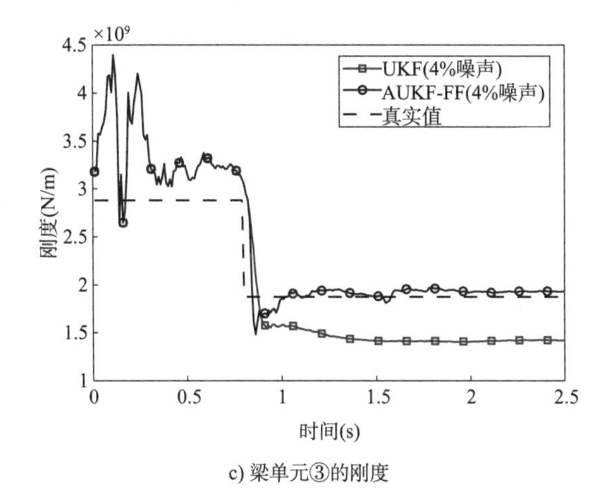

c) 梁单元③的刚度

图　5-23

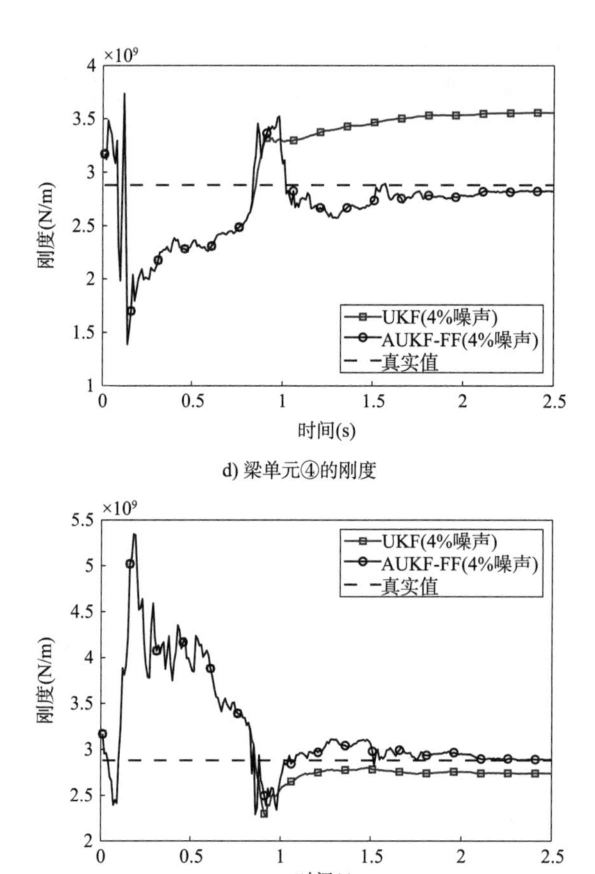

d) 梁单元④的刚度

e) 梁单元⑤的刚度

图 5-23　具体识别结果对比

同理,简支桥结构相比剪切型框架结构在参数识别方面的计算复杂度更大,导致简支桥结构参数识别的抗噪性较差,针对表 5-6 的工况,仅能够识别 4% 噪声的工况。

第 6 章

CHARTER 6

基于双重自适应遗忘因子 UKF 的时变参数识别算法

第4章提出了AUKF-FF算法,并在第5章通过多种自适应UKF算法对比验证了其识别时变参数的准确性和可靠性,但仍存在AUKF-FF算法识别简支桥结构约束端梁单元弹性模量参数精度低和收敛速度慢的局限性。针对这一问题,本章提出双重自适应遗忘因子UKF系列识别方法,包括AUKF-DFF算法、AUKF-DFF-2算法和AUKF-DFF-3算法,并通过车-桥耦合振动系统数值仿真验证所提方法的有效性。

6.1 算法原理

遗忘因子可以削弱旧数据累积对算法的误导作用,提高新观测值的贡献作用,并最终通过扩大状态协方差的方式加速算法收敛到真实值。鉴于边界端梁单元对观测值的不敏感性,为了提高AUKF-FF算法的识别精度,扩大识别范围,这里首先识别桥梁的损伤位置,并进一步基于遗忘因子扩大损伤位置处的状态协方差值,以此来改善AUKF-FF算法的识别性能。

为了进一步提高AUKF-FF算法识别简支桥边界端梁单元(与桥梁边界端相连的梁单元)弹性模量参数的识别精度和鲁棒性,基于遗忘因子的修正原理以及文献[31]的理论——适当扩大状态协方差能够加速算法收敛到真实值,这里继续对AUKF-FF算法进行改进。改进原则为:如果已知结构损伤位置,即时变结构参数的产生位置,那么可以继续基于遗忘因子对时变参数位置处的状态协方差值进行二次修正。为了实现这一目的,提出如下执行步骤:

(1)基于改进的AUKF方法[31]识别结构损伤位置,即找到时变结构参数的产生位置,考虑结构差异性,对原AUKF方法进行改进。

(2)以AUKF-FF算法为基本框架,再次基于遗忘因子对损伤位置处的状态协方差值进行二次更新。

为了更通俗易懂地说明上述算法过程,假定存在一个五层框架结构,每一层分别用大写罗马数字Ⅰ、Ⅱ、Ⅲ、Ⅳ和Ⅴ表示,与之对应的每层的结构刚度分别用符号k_1、k_2、k_3、k_4和k_5表示。假设在某荷载作用过程中,结构局部刚度发生时变。为便于解释修正公式,假设楼层Ⅰ和Ⅱ的刚度发生时变。在AUKF-FF算法执行完毕后,继续基于遗忘因子对损伤位置处的状态协方差值进行修正[式(6-1)]。

$$\widehat{\boldsymbol{P}}_k^+(k_1,k_1)=\frac{\widehat{\boldsymbol{P}}_k^+(k_1,k_1)}{\alpha_k},\widehat{\boldsymbol{P}}_k^+(k_2,k_2)=\frac{\widehat{\boldsymbol{P}}_k^+(k_2,k_2)}{\alpha_k}$$

$$\widehat{\boldsymbol{P}}_k^+(k_1,k_2)=\frac{\widehat{\boldsymbol{P}}_k^+(k_1,k_2)}{\alpha_k},\widehat{\boldsymbol{P}}_k^+(k_2,k_1)=\frac{\widehat{\boldsymbol{P}}_k^+(k_2,k_1)}{\alpha_k} \tag{6-1}$$

式中： $\widehat{\boldsymbol{P}}_k^+$——后验状态协方差；

$\widehat{\boldsymbol{P}}_k^+(k_x,k_y)$——第 x 行和第 y 列的刚度协方差值，其中 $x=z+1$，$y=z+2$，z 是状态量中待识别的未知参数以外的结构响应自由度，如式(5-39)中的位移和速度个数($s_1\sim s_6$)。

为了与 AUKF-FF 算法区分开，将使用了两次遗忘因子的自适应 UKF 命名为双重自适应遗忘因子 UKF(Adaptive UKF with Double Forgetting Factor，AUKF-DFF)。其中，式(6-1)中的遗忘因子被称作二次修正遗忘因子(Secondary Correction Forgetting Factor，SCFF)。AUKF-DFF 算法流程如图 6-1 所示。

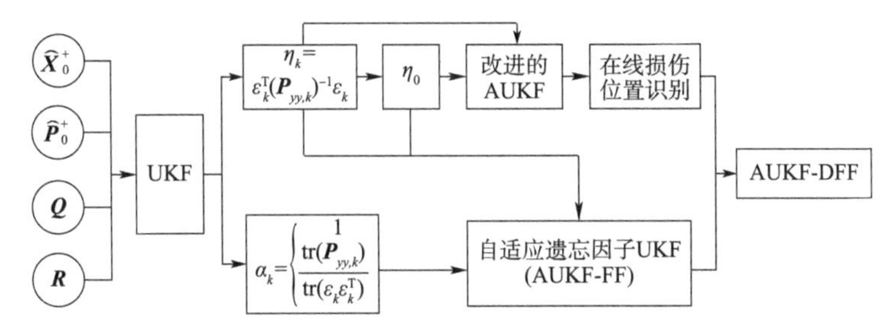

图 6-1 AUKF-DFF 算法流程(AUKF 来自文献[31])

类比式(6-1)，本章还提出另外两种修正公式，分别为式(6-2)和式(6-3)。其中，式(6-2)仅校正对角线元素，而式(6-3)则校正所有待识别的未知参数，即 k_1、k_2、k_3、k_4 和 k_5。为便于研究分析，将使用式(6-2)的方法称为 AUKF-DFF-2，将使用式(6-3)的方法称为 AUKF-DFF-3。式(6-2)和式(6-3)中符号的定义与式(6-1)中符号的定义相同，使用的遗忘因子同样被称为 SCFF。为便于描述，将 AUKF-DFF、AUKF-DFF-2 和 AUKF-DFF-3 统称为 AUKF-DFF 系列算法。

$$\widehat{\boldsymbol{P}}_k^+(k_1,k_1)=\widehat{\boldsymbol{P}}_k^+(k_1,k_1)/\alpha_k,\widehat{\boldsymbol{P}}_k^+(k_2,k_2)=\widehat{\boldsymbol{P}}_k^+(k_2,k_2)/\alpha_k \tag{6-2}$$

$$\widehat{\boldsymbol{P}}_k^+(k_1:k_5,k_1:k_5)=\widehat{\boldsymbol{P}}_k^+(k_1:k_5,k_1:k_5)/\alpha_k \tag{6-3}$$

式中，$\widehat{\boldsymbol{P}}_k^+(k_1:k_5,k_1:k_5)=[\widehat{\boldsymbol{P}}_k^+(k_1,k_1),\widehat{\boldsymbol{P}}_k^+(k_1,k_2),\cdots,\widehat{\boldsymbol{P}}_k^+(k_1,k_5);\widehat{\boldsymbol{P}}_k^+(k_2,k_1),\widehat{\boldsymbol{P}}_k^+(k_2,k_2),\cdots,\widehat{\boldsymbol{P}}_k^+(k_2,k_5);\widehat{\boldsymbol{P}}_k^+(k_3,k_1),\widehat{\boldsymbol{P}}_k^+(k_3,k_2),\cdots,\widehat{\boldsymbol{P}}_k^+(k_3,k_5);\widehat{\boldsymbol{P}}_k^+(k_4,k_1),\widehat{\boldsymbol{P}}_k^+(k_4,k_2),\cdots,\widehat{\boldsymbol{P}}_k^+(k_4,k_5);\widehat{\boldsymbol{P}}_k^+(k_5,k_1),\widehat{\boldsymbol{P}}_k^+(k_5,k_2),\cdots,\widehat{\boldsymbol{P}}_k^+(k_5,k_5)]$。

6.2 AUKF-DFF 系列算法流程

基于上述算法原理与公式形式，AUKF-DFF 系列算法的详细执行步骤见表 6-1。

AUKF-DFF 算法流程 表 6-1

步骤	详细解释
步骤一	**计算灵敏参数阈值 η_0**
1	基于 UKF 计算灵敏参数时程曲线
2	基于灵敏参数时程曲线确定灵敏参数阈值
步骤二	**识别损伤位置,找到时变结构参数产生位置**
1	假定第$(k-1)$步的后验状态量估计值$\hat{\boldsymbol{x}}_{k-1}^{+}$和后验状态协方差估计值$\hat{\boldsymbol{P}}_{k-1}^{+}$已知
2	基于 UKF 估计第 k 步的$\hat{\boldsymbol{x}}_{k}^{+}$ 和$\hat{\boldsymbol{P}}_{k}^{+}$
3	计算第 k 步的灵敏参数值,如果 $\eta_k > \eta_0$,则执行第 4 步;否则继续执行第 1 步
4	执行循环 $for\ i=(n-n_s+1)$ to n。注:n_s表示待识别的未知参数的数量 4a:令$\hat{\boldsymbol{x}}_{0}^{+}=\hat{\boldsymbol{x}}_{k-1}^{+}$,$\hat{\boldsymbol{P}}_{0}^{+}=\hat{\boldsymbol{P}}_{k}^{+}$ 4b:根据文献[31,47~49]的自适应思想,基于标量 ξ 扩大协方差$\hat{\boldsymbol{P}}_{0}^{+}$ 第 i 位置的对角元素,如$\hat{\boldsymbol{P}}_{0}^{+}(i,i)=\hat{\boldsymbol{P}}_{0}^{+}(i,i)\times\xi$ 4c:执行一步 UKF 运算(一步时间更新步 + 一步量测更新步) 4d:计算 $\eta_{k,i}$
5	令 $i_{\min}$等于最小值 $\eta_{k,i}$对应的索引 i
6	令$\hat{\boldsymbol{P}}_{k}^{+}(i_{\min},i_{\min})=\hat{\boldsymbol{P}}_{k}^{+}(i_{\min},i_{\min})\times 20$[31]
7	*go to* 1
8	输出所有 η_{ki}为最小值时的索引($i_{\min}$),这些索引对应的位置即时变参数发生位置
步骤三	**识别损伤程度,即识别时变结构参数**
1	执行步骤二的第 1 步和第 2 步
2	计算 η_k,如果 $\eta_k > \eta_0$,则执行本步骤的第 3 步;否则,继续执行本步骤的第 1 步
3	执行式(4-9)~式(4-14)和式(6-1)
4	*go to* 1

注:1. 在步骤二中,如果 $\eta_k > \eta_0$,表明当前状态量估计值$\hat{\boldsymbol{x}}_{k}^{+}$ 不准确[54],继续使用当前状态量估计值来寻找时变结构参数位置可能导致不正确的计算结果。为解决这个问题,提出将前一步状态量估计值$\hat{\boldsymbol{x}}_{k-1}^{+}$作为第 4a 步 UKF 算法的起始参数。

2. 步骤三第 3 步中,式(6-1)可分别使用式(6-2)或式(6-3)代替,其中,使用公式(6-2)的方法称为 AUKF-DFF-2,使用公式(6-3)的方法称为 AUKF-DFF-3。

6.3 基于车-桥耦合振动系统的时变参数识别验证

6.3.1 工况及参数设置

为保证对比研究的科学性,车-桥耦合振动系统及其参数设置与 5.3.3.1 保持一致。工况信息及对比展示见表 6-2,其中还选取了 UKF、AUKF[31] 和 AUKF-FF 三种算法作为对比算法。同样,考虑 0.001 的超越概率和 5 个观测值情况,基于卡方逆累积分布函数计算的 AUKF 算法的阈值为 $\beta_0=\mathrm{chi2inv}\{1-0.001,5\}=21$。

工况信息及对比方法展示 表 6-2

工况	E_1、E_4、E_5、E_6 ($\times10^{10}$Pa)	E_2 ($\times10^{10}$Pa)	E_3 ($\times10^{10}$Pa)	对比方法
1	2.4	$E_2=\begin{cases}2.4 & (0\leqslant t\leqslant 0.8)\\ 4.96-3.2t & (0.8<t<1.1)\\ 1.44 & (1.1\leqslant t\leqslant 2.5)\end{cases}$	$E_3=\begin{cases}2.4 & (0\leqslant t\leqslant 0.8)\\ 4.64-2.8t & (0.8<t<1.1)\\ 1.56 & (1.1\leqslant t\leqslant 2.5)\end{cases}$	UKF、AUKF、AUKF-FF、AUKF-DFF、AUKF-DFF-2、AUKF-DFF-3
2	2.4	$E_2=\begin{cases}2.4 & (0\leqslant t\leqslant 0.8)\\ 4.96-3.2t & (0.8<t<1.1)\\ 1.44 & (1.1\leqslant t\leqslant 2.5)\end{cases}$	$E_3=\begin{cases}2.4 & (0\leqslant t\leqslant 0.8)\\ 1.56 & (0.8\leqslant t\leqslant 2.5)\end{cases}$	

由表 6-2 可知,工况 1 呈现出两个不同梯度变化的渐变模式,而工况 2 表示一个渐变、一个突变的混合模式。状态方程和观测方程参考 5.3.3.2,过程噪声协方差 $\boldsymbol{Q}$ 和观测噪声协方差 $\boldsymbol{R}$ 的设置参考 5.3.3.4。类比式(5-54)和式(5-55),初始状态量和初始状态协方差设置如式(6-4)和式(6-5)所示。

目前,只剩一个标量参数 ξ(表 6-1)需要设置。Landau 等人[55] 指出,当缺乏待估计参数的先验信息时,通常选取较高的初始自适应增益(如 1000 或更高);相反,如果能够获取初始参数信息(如基于之前的识别结果),则建议选择较低的初始自适应增益(如 1 或更小)。由于时变结构参数的变化程度未知,前一递推步中识别信息的不确定性相对较高,这里初始 ξ 值取 1×10^3,并通过仿真测试逐步确定有效的 ξ 值。最终,将 ξ 的值确定为 1×10^8。

$$\begin{aligned}\widehat{\boldsymbol{X}}_0^+(t)&=[\boldsymbol{u}_b(t)\quad \dot{\boldsymbol{u}}_b(t)\quad E_1\quad E_2\quad E_3\quad E_4\quad E_5\quad E_6]^{\mathrm{T}}\\&=[\boldsymbol{0}_{1\times14}\quad \boldsymbol{0}_{1\times14}\quad 0.264\quad 0.264\quad 0.264\quad 0.264\quad 0.264\quad 0.264]^{\mathrm{T}}\end{aligned}\tag{6-4}$$

$$\widehat{\boldsymbol{P}}_0^+=\begin{bmatrix}1\times10^{-8}\mathrm{diag}(14) & \boldsymbol{0}_{14\times14} & \boldsymbol{0}_{14\times1} & \boldsymbol{0}_{14\times1} & \boldsymbol{0}_{14\times1} & \boldsymbol{0}_{14\times1} & \boldsymbol{0}_{14\times1} & \boldsymbol{0}_{14\times1}\\ \boldsymbol{0}_{14\times14} & 1\times10^{-8}\mathrm{diag}(14) & \boldsymbol{0}_{14\times1} & \boldsymbol{0}_{14\times1} & \boldsymbol{0}_{14\times1} & \boldsymbol{0}_{14\times1} & \boldsymbol{0}_{14\times1} & \boldsymbol{0}_{14\times1}\\ \boldsymbol{0}_{1\times14} & \boldsymbol{0}_{1\times14} & 1\times10^{-2} & 0 & 0 & 0 & 0 & 0\\ \boldsymbol{0}_{1\times14} & \boldsymbol{0}_{1\times14} & 0 & 1\times10^{-2} & 0 & 0 & 0 & 0\\ \boldsymbol{0}_{1\times14} & \boldsymbol{0}_{1\times14} & 0 & 0 & 1\times10^{-2} & 0 & 0 & 0\\ \boldsymbol{0}_{1\times14} & \boldsymbol{0}_{1\times14} & 0 & 0 & 0 & 1\times10^{-2} & 0 & 0\\ \boldsymbol{0}_{1\times14} & \boldsymbol{0}_{1\times14} & 0 & 0 & 0 & 0 & 1\times10^{-2} & 0\\ \boldsymbol{0}_{1\times14} & \boldsymbol{0}_{1\times14} & 0 & 0 & 0 & 0 & 0 & 1\times10^{-2}\end{bmatrix}\tag{6-5}$$

6.3.2 低采样频率识别效果对比

根据 5.3.3.5 的研究结论可得,针对简支桥结构,基于 S 算法计算灵敏参数及其阈值的

AUKF-FF 算法的识别精度更高。由于 AUKF-DFF 系列算法以 AUKF-FF 算法为基本框架,使用 AUKF-DFF 系列算法时选择 S 算法计算相关的灵敏参数值及其阈值。识别过程考虑 2% 的 RMS 噪声水平,采样频率为 200Hz。根据 4.1 灵敏参数阈值计算方法可得,工况 1 的灵敏参数阈值为 41,工况 2 的灵敏参数阈值为 33。然而,在识别过程中发现,AUKF-DFF-3 算法在工况 1 和工况 2 中均发散,研究分析认为是 SCFF 参数值过小导致的。SCFF 参数为系统跟踪能力和抗噪性之间的权衡系数,较小的 SCFF 值可以提高算法跟踪性能,但同时降低了算法的抗噪性。为实现算法正常收敛,采取逐渐增大 SCFF 值的措施。其中,在工况 1 中,SCFF 值增大到 1.1 倍(1.1α)时,算法收敛;而在工况 2 中,SCFF 值增大到 7 倍(7α)时,算法才收敛。关于此现象,将在 6.3.4 展开深入的讨论和分析,这里仅基于能够收敛的 SCFF 值展开识别性能分析。各个算法的具体识别结果如图 6-2 和图 6-3 所示,最终识别结果的误差展示如图 6-4 和图 6-5 所示。其中,误差 =(识别值 - 真实值)/真实值 ×100%,且出于应用习惯,图 6-3 和图 6-4 中的纵坐标基于刚度(EI)表达。同时,为便于对比查看,200Hz 采样频率识别时识别误差统计见表 6-3。

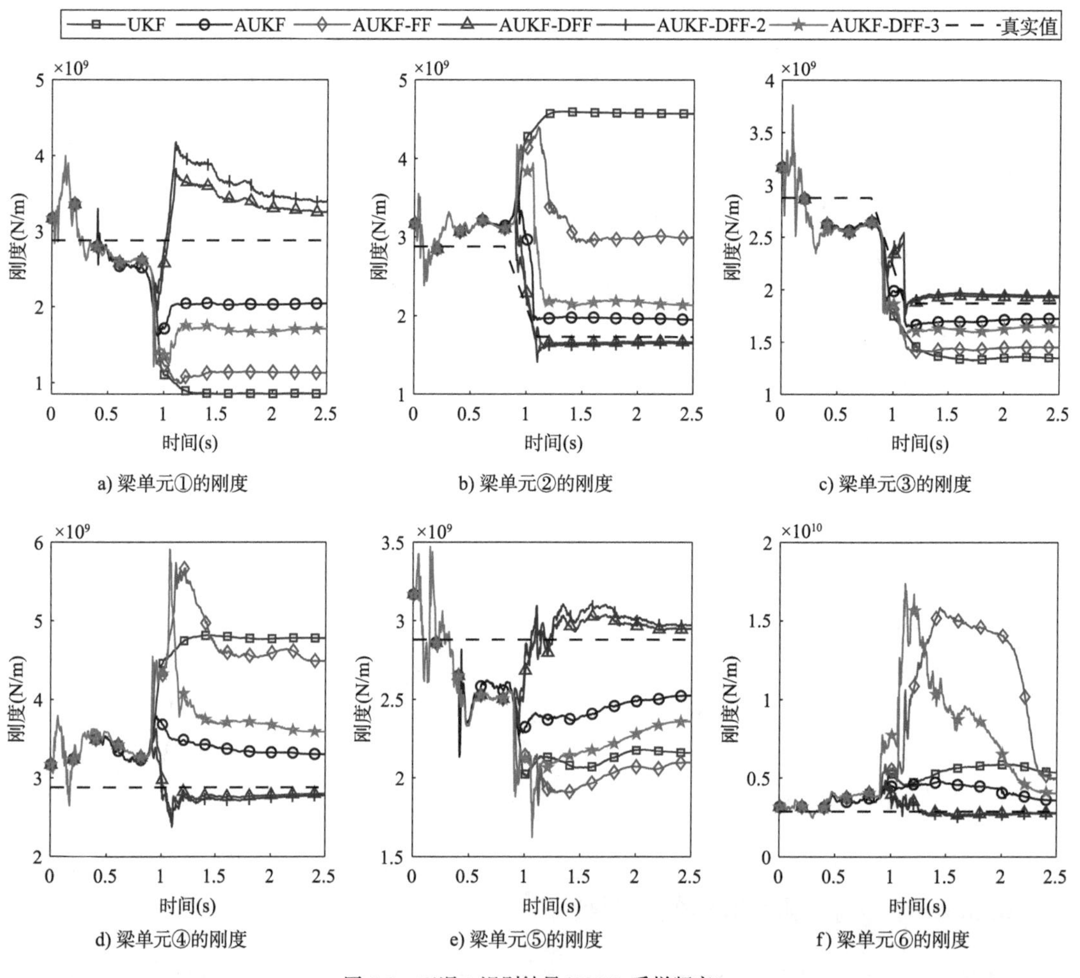

a) 梁单元①的刚度

b) 梁单元②的刚度

c) 梁单元③的刚度

d) 梁单元④的刚度

e) 梁单元⑤的刚度

f) 梁单元⑥的刚度

图 6-2 工况 1 识别结果(200Hz 采样频率)

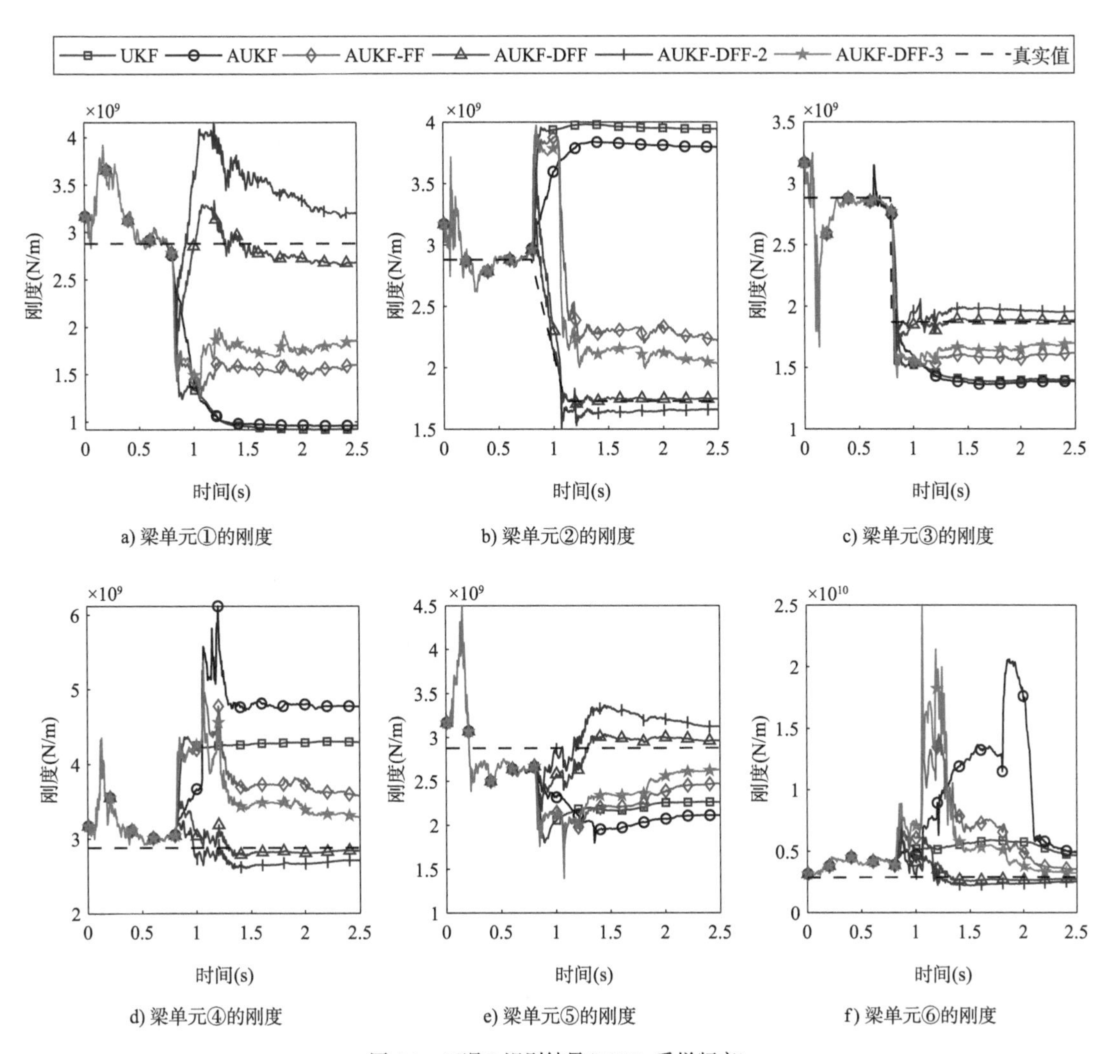

图 6-3 工况 2 识别结果(200Hz 采样频率)

根据图 6-2 ~ 图 6-5 和表 6-3 的结果分析可知,当结构参数呈现时变特性且采样频率为 200Hz 时,传统的 UKF 算法无论面对渐变参数还是面对突变参数,都无法准确识别图 5-14 所示的每个梁单元的弹性模量,其 AE 范围为 21.5% ~ 164.5%。相比之下,AUKF 算法和 AUKF-FF 算法的识别精度均高于 UKF 算法,其 AE 范围分别为 7.8% ~ 119.7% 和 13.5% ~ 73.1%。在所研究的自适应 UKF 算法中,AUKF-DFF 算法表现出最高的识别精度,其 AE 范围为 0.5% ~ 13.2%。此外,AUKF-DFF-2 算法(AE 范围为 3.2% ~ 17.9%)的识别精度高于 AUKF-DFF-3 算法(AE 范围为 8.7% ~ 40.7%)。虽然 AUKF-DFF-3 算法的识别精度低于 AUKF-DFF 算法和 AUKF-DFF-2 算法,但是其识别效果依旧优于 AUKF-FF 算法。另外,值得注意的是,在 AUKF-DFF 算法和 AUKF-DFF-2 算法的识别结果中,中间梁段(梁单元② ~ 梁单元⑤)表现出较高的识别精度,这表明边界约束确实影响结构参数的识别精度。

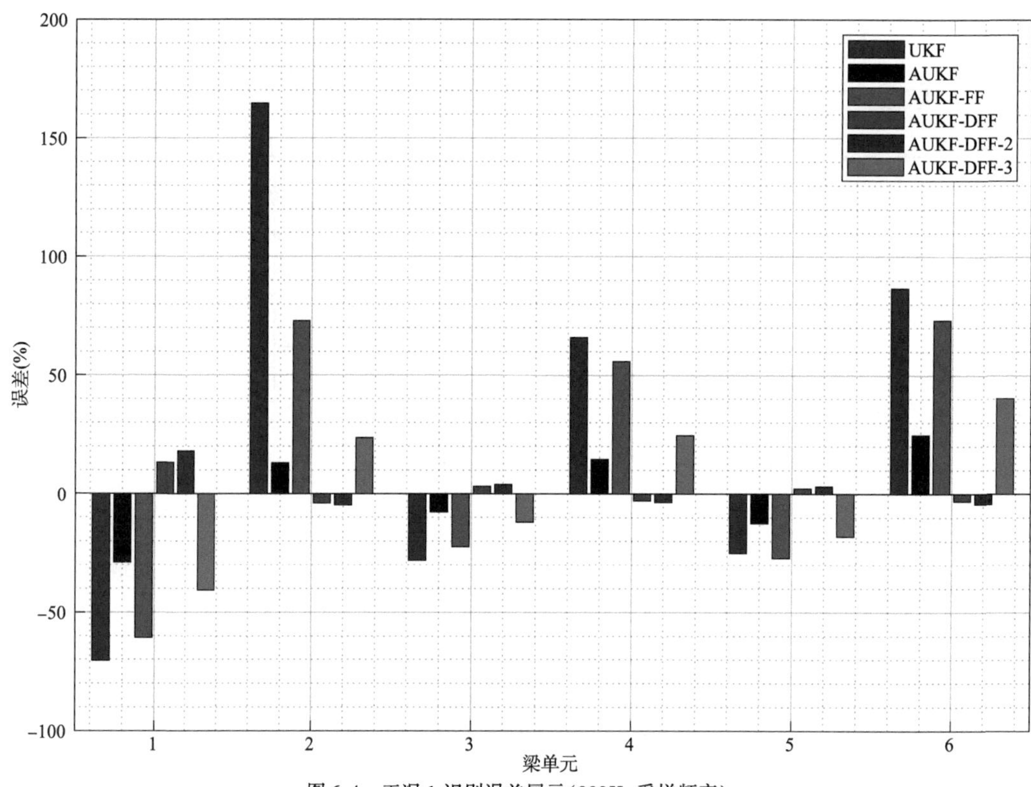

图 6-4　工况 1 识别误差展示(200Hz 采样频率)

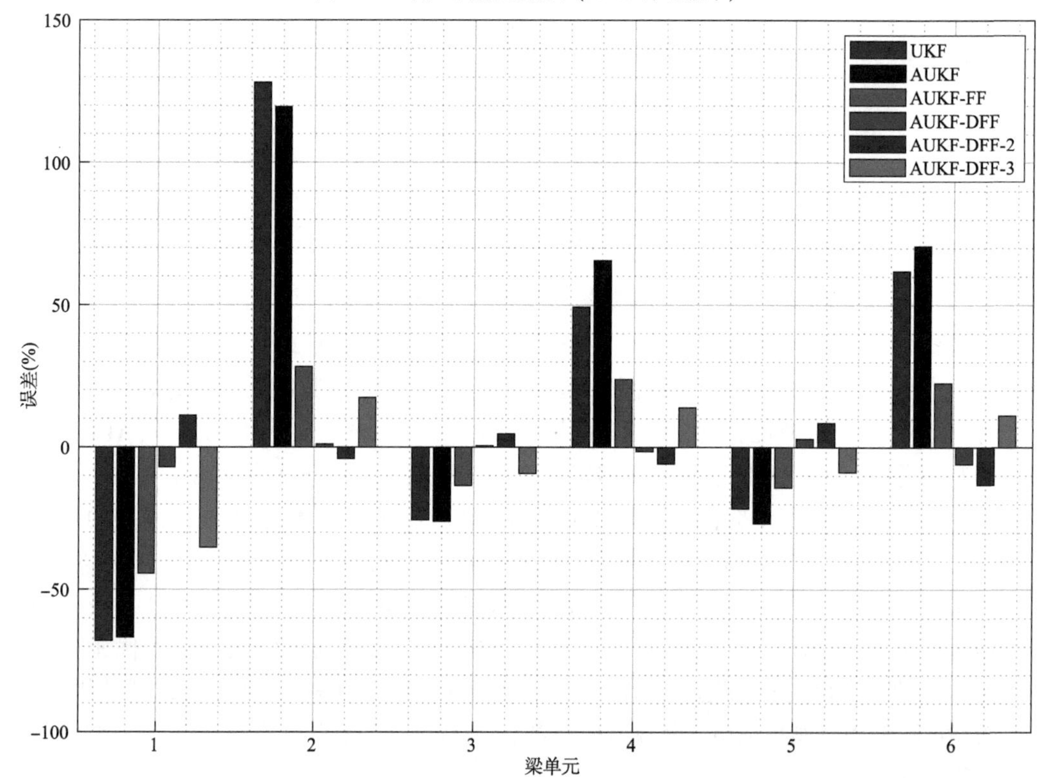

图 6-5　工况 2 识别误差展示(200Hz 采样频率)

200Hz 采样频率时识别误差统计(%)　　表 6-3

算法	工况 1 不同梁单元识别误差						工况 2 不同梁单元识别误差					
	梁单元①	梁单元②	梁单元③	梁单元④	梁单元⑤	梁单元⑥	梁单元①	梁单元②	梁单元③	梁单元④	梁单元⑤	梁单元⑥
UKF	-70.5	164.5	-28.1	65.9	-25.0	86.6	-68.0	128.2	-25.4	49.2	-21.5	62.0
AUKF	-28.9	13.0	-7.8	14.6	-12.4	24.8	-66.7	119.7	-25.9	65.7	-26.7	70.7
AUKF-FF	-60.9	73.0	-22.4	55.8	-27.2	73.1	-44.4	28.3	-13.5	24.0	-14.2	22.6
AUKF-DFF	13.2	-3.9	3.2	-2.8	2.3	-3.0	-7.0	1.0	0.5	-1.4	3.0	-5.9
AUKF-DFF-2	17.9	-4.8	3.9	-3.6	3.2	-4.3	11.1	-4.0	4.6	-5.9	8.5	-13.1
AUKF-DFF-3	-40.7	23.7	-11.9	24.6	-18.1	40.4	-35.3	17.4	-9.2	14.0	-8.7	11.2

为了图示说明基于所提出的双重自适应遗忘因子 UKF 算法识别时变结构参数的机理，以与弹性模量 E_2和 E_3对应的状态协方差对角元素(简称状态协方差值)为研究对象，绘制图 6-6 所示的时程曲线。考虑算法间的联系，这里同时选取 AUKF 算法和 AUKF-FF 算法作为对比验证。对图 6-6 的曲线特征分析可知，在 UKF 算法开始识别后，与 E_2和 E_3对应的状态协方差值均迅速减小，然而，当结构参数在 0.8s 发生变化时，UKF 算法没有对状态协方差值进行相应的调整，致使其识别结果与参数真实值存在偏差。而及时在结构参数变化后采取措施调整状态协方差值的自适应算法均得到了相对更高的识别精度，尽管图 6-6d)中的 AUKF 算法出现提前校正状态协方差的现象(算法误判，由选取的阈值 β_0较小导致)，但这并不影响其对时变结构参数的跟踪和识别。综上，通过数值分析进一步验证可得，所提的自适应 UKF 算法是通过及时调整状态协方差值来增强算法跟踪识别时变结构参数的能力的。另外，值得一提的是，AUKF 算法在识别工况 2 的弹性模量参数 E_2时存在较大的识别误差，这是因为没有及时进行状态协方差值调整(表 6-3)。此外，由于提出的算法对状态协方差值进行了二次校正，与 AUKF-FF 算法相比，相关的状态协方差值的校正幅度显得更大。

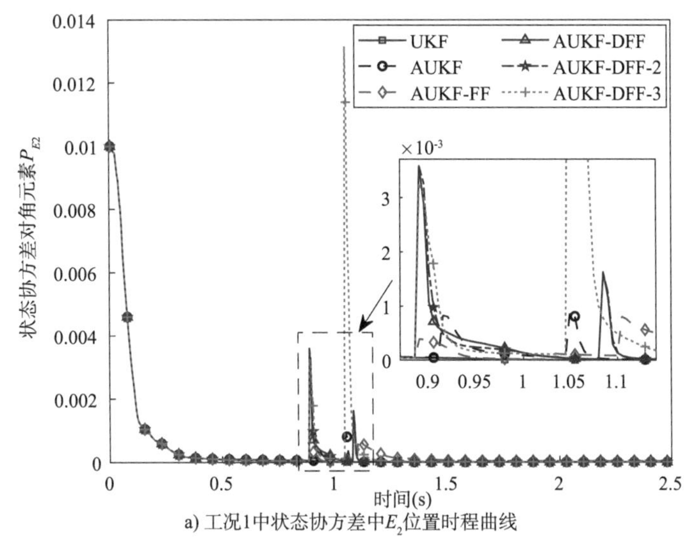

a) 工况1中状态协方差中E_2位置时程曲线

图　6-6

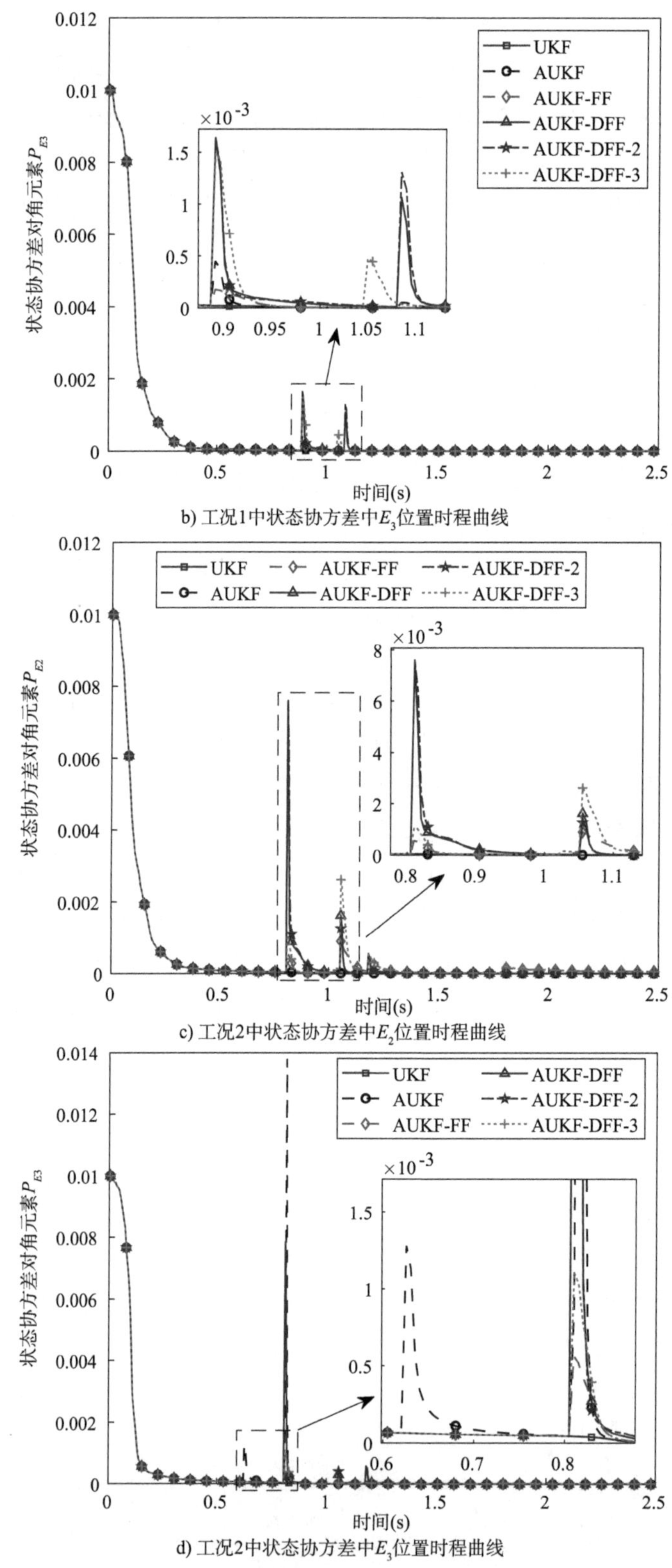

b) 工况1中状态协方差中E_3位置时程曲线

c) 工况2中状态协方差中E_2位置时程曲线

d) 工况2中状态协方差中E_3位置时程曲线

图6-6　状态协方差对角元素时程曲线

6.3.3 高采样频率识别效果对比

尽管上一节分析证明了所提出的 AUKF-DFF 系列算法的优势，但是依旧存在识别误差偏大的问题，因此，本节将采样频率设置为 1000Hz，RMS 噪声水平依旧为 2%，考查高采样频下的算法识别效果差异。值得强调的是，当采样频率为 1000Hz 时，基于阈值 β_0 = 21 的 AUKF 算法遇到了收敛问题。造成这一现象的原因主要有两个：一是灵敏参数阈值设置过低。随着采样频率的增加，超过阈值的灵敏参数值的数量也在不断增加，导致状态协方差被不断扩大，并最终导致数值溢出和算法发散。二是扩展对角元素位置协方差值的校正系数设置得太小（表 6-1 的步骤二的第 4b 步中的 ξ 系数），导致矩阵病态，进而导致算法异常终止。进一步通过仿真分析发现，对于工况 1，AUKF 算法发散是由两个原因共同作用导致的；而对于工况 2，AUKF 算法的发散主要归因于第二个原因。因此，为解决 AUKF 算法的收敛问题，参考 6.3.1 节提供的 ξ 值，并且工况 1 中 AUKF 算法的阈值计算使用 4.1 提出的方法。综上，此部分研究的阈值设置情况如下：对于工况 1，AUKF 算法的阈值为 25.3（SR 算法），AUKF-FF 算法和 AUKF-DFF 系列算法的阈值为 40.2（S 算法）；对于工况 2，AUKF 算法的阈值为 20.5（SR 算法），AUKF-FF 算法和 AUKF-DFF 系列算法的阈值为 40（S 算法）。

在识别过程中，工况 1 的所有算法都成功收敛；而工况 2 的 AUKF-DFF-3 算法识别发散。同理，为确保识别过程的算法收敛，需要增大 SCFF 值。与低采样频率的情况不同，当采样频率增加时，SCFF 的扩大倍数减小。比如，为保证工况 2 中 AUKF-DFF-3 的算法收敛，只需要将 SCFF 扩展到 1.1 倍（1.1α）。基于不同算法的具体识别结果如图 6-7 和图 6-8 所示，最终识别误差展示如图 6-9 和图 6-10 所示，其中误差 =（识别值 − 真值）/真值。同样，为方便对比查看，表 6-4 列出了具体的误差数据。

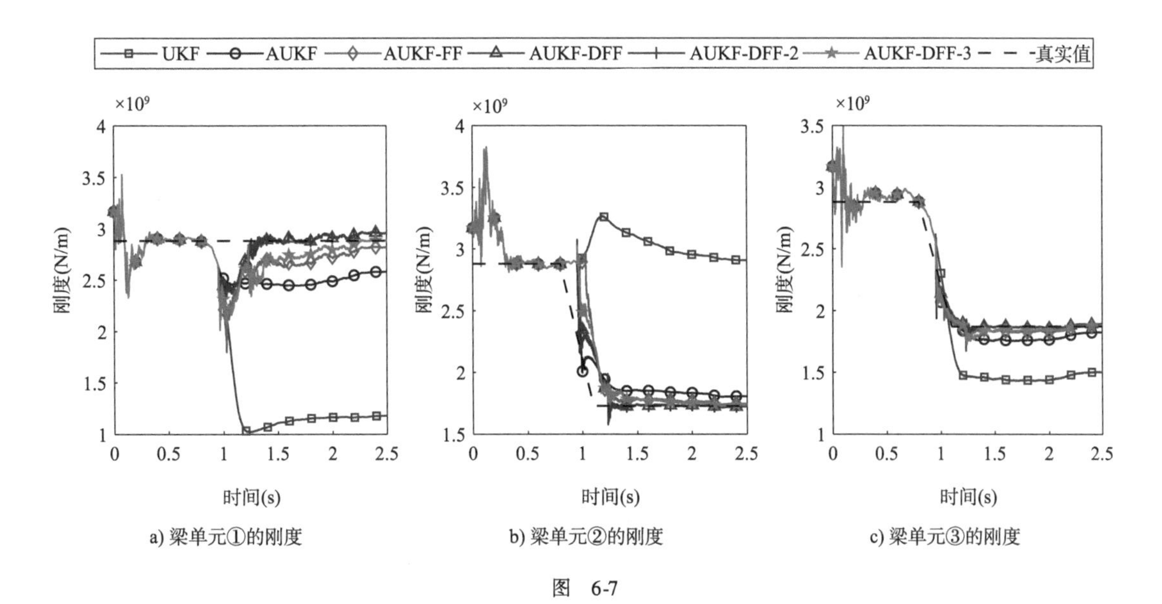

图 6-7

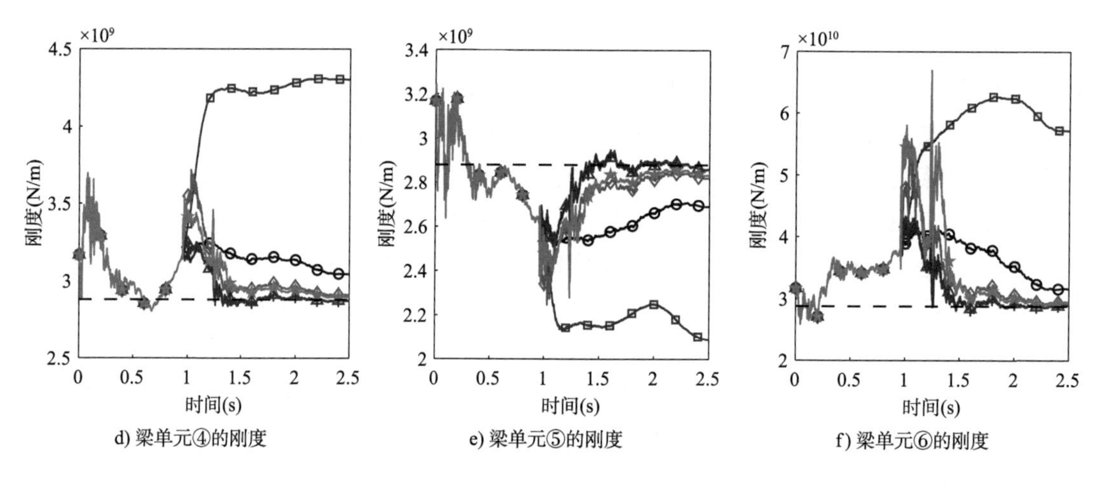

d) 梁单元④的刚度　e) 梁单元⑤的刚度　f) 梁单元⑥的刚度

图 6-7　工况 1 识别结果(1000Hz 采样频率)

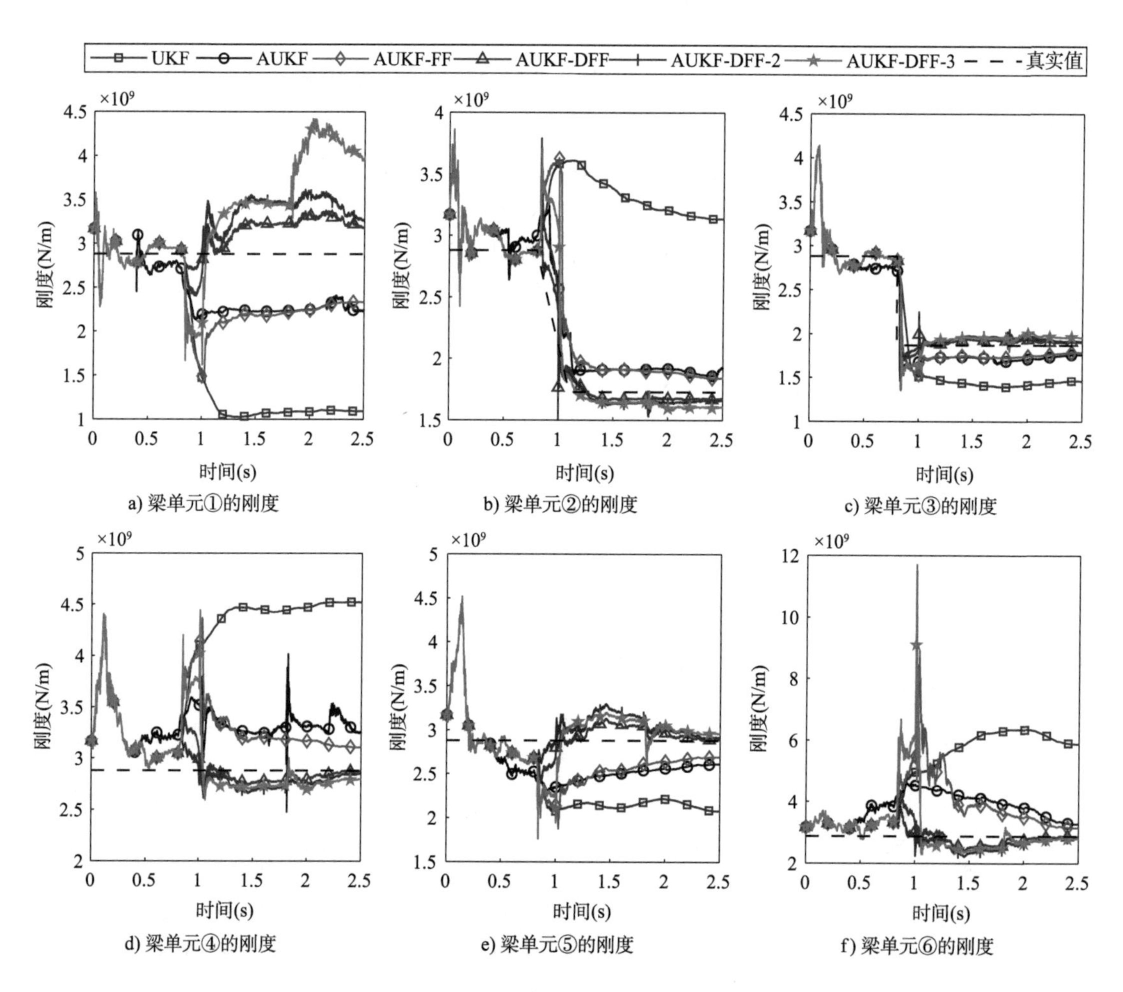

a) 梁单元①的刚度　b) 梁单元②的刚度　c) 梁单元③的刚度

d) 梁单元④的刚度　e) 梁单元⑤的刚度　f) 梁单元⑥的刚度

图 6-8　工况 2 识别结果(1000Hz 采样频率)

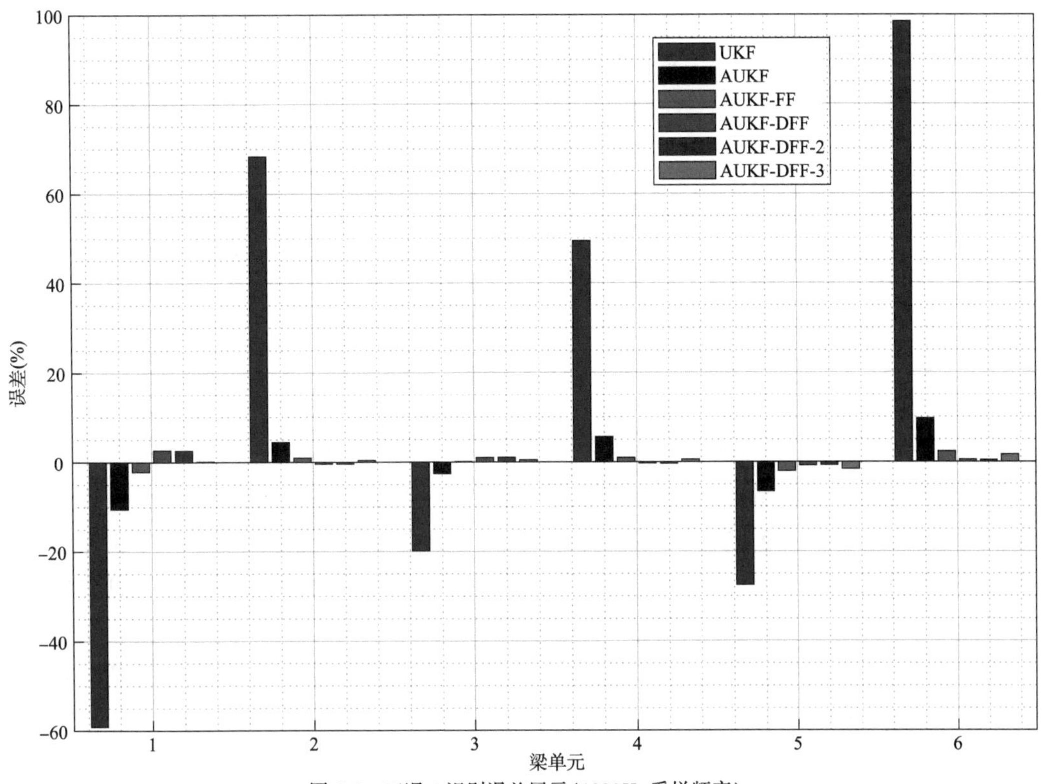

图 6-9 工况 1 识别误差展示(1000Hz 采样频率)

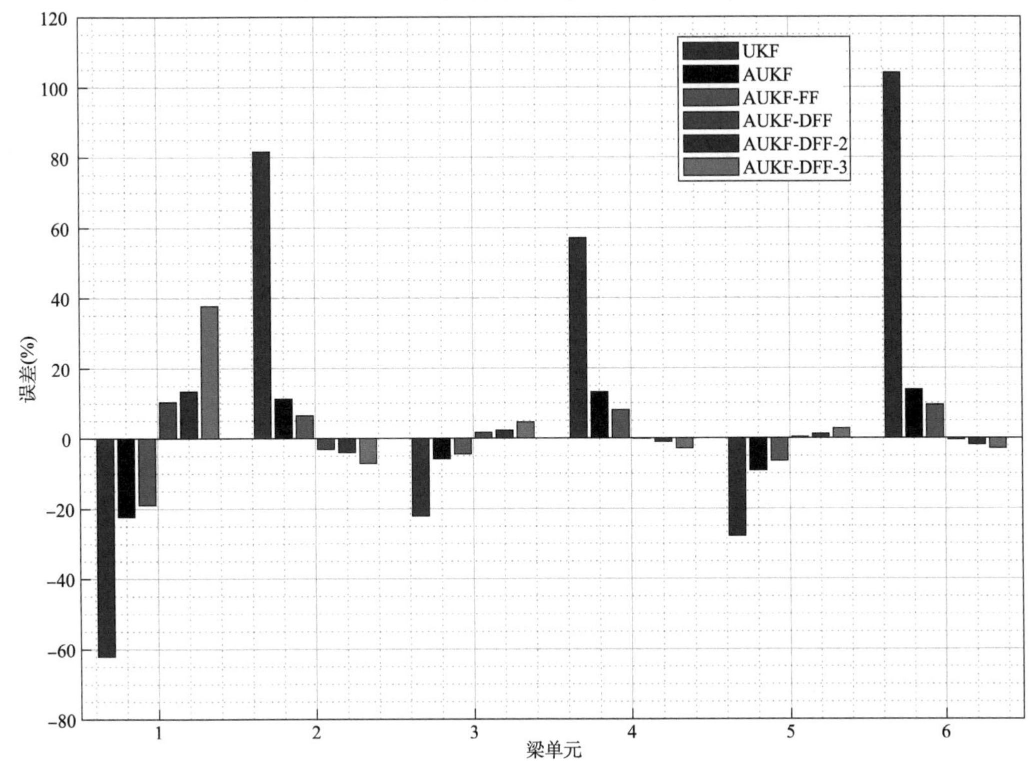

图 6-10 工况 2 识别误差展示(1000Hz 采样频率)

1000Hz 采样频率时识别误差统计(%) 表6-4

算法	工况1不同梁单元识别误差						工况2不同梁单元识别误差					
	梁单元①	梁单元②	梁单元③	梁单元④	梁单元⑤	梁单元⑥	梁单元①	梁单元②	梁单元③	梁单元④	梁单元⑤	梁单元⑥
UKF	-59.1	68.3	-19.8	49.4	-27.5	98.5	-62.0	81.6	-22.0	57.1	-27.9	104.1
AUKF	-10.4	4.4	-2.6	5.7	-6.6	9.7	-22.2	11.3	-5.8	13.1	-9.2	13.8
AUKF-FF	-2.1	1.0	0.1	1.0	-2.1	2.3	-18.9	6.5	-4.4	8.0	-6.5	9.5
AUKF-DFF	2.6	-0.4	1.1	-0.3	-0.8	0.5	10.5	-3.1	1.7	-0.2	0.4	-0.4
AUKF-DFF-2	2.5	-0.4	1.1	-0.3	-0.7	0.4	13.4	-4.0	2.3	-1.0	1.3	-1.8
AUKF-DFF-3	0.1	0.4	0.5	0.6	-1.6	1.7	37.7	-7.0	4.6	-2.9	2.7	-2.9

通过对图6-7～图6-10和表6-4的系统分析可得,随着采样频率的增加,各个算法的识别精度都得到不同程度的提高。其中,AUKF算法、AUKF-FF算法和AUKF-DFF-3算法的准确性得到了显著提高,AUKF-DFF-3算法的稳定性也得到增强。然而,传统UKF算法仍然难以精确识别每个梁单元的弹性模量,其AE范围为19.8%～104.1%。

单独分析工况1发现,除UKF算法外,其余所有算法都能准确识别每个梁单元的弹性模量,其中AUKF算法的最大AE为10.4%,而其他算法的最大AE都不超过3%。就最大AE而言,AUKF-DFF-3算法表现出最高的识别精度。此外,对于自适应UKF算法来说,随着采样频率的增加,边界约束对结构参数识别的影响作用减弱。

单独分析工况2发现,AUKF-DFF算法表现出最高的识别精度,最大AE为10.5%,AUKF-DFF-2算法次之,最大AE为13.4%。AUKF算法和AUKF-FF算法的识别结果类似,最大AE分别为22.2%和18.9%。值得注意的是,尽管AUKF-DFF-3算法的最大AE为37.7%,发生在图5-14所示的梁单元①,但其他梁单元的AE都小于或等于7.0%。此外,随着采样频率的增加,梁单元⑥的边界约束影响减弱,而梁单元①的识别精度几乎与表6-3中相同。

此外,值得注意的是,此部分AUKF算法的成功收敛得益于本研究提出的参数确定方法,这再次证明了本研究提出的灵敏参数阈值确定法和协方差扩大倍数选取方法的合理性。

6.3.4 不同SCFF值的讨论分析

6.3.2和6.3.3均突出了SCFF值对AUKF-DFF-3算法收敛性和稳定性的重要性。为了深入研究这个问题,这里主要探讨不同SCFF值对提出的双重自适应遗忘因子UKF算法的识别性能的影响。为此,以工况2为研究背景,分别考查AUKF-DFF-3算法、AUKF-DFF算法和AUKF-DFF-2算法面对不同SCFF值的识别效果,其中采样频率设置为1000Hz,RMS噪声设置为2%。考虑到AUKF-DFF-3算法对SCFF值的敏感性,首先对其进行分析,然后依次对AUKF-DFF算法和AUKF-DFF-2算法进行讨论分析。

基于AUKF-DFF-3算法的不同SCFF值的识别结果如图6-11所示,最终的识别误差展示如图6-12所示;基于AUKF-DFF算法的不同SCFF值的识别结果及误差展示如图6-13和

图 6-14 所示;基于 AUKF-DFF-2 算法的不同 SCFF 值的识别结果及误差展示如图 6-15 和图 6-16 所示。

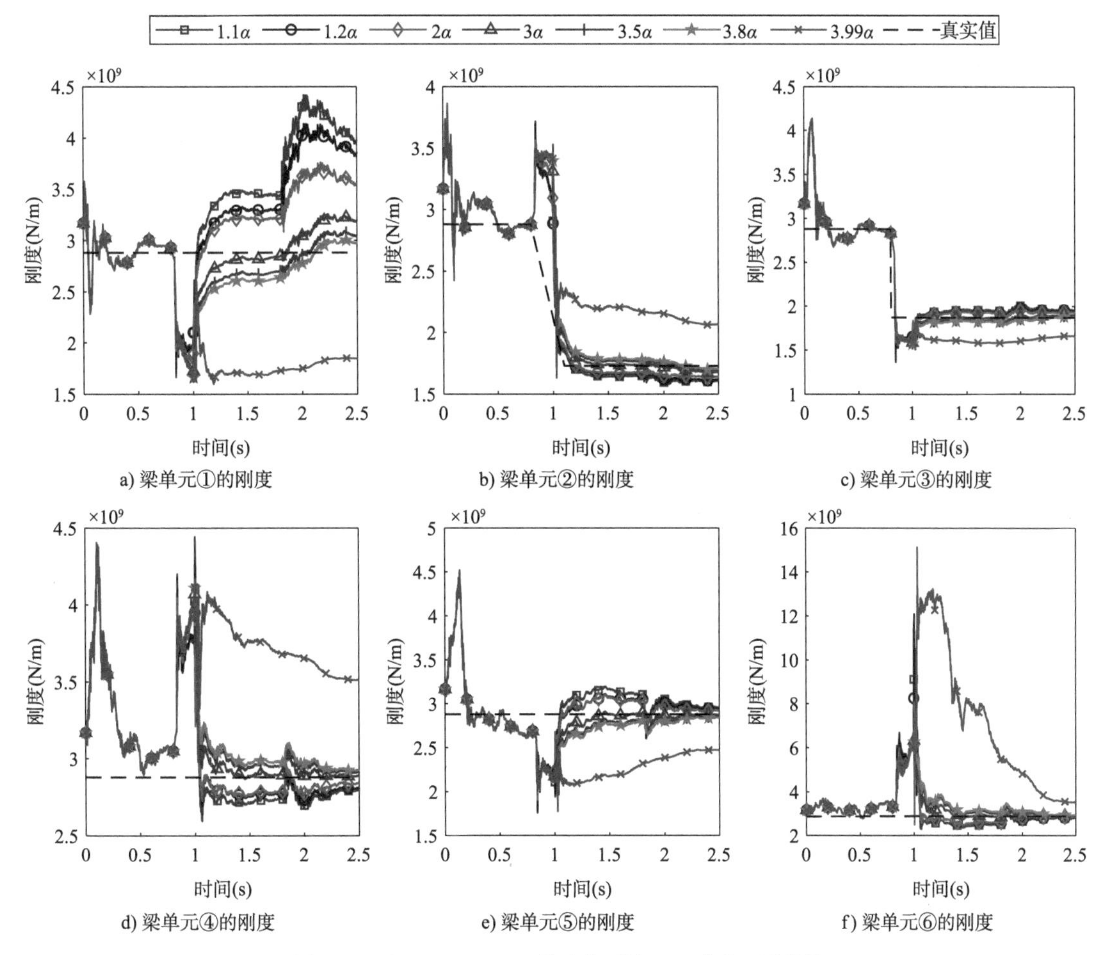

图 6-11 基于 AUKF-DFF-3 算法的不同 SCFF 值的识别结果

通过对图 6-11 ~ 图 6-16 识别结果的系统分析可得,SCFF 参数对梁单元①的识别影响最为显著,尤其对 AUKF-DFF-3 算法的识别效果影响最为明显。然而,对于其他梁单元,SCFF 参数的影响相对较小。SCFF 参数对 AUKF-DFF-3 算法的影响可以分为两类[图 6-11 和图 6-12]:对于梁单元① ~ ③,最适宜的 SCFF 参数范围为 $3.8\alpha \sim 3.99\alpha$。当 SCFF 设置为 3.8α 时,识别误差最小,最大 AE 为 3.2%;对于梁单元④ ~ ⑥,最适宜的 SCFF 参数范围为 $2\alpha \sim 3.5\alpha$,当 SCFF 设置为 3α 时误差最小,最大 AE 为 0.6%。

对于 AUKF-DFF 算法,单独对图 6-13 和图 6-14 进行分析可得,对于梁单元① ~ ③,SCFF 参数范围为 $3\alpha \sim 3.1\alpha$ 时识别误差最小,最大 AE 仅为 0.8%。相反,当 SCFF 范围为 $0.9\alpha \sim 1.1\alpha$ 时,梁单元④ ~ ⑥的识别误差相对较小,最大 AE 为 0.4%。这里将 0.9α 考虑在内是为了评估降低 SCFF 值能否进一步提高识别精度。如图 6-13 所示,尽管精度提高的空间有限,但此想法得到了验证。此外,通过仿真分析发现,继续将 SCFF 值降低到这个范围之外将导致发散的识别结果。

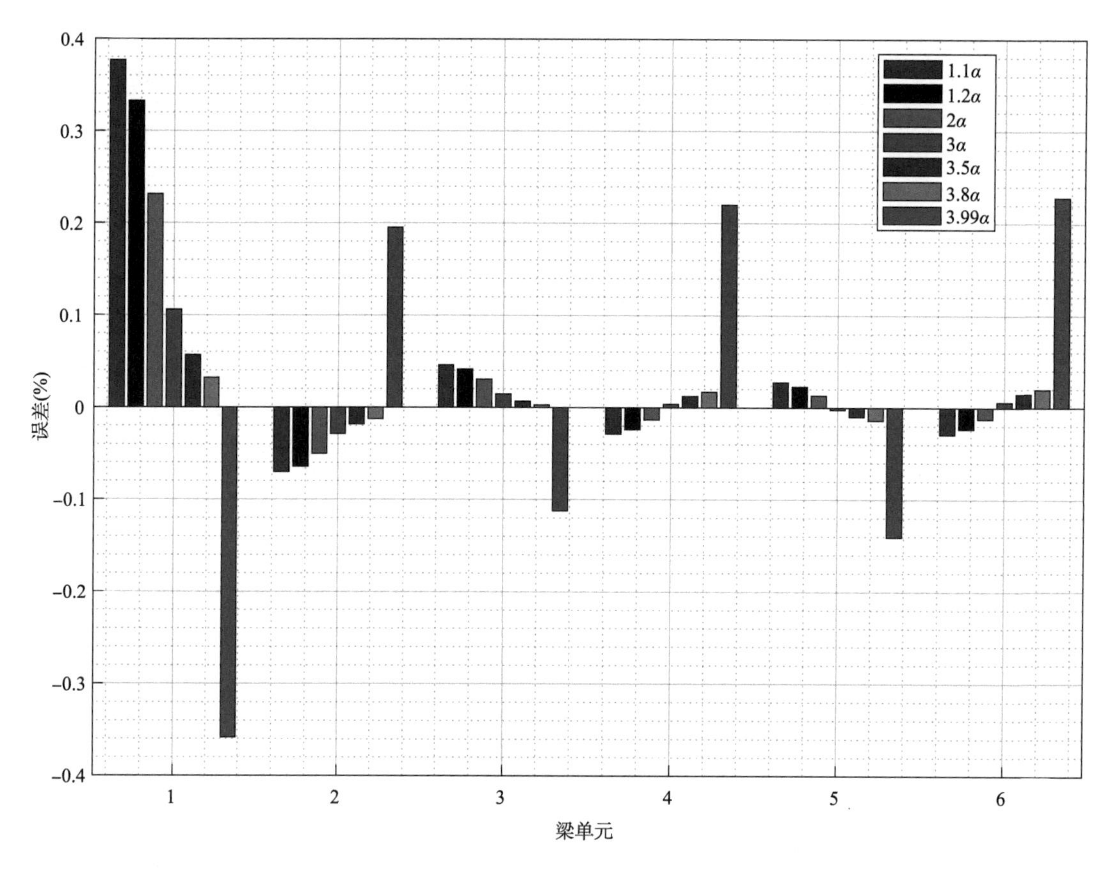

图6-12　基于AUKF-DFF-3算法的不同SCFF值的识别误差展示

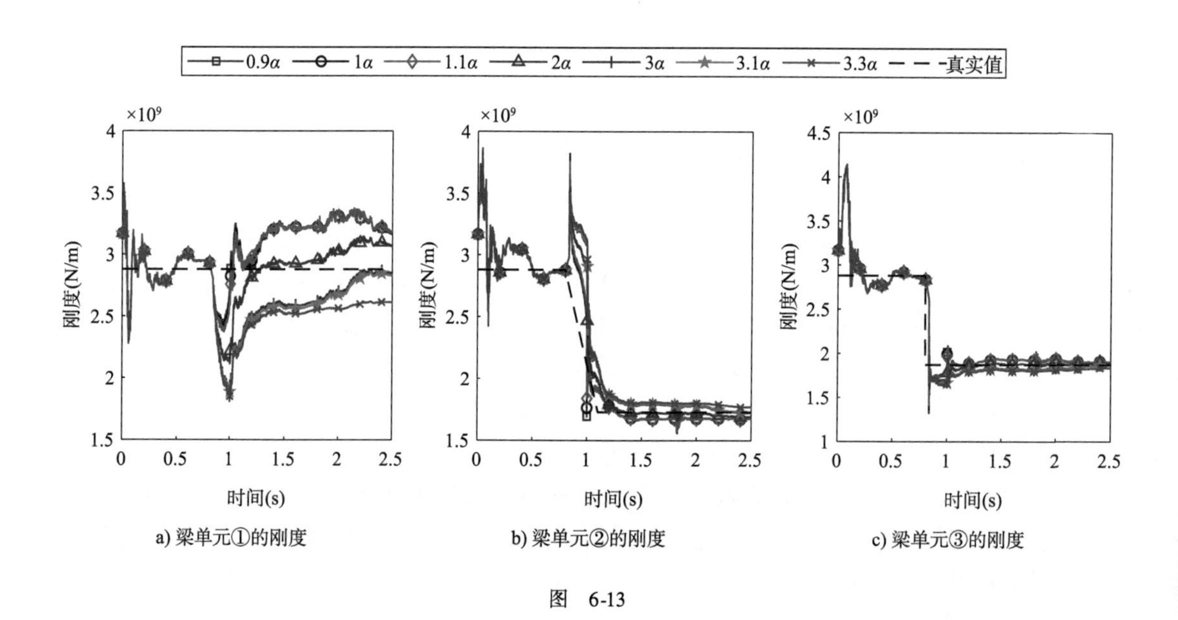

a) 梁单元①的刚度　b) 梁单元②的刚度　c) 梁单元③的刚度

图　6-13

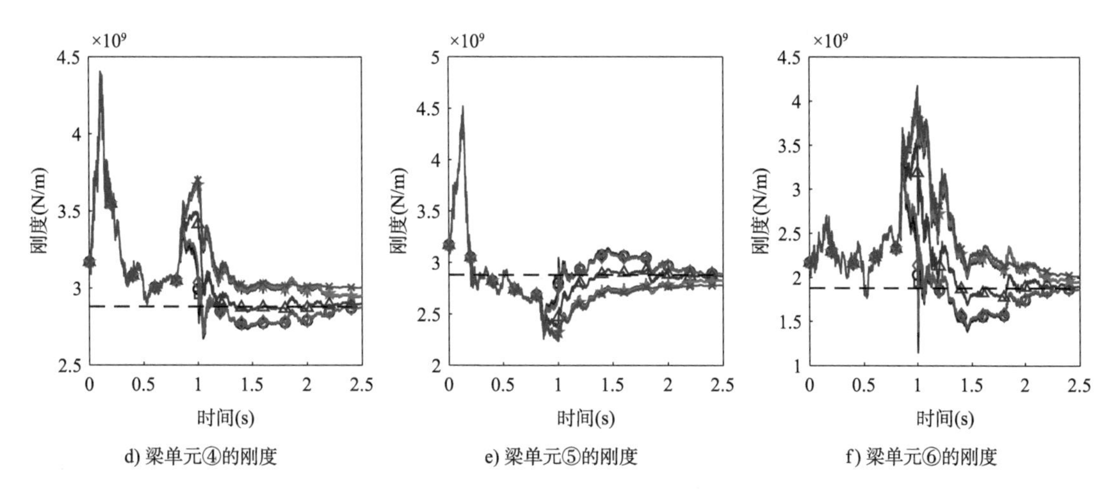

图 6-13 基于 AUKF-DFF 算法的不同 SCFF 值的识别结果

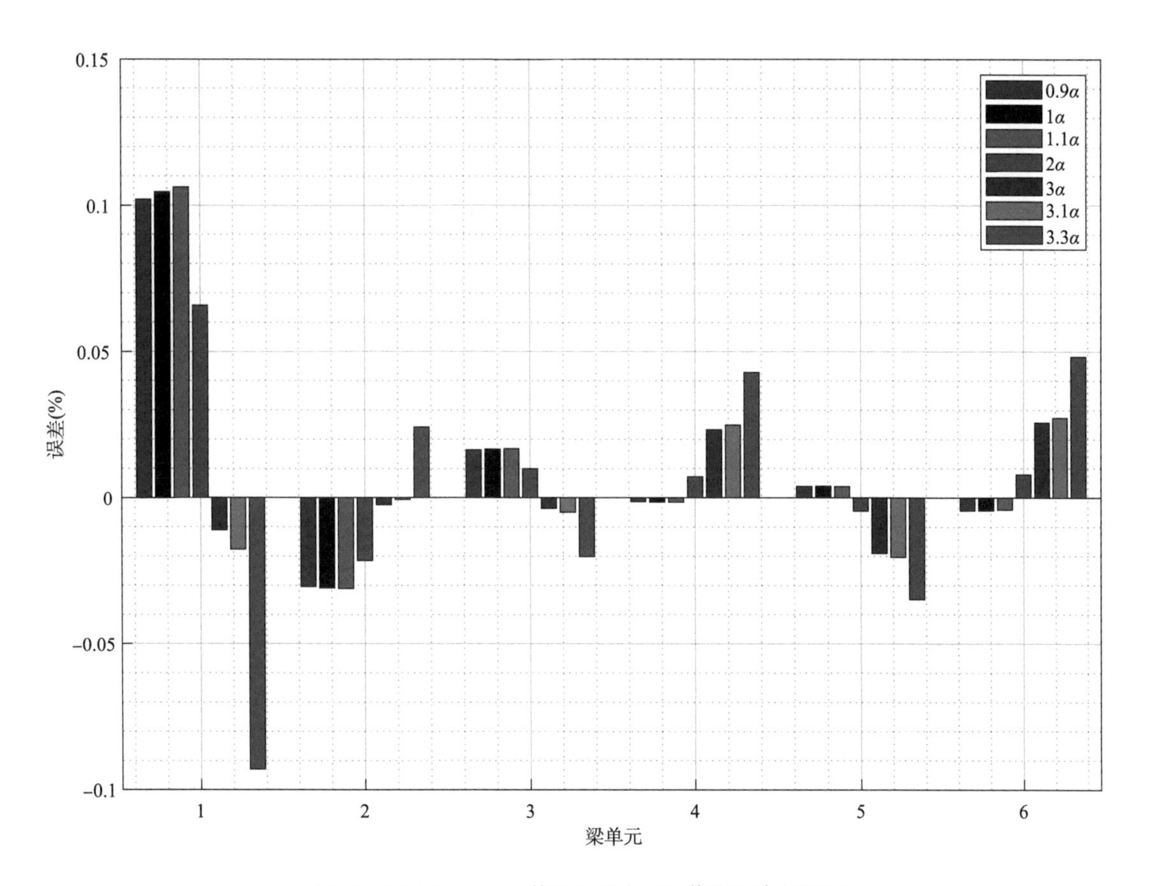

图 6-14 基于 AUKF-DFF 算法的不同 SCFF 值的识别误差展示

对于 AUKF-DFF-2 算法，单独对图 6-15 和图 6-16 的结果进行分析可得，最适宜的 SCFF 参数范围为 $1.1\alpha \sim 3\alpha$。如图 6-16 所示，当 SCFF 设置为 2α 时，误差最小，最大 AE 为 9.4%。

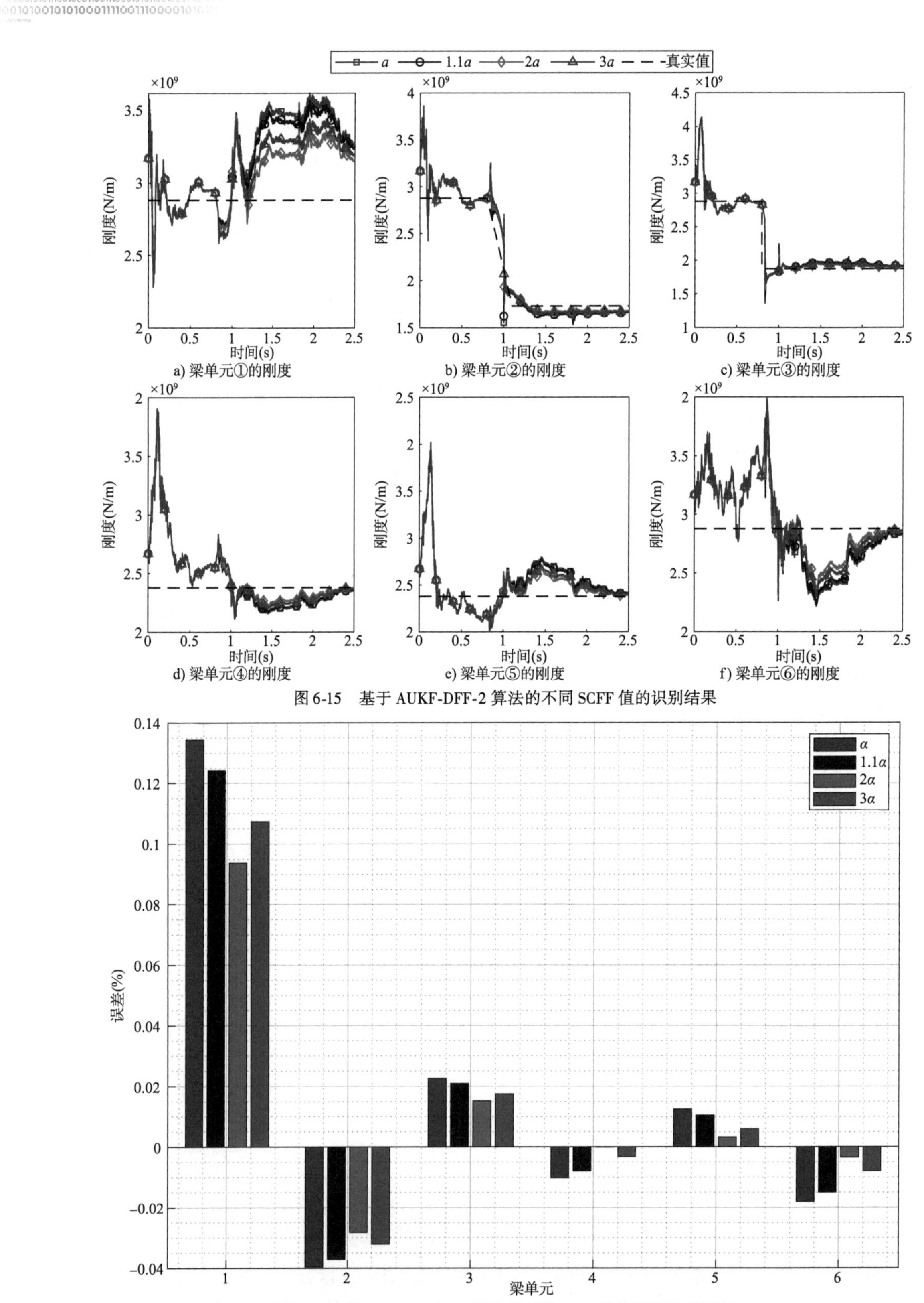

图 6-15　基于 AUKF-DFF-2 算法的不同 SCFF 值的识别结果

图 6-16　基于 AUKF-DFF-2 算法的不同 SCFF 值的识别误差展示

第7章

CHARTER 7

基于自适应遗忘因子平方根UKF的时变参数识别算法

UKF 算法的无迹变换过程需要对矩阵进行开方运算，一般基于 Cholesky 分解完成，而这要求被开方的矩阵满足对称正定条件。由于计算机的舍入误差和噪声干扰等不利影响，递推计算过程中的状态协方差矩阵容易产生不对称的情况，导致识别算法出现数值不稳定的问题，从而引发算法发散。针对这个问题，第 3 章基于 SVD 方法弥补了 Cholesky 分解的缺陷。考虑到数学上 SVD 计算复杂度较高的问题，本章基于 QR 分解技术提出另外一种增强算法数值计算稳定性的措施，并进一步融合灵敏参数和遗忘因子的概念和相关技术，提出基于平方根 UKF 的适用于时变结构参数识别的新方法。

简言之，考虑到 SVD 分解的计算复杂性以及 UKF 无迹变换的 Cholesky 分解要求矩阵对称正定的问题，本章基于平方根 UKF(SRUKF)和 QR 分解，提出自适应遗忘因子平方根 UKF(ASRUKF-FF)，并进一步通过三层剪切型框架结构和车-桥耦合振动系统数值仿真验证所提方法的有效性。

7.1 平方根 UKF

平方根 UKF(Square Root UKF，SRUKF)算法同样是一种模型驱动算法，它能够直接基于优化算法递推估计结构状态并识别结构参数，这一过程可基于状态空间方程实现。为便于描述其理论，假定非线性离散时间系统的状态和观测方程表述如下：

$$\boldsymbol{X}_k = f(\boldsymbol{X}_{k-1}, \boldsymbol{u}_{k-1}) + \boldsymbol{w}_{k-1} \tag{7-1}$$

$$\boldsymbol{Y}_k = h(\boldsymbol{X}_k) + \boldsymbol{v}_k \tag{7-2}$$

式中：k——离散时间步；

$\boldsymbol{X}$——n 维状态量；

$\boldsymbol{Y}$——m 维观测量；

$\boldsymbol{u}$——系统输入矩阵；

$\boldsymbol{w}$——过程噪声矢量；

$\boldsymbol{v}$——观测噪声矢量。

假定 $\boldsymbol{w}$ 和 $\boldsymbol{v}$ 的均值为零，且其协方差分别为 $\boldsymbol{Q}$ 和 $\boldsymbol{R}$。

标准 SRUKF 方法的算法流程描述如下。

(1)初始化状态量和状态协方差矩阵的平方根。

$$\hat{\boldsymbol{X}}_0^+ = E[\boldsymbol{X}_0] \tag{7-3}$$

$$\boldsymbol{S}_0^+ = \mathrm{chol}[\boldsymbol{P}_0^+] = \mathrm{chol}\{E[(\boldsymbol{X}_0 - \hat{\boldsymbol{X}}_0^+)(\boldsymbol{X}_0 - \hat{\boldsymbol{X}}_0^+)^{\mathrm{T}}]\} \tag{7-4}$$

式中：chol{·}——Cholesky 分解。

(2)时间更新。

$$
\begin{aligned}
&\boldsymbol{\chi}_{k-1}^{(0)} = \hat{\boldsymbol{X}}_{k-1}^{+} \\
&\boldsymbol{\chi}_{k-1}^{(i)} = \hat{\boldsymbol{X}}_{k-1}^{+} + (\sqrt{(n+\lambda)}\boldsymbol{S}_{k-1}^{+})_i \quad (i=1,2,\cdots,n) \\
&\boldsymbol{\chi}_{k-1}^{(i+n)} = \hat{\boldsymbol{X}}_{k-1}^{+} - (\sqrt{(n+\lambda)}\boldsymbol{S}_{k-1}^{+})_i \quad (i=1,2,\cdots,n)
\end{aligned}
\tag{7-5}
$$

$$
\hat{\boldsymbol{X}}_k^{(j)} = f(\boldsymbol{\chi}_{k-1}^{(j)}, \boldsymbol{u}_{k-1}) \quad (j=0,1,2,\cdots,2n) \tag{7-6}
$$

$$
\hat{\boldsymbol{X}}_k^{-} = \sum_{i=0}^{2n} W_m^{(j)} \hat{\boldsymbol{X}}_k^{(j)} \tag{7-7}
$$

$$
\boldsymbol{S}_k^{-} = \mathrm{qr}\{[\sqrt{W_c^{(j)}}(\hat{\boldsymbol{X}}_k^{(1:2n)} - \hat{\boldsymbol{X}}_k^{-}), \sqrt{\boldsymbol{Q}_k}]^{\mathrm{T}}\} \tag{7-8}
$$

$$
\boldsymbol{S}_k = \mathrm{cholupdate}\{\boldsymbol{S}_k^{-}, \sqrt{W_c^{(0)}}(\hat{\boldsymbol{X}}_k^{(0)} - \hat{\boldsymbol{X}}_k^{-}), \mathrm{sgn}\{W_c^{(0)}\}\} \tag{7-9}
$$

式中： n——状态量的维度；

qr{·}——QR 分解，返回矩阵的上三角部分；

cholupdate{·}——Cholesky 分解的秩 1 更新，返回上三角的 Cholesky 因子；

sgn(·)——符号函数。

举例说明，cholupdate$\{\boldsymbol{A}, \boldsymbol{B}, \pm c\}$表示$(\boldsymbol{D} \pm c\boldsymbol{B}\boldsymbol{B}^{\mathrm{T}})$的 Cholesky 因子，其中$\boldsymbol{A} = \mathrm{chol}\{\boldsymbol{D}\}$。关于式(7-8)、式(7-9)的更多解释，参考文献[56~57]。

(3)量测预测。

$$
\begin{aligned}
&\hat{\boldsymbol{\chi}}_k^{(0)} = \hat{\boldsymbol{X}}_k^{-} \\
&\hat{\boldsymbol{\chi}}_k^{(i)} = \hat{\boldsymbol{X}}_k^{-} + [\sqrt{(n+\lambda)}\boldsymbol{S}_k]_i \quad (i=1,2,\cdots,n) \\
&\hat{\boldsymbol{\chi}}_k^{(i+n)} = \hat{\boldsymbol{X}}_k^{-} - [\sqrt{(n+\lambda)}\boldsymbol{S}_k]_i \quad (i=1,2,\cdots,n)
\end{aligned}
\tag{7-10}
$$

$$
\hat{\boldsymbol{y}}_k^{(j)} = h(\hat{\boldsymbol{\chi}}_k^{(j)}) \quad (j=0,1,2,3,\cdots,2n) \tag{7-11}
$$

$$
\hat{\boldsymbol{y}}_k = \sum_{i=0}^{2n} W_m^{(j)} \hat{\boldsymbol{y}}_k^{(j)} \tag{7-12}
$$

$$
\boldsymbol{S}_{y,k}^{-} = \mathrm{qr}\{[\sqrt{W_c^{(j)}}(\hat{\boldsymbol{y}}_k^{(1:2n)} - \hat{\boldsymbol{y}}_k), \sqrt{\boldsymbol{R}_k}]^{\mathrm{T}}\} \tag{7-13}
$$

$$
\boldsymbol{S}_{y,k} = \mathrm{cholupdate}\{\boldsymbol{S}_{y,k}^{-}, \sqrt{W_c^{(0)}}(\hat{\boldsymbol{y}}_k^{(0)} - \hat{\boldsymbol{y}}_k), \mathrm{sgn}\{W_c^{(0)}\}\} \tag{7-14}
$$

$$
\boldsymbol{P}_{xy,k} = \sum_{i=0}^{2n} W_c^{(j)}(\hat{\boldsymbol{X}}_k^{(j)} - \hat{\boldsymbol{X}}_k^{-})(\hat{\boldsymbol{y}}_k^{(j)} - \hat{\boldsymbol{y}}_k)^{\mathrm{T}} \tag{7-15}
$$

(4)量测更新。

$$
\boldsymbol{K}_k = \frac{\boldsymbol{P}_{xy,k}}{\boldsymbol{S}_{y,k}^{\mathrm{T}}\boldsymbol{S}_{y,k}} \tag{7-16}
$$

$$
\hat{\boldsymbol{X}}_k^{+} = \hat{\boldsymbol{X}}_k^{-} + \boldsymbol{K}_k(\boldsymbol{y}_k - \hat{\boldsymbol{y}}_k) \tag{7-17}
$$

$$
\boldsymbol{\Omega} = \boldsymbol{K}_k \boldsymbol{S}_{y,k}^{\mathrm{T}} \tag{7-18}
$$

$$
\boldsymbol{S}_k^{+} = \mathrm{cholupdate}\{\boldsymbol{S}_k, \boldsymbol{\Omega}, -1\} \tag{7-19}
$$

式中：$\boldsymbol{y}_k$——第 k 步的测量值。

为方便阅读，再次将权重系数表述如下：

$$W_c^{(j)} = \begin{cases} \dfrac{\lambda}{n+\lambda} + 1 - a^2 + b & (j=0) \\ \dfrac{1}{2(n+\lambda)} & (j=1,2,3,\cdots,2n) \end{cases} \tag{7-20}$$

$$W_m^{(j)} = \begin{cases} \dfrac{\lambda}{n+\lambda} & (j=0) \\ \dfrac{1}{2(n+\lambda)} & (j=1,2,3,\cdots,2n) \end{cases} \tag{7-21}$$

$$\lambda = a^2(n+\kappa) - n \tag{7-22}$$

式中：κ——三次缩放因子，通常被设置为 $\kappa = 3 - n$；

a——均值调整系数[7]，$10^{-4} \leqslant a \leqslant 1$；

b——方差调整系数[7]，一般取 $b=2$。

7.2 改进的平方根 UKF

标准的 SRUKF 方法通过利用 Cholesky 分解秩 1 更新(cholupdate)的方式完成协方差矩阵的平方根更新运算。以式(7-9)为例，式(7-9)的等价形式为

$$\boldsymbol{P}_k^- = \boldsymbol{S}_k^{\mathrm{T}} \boldsymbol{S}_k = (\boldsymbol{S}_k^-)^{\mathrm{T}} \boldsymbol{S}_k^- + W_c^{(0)} (\hat{\boldsymbol{X}}_k^{(0)} - \hat{\boldsymbol{X}}_k^-)(\hat{\boldsymbol{X}}_k^{(0)} - \hat{\boldsymbol{X}}_k^-)^{\mathrm{T}} \tag{7-23}$$

式中：$\boldsymbol{P}_k^-$——传统 UKF 算法的时间更新步计算得到的先验状态协方差；

$W_c^{(0)}$——零阶权重，包含正负号。

使用式(7-9)计算矩阵$\boldsymbol{S}_k$ 的前提是，式(7-23)右侧的矩阵必须是正定的，这表明标准 SRUKF 方法并未从根本上消除对正定协方差矩阵的要求。此外，负零阶权重的存在确实可以导致式(7-23)右侧的矩阵非正定。从式(7-20)可以看出，当 $\kappa = 3-n$ 和 $b=2$ 时，$W_c^{(0)} = 4 - n/3a^2 - a^2$。由于 a 的值通常很小，当状态量维度很大时，零阶权重将为负值，这将导致式(7-23)右侧的矩阵非正定，进而影响递推算法的稳定性。

根据 Cholesky 分解，UKF 算法时间更新步的先验状态协方差$\boldsymbol{P}_k^- = \boldsymbol{S}_k^{\mathrm{T}} \boldsymbol{S}_k$，令$\boldsymbol{S}_k = \boldsymbol{qr}$(其中，$\boldsymbol{q}$ 是正交方阵，$\boldsymbol{r}$ 是上三角矩阵)，则$\boldsymbol{P}_k^- = \boldsymbol{S}_k^{\mathrm{T}} \boldsymbol{S}_k = (\boldsymbol{qr})^{\mathrm{T}}(\boldsymbol{qr}) = \boldsymbol{r}^{\mathrm{T}}\boldsymbol{r}$。因此，可得到下述关系：

$$\boldsymbol{S}_k = \boldsymbol{r} \tag{7-24}$$

本书选用的 UT 变换使用对称采样方式生成$(2n+1)$个 sigma 点，这些 sigma 点在原点周围对称分布，以保证样本的均值和协方差与原始状态分布的一致性。因为去除原点位置的 sigma 点不会影响其余样本点的均值和协方差，根据此准则及式(7-24)可得式(7-8)和式(7-9)的等效方程：

$$\boldsymbol{r}_1 = \mathrm{qr}\left\{\left[\sqrt{W_c^{(j)}}(\hat{\boldsymbol{X}}_k^{(1:2n)} - \hat{\boldsymbol{X}}_k^-),\ \sqrt{\boldsymbol{Q}_k}\right]^{\mathrm{T}}\right\} \tag{7-25}$$

$$\boldsymbol{S}_k = \boldsymbol{r}_1 \tag{7-26}$$

同样，式(7-13)和式(7-14)的等效方程如下：

$$\boldsymbol{r}_2 = \mathrm{qr}\left\{\left[\sqrt{W_c^{(j)}}(\hat{\boldsymbol{y}}_k^{(1:2n)} - \hat{\boldsymbol{y}}_k^-),\ \sqrt{\boldsymbol{R}_k}\right]^{\mathrm{T}}\right\} \tag{7-27}$$

$$\boldsymbol{S}_{y,k} = \boldsymbol{r}_2 \tag{7-28}$$

为了更新式(7-18)和式(7-19),需要用到传统的 UKF 算法以及协方差的定义。

首先,式(7-18)和式(7-19)的等价形式可以表示为式(7-29)。注意:式(7-29)等号右侧的矩阵仍然需要是正定的,这对递推算法的稳定性不利。

$$\boldsymbol{P}_k^+ = (\boldsymbol{S}_k^+)^{\mathrm{T}} \boldsymbol{S}_k^+ = \boldsymbol{S}_k^{\mathrm{T}} \boldsymbol{S}_k - \boldsymbol{K}_k \boldsymbol{S}_{y,k}^{\mathrm{T}} \boldsymbol{S}_{y,k} \boldsymbol{K}_k^{\mathrm{T}} \tag{7-29}$$

式中:$\boldsymbol{P}_k^+$——传统 UKF 算法量测更新步计算的后验状态协方差。

其次,基于后验状态协方差的定义和式(7-17),可以得到以下关系:

$$\begin{aligned}\boldsymbol{P}_k^+ &= (\boldsymbol{S}_k^+)^{\mathrm{T}} \boldsymbol{S}_k^+ = E[(\boldsymbol{X}_k - \widehat{\boldsymbol{X}}_k^+)(\boldsymbol{X}_k - \widehat{\boldsymbol{X}}_k^+)^{\mathrm{T}}] \\ &= E[(\boldsymbol{X}_k - \widehat{\boldsymbol{X}}_k^- - \boldsymbol{K}_k(\boldsymbol{y}_k - \widehat{\boldsymbol{y}}_k))(\boldsymbol{X}_k - \widehat{\boldsymbol{X}}_k^- - \boldsymbol{K}_k(\boldsymbol{y}_k - \widehat{\boldsymbol{y}}_k))^{\mathrm{T}}]\end{aligned} \tag{7-30}$$

通过考虑观测方程(7-2),建立下述关系:

$$\boldsymbol{y}_k = \boldsymbol{H}_k \boldsymbol{X}_k + \boldsymbol{v}_k \tag{7-31}$$

$$\widehat{\boldsymbol{y}}_k = \boldsymbol{H}_k \widehat{\boldsymbol{X}}_k^- \tag{7-32}$$

将式(7-31)和式(7-32)代入式(7-30)可得

$$\begin{aligned}\boldsymbol{P}_k^+ &= E[(\boldsymbol{X}_k - \widehat{\boldsymbol{X}}_k^- - \boldsymbol{K}_k(\boldsymbol{H}_k \boldsymbol{X}_k - \boldsymbol{H}_k \widehat{\boldsymbol{X}}_k^- + \boldsymbol{v}_k))(\boldsymbol{X}_k - \widehat{\boldsymbol{X}}_k^- - \boldsymbol{K}_k(\boldsymbol{H}_k \boldsymbol{X}_k - \boldsymbol{H}_k \widehat{\boldsymbol{X}}_k^- + \boldsymbol{v}_k))^{\mathrm{T}}] \\ &= (\boldsymbol{I} - \boldsymbol{K}_k \boldsymbol{H}_k) E[(\boldsymbol{X}_k - \widehat{\boldsymbol{X}}_k^-)(\boldsymbol{X}_k - \widehat{\boldsymbol{X}}_k^-)^{\mathrm{T}}](\boldsymbol{I} - \boldsymbol{K}_k \boldsymbol{H}_k)\mathrm{T} + \boldsymbol{K}_k E[\boldsymbol{v}_k \boldsymbol{v}_k^{\mathrm{T}}] \boldsymbol{K}_k^{\mathrm{T}} \\ &= (\boldsymbol{I} - \boldsymbol{K}_k \boldsymbol{H}_k) \boldsymbol{P}_k^- (\boldsymbol{I} - \boldsymbol{K}_k \boldsymbol{H}_k)^{\mathrm{T}} + \boldsymbol{K}_k \boldsymbol{R}_k \boldsymbol{K}_k^{\mathrm{T}} \\ &= (\boldsymbol{I} - \boldsymbol{K}_k \boldsymbol{H}_k) \boldsymbol{S}_k^{\mathrm{T}} \boldsymbol{S}_k (\boldsymbol{I} - \boldsymbol{K}_k \boldsymbol{H}_k)^{\mathrm{T}} + \boldsymbol{K}_k \sqrt{\boldsymbol{R}_k} \sqrt{\boldsymbol{R}_k}^{\mathrm{T}} \boldsymbol{K}_k^{\mathrm{T}}\end{aligned} \tag{7-33}$$

式中:$\boldsymbol{H}_k$——第 k 递推步的非线性函数的雅可比矩阵,并且假设测量噪声 $\boldsymbol{v}_k$ 与其他量无关。

再次,利用交叉协方差的定义并参考式(7-31)和式(7-32),推得下述关系:

$$\begin{aligned}\boldsymbol{P}_{xy,k} &= E[(\boldsymbol{X}_k - \widehat{\boldsymbol{X}}_k^-)(\boldsymbol{y}_k - \widehat{\boldsymbol{y}}_k)^{\mathrm{T}}] = E[(\boldsymbol{X}_k - \widehat{\boldsymbol{X}}_k^-)(\boldsymbol{H}_k \boldsymbol{X}_k - \boldsymbol{H}_k \widehat{\boldsymbol{X}}_k^- + \boldsymbol{v}_k)^{\mathrm{T}}] \\ &= E[(\boldsymbol{X}_k - \widehat{\boldsymbol{X}}_k^-)(\boldsymbol{X}_k - \widehat{\boldsymbol{X}}_k^-)^{\mathrm{T}}] \boldsymbol{H}_k^{\mathrm{T}} = \boldsymbol{P}_k^- \boldsymbol{H}_k^{\mathrm{T}} = \boldsymbol{S}_k^{\mathrm{T}} \boldsymbol{S}_k \boldsymbol{H}_k^{\mathrm{T}}\end{aligned} \tag{7-34}$$

从式(7-34)可得雅可比矩阵 $\boldsymbol{H}_k$ 的计算方法:

$$\boldsymbol{H}_k = \boldsymbol{P}_{xy,k}^{\mathrm{T}}(((\boldsymbol{S}_k^{\mathrm{T}} \boldsymbol{S}_k)^{-1})^{\mathrm{T}} = \boldsymbol{P}_{xy,k}^{\mathrm{T}}(\boldsymbol{S}_k^{\mathrm{T}} \boldsymbol{S}_k)^{-1} \tag{7-35}$$

式(7-35)利用了对称矩阵的转置等于其本身的性质。

最后,式(7-18)和式(7-19)的等效形式如下:

$$\boldsymbol{r}_3 = \mathrm{qr}\{[(\boldsymbol{I} - \boldsymbol{K}_k \boldsymbol{H}_k)\boldsymbol{S}_k, \boldsymbol{K}_k \sqrt{\boldsymbol{R}_k}]\} \tag{7-36}$$

$$\boldsymbol{S}_k^+ = \boldsymbol{r}_3 \tag{7-37}$$

通过上述描述可得,改进的 SRUKF 方法全部使用 QR 分解,去掉了 Cholesky 分解秩 1 更新的计算步骤,保证了算法数值计算的稳定性。为方便描述,将改进的 SRUKF 方法命名为 MSRUKF(Modified SRUKF),其执行步骤如下:

(1)初始化:式(7-3)、式(7-4)。

(2)时间更新:式(7-5)~式(7-7)和式(7-25)、式(7-26)。

(3)量测预测:式(7-10)~式(7-12)、式(7-27)、式(7-28)和式(7-15)。

(4)量测更新:式(7-16)、式(7-17)、式(7-36)和式(7-37)。

7.3 自适应遗忘因子平方根 UKF

尽管 MSRUKF 算法降低了对正定协方差矩阵的要求,从而确保了计算过程数值的稳定性,但其递推过程仍然基于无迹变换逼近非线性函数的概率密度分布。如前所述,在每个递推步骤中,无迹变换的权重值保持一致,导致每一个 sigma 点对滤波产生相同的影响。随着滤波的进行,获取的数据量不断增加,旧数据的累积减弱了新数据对状态估计的更新作用。随后,状态协方差矩阵失去对状态量的修正作用,导致滤波过程趋于稳定。一旦滤波达到稳定状态,状态量将无法通过新的测量值进行更新。因此,MSRUKF 算法无法跟踪时变参数的变化。

基于 4.1 和 4.2 灵敏参数及遗忘因子的相关概念,本节针对 MSRUKF 算法,提出自适应遗忘因子平方根 UKF(Adaptive Square Root UKF with Forgetting Factor,ASRUKF-FF)算法,具体修正公式如下:

$$\boldsymbol{S}_k^+ = \frac{\boldsymbol{r}_3}{\sqrt{\alpha_k}} \tag{7-38}$$

注意:根据式(7-27)、式(7-28)可得,MSRUKF 算法的新息协方差平方根 $\boldsymbol{S}_y$ 本身含有观测噪声协方差,因此,计算灵敏参数值只能选择 SR 算法。

ASRUKF-FF 算法的具体算法流程如图 7-1 所示。

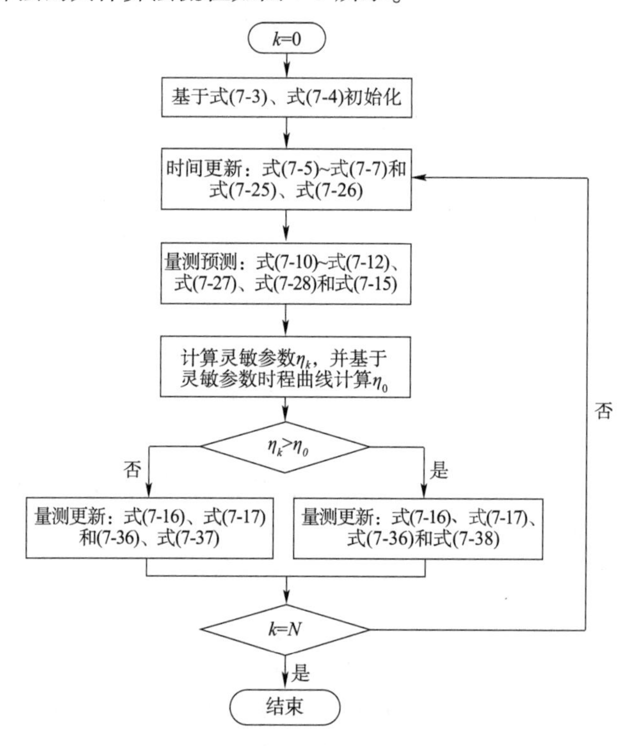

图 7-1　ASRUKF-FF 算法的具体流程

7.4 遗忘因子的作用模式分析

7.2 所研究的算法以 SRUKF 算法为基本框架,因此,相关遗忘因子的作用模式先基于 SRUKF 算法进行推导。4.3 基于传统 UKF 算法推导了 AUKF-FF 算法中遗忘因子的作用方式及遗忘因子的成因,为将其推导过程应用于 SRUKF 算法,先基于 Cholesky 分解将式(4-15)分子中的状态协方差写成矩阵平方根乘积的形式(如$\boldsymbol{P}_k^- = \boldsymbol{S}_k^{\mathrm{T}}\boldsymbol{S}_k$),并将式(4-15)中的分母项写成根式相乘的形式,然后根据式(4-15)可得

$$\widetilde{\boldsymbol{P}}_k^+ = \frac{(\boldsymbol{S}_k^+)^{\mathrm{T}}\boldsymbol{S}_k^+}{\alpha_k} = \frac{(\boldsymbol{S}_k^+)^{\mathrm{T}}\boldsymbol{S}_k^+}{\sqrt{\alpha_k}\cdot\sqrt{\alpha_k}} = \frac{\boldsymbol{S}_k^{\mathrm{T}}\boldsymbol{S}_k - \boldsymbol{K}_k\boldsymbol{S}_{y,k}^{\mathrm{T}}\boldsymbol{S}_{y,k}\boldsymbol{K}_k^{\mathrm{T}}}{\sqrt{\alpha_k}\cdot\sqrt{\alpha_k}} = \frac{\boldsymbol{S}_k^{\mathrm{T}}\boldsymbol{S}_k}{\sqrt{\alpha_k}\cdot\sqrt{\alpha_k}} - \frac{\boldsymbol{K}_k\boldsymbol{S}_{y,k}^{\mathrm{T}}\boldsymbol{S}_{y,k}\boldsymbol{K}_k^{\mathrm{T}}}{\sqrt{\alpha_k}\cdot\sqrt{\alpha_k}} \tag{7-39}$$

式中:α_k——遗忘因子。

将式(7-16)代入式(7-39)并基于恒等式准则化简:

$$\begin{aligned}\widetilde{\boldsymbol{P}}_k^+ &= \frac{\boldsymbol{S}_k^{\mathrm{T}}\boldsymbol{S}_k}{\sqrt{\alpha_k}\cdot\sqrt{\alpha_k}} - \frac{\boldsymbol{P}_{xy,k}}{\alpha_k}\left(\frac{\boldsymbol{S}_{y,k}^{\mathrm{T}}\boldsymbol{S}_{y,k}}{\sqrt{\alpha_k}\cdot\sqrt{\alpha_k}}\right)^{-1}\frac{\boldsymbol{S}_{y,k}^{\mathrm{T}}\boldsymbol{S}_{y,k}}{\sqrt{\alpha_k}\cdot\sqrt{\alpha_k}}\left[\frac{\boldsymbol{P}_{xy,k}}{\alpha_k}\cdot\left(\frac{\boldsymbol{S}_{y,k}^{\mathrm{T}}\boldsymbol{S}_{y,k}}{\sqrt{\alpha_k}\cdot\sqrt{\alpha_k}}\right)^{-1}\right]^{\mathrm{T}} \\ &= \frac{\boldsymbol{S}_k^{\mathrm{T}}\boldsymbol{S}_k}{\sqrt{\alpha_k}\cdot\sqrt{\alpha_k}} - \frac{\widetilde{\boldsymbol{K}}_k\boldsymbol{S}_k^{\mathrm{T}}\boldsymbol{S}_k\widetilde{\boldsymbol{K}}_k^{\mathrm{T}}}{\sqrt{\alpha_k}\cdot\sqrt{\alpha_k}}\end{aligned} \tag{7-40}$$

式中:$\widetilde{\boldsymbol{K}}_k = \widetilde{\boldsymbol{P}}_{xy,k}(\widetilde{\boldsymbol{P}}_{yy,k})^{-1}$;

$$\widetilde{\boldsymbol{P}}_{xy,k} = \frac{\boldsymbol{P}_{xy,k}}{\alpha_k} = \frac{1}{\alpha_k}\sum_{j=0}^{2n} W_c^{(j)}(\hat{\boldsymbol{X}}_k^{(j)} - \hat{\boldsymbol{X}}_k^-)(\hat{\boldsymbol{y}}_k^{(j)} - \hat{\boldsymbol{y}}_k)^{\mathrm{T}};$$

$$\widetilde{\boldsymbol{P}}_{yy,k} = \frac{\boldsymbol{S}_{y,k}^{\mathrm{T}}\boldsymbol{S}_{y,k}}{\sqrt{\alpha_k}\cdot\sqrt{\alpha_k}} = \frac{\boldsymbol{P}_{yy,k}}{\alpha_k} = \frac{1}{\alpha_k}\sum_{j=0}^{2n} W_c^{(j)}(\hat{\boldsymbol{y}}_k^{(j)} - \hat{\boldsymbol{y}}_k)(\hat{\boldsymbol{y}}_k^{(j)} - \hat{\boldsymbol{y}}_k)^{\mathrm{T}} + \boldsymbol{R}_k。$$

由式(7-40)的推导结果以及标准 SRUKF 算法的执行步骤可得,遗忘因子很容易与标准 SRUKF 算法的式(7-8)、式(7-9)、式(7-13)、式(7-14)以及式(7-18)、式(7-19)结合。但是本章的目标是将自适应遗忘因子与 MSRUKF 算法相结合,而 MSRUKF 算法计算后验状态协方差的方式发生改变[式(7-33)],与式(7-40)明显不同,因此,无法直接基于式(7-40)得到遗忘因子与 MSRUKF 算法后验状态协方差的结合方法。

进一步从遗忘因子的本质出发,由于自适应遗忘因子最终修正的是后验状态协方差,结合式(7-33)和式(7-36),并基于式(7-40)中遗忘因子平方根的形式,最终提出如下遗忘因子的作用模式:

$$\boldsymbol{r}_3 = \mathrm{qr}\left\{\left[\frac{(\boldsymbol{I}-\boldsymbol{K}_k\boldsymbol{H}_k)\boldsymbol{S}_k}{\sqrt{\alpha_k}}, \frac{\boldsymbol{K}_k\sqrt{\boldsymbol{R}_k}}{\sqrt{\alpha_k}}\right]\right\} \tag{7-41}$$

考虑数学等效性,也可以直接基于式(7-37)施加遗忘因子:

$$\boldsymbol{S}_k^+ = \frac{\boldsymbol{r}_3}{\sqrt{\alpha_k}} \tag{7-42}$$

7.5 数值仿真验证

7.5.1 基于三层剪切型框架结构的时变参数识别应用

7.5.1.1 不同算法的识别效果对比

此部分三层剪切型框架结构的模型、状态量、状态方程、观测方程以及结构参数与5.3.2一致。研究过程基于式(4-8)的方法添加噪声,并考虑5%的RMS噪声水平。初始状态量及初始状态协方差赋值见表7-1,其中初始状态协方差为对角矩阵。此外,过程噪声协方差 $\boldsymbol{Q}$ 取 $1\times10^{-8}\boldsymbol{I}_{12\times12}$,观测噪声协方差 $\boldsymbol{R}$ 取 $5\times10^{-2}\boldsymbol{I}_{3\times3}$,并分别选取第一、第二和第三层的加速度值作为观测值。

初始状态量及状态协方差赋值　　表7-1

项目	x_1	x_2	x_3	$\dot{x}_1$	$\dot{x}_2$	$\dot{x}_3$	k_1	k_2	k_3	c_1	c_2	c_3
$\boldsymbol{X}_0$	0	0	0	0	0	0	110	110	50	0.3	0.3	0.3
$\boldsymbol{P}_0$	1×10^{-8}	1×10^{-8}	1×10^{-8}	1×10^{-8}	1×10^{-8}	1×10^{-8}	2×10^3	2×10^3	2×10^3	0.1	0.1	0.1

注:1. 为方便起见,表中省略了量纲单位。
2. x_i是第 i 个相对位移,$i=1,2,3$。

在应用ASRUKF-FF算法之前,需要先确定灵敏参数阈值。不同算法的灵敏参数时程曲线对比如图7-2所示。根据图7-2a)可得,当结构参数在荷载作用过程中发生变化时,灵敏参数时程曲线将在变化时刻产生脉冲响应。根据4.1提出的灵敏参数阈值计算方法及图7-2b)的计算结果可得,设置灵敏参数阈值 $\eta_0=7$。此外,由图7-2a)可得,ASRUKF-FF算法计算的灵敏参数时程曲线的平均幅值水平在10s后迅速降至参数变化前(10s前)的平均水平,而灵敏参数幅值减小表示识别过程中的不确定性降低,表明ASRUKF-FF算法的准确性更高。

为阐明ASRUKF-FF算法识别时变结构参数的有效性,这里选取同样以SRUKF为基本框架的改进方法做对比,包括MSRUKF算法和改进的强跟踪SRUKF(MSTSRUKF)[35]算法,MSTSRUKF算法的自适应原理可参考5.1.1。值得注意的是,执行MSTSRUKF算法需要先确定一个渐进遗忘因子 ρ,一般 $0<\rho\leqslant1$。不同算法识别结果对比如图7-3所示,最终识别结果误差统计见表7-2,其中图7-3中MSTSRUKF算法的渐进遗忘因子 $\rho=0.95$。

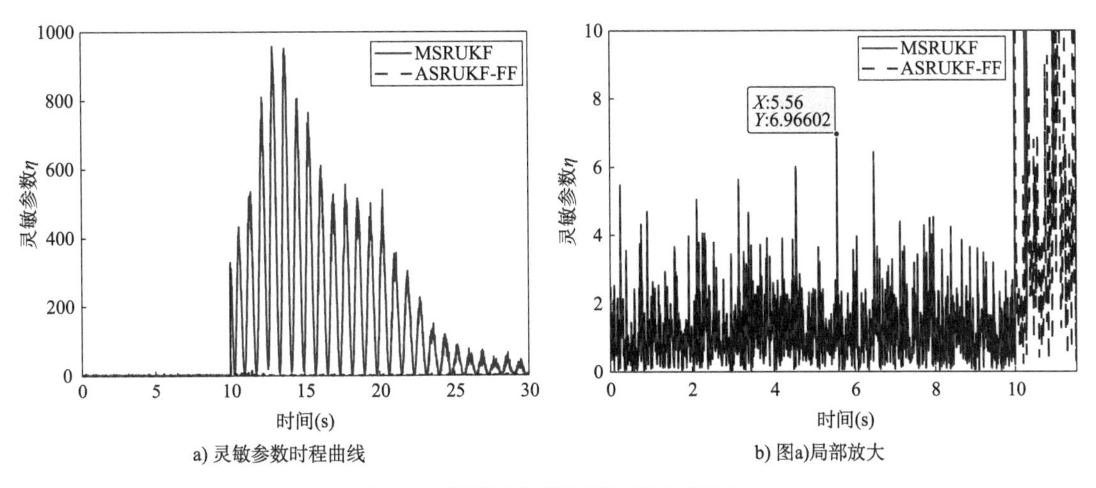

a) 灵敏参数时程曲线　　b) 图a)局部放大

图 7-2　不同算法的灵敏参数时程曲线对比

通过对图 7-3 和表 7-2 的系统分析，可以得到以下结论：①MSRUKF 算法无法有效识别结构的时变参数，具体表现出过收敛[图 7-3 的 a)、c) 和 f)]和欠收敛[图 7-3 的 b)、d) 和 e)]的问题。这里过收敛是指识别值低于真实值，欠收敛是指识别值高于真实值。②当按照本章所提方法将灵敏参数阈值设置为 $\eta_0 = 7$ 时，ASRUKF-FF 算法的最大识别 AE 小于 3%，即 ASRUKF-FF 算法基于阈值 7 能同时准确地识别时变结构参数和恒定结构参数。此外，考虑阻尼识别结果[图 7-3 的 d) ~ f)]，ASRUKF-FF 算法能够在结构参数变化时产生明显的脉冲波动，这一特性也有助于估计时变结构参数发生的时间。同时，与其他算法相比，ASRUKF-FF 算法在参数变化前阶段的收敛速度最快。③MSTSRUKF 算法识别刚度和阻尼的最大 AE 分别为 0.17% 和 1.94%，与文献[35]中刚度和阻尼的识别误差不应超过 0.2% 和 4% 的结论一致。此外，由于文献[35]未讨论不同渐进遗忘因子的识别效果，这里对参数 ρ 的不同取值做了简要讨论。根据表 7-2 中的误差结果，MSTSRUKF 算法对渐进遗忘因子参数不敏感。④单纯从识别精度角度考虑，ASRUKF-FF 算法和 MSTSRUKF 算法在该三层剪切型框架结构案例中均表现出很高的识别精度。

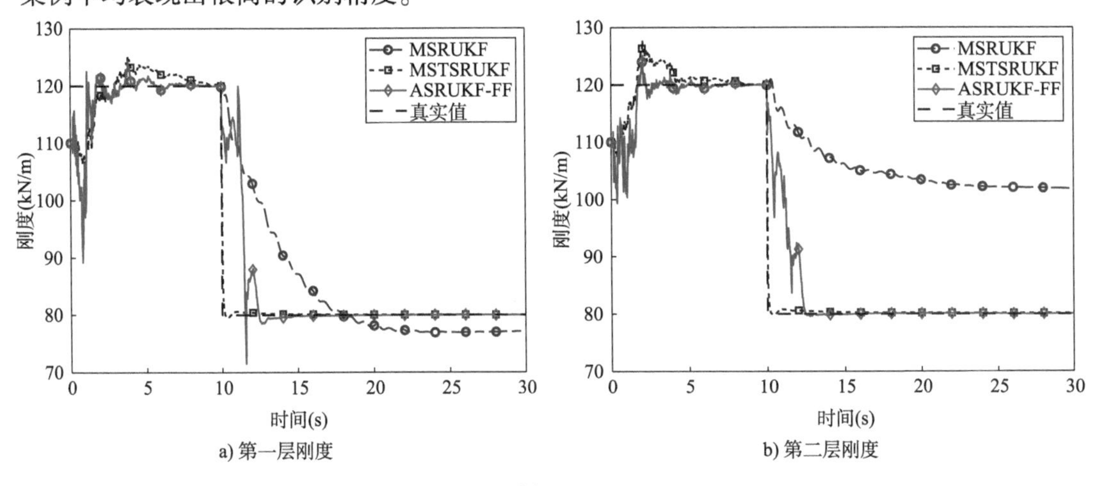

a) 第一层刚度　　b) 第二层刚度

图　7-3

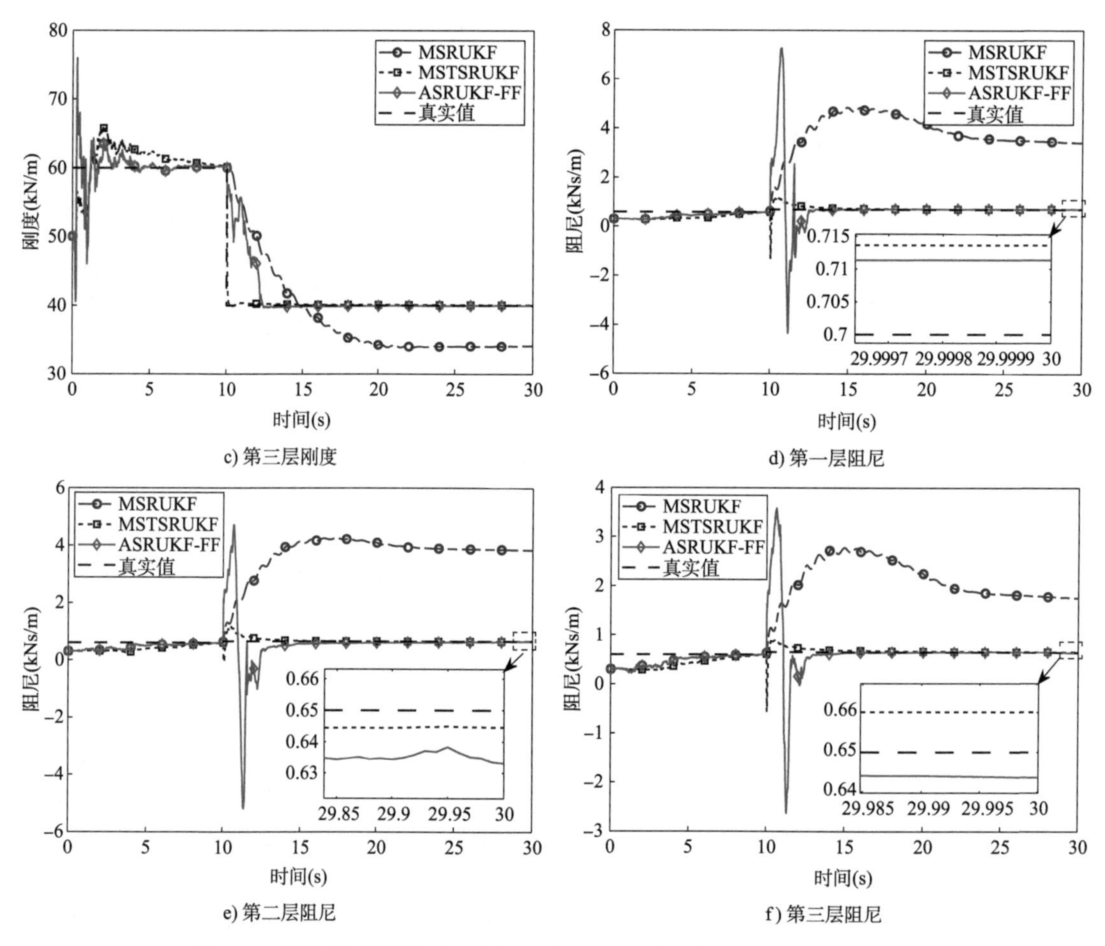

c) 第三层刚度

d) 第一层阻尼

e) 第二层阻尼

f) 第三层阻尼

图 7-3　不同算法识别结果对比[图 d)、图 e)和图 f)中黑框小图为局部放大效果]

最终识别结果误差统计　　表 7-2

算法		误差(%)					
		k_1	k_2	k_3	c_1	c_2	c_3
MSRUKF		-3.65	27.34	-14.71	387.88	489.68	169.98
ASRUKF-FF	$\eta_0=7.00$	-0.07	0.07	-0.06	1.62	-2.58	-0.97
	$\eta_0=10.00$	-0.05	0.29	-0.37	1.83	0.54	-3.91
	$\eta_0=15.00$	-0.23	0.32	-0.29	-1.17	-6.56	2.83
	$\eta_0=16.30$	-0.09	0.15	-0.15	-0.86	-3.25	-0.39
	$\eta_0=20.00$	-0.07	0.07	-0.20	0.80	-2.96	-2.13
MSTSRUKF	$\rho=0.95$	-0.01	0.15	0.17	1.94	-0.82	1.54
	$\rho=0.96$	-0.01	0.16	0.17	1.95	-0.83	1.54
	$\rho=0.99$	-0.01	0.16	0.16	1.96	-0.85	1.56

注:误差=(识别值-真实值)/真实值×100%。

为了清楚解释 ASRUKF-FF 算法识别时变结构参数的机理，下面对状态协方差矩阵平方根（Square Root of the State Covariance Matrix，SRSCM）中刚度和阻尼参数的时程曲线进行研究，主对角元素的时程曲线如图 7-4 所示。图中实线表示通过 MSRUKF 算法计算得到的结果，虚线表示通过 ASRUKF-FF 算法计算得到的结果。根据图 7-4 可得，当结构参数在 10s 时刻发生变化时，MSRUKF 算法的 SRSCM 值依旧很小且曲线很平滑。根据前文结论，状态协方差值很小意味着算法认为识别结果已收敛到真实值，然而实际上识别值并未收敛到真实值，造成这一结果的原因是较小的状态协方差影响了卡尔曼增益矩阵，进而影响了算法跟踪时变结构参数的能力[31]。相比之下，ASRUKF-FF 算法在参数变化时有效地通过自适应遗忘因子扩展了相应的 SRSCM 值，增大了待识别参数的搜索阈，提高了算法的跟踪和识别能力。值得注意的是，由于基于每个递推步的残差新息动态自适应调整遗忘因子，使用 ASRUKF-FF 算法计算的 SRSCM 中刚度或阻尼参数的时程曲线在参数突变后表现出明显的峰值脉冲，不同峰值脉冲代表不同遗忘因子修正的结果。

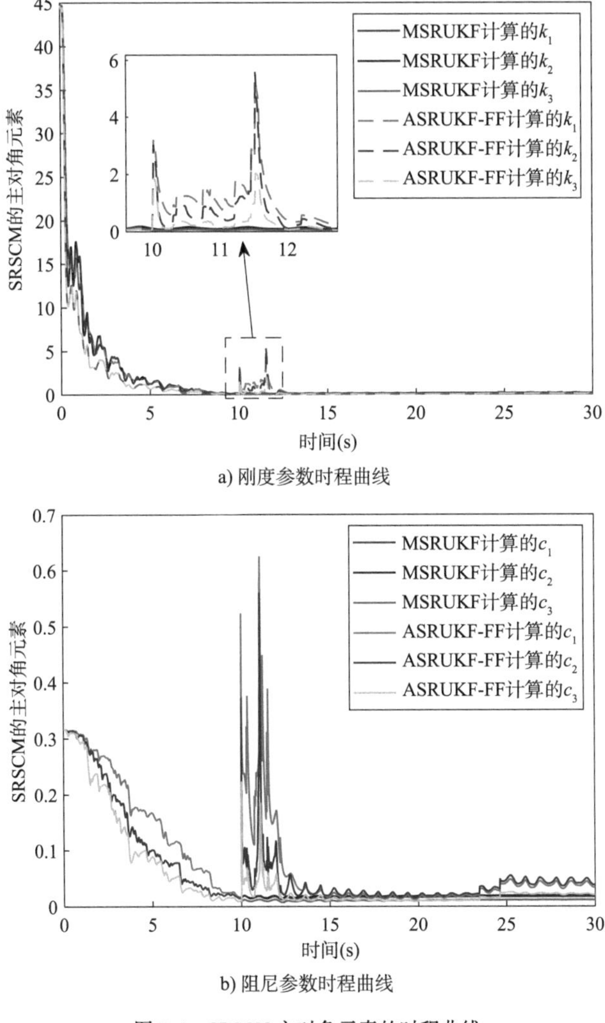

a) 刚度参数时程曲线

b) 阻尼参数时程曲线

图 7-4 SRSCM 主对角元素的时程曲线

7.5.1.2 不同灵敏参数阈值的识别效果对比

这里主要基于 ASRUKF-FF 算法讨论不同灵敏参数阈值的识别效果,以说明所提的自适应 SRUKF 算法的稳定性和可靠性。对比分析采用控制变量法,除待识别参数外,其余所有参数设置都与 7.5.1.1 相同。如 4.1 所述,灵敏参数阈值的确定需要参考灵敏参数时程曲线初始脉冲响应前的最大灵敏参数值,即选一个略大于曲线初始脉冲响应前最大值的数作为灵敏参数阈值。根据图 7-2 可得,阈值 20 明显高于最大值 6.966[图 7-2b)]。因此,此部分讨论的灵敏参数阈值范围为 7 ~ 20,其中最大阈值几乎是最小阈值的 3 倍。5% 噪声时不同灵敏参数阈值的具体识别效果如图 7-5 所示,最终识别结果误差统计见表 7-2。

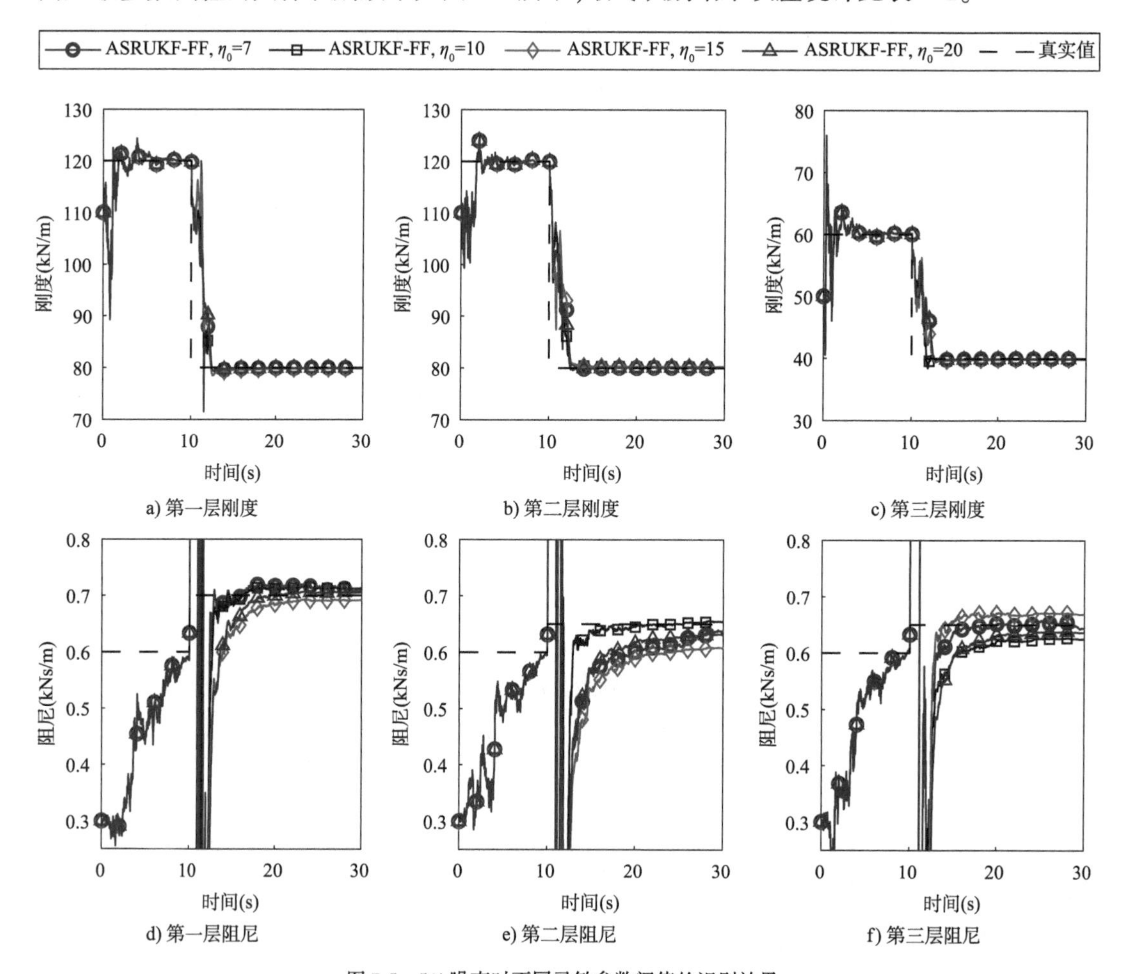

图 7-5 5% 噪声时不同灵敏参数阈值的识别效果

综合分析图 7-5 和表 7-2 可得,不同灵敏参数阈值对应刚度参数的识别结果基本一致,而对应阻尼参数的识别结果却略有差异。例如,当灵敏参数阈值为 15 时,阻尼的最大识别 AE 为 6.56%,而其他阈值的阻尼识别 AE 均不超过 4%。此外,当灵敏参数阈值为 7 时,所提出的 ASRUKF-FF 算法的识别精度相对较高,这证实了本书所提的灵敏参数阈值计算方法的有效性。因此,在确保算法收敛的情况下,可以选择较小的阈值以提高算法的识别精度。综上所述,尽管不同灵敏参数阈值可能导致识别结果略有变化,但总体上识别结果的准确度较高,这体现了所提算法的可靠性和稳定性。

7.5.2 车-桥耦合振动系统的时变参数识别应用

7.5.2.1 不同算法识别效果对比

此部分基于 5.3.3 的车-桥耦合振动系统模型展开分析,其中桥梁和车辆系统的有限元模型、状态方程、观测方程、参数设置(结构参数和算法参数)以及工况设置均参考 5.3.3。同时,在本案例研究中,RMS 噪声水平设置为 2%,观测值个数为 5,同样选取桥梁节点 2、3、4、5 和 6(图 5-14)的竖向位移作为观测值。此外,MSTSRUKF 算法的渐进遗忘因子设置为 $\rho=0.95$。不同算法的识别结果如图 7-6 所示,最终识别结果误差统计见表 7-3。同理,出于应用习惯,图 7-6 的纵轴基于刚度显示,其中刚度 $=EI$。

根据图 7-6 和表 7-3 可得,MSRUKF 算法无法准确识别梁结构的时变结构参数,最大 AE 达 77.63%。MSTSRUKF 算法对于时变结构参数的识别精度优于恒定结构参数,其中,识别时变结构参数的最大 AE 为 6.20%,而识别恒定结构参数的最大 AE 为 16.67%。此外,MSTSRUKF 算法的识别过程不稳定,抖动比较大。ASRUKF-FF 算法能够准确跟踪和识别梁结构的时变参数,最大识别 AE 不超过 3%。

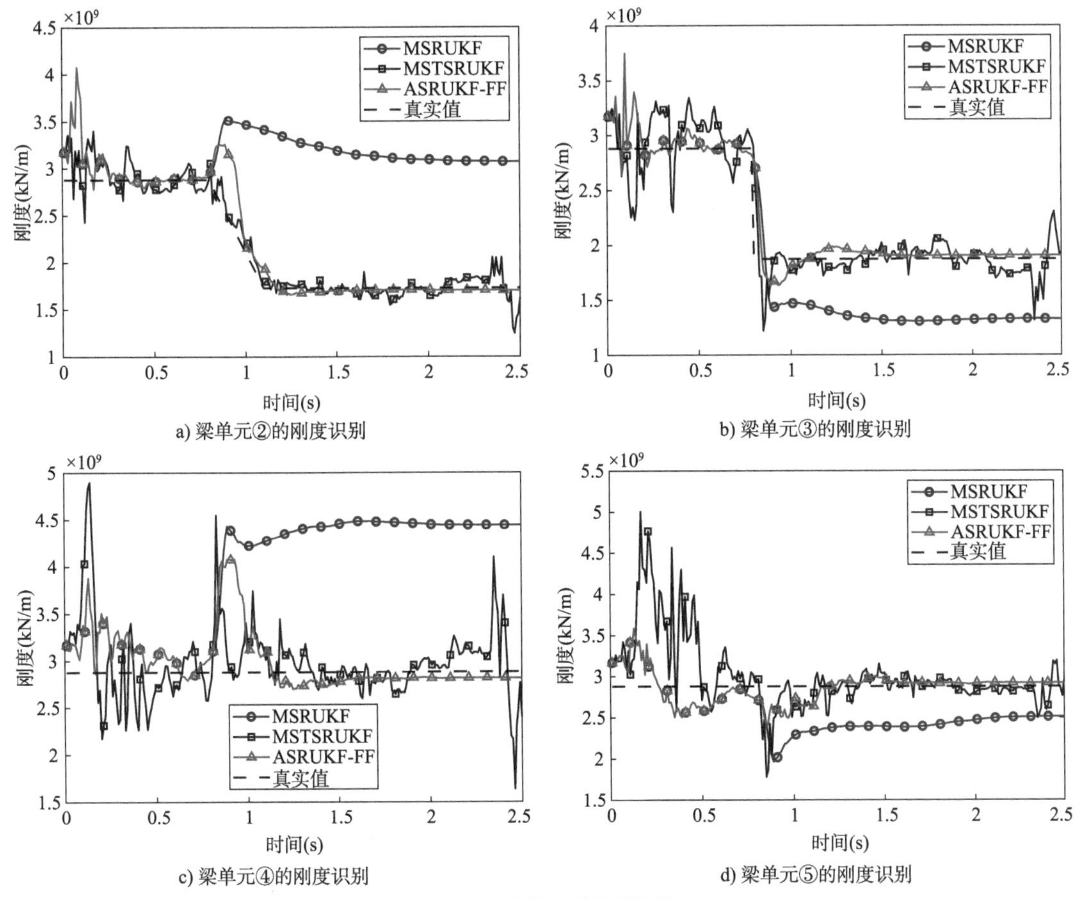

a) 梁单元②的刚度识别

b) 梁单元③的刚度识别

c) 梁单元④的刚度识别

d) 梁单元⑤的刚度识别

图 7-6 不同算法的识别结果

最终识别结果误差统计(%) 表7-3

算法	刚度识别误差			
	梁单元②	梁单元③	梁单元④	梁单元⑤
MSRUKF	77.63	-29.13	54.26	-12.74
ASRUKF-FF	-1.53	1.73	-2.31	1.47
MSTSRUKF	-6.20	2.88	-16.67	2.60

注:误差=(识别值-真实值)/真实值×100%。

7.5.2.2 算法鲁棒性分析

此部分基于控制变量法重点考察噪声水平为5%时ASRUKF-FF算法的鲁棒性。具体的识别结果如图7-7所示,识别误差统计见表7-4。

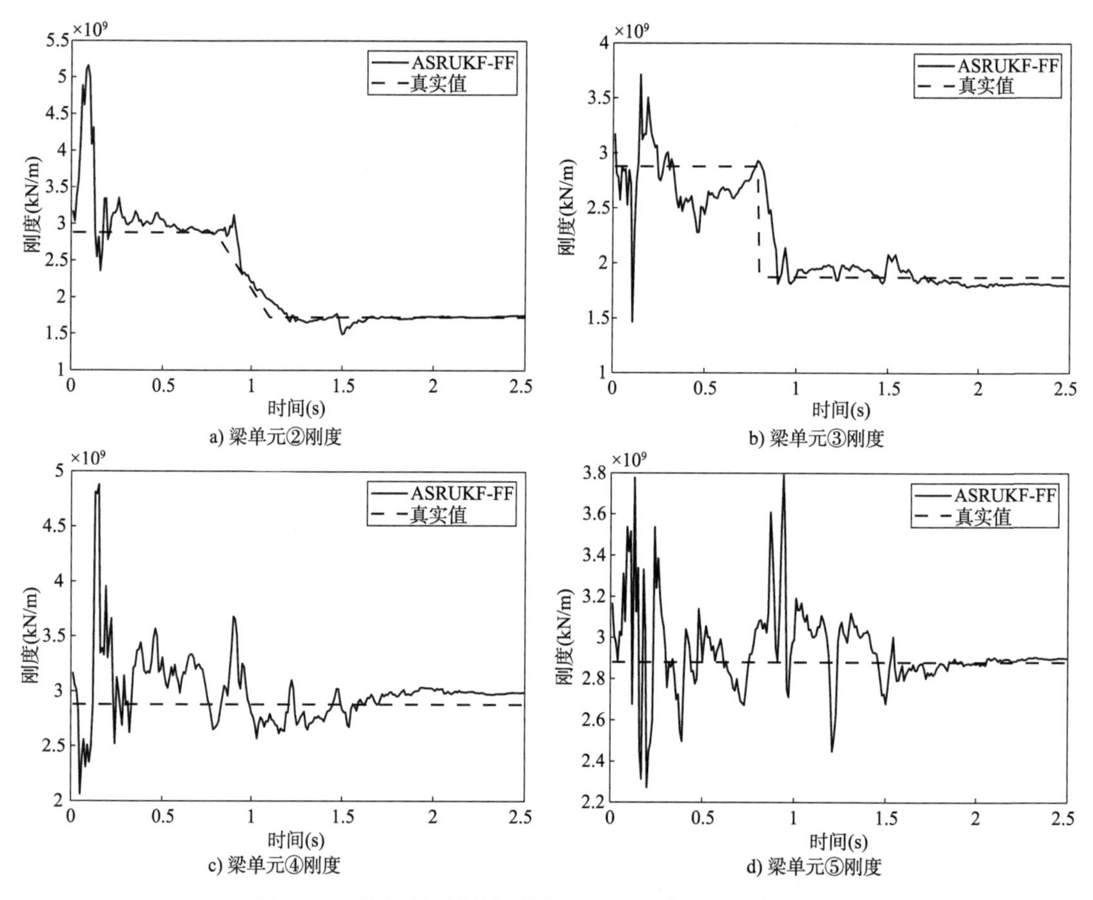

图7-7 5%噪声时识别结果(纵轴刚度=弹性模量×截面惯性矩)

5%噪声时识别误差统计(%) 表7-4

算法	刚度识别误差			
	梁单元②	梁单元③	梁单元④	梁单元⑤
ASRUKF-FF	1.36	-4.14	3.74	0.65

注:误差=(识别值-真实值)/真实值×100%。

由图 7-7 和表 7-4 可得，当噪声水平提高至 5% 时，尽管 ASRUKF-FF 算法识别简支桥结构时变参数的能力有所下降，但最大识别 AE 为 4.14%，未超过 5%，且抵抗噪声水平优于 AUKF-FF 算法，说明所提的 ASRUKF-FF 算法在简支桥结构时变参数识别方面具有较强的鲁棒性。

7.5.2.3　6 个梁单元弹性模量参数同步识别探究

由 6.3.3 分析结果可得，高采样频率有助于算法识别精度的提升。为探究 ASRUKF-FF 算法同步识别图 5-14 所示简支桥所有梁单元刚度（EI）参数的能力，选取表 6-2 的工况 2 作为研究对象，且将采样频率设置为 1000Hz。基于 AUKF-FF 算法和 ASRUKF-FF 算法的识别结果对比如图 7-8 所示，其中 AUKF-FF 算法的识别结果来自 6.3.3。根据图 7-8 得，ASRUKF-FF 算法无法同时识别图 5-14 所示简支桥的 6 个梁单元的刚度参数，且其识别效果略差于 AUKF-FF 算法。基于 ASRUKF-FF 算法同步识别简支桥所有梁单元参数的改进方法还需要进一步深入研究。

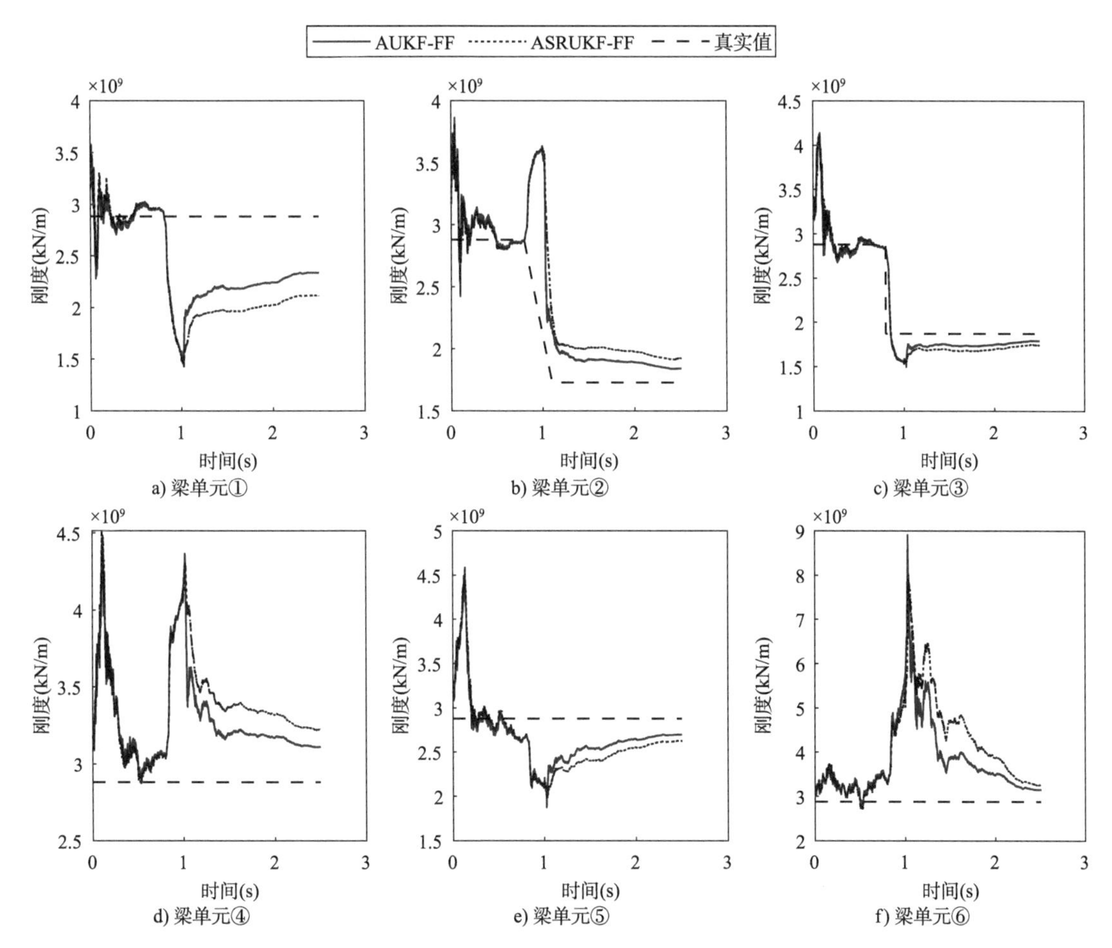

图 7-8　基于 AUKF-FF 算法和 ASRUKF-FF 算法的识别结果对比

7.5.3　计算效率对比

通过前面章节分析可知，AUKF-FF 算法是以 UKF 算法为基础，并考虑改进 SVD 分解和自适应遗忘因子得出的;ASRUKF-FF 算法是以 MSRUKF 算法为基础,并考虑 QR 分解和自适应遗忘因子平方根得出的。为了对比 UKF 算法、AUKF-FF 算法、MSRUKF 算法和 ASRUKF-FF 算法的计算效率,分别选取三层、六层、十五层和三十层剪切型框架结构为研究对象,并考虑结构各层刚度和阻尼的识别问题,其中,状态量包含位移、速度、刚度和阻尼参数,则三层剪切型框架结构的状态量维度为 12,六层剪切型框架结构的状态量维度为 24,十五层剪切型框架结构的状态量维度为 60,三十层剪切型框架结构的状态量维度为 120,采样频率选取 100Hz。由于重点阐述各个算法的计算效率,具体识别结果未列出。研究采用的计算设备为 2017 年购买的笔记本电脑,处理器为 Intel(R) Core(TM) i7-6700HQ CPU@ 2.60GHz 2.59GHz,机带 RAM 为 8G,任务管理器的性能窗口参数如图 7-9 所示,各个算法计算效率对比见表 7-5。

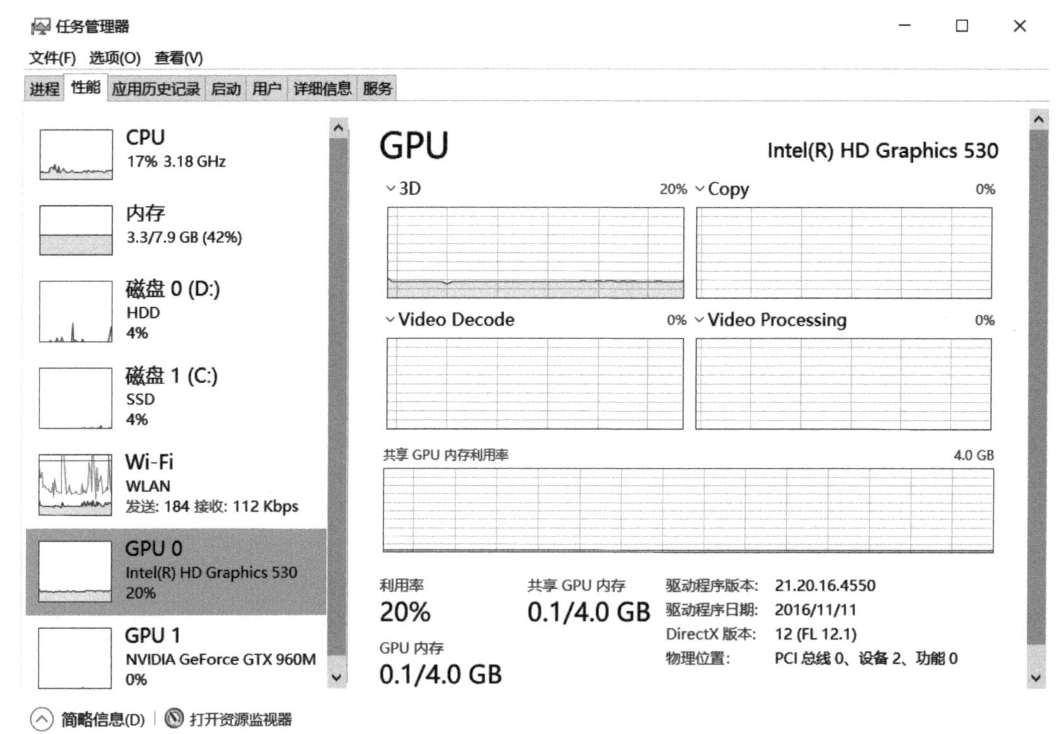

图 7-9 笔记本电脑任务管理器的性能窗口

各个计算效率对比(s) 表 7-5

算法	三层剪切型框架结构	六层剪切型框架结构	十五层剪切型框架结构	三十层剪切型框架结构
UKF	36.6412	49.5325	155.2509	384.0834
MSRUKF	35.5040	48.7715	151.4069	381.0889
AUKF-FF	36.6410	49.6751	153.3173	382.6526
ASRUKF-FF	35.2688	48.7793	149.8318	375.3331

从表 7-5 的计算结果可得,改进的 AUKF-FF 算法和 ASRUKF-FF 算法并没有增加额外算力,ASRUKF-FF 算法的计算效率略优于 AUKF-FF 算法,且随着状态量维度增大变得明显。

第 8 章

CHARTER 8

自适应 UKF 识别能力的影响因素分析与试验验证

第4章至第7章主要提出了AUKF-FF算法、AUKF-DFF系列算法以及ASRUKF-FF算法,其中AUKF-DFF系列算法是在AUKF-FF算法的框架体系下构建的。作为AUKF-FF算法的特例,AUKF-DFF系列算法适用于简支桥结构所有梁单元弹性模量参数的同步识别。为深入探究算法相关参数对识别精度的影响规律,本章以AUKF-FF算法和ASRUKF-FF算法为研究对象,通过三层剪切型框架结构和车-桥耦合振动系统数值仿真,重点对以下三类参数做敏感性分析:算法过程设置参数(初始状态量$\boldsymbol{X}_0$、初始状态协方差$\boldsymbol{P}_0$、过程噪声协方差$\boldsymbol{Q}$以及观测噪声协方差$\boldsymbol{R}$)、观测方程相关参数(观测值类型、观测值个数以及观测值位置)以及主要物理参数(结构质量、弹性模量、截面惯性矩及阻尼比参数)。分析研究的目的为发掘各个参数对算法识别精度和鲁棒性的影响规律,并得到影响算法识别精度的关键参数。

此外,本章还采用实际结构地震反应测试数据和振动台模型结构反应测试数据验证所提方法的工程中的应用性。考虑计算效率,本章将实际三维结构简化为二维计算模型,其中,结构刚度基于D值法和设计图纸计算得到,结构质量基于设计图纸计算获得,结构阻尼选取Rayleigh模型。为了验证简化模型的合理性,本章基于数值积分方法和简化模型计算了结构的位移和加速度响应,并分别与实际传感器采集响应做对比。同时,为了更好地模拟隔震层的非线性行为,选用了经典的Bouc-Wen模型,模型参数基于优化算法计算得到。

8.1 基于剪切型框架结构的参数敏感性分析

此部分研究对象为三层剪切型框架结构,其有限元模型、状态方程、观测方程和结构参数设置参考5.3.2,算法过程参数(初始状态量、初始状态协方差、过程噪声协方差和观测噪声协方差)和噪声水平设置参考7.5.1。研究目的为考查AUKF-FF算法和ASRUKF-FF算法对不同参数设置的敏感性,归纳总结相关参数的设置规律。根据前文研究,AUKF-FF算法计算灵敏参数阈值时考虑SR算法[式(4-2)],同时,ASRUKF-FF算法由于自身构造特点,计算灵敏参数阈值时也选择SR算法[式(4-2)]。

8.1.1 状态值及协方差对识别效果的影响分析

通过前文描述可知,初始状态量$\boldsymbol{X}_0$、初始状态协方差$\boldsymbol{P}_0$、过程噪声协方差$\boldsymbol{Q}$和观测噪声协方差$\boldsymbol{R}$的不确定性较大,而UKF类算法正常执行的前提是优先确定这4个参数的取值情况。为探究不同$\boldsymbol{X}_0$、$\boldsymbol{P}_0$、$\boldsymbol{Q}$和$\boldsymbol{R}$值对时变结构参数识别性能的影响,这里分别基于AUKF-FF算法和ASRUKF-FF算法展开讨论。为保证分析的客观性和科学性,本节采用了控制变量法，即除了研究对象外，其余参数设置均保持一致。此外，本节中初始状态量 $\boldsymbol{X}_0$ 和初始状态协方差 $\boldsymbol{P}_0$ 主要由位移、速度、刚度和阻尼参数组成。一般认为结构的初始位移和速度为零，即位移和速度初始值的不确定性相对较低；而与刚度和阻尼参数相关的 $\boldsymbol{X}_0$ 和 $\boldsymbol{P}_0$ 初始值的不确定性则相对较高。因此，这里主要关注 $\boldsymbol{X}_0$ 和 $\boldsymbol{P}_0$ 中的刚度和阻尼参数。基于 AUKF-FF 算法的具体识别结果如图 8-1 ~ 图 8-4 所示，不同算法参数的最终识别误差统计见表 8-1。

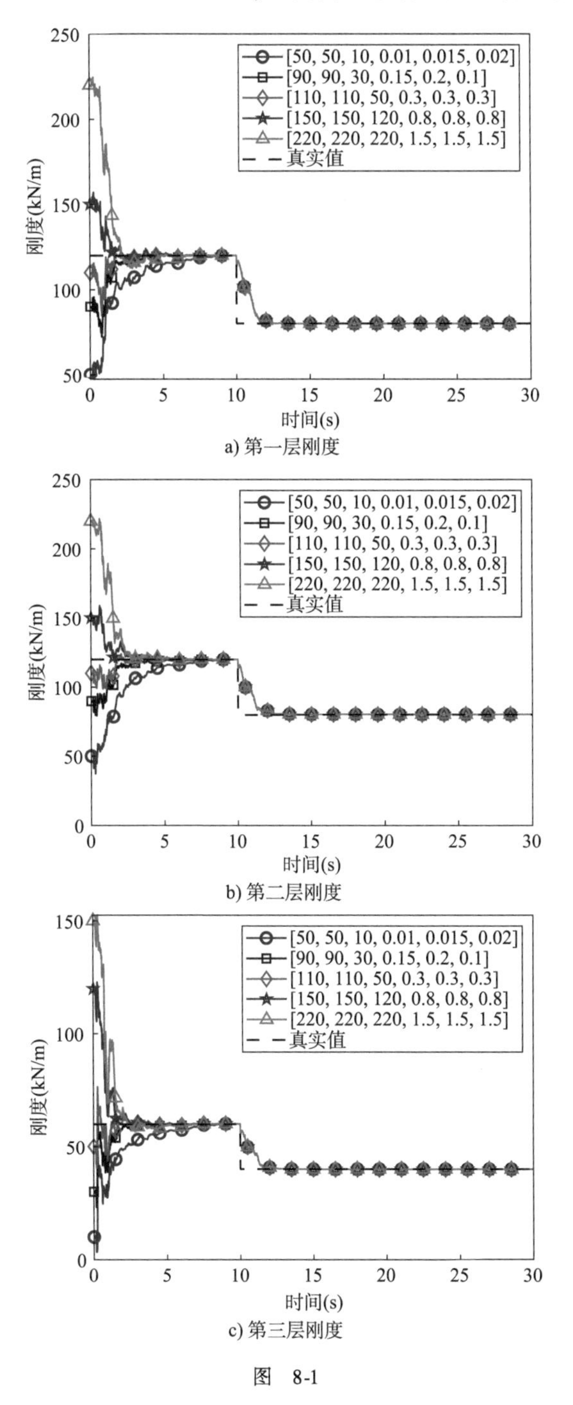

a) 第一层刚度

b) 第二层刚度

c) 第三层刚度

图 8-1

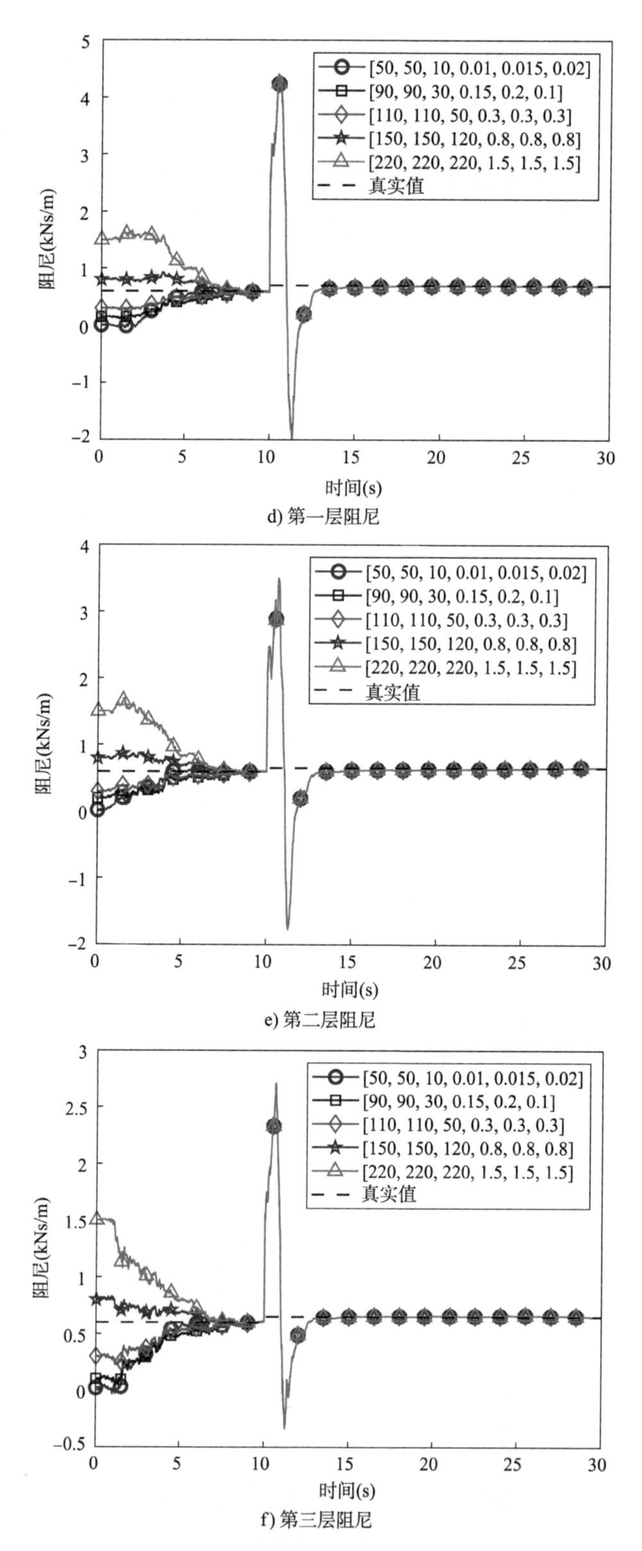

d) 第一层阻尼

e) 第二层阻尼

f) 第三层阻尼

图 8-1 基于 AUKF-FF 算法的不同 $\boldsymbol{X}_0$ 值的识别结果

(图例含义:“[50,50,10,0.01,0.015,0.02]”表示 $k_1=50$、$k_2=50$、$k_3=10$、$c_1=0.01$、$c_2=0.015$ 和 $c_3=0.02$,其他图例类推)

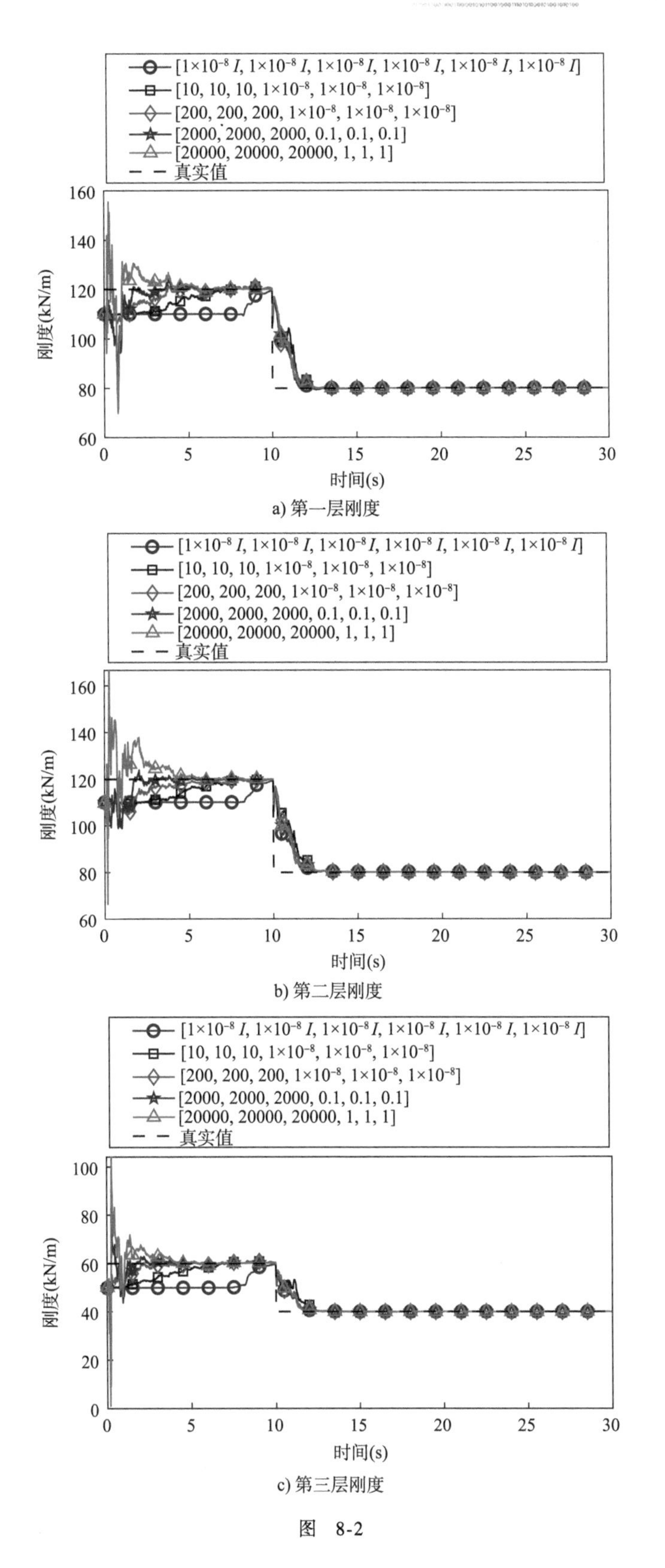

a) 第一层刚度

b) 第二层刚度

c) 第三层刚度

图 8-2

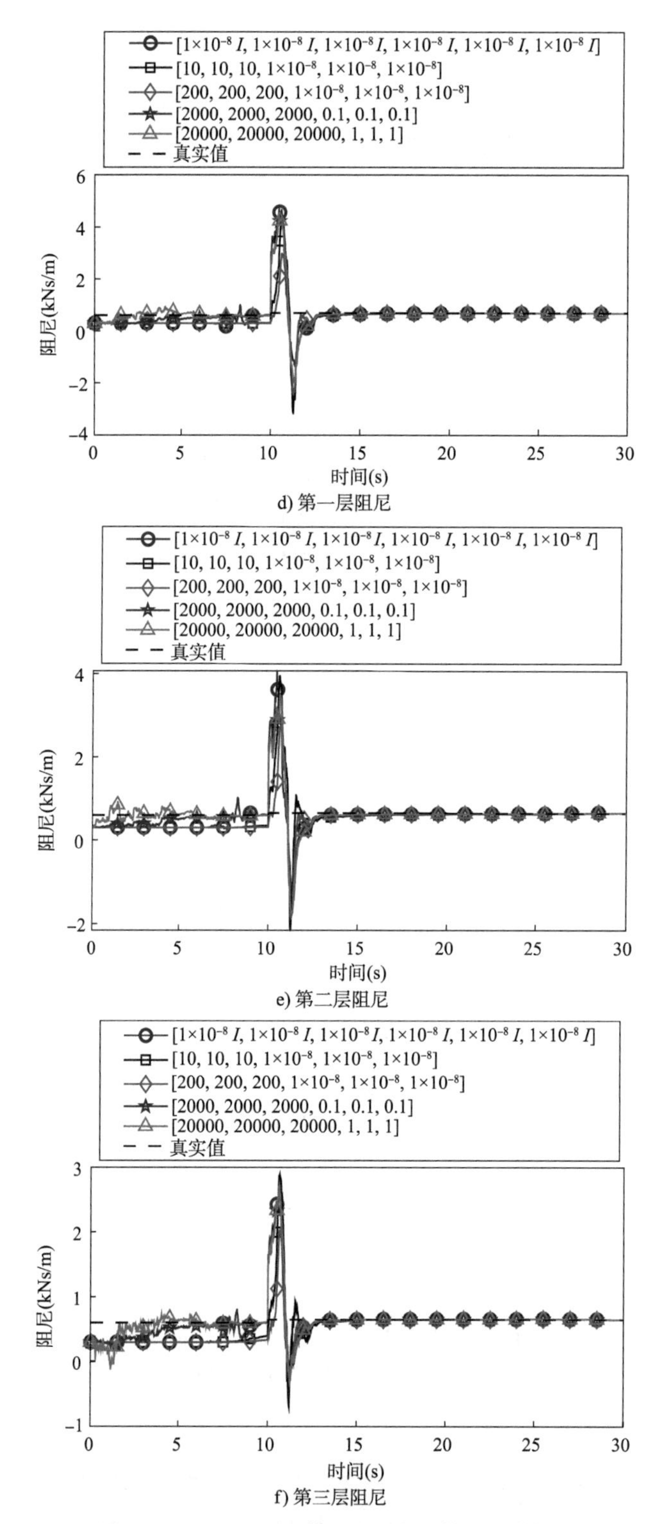

图 8-2　基于 AUKF-FF 算法的不同 $\boldsymbol{P}_0$ 值的识别结果

（图例含义："[10,10,10,1×10^{-8},1×10^{-8},1×10^{-8}]"表示 $\boldsymbol{P}_{0\_k1}=10$、$\boldsymbol{P}_{0\_k2}=10$、$\boldsymbol{P}_{0\_k3}=10$、$\boldsymbol{P}_{0\_c1}=1\times10^{-8}$、$\boldsymbol{P}_{0_c2}=1\times10^{-8}$和 $\boldsymbol{P}_{0\_c3}=1\times10^{-8}$，其余图例类推）

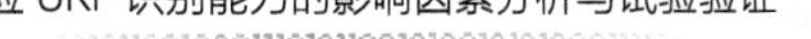

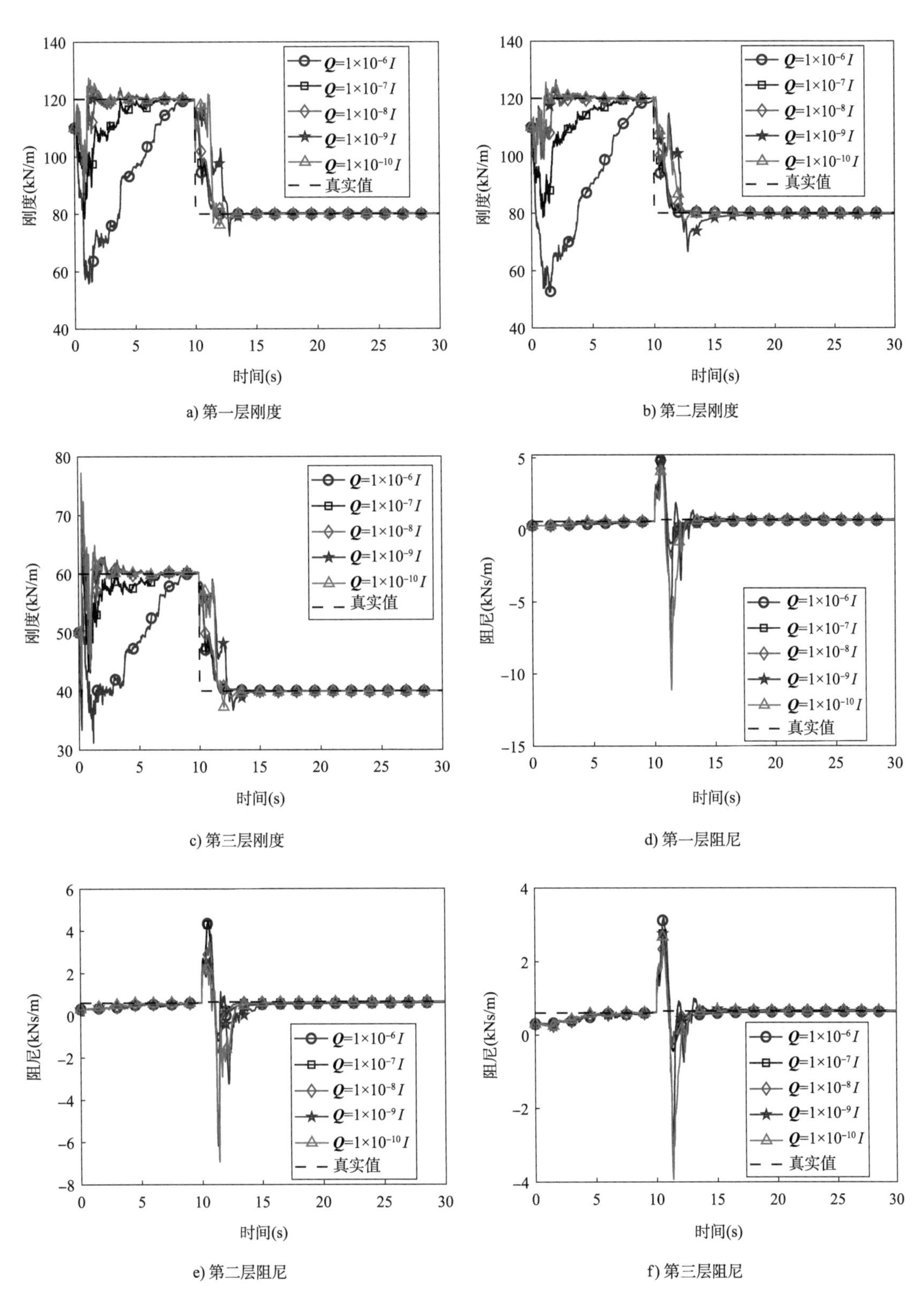

a) 第一层刚度

b) 第二层刚度

c) 第三层刚度

d) 第一层阻尼

e) 第二层阻尼

f) 第三层阻尼

图 8-3 基于 AUKF-FF 算法的不同 Q 值的识别结果

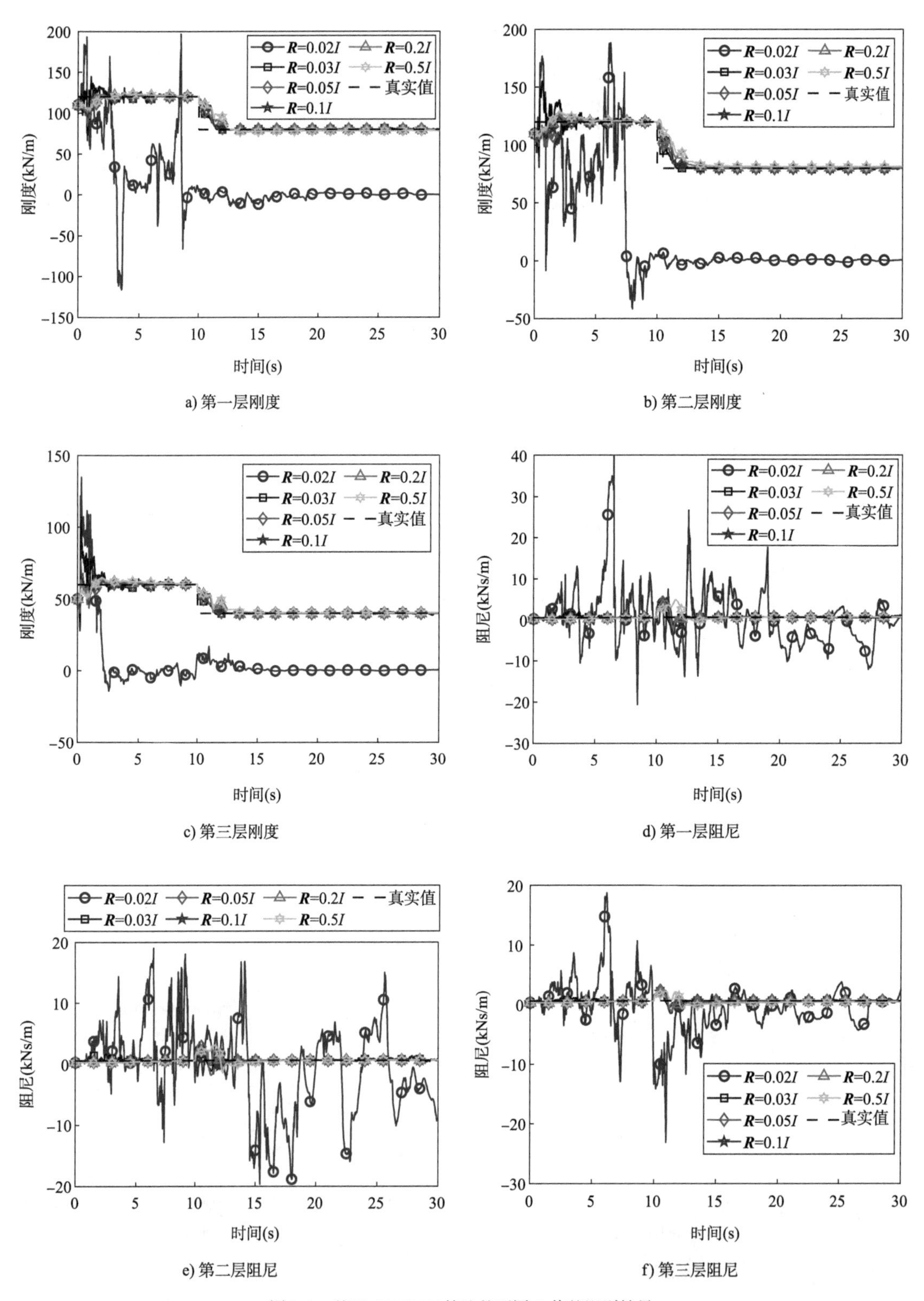

图 8-4 基于 AUKF-FF 算法的不同 $\boldsymbol{R}$ 值的识别结果

基于 AUKF-FF 算法的不同算法参数的最终识别误差统计 表 8-1

参数	参数取值	识别误差(%)					
		k_1	k_2	k_3	c_1	c_2	c_3
X_0	[50 50 10 0.01 0.015 0.02]	-0.06	0.12	-0.06	-1.16	0.05	-0.19
	[90 90 30 0.15 0.2 0.1]	-0.06	0.12	-0.06	-1.14	0.05	-0.19
	[110 110 50 0.3 0.3 0.3]	-0.06	0.12	-0.06	-1.14	0.05	-0.19
	[150 150 120 0.8 0.8 0.8]	-0.06	0.12	-0.06	-1.15	0.07	-0.19
	[220 220 220 1.5 1.5 1.5]	-0.06	0.12	-0.06	-1.16	0.08	-0.19
P_0	[1×10^{-8} 1×10^{-8} 1×10^{-8} 1×10^{-8} 1×10^{-8} 1×10^{-8}]	-0.05	0.10	-0.03	-1.84	0.56	-0.05
	[10 10 10 1×10^{-8} 1×10^{-8} 1×10^{-8}]	-0.05	0.08	-0.07	-1.12	-0.08	-0.35
	[200 200 200 1×10^{-8} 1×10^{-8} 1×10^{-8}]	-0.04	0.08	-0.08	-0.95	0.11	-0.66
	[2000 2000 2000 0.1 0.1 0.1]	-0.06	0.12	-0.06	-1.14	0.05	-0.19
	[20000 20000 20000 1 1 1]	-0.06	0.12	-0.06	-1.17	0.09	-0.17
Q	$1\times10^{-10}\boldsymbol{I}$	0.00	0.05	-0.10	1.23	-2.00	0.19
	$1\times10^{-9}\boldsymbol{I}$	0.19	-0.41	0.12	4.29	-7.72	1.60
	$1\times10^{-8}\boldsymbol{I}$	-0.06	0.12	-0.06	-1.14	0.05	-0.19
	$1\times10^{-7}\boldsymbol{I}$	-0.02	0.12	-0.09	-2.50	0.30	-1.20
	$1\times10^{-6}\boldsymbol{I}$	-0.05	0.11	-0.05	-8.26	-7.94	-3.23
R	$0.02\boldsymbol{I}$	-100.12	-99.04	-98.81	20.74	-1515.09	252.14
	$0.03\boldsymbol{I}$	-0.39	0.65	-0.21	56.73	-8.16	-10.08
	$0.05\boldsymbol{I}$	-0.06	0.12	-0.06	-1.14	0.05	-0.19
	$0.1\boldsymbol{I}$	-0.08	0.20	-0.17	-0.16	-1.93	0.69
	$0.2\boldsymbol{I}$	-0.26	0.58	-0.54	5.25	-1.35	-11.31
	$0.5\boldsymbol{I}$	-2.02	1.91	0.94	7.86	6.42	-29.38

基于 ASRUKF-FF 算法的具体识别结果如图 8-5 ~ 图 8-8 所示,不同算法参数最终识别误差见表 8-2。

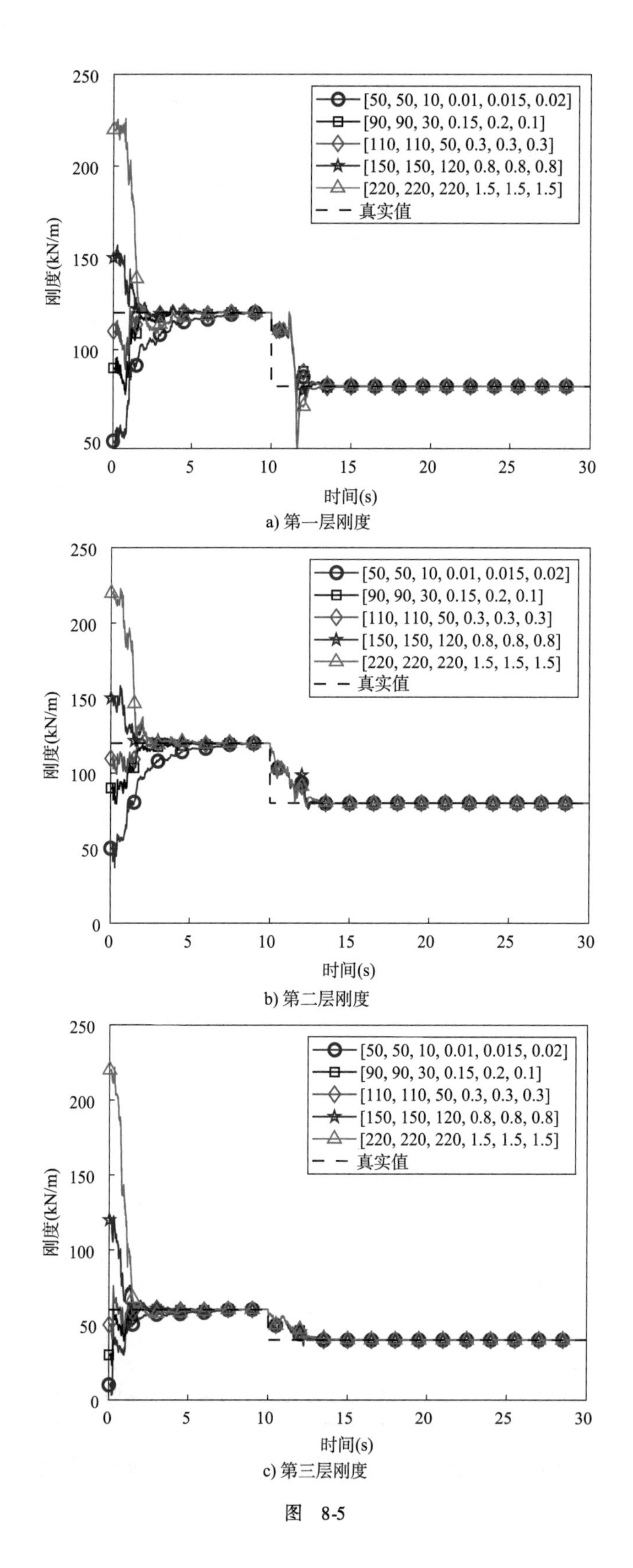

a) 第一层刚度

b) 第二层刚度

c) 第三层刚度

图 8-5

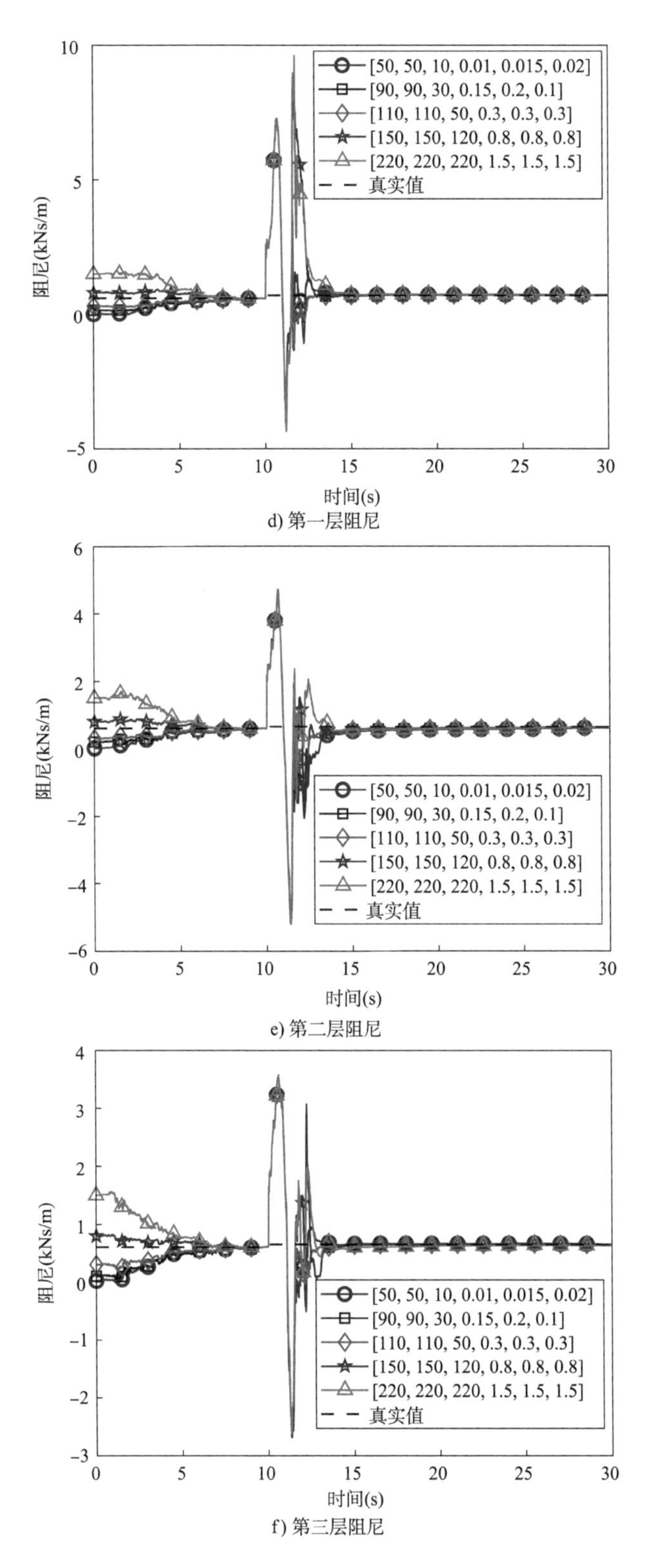

d) 第一层阻尼

e) 第二层阻尼

f) 第三层阻尼

图 8-5　基于 ASRUKF-FF 算法的不同 X_0 值的识别结果

（图例含义与图 8-1 一致）

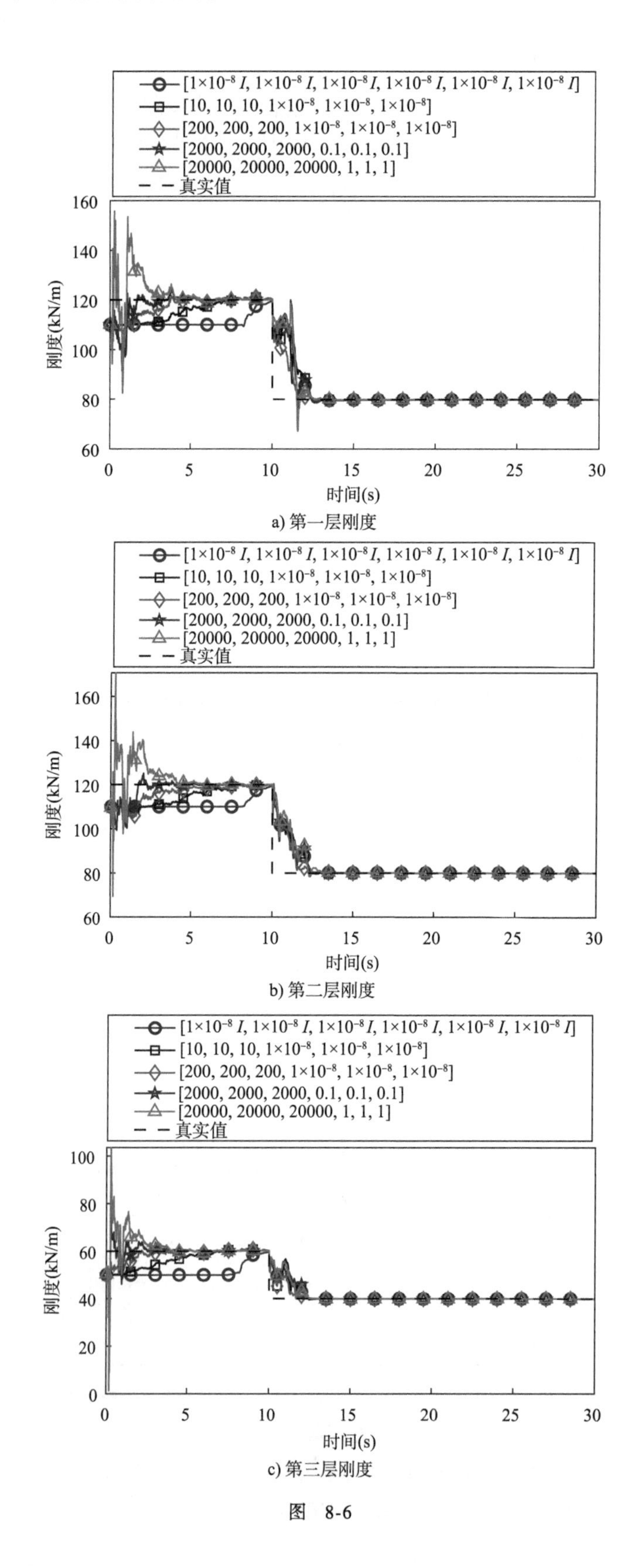

a) 第一层刚度

b) 第二层刚度

c) 第三层刚度

图 8-6

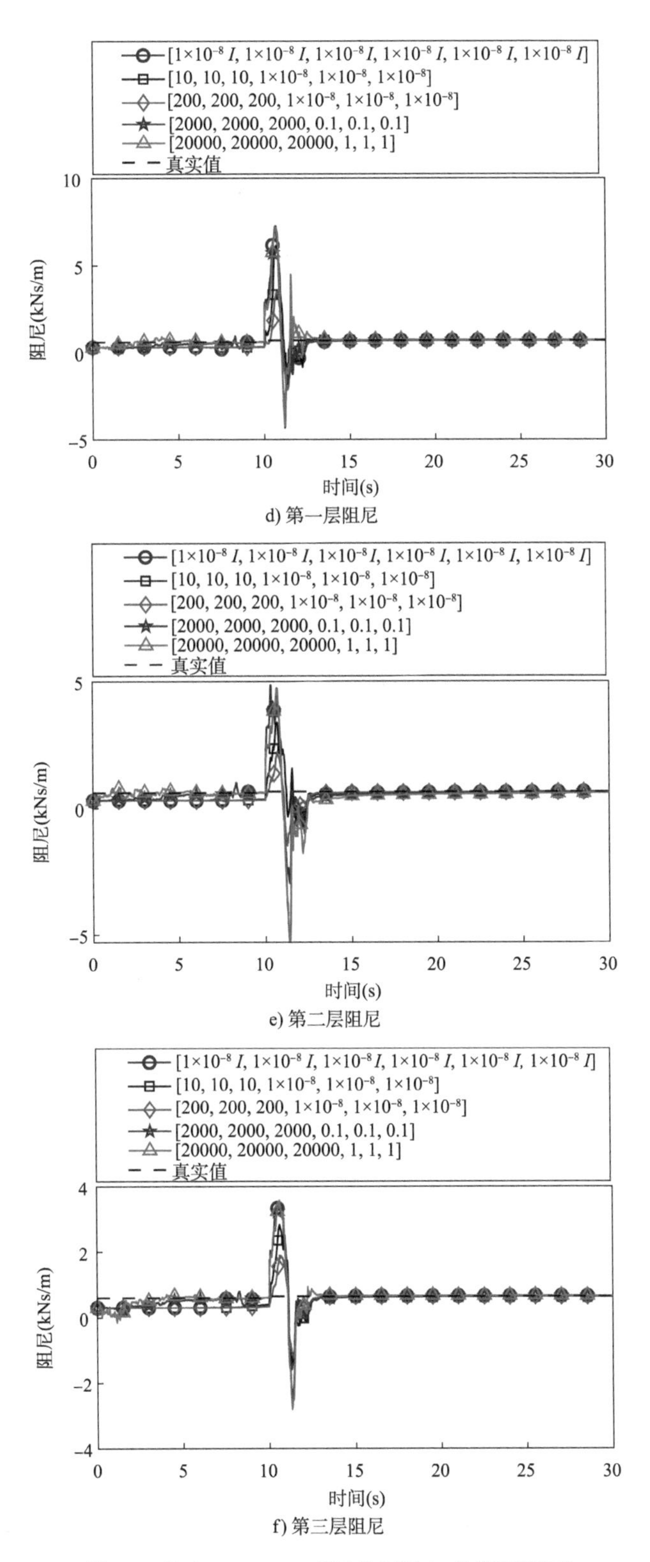

d) 第一层阻尼

e) 第二层阻尼

f) 第三层阻尼

图 8-6　基于 ASRUKF-FF 算法的不同 $\boldsymbol{P}_0$ 值的识别结果

（图例含义与图 8-2 一致）

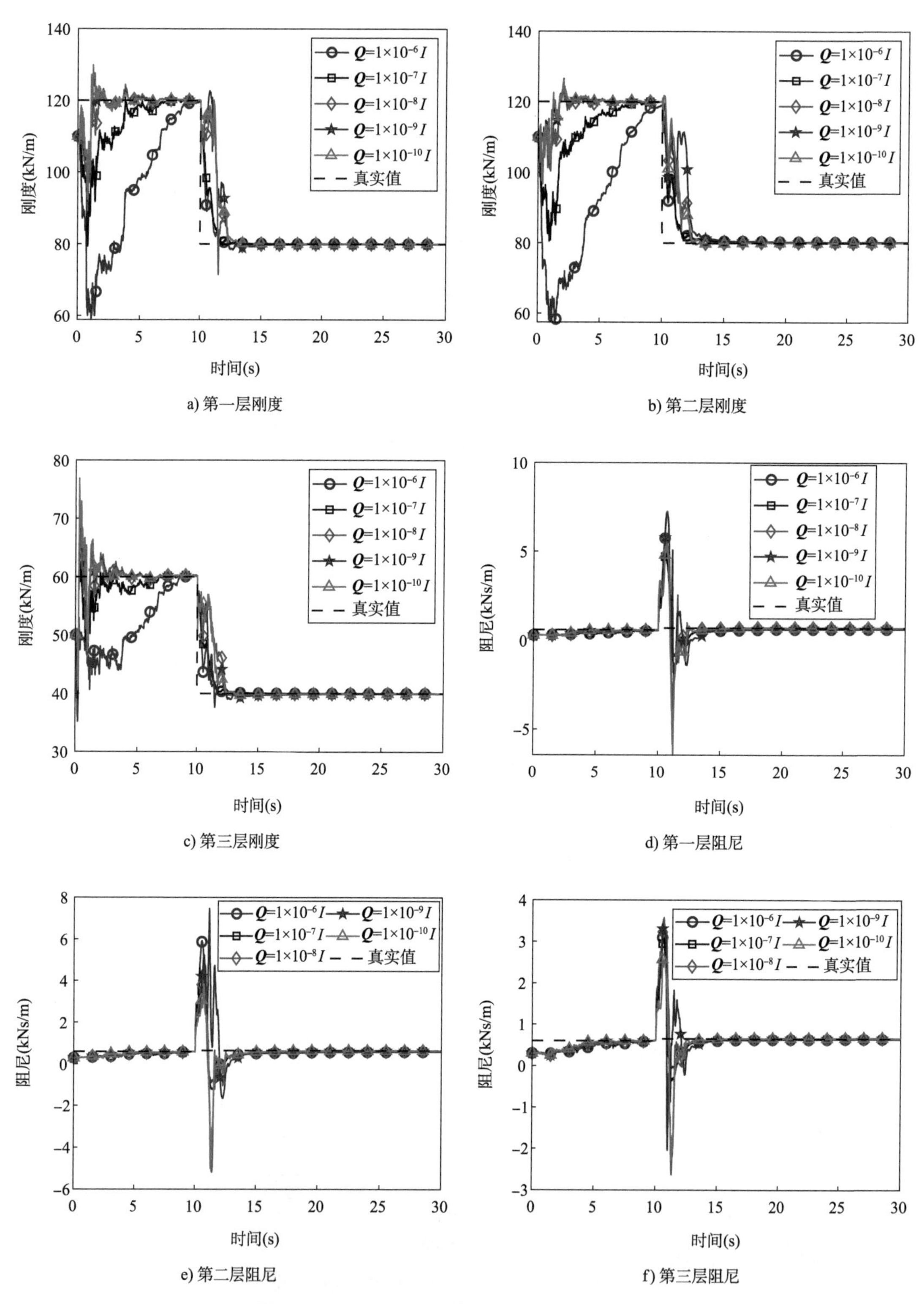

图 8-7　基于 ASRUKF-FF 算法的不同 $\boldsymbol{Q}$ 值的识别结果

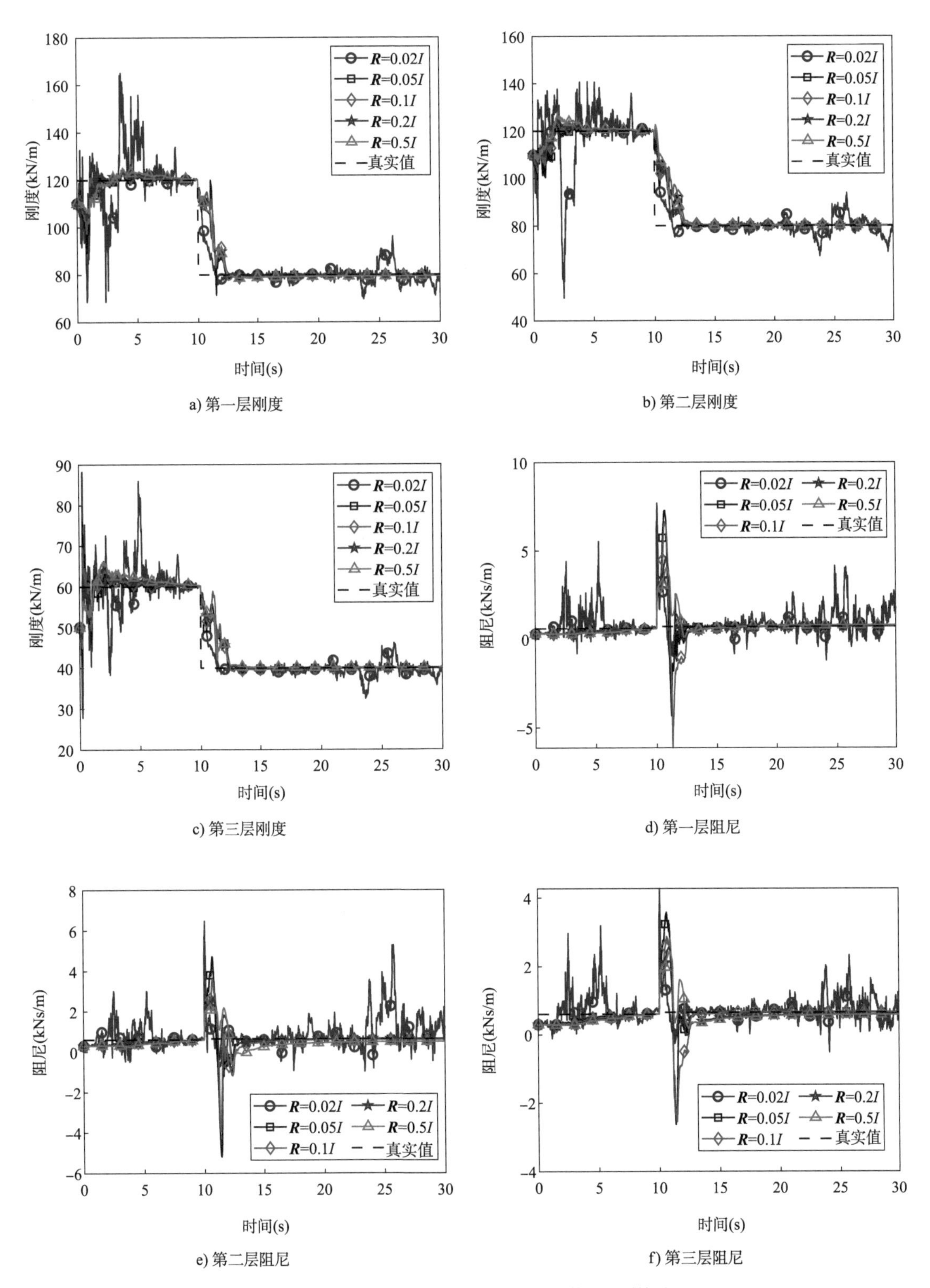

a) 第一层刚度

b) 第二层刚度

c) 第三层刚度

d) 第一层阻尼

e) 第二层阻尼

f) 第三层阻尼

图 8-8 基于 ASRUKF-FF 算法的不同 $\boldsymbol{R}$ 值的识别结果

基于 ASRUKF-FF 算法的不同算法参数最终识别误差统计　　表 8-2

参数	参数取值	识别误差(%)					
		k_1	k_2	k_3	c_1	c_2	c_3
$\boldsymbol{X}_0$	[50　50　10　0.01　0.015　0.02]	0.02	0.02	-0.11	2.53	-5.90	0.12
	[90　90　30　0.15　0.2　0.1]	-0.07	0.06	-0.06	1.64	-2.63	-0.94
	[110　110　50　0.3　0.3　0.3]	-0.07	0.07	-0.06	1.62	-2.58	-0.97
	[150　150　120　0.8　0.8　0.8]	0.00	-0.07	0.08	0.92	-1.22	-0.92
	[220　220　220　1.5　1.5　1.5]	0.04	-0.14	0.17	3.55	-3.10	-3.70
$\boldsymbol{P}_0$	[1×10^{-8}　1×10^{-8}　1×10^{-8}　1×10^{-8}　1×10^{-8}　1×10^{-8}]	-0.12	0.11	-0.05	-0.78	-0.57	-0.18
	[10　10　10　1×10^{-8}　1×10^{-8}　1×10^{-8}]	-0.01	0.04	-0.10	1.28	-0.72	-1.72
	[200　200　200　1×10^{-8}　1×10^{-8}　1×10^{-8}]	-0.05	0.11	-0.08	-0.17	-0.01	-0.76
	[2000　2000　2000　0.1　0.1　0.1]	-0.07	0.07	-0.06	1.62	-2.58	-0.97
	[20000　20000　20000　1　1　1]	-0.01	0.08	-0.13	3.58	-8.37	0.85
$\boldsymbol{Q}$	$1\times10^{-10}\boldsymbol{I}$	0.01	0.03	-0.12	0.63	-1.94	0.66
	$1\times10^{-9}\boldsymbol{I}$	-0.11	0.29	-0.21	-1.07	-0.25	0.95
	$1\times10^{-8}\boldsymbol{I}$	-0.07	0.07	-0.06	1.62	-2.58	-0.97
	$1\times10^{-7}\boldsymbol{I}$	0.00	0.22	-0.05	-5.52	-3.60	-2.59
	$1\times10^{-6}\boldsymbol{I}$	0.00	0.30	-0.06	-9.62	-8.43	-2.62
$\boldsymbol{R}$	$0.02\boldsymbol{I}$	-1.75	-1.09	-0.55	161.92	90.31	48.39
	$0.05\boldsymbol{I}$	-0.07	0.07	-0.06	1.62	-2.58	-0.97
	$0.1\boldsymbol{I}$	-0.20	0.33	-0.27	0.27	-6.28	1.97
	$0.2\boldsymbol{I}$	-0.10	0.11	-0.22	1.11	0.58	-8.86
	$0.5\boldsymbol{I}$	-0.67	0.31	0.30	11.00	-22.01	-10.35

通过对上述仿真计算结果的系统分析,可得以下结果。

(1)针对初始状态量参数 $\boldsymbol{X}_0$,AUKF-FF 算法对 $\boldsymbol{X}_0$ 的取值并不敏感,无论 $\boldsymbol{X}_0$ 取值偏小还是偏大,AUKF-FF 算法的识别结果均比较稳定,其最大 AE 为 1.16%,产生于阻尼参数的识别结果。而对于 ASRUKF-FF 算法,与真实的初始状态量值[k_1　k_2　k_3　c_1　c_2　c_3] = [120　120　60　0.6　0.6　0.6]相比(参考 5.3.2 节结构参数设置),当 $\boldsymbol{X}_0$ 中刚度和阻尼值较小([50　50　10　0.01　0.015　0.02])或较大([220　220　220　1.5　1.5　1.5])时,均会对结构的阻尼参数识别产生不利影响,导致阻尼识别误差增大。这两种参数设置对应的阻尼最大识别 AE 分别为 5.9% 和 3.7%。从最大识别 AE 角度分析,AUKF-FF 算法和 ASRUKF-FF 算法的刚度识别效果均优于阻尼识别,尤其对于后者来说,对比效果更为显著。造成这一结果的原因主要有两个:一是刚度参数在三层剪切型框架结构响应成因中起主导作用,而加速度测量值对刚度识别更敏感;二是刚度和阻尼参数在数值上存在较大量级差异,削弱了阻尼的识别效果。综上分析,针对 ASRUKF-FF 算法,考虑 $\boldsymbol{X}_0$ 参数时,建议选择合理的刚度和阻尼参数值,避免过大或过小的初始值设置对识别结果产生不利影响。

(2)考查初始状态协方差 $\boldsymbol{P}_0$ 的取值情况,对于 AUKF-FF 算法,当 $\boldsymbol{P}_0$ 中刚度和阻尼参数的协方差值取值偏小时(如工况"[1×10^{-8}　1×10^{-8}　1×10^{-8}　1×10^{-8}　1×10^{-8}　1×10^{-8}]"),对结构阻尼识别误差影响较大,最大识别 AE 值为 1.84%。而对于 ASRUKF-FF 算法,当 $\boldsymbol{P}_0$ 中刚度和阻尼参数的协方差值设置较大时(如工况"[20000　20000　20000　1　1　1]"),对结构阻尼参数的识别误差影响较大,最大识别 AE 为 8.37%。由于研究的 $\boldsymbol{P}_0$ 取值工况相同,从最大识别 AE 角度分析,$\boldsymbol{P}_0$ 设置对 ASRUKF-FF 算法的阻尼识别影响更大。由于协方差表示数据的不确定水平,过低或过高估计其不确定程度均可能影响算法识别的准确性。此外,根据图 8-2 和图 8-6,适当增大 $\boldsymbol{P}_0$ 中的待识别参数值有助于加速算法收敛,缩短参数收敛到真实值所需的时间。

(3)不同过程噪声协方差 $\boldsymbol{Q}$ 的取值对结构阻尼参数的识别影响最大,具体表现为:AUKF-FF 算法面对不同 $\boldsymbol{Q}$ 值时的识别结果不稳定,即没有明显的规律性。随着 $\boldsymbol{Q}$ 取值由小到大变化($1\times10^{-10}\boldsymbol{I}$ 至 $1\times10^{-6}\boldsymbol{I}$),其最大识别 AE 先增大再减小最后增大,当 $\boldsymbol{Q}$ 取值较大时(如 $\boldsymbol{Q}=1\times10^{-6}\boldsymbol{I}$),AUKF-FF 算法的最大识别 AE 达 8.26%。对于 ASRUKF-FF 算法,随着 $\boldsymbol{Q}$ 值越来越大($1\times10^{-9}\boldsymbol{I}\rightarrow1\times10^{-8}\boldsymbol{I}\rightarrow1\times10^{-7}\boldsymbol{I}\rightarrow1\times10^{-6}\boldsymbol{I}$),阻尼的识别误差也逐渐增大,但并非 $\boldsymbol{Q}$ 值越小越好,因为 $\boldsymbol{Q}=1\times10^{-10}\boldsymbol{I}$ 时的阻尼最大识别 AE 大于 $\boldsymbol{Q}=1\times10^{-9}\boldsymbol{I}$ 的识别结果,且当 $\boldsymbol{Q}$ 取值较大时(如 $\boldsymbol{Q}=1\times10^{-6}\boldsymbol{I}$),ASRUKF-FF 算法的阻尼识别 AE 最大,具体 AE 数值为 9.62%。此外,根据图 8-3 和图 8-7 可得,较小的 $\boldsymbol{Q}$ 值能加速参数变化前的收敛速度。随着 $\boldsymbol{Q}$ 值增大,参数变化前的收敛速度越来越慢,甚至出现算法在参数变化前阶段无法收敛到真实值的情况,如图 8-3 和图 8-7 中的红线(圆形标记)所示。其主要原因为:$\boldsymbol{Q}$ 作为建模误差(状态方程)的弥补项,过高或过低估计其值均会引入较大的建模误差,从而导致参数识别不准确。

(4)观测噪声协方差 $\boldsymbol{R}$ 对结构阻尼参数的识别影响最为显著。从算法收敛性和最大识别 AE 角度分析,ASRUKF-FF 算法的识别效果更好,具体表现为:当 $\boldsymbol{R}$ 取值较小时(如 $\boldsymbol{R}=0.02\boldsymbol{I}$),ASRUKF-FF 算法的最大识别 AE 更小,且能准确捕捉到参数的时变特征,说明收敛性更好。同时,当 $\boldsymbol{R}$ 取值较大时,ASRUKF-FF 算法的最大识别 AE 也较小。$\boldsymbol{R}$ 值作为观测方程不确定性的弥补项,过高或过低估计其值也均会导致不准确的估计结果。

综上所述,对于三层剪切型框架结构,$\boldsymbol{X}_0$、$\boldsymbol{P}_0$、$\boldsymbol{Q}$ 和 $\boldsymbol{R}$ 的变化对刚度参数的识别影响较小,但对阻尼参数的识别影响较大,尤其观测噪声协方差 $\boldsymbol{R}$ 的影响最为显著。此外,基于数值模拟的合理性考虑,本案例未选取更小或更大的 $\boldsymbol{X}_0$ 值作为研究对象。实际工程应用时,建议初始状态量 $\boldsymbol{X}_0$ 中的刚度取值参考设计图纸计算值或同类工程结构的经验值,阻尼值设置基于模型修正法确定,尽量避免选取偏大或偏小初始值的情况;初始状态协方差 $\boldsymbol{P}_0$ 中的刚度和阻尼协方差值建议先取小值,如 1×10^{-8},再逐步增大刚度或阻尼协方差值,根据识别收敛情况进一步选取较优值;过程噪声协方差 $\boldsymbol{Q}$ 建议先取 $1\times10^{-8}\boldsymbol{I}$,再选取较小和较大的值对比分析;观测噪声协方差 $\boldsymbol{R}$ 建议先取 $0.1\boldsymbol{I}$,再通过减小 $\boldsymbol{R}$ 或增大 $\boldsymbol{R}$ 分析算法的收敛情况,并进一步确定较优的 $\boldsymbol{R}$ 值。

8.1.2　观测量对识别效果的影响分析

此部分主要考查不同观测值组合对识别效果的影响。同样,采用控制变量法进行对比研究。算法参数 X_0、P_0、Q 和 R 的具体设置参考 7.5.1，噪声水平取 5%。由于观测值类型、位置和数目不同，观测方程将发生质的变化，为保证算法的收敛性和精准性，本节各个研究工况（参考图 8-9、图 8-10 和表 8-3、表 8-4）的灵敏参数阈值均基于 4.1 所提的方法确定。为更好地理解计算过程，将各个工况的计算过程阐述如下：首先，基于 UKF 算法或 MSRUKF 算法计算灵敏参数阈值；然后，基于计算的灵敏参数阈值，通过 AUKF-FF 算法或 ASRUKF-FF 算法识别结构参数并记录识别结果；最后，对数据进行处理、分析和总结。其中，基于 AUKF-FF 算法的不同观测值的识别效果如图 8-9 所示，最终识别误差统计见表 8-3；基于 ASRUKF-FF 算法的不同观测值的识别效果如图 8-10 所示，最终识别误差统计见表 8-4。图 8-9、图 8-10 和表 8-3、表 8-4 中图例或项目的含义解释如下。

（1）“ACC-1-2-3”表示全部使用加速度响应作为观测值，且分别选取第一层、第二层、第三层的加速度作为观测值。

（2）“ACC-2 & DIS-1”表示同时选取加速度和位移响应作为观测值，且分别选用第二层的加速度和第一层的位移作为观测值。

其余图例或项目含义类推。

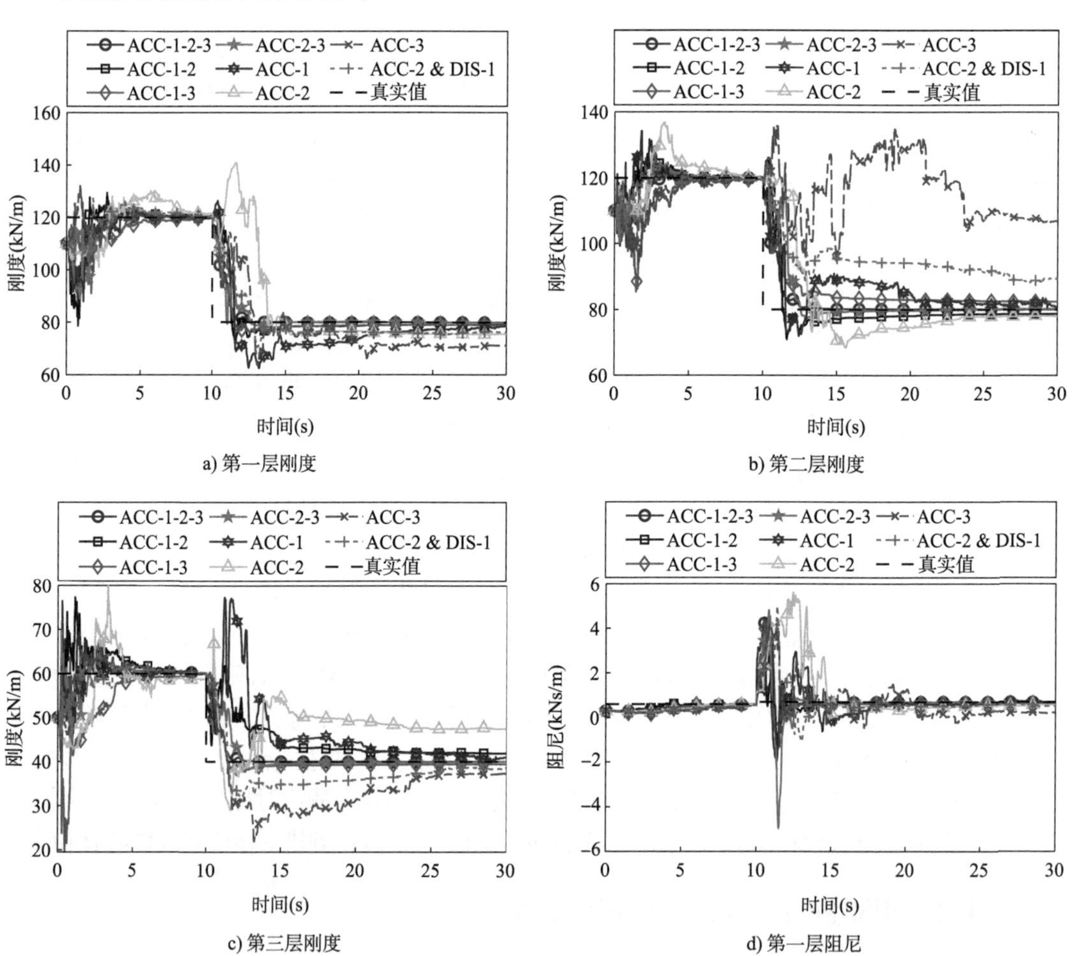

a) 第一层刚度

b) 第二层刚度

c) 第三层刚度

d) 第一层阻尼

图 8-9

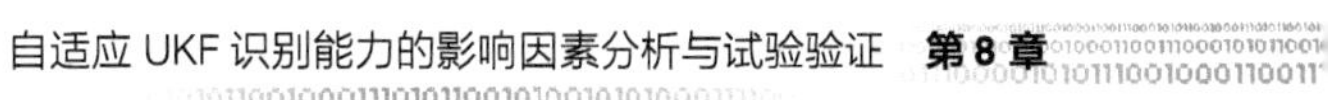

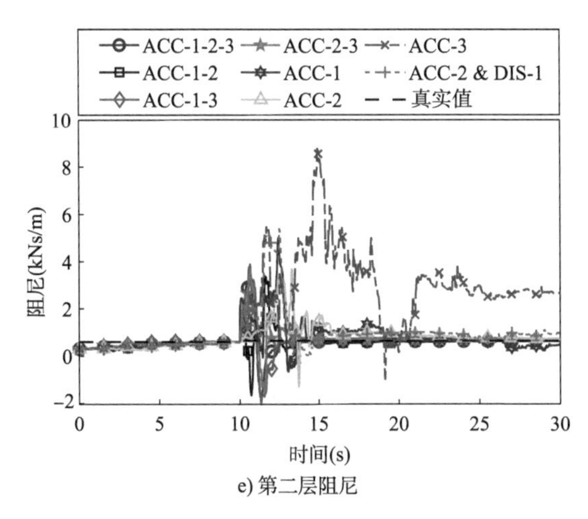

e) 第二层阻尼

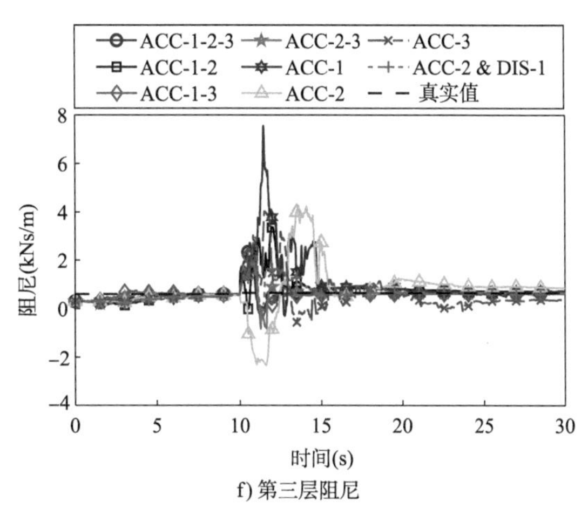

f) 第三层阻尼

图 8-9 基于 AUKF-FF 算法的不同观测值的识别效果

基于 AUKF-FF 算法的不同观测值的最终识别误差统计(%) 表 8-3

工况	观测值类型	识别误差					
		k_1	k_2	k_3	c_1	c_2	c_3
1	ACC-1-2-3	-0.06	0.12	-0.06	-1.14	0.05	-0.19
2	ACC-1-2	-1.20	-1.57	4.60	-6.32	-2.10	9.41
3	ACC-1-3	-1.31	3.06	-1.45	-7.77	13.89	-5.54
4	ACC-2-3	-0.28	0.39	-0.07	-2.75	5.10	0.39
5	ACC-1	-1.57	0.74	2.39	-8.67	-22.43	12.01
6	ACC-2	-5.73	-2.41	18.81	-17.92	11.38	32.63
7	ACC-3	-11.23	33.65	-6.93	-66.67	305.62	-40.25
8	ACC-3 & DIS-1	-4.76	11.31	-3.64	-25.18	42.48	-0.46

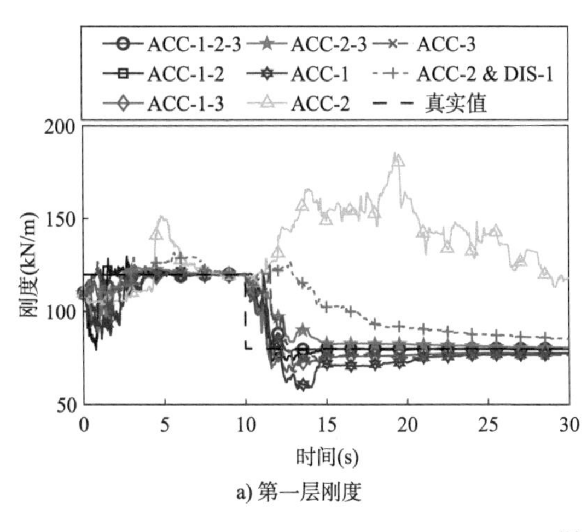

a) 第一层刚度

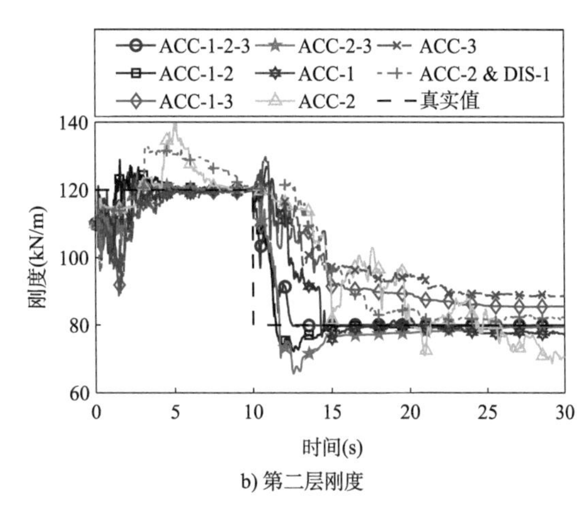

b) 第二层刚度

图 8-10

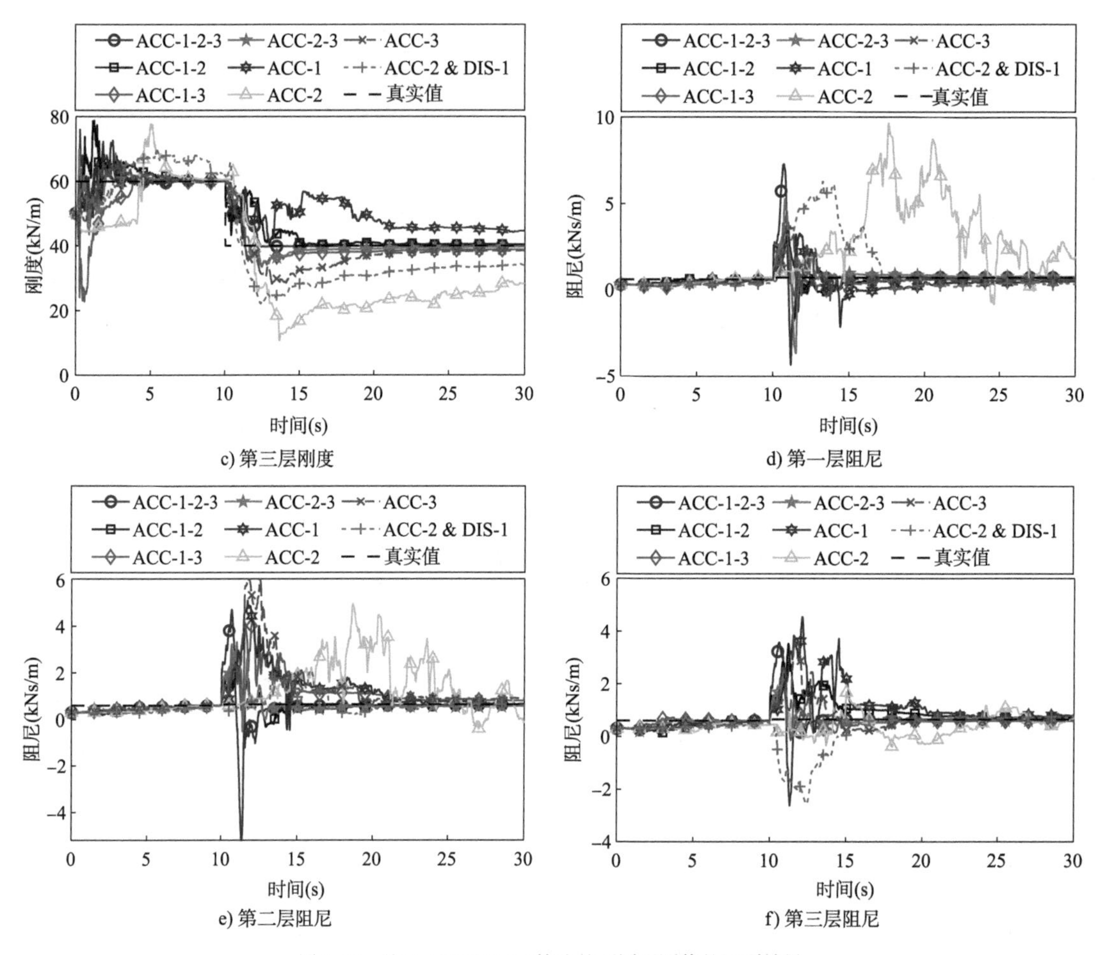

c) 第三层刚度

d) 第一层阻尼

e) 第二层阻尼

f) 第三层阻尼

图 8-10 基于 ASRUKF-FF 算法的不同观测值的识别效果

基于 ASRUKF-FF 算法的不同观测值的最终识别误差统计(%) 表 8-4

工况	观测值类型	识别误差					
		k_1	k_2	k_3	c_1	c_2	c_3
1	ACC-1-2-3	-0.07	0.07	-0.06	1.62	-2.58	-0.97
2	ACC-1-2	-0.23	-0.22	0.92	-7.97	-2.96	9.79
3	ACC-1-3	-2.91	7.02	-3.00	-14.40	24.21	-9.68
4	ACC-2-3	0.70	-0.57	-0.71	6.19	-10.70	-5.29
5	ACC-1	-2.84	-3.47	11.95	-33.71	3.29	25.07
6	ACC-2	46.87	-11.59	-29.19	168.82	-110.74	3.66
7	ACC-3	-4.25	10.68	-3.80	-26.17	39.12	-6.76
8	ACC-2 & DIS-1	6.56	3.18	-14.93	-54.59	-9.16	15.92

通过对上述仿真计算结果的综合分析可得,当使用单一加速度(ACC-1、ACC-2 或 ACC-3)作为观测值时,算法的识别误差较大,无法同步准确识别出结构所有的刚度和阻尼参数。其

中 AUKF-FF 算法单独使用第三层加速度作为观测值的识别误差最大，而 ASRUKF-FF 算法单独使用第二层加速度作为观测值的识别误差最大。但同时发现，以单一加速度为观测值时刚度参数的识别效果优于阻尼参数。当使用两个观测值时，算法的识别性能较单一观测值工况有明显提升。对于 AUKF-FF 算法，"ACC-2-3"组合的识别精度最高，最大识别 AE 为 5.10%；而对于 ASRUKF-FF 算法，"ACC-1-2"组合比其他两个观测值组合工况的识别精度更高，最大识别 AE 为 9.79%。此外，通过比较"ACC-3"和"ACC-3&DIS-1"以及"ACC-2"和"ACC-2&DIS-1"工况的识别结果可得，将位移协同作为观测值能够提高算法的识别精度。在实际工程应用中，直接测量位移的做法是可行的，如基于地基雷达的位移测量精度可达 0.1mm[58]。因此，将位移同时作为观测值的做法是合理的。当使用 3 个加速度作为观测值时，AUKF-FF 算法和 ASRUKF-FF 算法的识别精度都最高，最大识别 AE 不超过 3%。综上分析，对于三层剪切型框架结构，产生较可靠识别结果的最小观测值数目为 2。

8.1.3 物理参数对识别效果的影响分析

此部分考查参数建模误差对算法识别性能的影响。基于 5.3.2 提出的三层剪切型框架结构模型，这里研究的重点为质量参数，因为其他参数或为待识别参数或可以间接计算得到。此部分分析研究同样采用控制变量法，其余参数设置参考 7.5.1。另外需要注意的是，不同的参数建模误差会直接影响状态方程的不确定性，因此，为保证算法的收敛性和准确性，本节各个工况的灵敏参数阈值也均基于 4.1 所提方法分别进行计算，具体的实施过程参考 8.1.2。此外，本节分析的 RMS 噪声水平为 5%。

基于 AUKF-FF 算法的不同质量(mass)参数建模误差的识别结果见图 8-11 所示，最终识别误差统计见表 8-5。其中，图 8-11 图例含义为："mass-1：10%"代表第一层质量存在 10% 建模误差，"mass-1-2：10%"表示第二层和第三层质量均存在 10% 建模误差，其余图例含义以此类推。

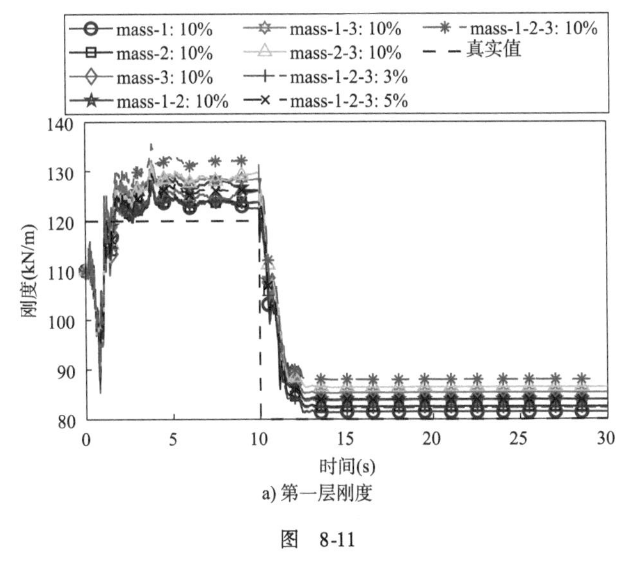

a) 第一层刚度

图 8-11

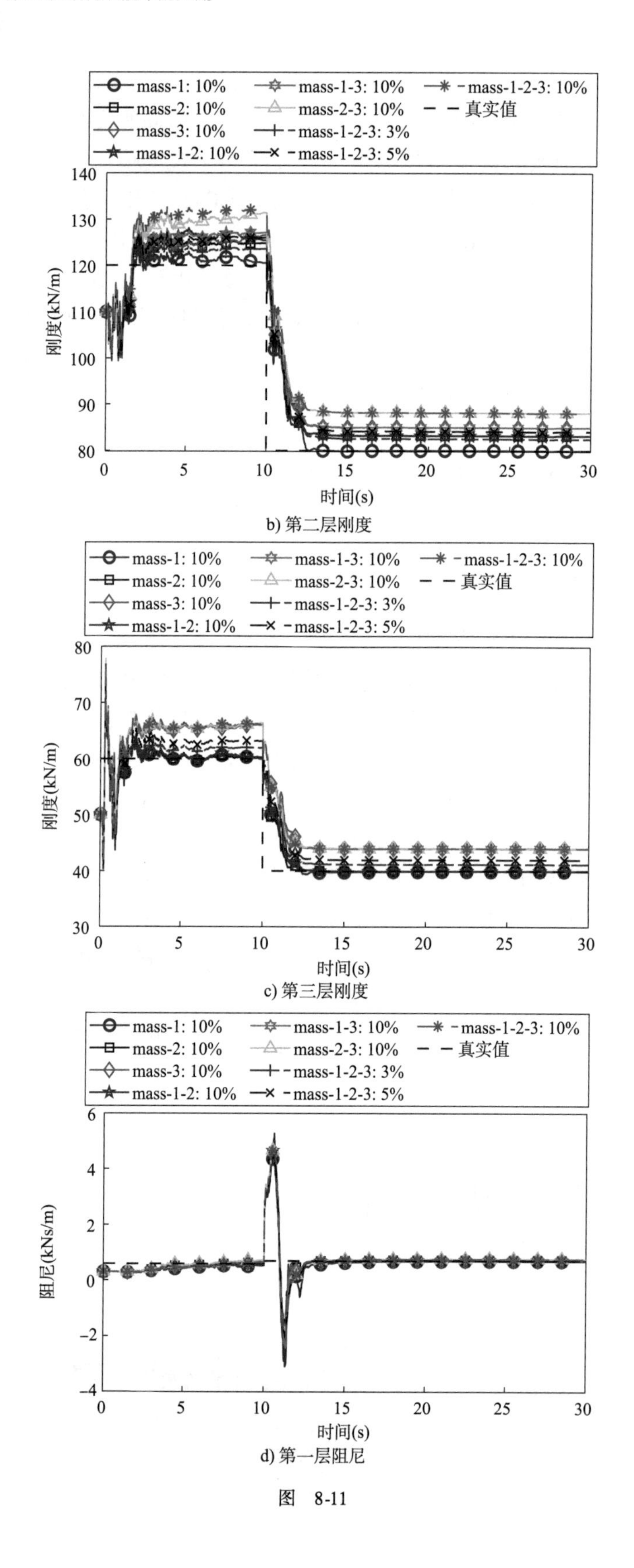

b) 第二层刚度

c) 第三层刚度

d) 第一层阻尼

图 8-11

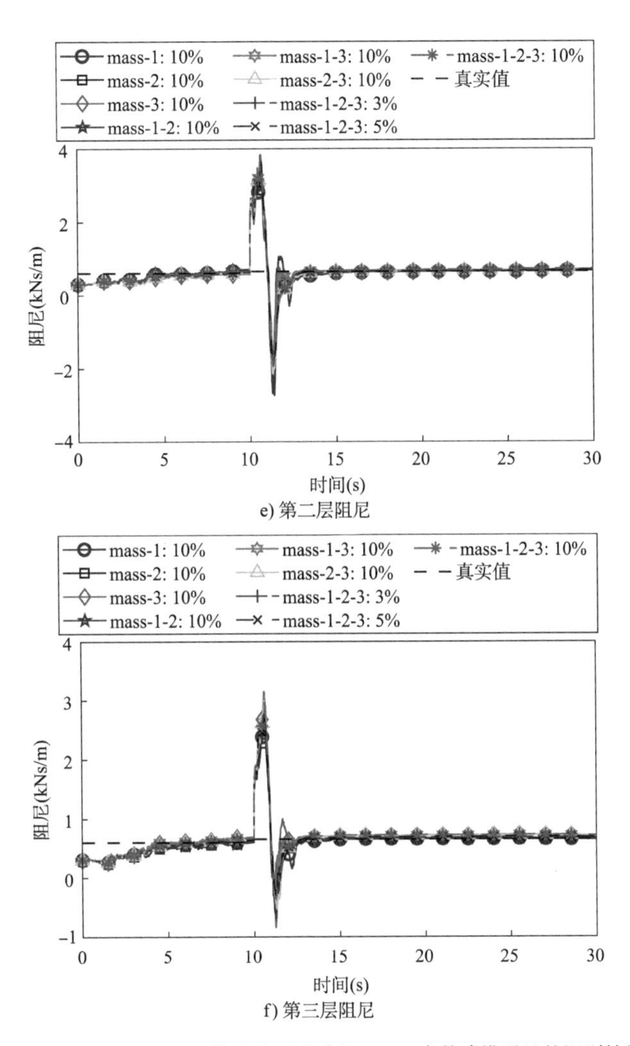

图 8-11　基于 AUKF-FF 算法的不同质量(mass)参数建模误差的识别结果

基于 AUKF-FF 算法的不同质量(mass)参数建模误差的最终识别误差统计(%)　表 8-5

工况	不确定参数	建模误差(%)	识别误差					
			k_1	k_2	k_3	c_1	c_2	c_3
1	mass-1	10	1.81	0.02	-0.18	-0.73	2.63	-0.18
2	mass-2		3.18	4.02	-0.05	4.04	3.37	-0.58
3	mass-3		4.86	6.21	10.03	4.57	2.57	9.44
4	mass-1-2		4.99	3.97	-0.09	3.35	6.69	0.09
5	mass-1-3		6.70	6.21	9.90	3.73	7.19	9.65
6	mass-2-3		8.10	10.18	9.97	9.74	4.88	9.66
7	mass-1-2-3	3	2.94	3.13	2.94	1.83	3.05	2.80
8	mass-1-2-3	5	4.94	5.13	4.94	3.80	5.05	4.80
9	mass-1-2-3	10	9.94	10.13	9.93	8.75	10.05	9.79

注:1. 有背景颜色的单元格数据分别表示每行刚度或阻尼参数的最大误差或前两个最大误差。

2. 参数建模误差计算方法:设质量建模误差为 $x\%$,原质量值为 y,则考虑建模误差后质量变为 $y \times (1 + x\%)$。

基于 ASRUKF-FF 算法的不同质量(mass)建模误差的识别效果如图 8-12 所示,最终识别误差统计见表 8-6,其中图例含义参考图 8-11。

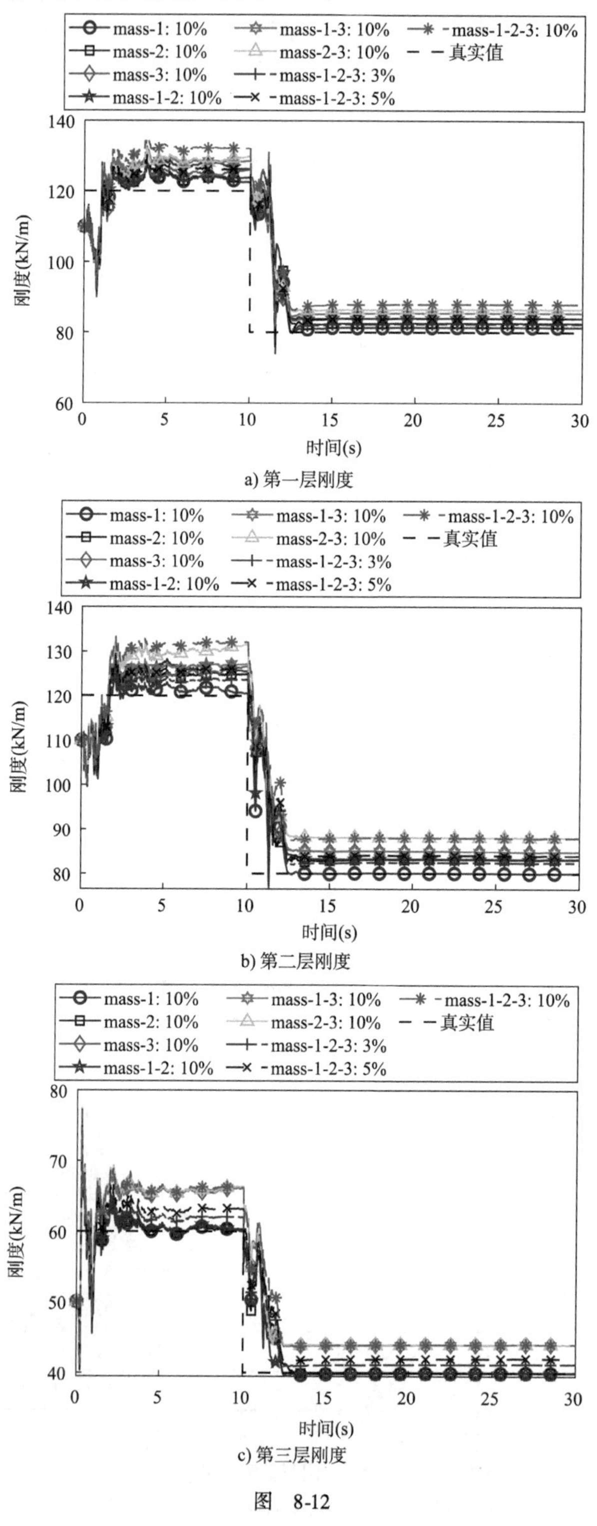

a) 第一层刚度

b) 第二层刚度

c) 第三层刚度

图 8-12

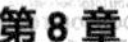

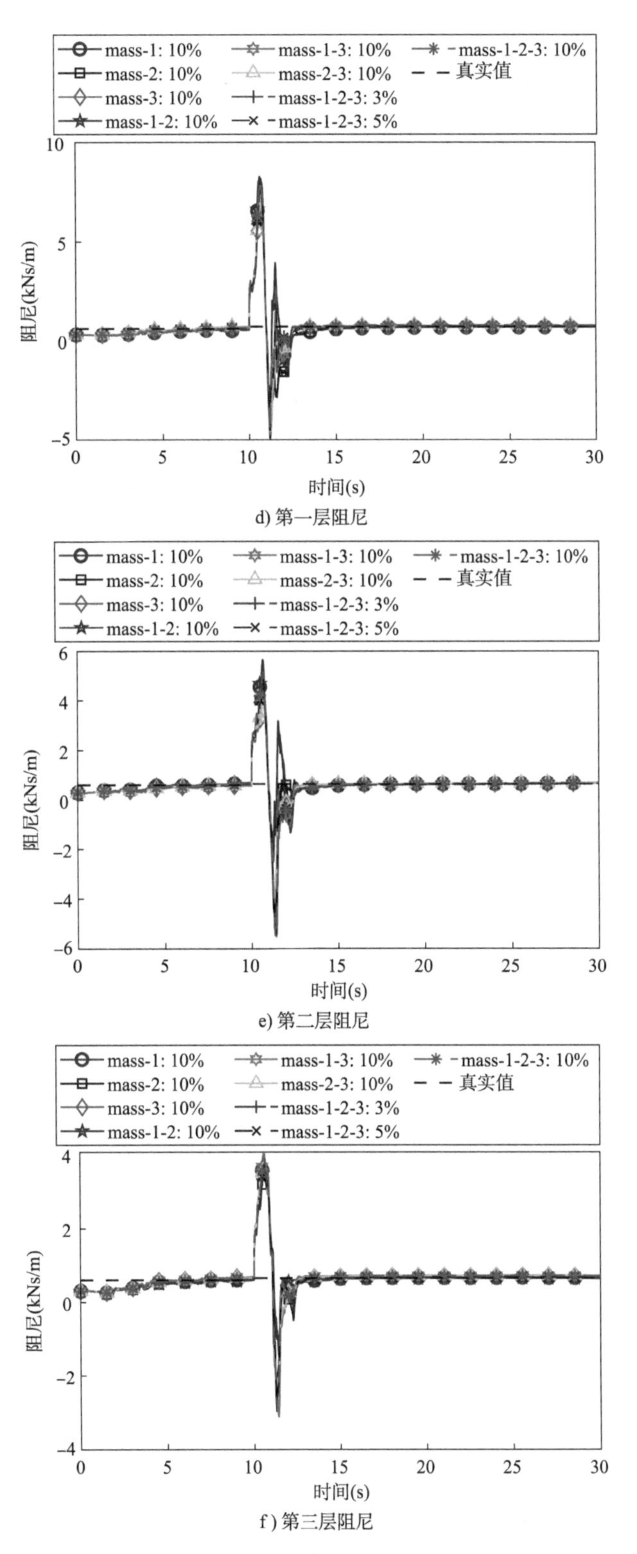

图 8-12　基于 ASRUKF-FF 算法的不同质量(mass)建模误差的识别效果
(图例含义与图 8-11 一致)

基于 ASRUKF-FF 算法的不同质量(mass)参数建模误差的最终识别误差统计(%) 表 8-6

工况	不确定参数	建模误差(%)	识别误差					
			k_1	k_2	k_3	c_1	c_2	c_3
1	mass-1	10	1.75	0.07	-0.16	-2.35	3.58	0.04
2	mass-2		3.18	3.92	-0.01	1.86	5.76	0.07
3	mass-3		4.88	6.22	9.96	5.44	2.99	8.96
4	mass-1-2		4.99	4.00	-0.15	4.43	6.65	-1.53
5	mass-1-3		6.73	6.17	9.88	5.31	5.84	9.59
6	mass-2-3		8.09	10.18	9.92	10.57	5.22	9.23
7	mass-1-2-3	3	2.93	3.07	2.94	4.67	0.31	2.03
8	mass-1-2-3	5	4.93	5.07	4.94	6.69	2.28	4.02
9	mass-1-2-3	10	9.92	10.07	9.93	11.71	7.22	9.01

注:有背景颜色单元格含义及参数建模误差计算方法参考表 8-5。

通过对图 8-11、图 8-12 和表 8-5、表 8-6 的数值仿真分析可得,刚度参数的最大识别 AE 发生位置与质量变化位置一一对应,即哪一层质量参数存在建模误差,哪一层刚度参数的识别 AE 最大。这种关系可以从表 8-5 和表 8-6 中有颜色背景的单元格数据直观得到。然而,阻尼参数的最大识别 AE 发生位置与质量变化位置并没有一一对应的关系。通过对工况 1 至工况 3 的计算结果分析可得,第三层质量参数的建模误差对识别结果的影响最为显著,其次是第二层质量参数,而第一层质量参数的建模误差对识别结果的影响最小。此外,观察工况 4 至工况 6 的计算结果可得,第二层和第三层质量参数同时存在建模误差时,算法的识别效果最差。通过对工况 7 至工况 9 的计算结果分析可得,质量参数的不确定性越大,参数识别误差越大。这表明在识别精度方面,三层剪切型框架结构中质量参数与刚度和阻尼参数之间存在正相关关系。总的来说,对于本案例研究,当质量参数存在 10% 的建模误差时,结构刚度和阻尼参数的最大识别 AE 约为 10%。

8.2 基于车-桥耦合振动系统的参数敏感性分析

此部分研究对象为车辆-桥梁耦合振动系统,其有限元模型、状态方程、观测方程和参数设置(结构参数和算法参数)参考 5.3.3。研究目的同样为考查 AUKF-FF 算法和 ASRUKF-FF 算法对不同参数设置的敏感性,并归纳总结相关参数的设置规律。同理,根据前文研究,AUKF-FF 算法计算灵敏参数阈值时考虑 S 算法[式(4-3)],而 ASRUKF-FF 算法由于算法构造因素,其计算灵敏参数阈值时选择 SR 算法[式(4-2)]。

8.2.1 状态值及协方差对识别效果的影响分析

与 8.1.1 类似，这里重点考查不同 $\boldsymbol{X}_0$、$\boldsymbol{P}_0$、$\boldsymbol{Q}$ 和 $\boldsymbol{R}$ 值对 AUKF-FF 算法和 ASRUKF-FF 算法识别时变结构参数性能的影响。同理，对比研究采用控制变量法，除了待研究的参数外，其他参数设置与 5.3.3 相同。此外，此部分主要考虑 $\boldsymbol{X}_0$ 和 $\boldsymbol{P}_0$ 中的待识别参数（刚度参数，即弹性模量参数）。基于 AUKF-FF 算法的具体识别结果如图 8-13 ~ 图 8-16 所示，最终识别误差统计见表 8-7。其中图 8-13 图例含义为："$[0.11\times10^{11}, 0.11\times10^{11}, 0.11\times10^{11}, 0.11\times10^{11}]$"代表初始状态量 $\boldsymbol{X}_0$ 中 E_2、E_3、E_4 和 E_5 的值分别为 0.11，其中 10^{11} 表示实际计算时考虑的量级，其余图例含义类推。图 8-14 图例含义为："$[1\times10^{-8}, 1\times10^{-8}, 1\times10^{-8}, 1\times10^{-8}]$"代表 $\boldsymbol{P}_0$ 中与待识别参数对应的协方差取值分别为 $\boldsymbol{P}_{0\_E2}=1\times10^{-8}$、$\boldsymbol{P}_{0\_E3}=1\times10^{-8}$、$\boldsymbol{P}_{0\_E4}=1\times10^{-8}$ 和 $\boldsymbol{P}_{0\_E5}=1\times10^{-8}$，其余图例含义类推。

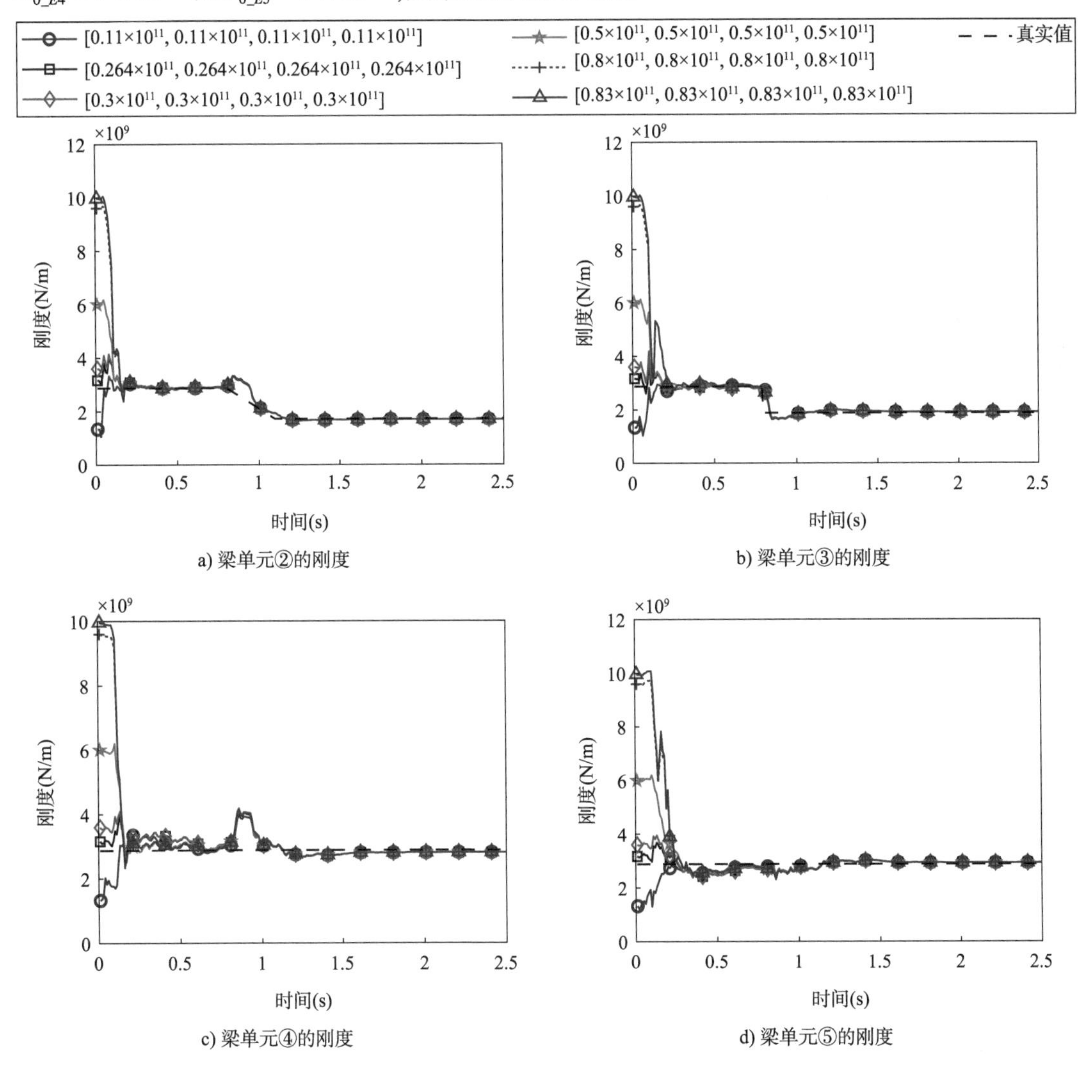

a) 梁单元②的刚度

b) 梁单元③的刚度

c) 梁单元④的刚度

d) 梁单元⑤的刚度

图 8-13 基于 AUKF-FF 算法的不同 $\boldsymbol{X}_0$ 值的识别结果

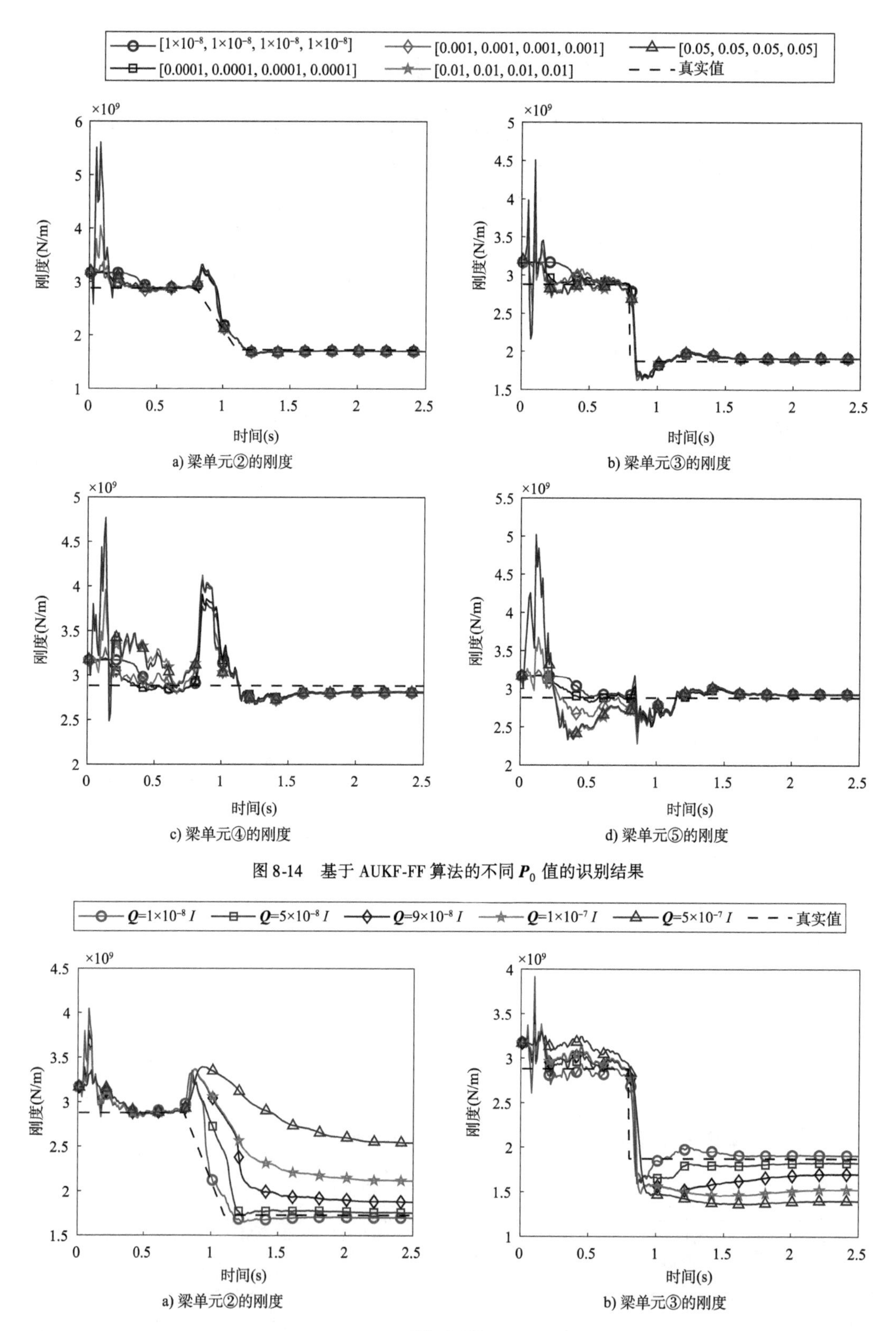

a) 梁单元②的刚度

b) 梁单元③的刚度

c) 梁单元④的刚度

d) 梁单元⑤的刚度

图 8-14　基于 AUKF-FF 算法的不同 $\boldsymbol{P}_0$ 值的识别结果

a) 梁单元②的刚度

b) 梁单元③的刚度

图　8-15

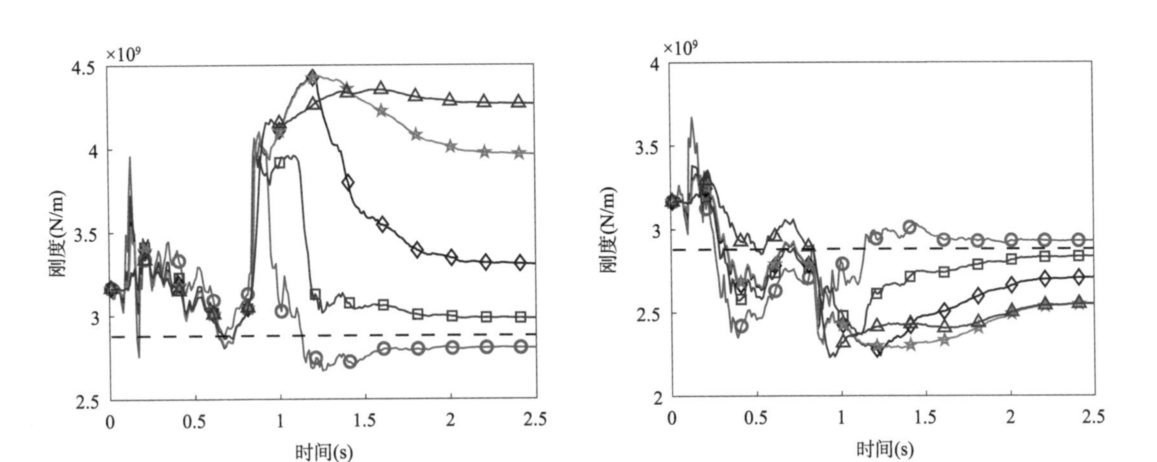

c) 梁单元④的刚度　　d) 梁单元⑤的刚度

图 8-15　基于 AUKF-FF 算法的不同 $\boldsymbol{Q}$ 值的识别结果

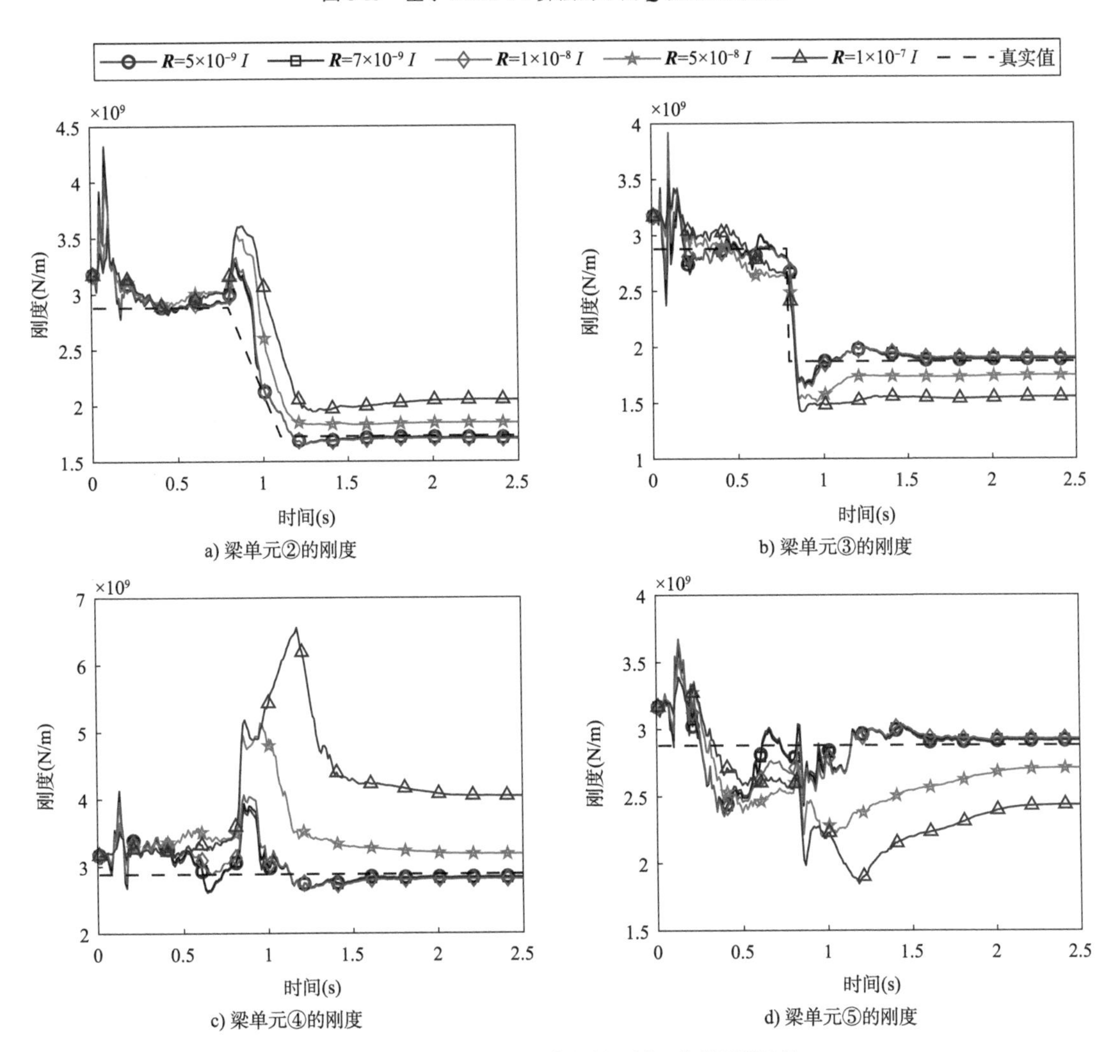

a) 梁单元②的刚度　　b) 梁单元③的刚度

c) 梁单元④的刚度　　d) 梁单元⑤的刚度

图 8-16　基于 AUKF-FF 算法的不同 $\boldsymbol{R}$ 值的识别结果

基于 AUKF-FF 算法的不同算法参数的最终识别误差统计 表 8-7

变量	参数取值	刚度识别误差(%)			
		梁单元②	梁单元③	梁单元④	梁单元⑤
$\boldsymbol{X}_0$	$[0.11\times10^{11}, 0.11\times10^{11}, 0.11\times10^{11}, 0.11\times10^{11}]$	-1.71	1.95	-2.65	1.73
	$[0.264\times10^{11}, 0.264\times10^{11}, 0.264\times10^{11}, 0.264\times10^{11}]$	-1.68	1.92	-2.61	1.70
	$[0.3\times10^{11}, 0.3\times10^{11}, 0.3\times10^{11}, 0.3\times10^{11}]$	-1.68	1.91	-2.59	1.70
	$[0.5\times10^{11}, 0.5\times10^{11}, 0.5\times10^{11}, 0.5\times10^{11}]$	-1.66	1.88	-2.55	1.67
	$[0.8\times10^{11}, 0.8\times10^{11}, 0.8\times10^{11}, 0.8\times10^{11}]$	-1.66	1.89	-2.56	1.68
	$[0.83\times10^{11}, 0.83\times10^{11}, 0.83\times10^{11}, 0.83\times10^{11}]$	-1.66	1.89	-2.57	1.68
$\boldsymbol{P}_0$	$[1\times10^{-8}, 1\times10^{-8}, 1\times10^{-8}, 1\times10^{-8}]$	-1.74	1.98	-2.65	1.72
	$[0.0001, 0.0001, 0.0001, 0.0001]$	-1.58	1.76	-2.38	1.55
	$[0.001, 0.001, 0.001, 0.001]$	-1.67	1.91	-2.58	1.69
	$[0.01, 0.01, 0.01, 0.01]$	-1.68	1.92	-2.61	1.70
	$[0.05, 0.05, 0.05, 0.05]$	-1.69	1.92	-2.61	1.71
$\boldsymbol{Q}$	$1\times10^{-8}\boldsymbol{I}$	-1.68	1.92	-2.61	1.70
	$5\times10^{-8}\boldsymbol{I}$	1.63	-2.50	3.52	-1.53
	$9\times10^{-8}\boldsymbol{I}$	8.62	-9.25	14.79	-5.95
	$1\times10^{-7}\boldsymbol{I}$	22.36	-18.55	37.61	-11.46
	$5\times10^{-7}\boldsymbol{I}$	47.00	-25.32	48.17	-11.39
$\boldsymbol{R}$	$5\times10^{-9}\boldsymbol{I}$	-1.16	1.14	-1.69	1.22
	$7\times10^{-9}\boldsymbol{I}$	-1.39	1.49	-2.12	1.45
	$1\times10^{-8}\boldsymbol{I}$	-1.68	1.92	-2.61	1.70
	$5\times10^{-8}\boldsymbol{I}$	6.90	-6.61	10.29	-5.91
	$1\times10^{-7}\boldsymbol{I}$	18.75	-17.10	40.34	-15.52

基于 ASRUKF-FF 算法的具体识别结果如图 8-17 ~ 图 8-20 所示,最终识别误差统计见表 8-8。

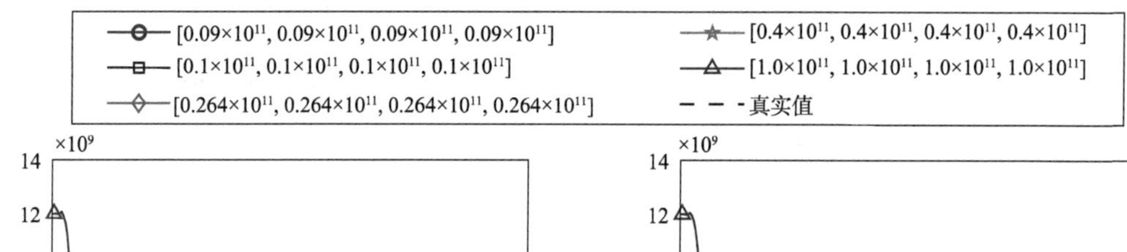

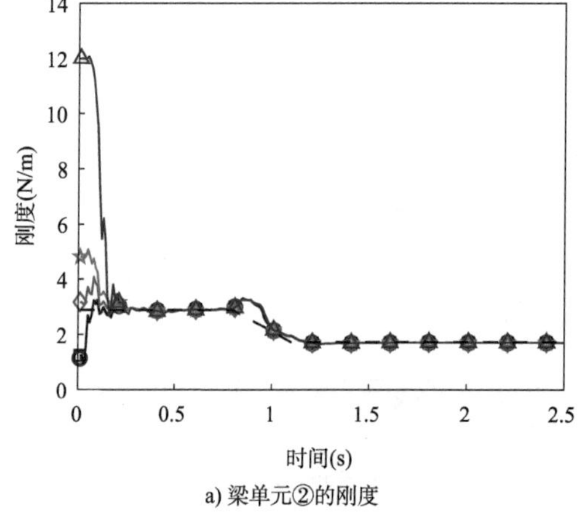

a) 梁单元②的刚度

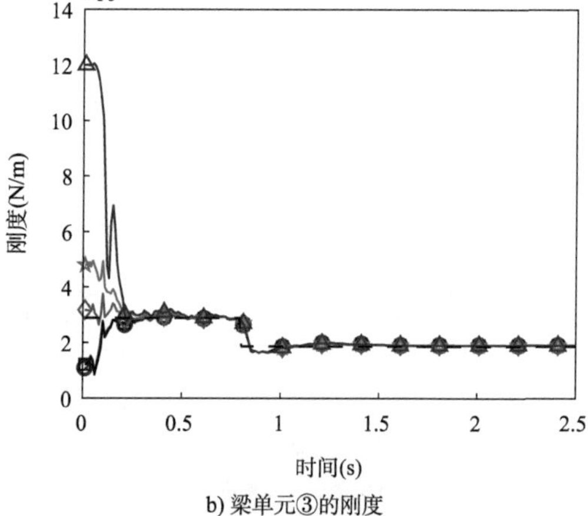

b) 梁单元③的刚度

图 8-17

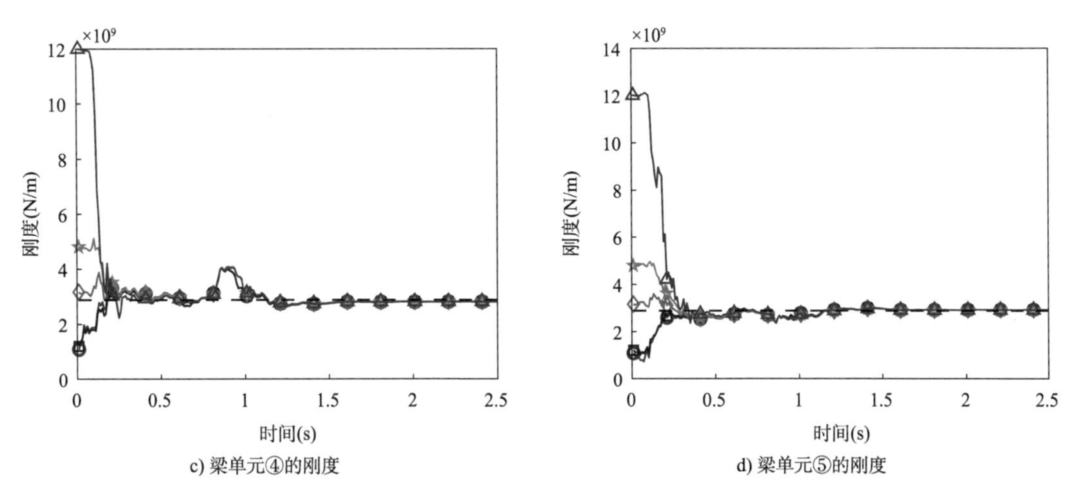

c) 梁单元④的刚度

d) 梁单元⑤的刚度

图 8-17 基于 ASRUKF-FF 算法的不同 X_0 值的识别结果(图例含义与图 8-13 一致)

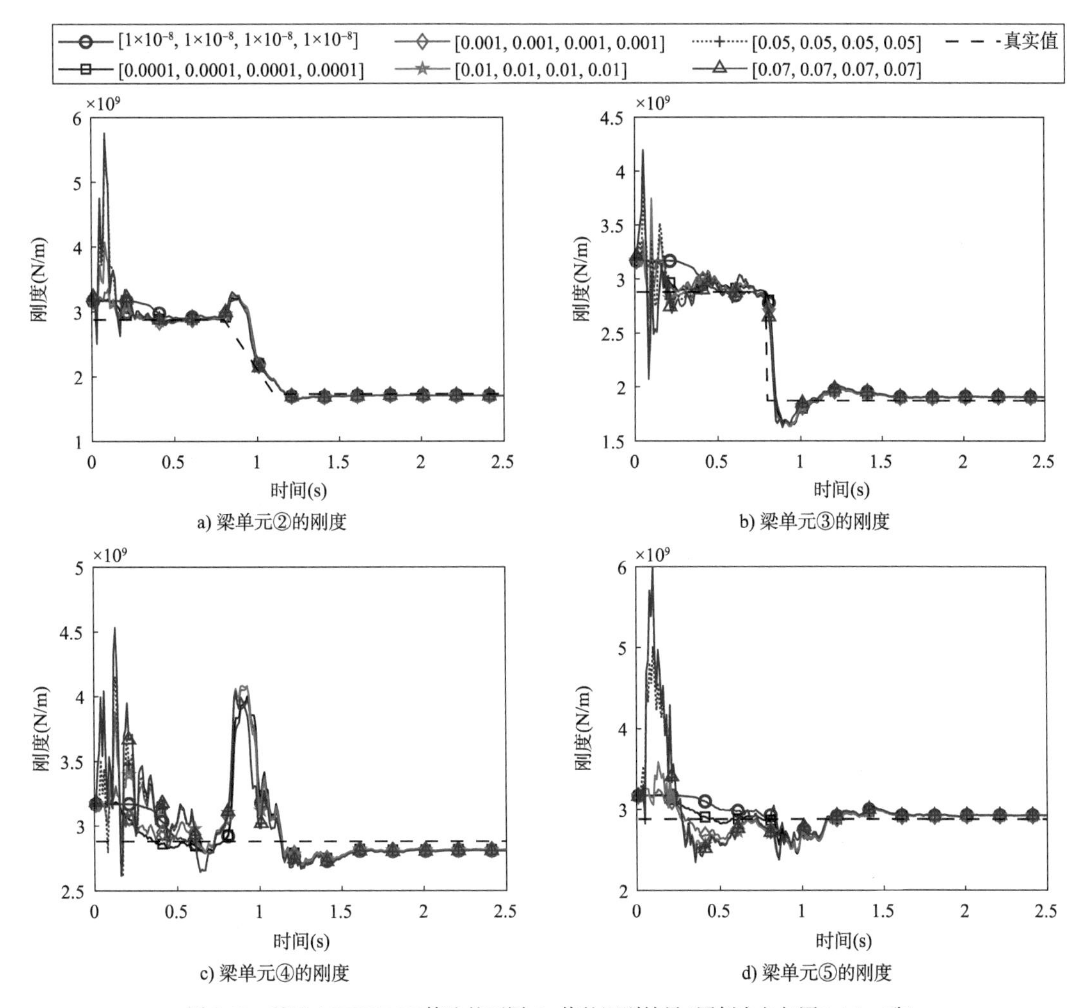

a) 梁单元②的刚度

b) 梁单元③的刚度

c) 梁单元④的刚度

d) 梁单元⑤的刚度

图 8-18 基于 ASRUKF-FF 算法的不同 P_0 值的识别结果(图例含义与图 8-14 一致)

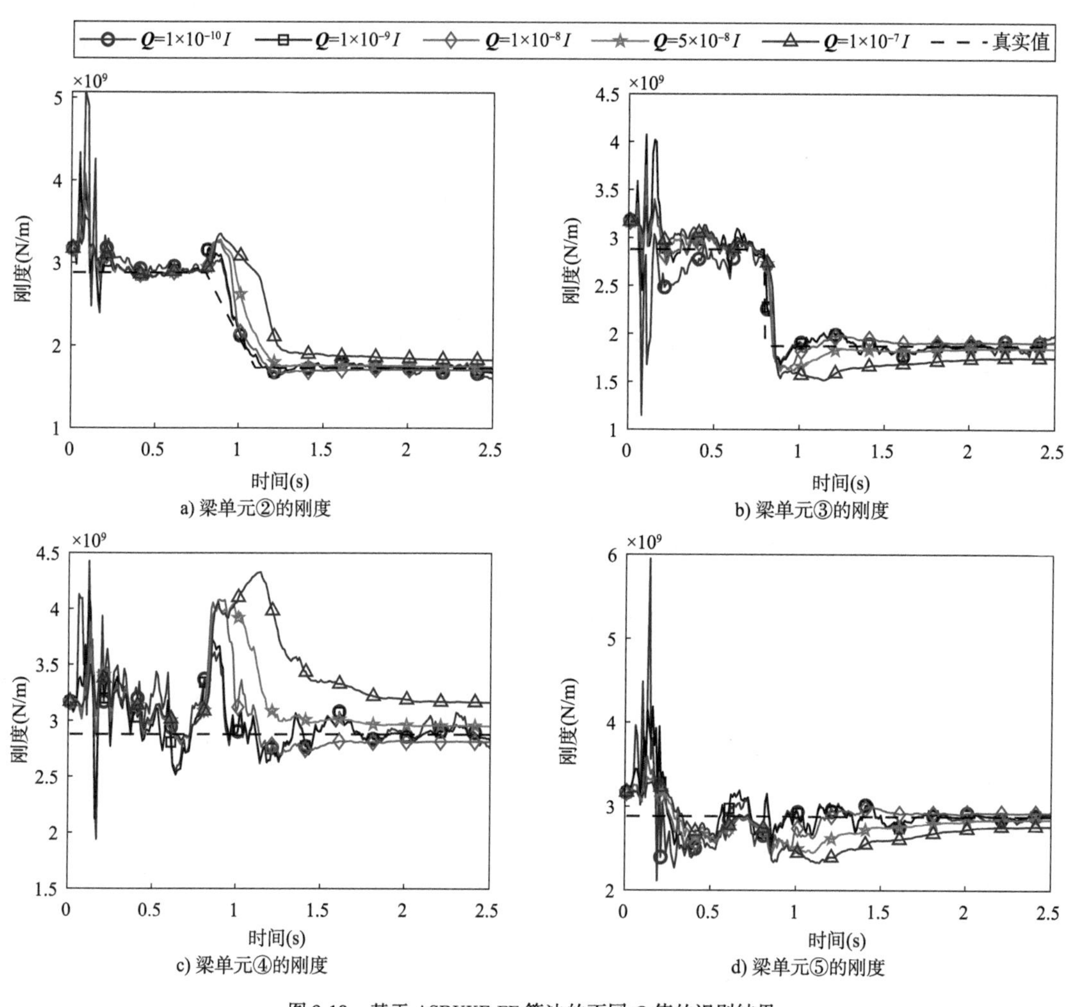

a) 梁单元②的刚度

b) 梁单元③的刚度

c) 梁单元④的刚度

d) 梁单元⑤的刚度

图 8-19　基于 ASRUKF-FF 算法的不同 $\boldsymbol{Q}$ 值的识别结果

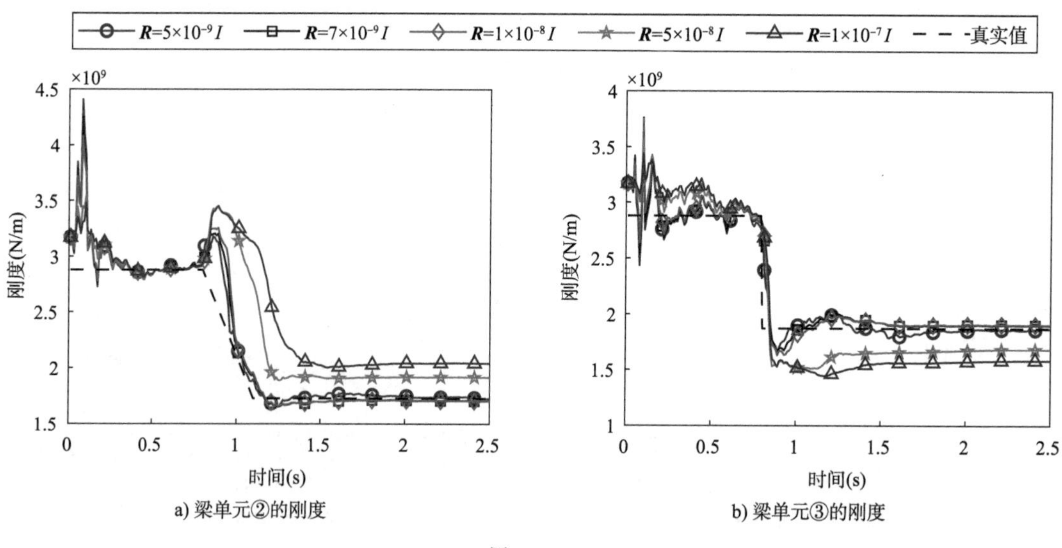

a) 梁单元②的刚度

b) 梁单元③的刚度

图　8-20

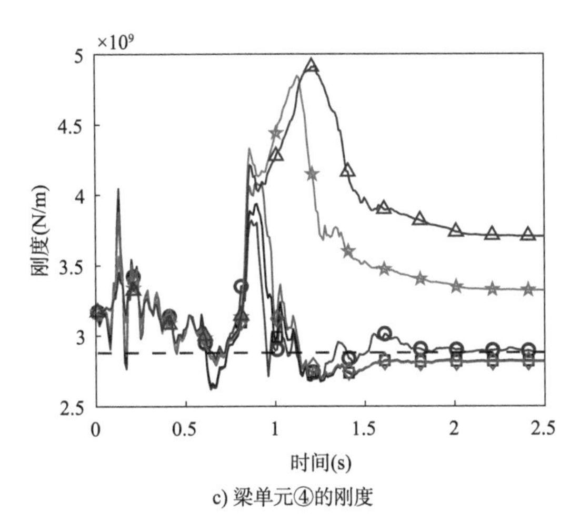

c) 梁单元④的刚度

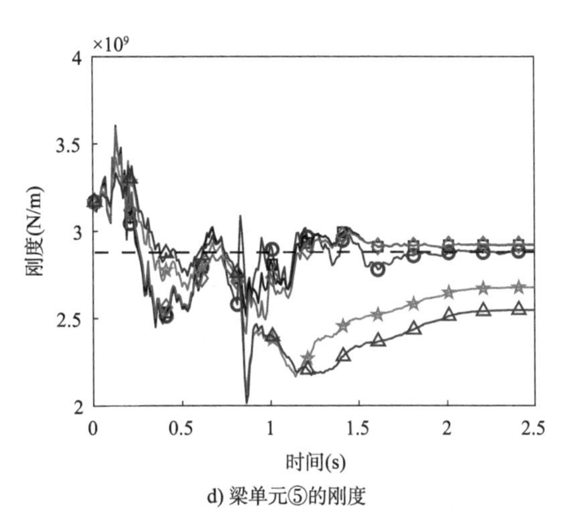

d) 梁单元⑤的刚度

图 8-20 基于 ASRUKF-FF 算法的不同 $\boldsymbol{R}$ 值的识别结果

基于 ASRUKF-FF 算法的不同算法参数的最终识别误差统计 表 8-8

变量	参数取值	刚度识别误差(%)			
		梁单元②	梁单元③	梁单元④	梁单元⑤
$\boldsymbol{X}_0$	$[0.09\times10^{11},0.09\times10^{11},0.09\times10^{11},0.09\times10^{11}]$	-1.65	1.90	-2.53	1.61
	$[0.1\times10^{11},0.1\times10^{11},0.1\times10^{11},0.1\times10^{11}]$	-1.65	1.90	-2.53	1.61
	$[0.264\times10^{11},0.264\times10^{11},0.264\times10^{11},0.264\times10^{11}]$	-1.53	1.73	-2.31	1.47
	$[0.4\times10^{11},0.4\times10^{11},0.4\times10^{11},0.4\times10^{11}]$	-1.53	1.73	-2.31	1.47
	$[1.0\times10^{11},1.0\times10^{11},1.0\times10^{11},1.0\times10^{11}]$	-1.53	1.73	-2.30	1.47
$\boldsymbol{P}_0$	$[1\times10^{-8},1\times10^{-8},1\times10^{-8},1\times10^{-8}]$	-1.65	1.89	-2.52	1.62
	$[0.0001,0.0001,0.0001,0.0001]$	-1.52	1.70	-2.27	1.45
	$[0.001,0.001,0.001,0.001]$	-1.52	1.71	-2.28	1.46
	$[0.01,0.01,0.01,0.01]$	-1.53	1.73	-2.31	1.47
	$[0.05,0.05,0.05,0.05]$	-1.66	1.91	-2.54	1.62
	$[0.07,0.07,0.07,0.07]$	-1.66	1.91	-2.54	1.62
$\boldsymbol{Q}$	$1\times10^{-10}\boldsymbol{I}$	-7.35	5.96	-4.19	1.68
	$1\times10^{-9}\boldsymbol{I}$	-3.31	2.34	-1.75	1.09
	$1\times10^{-8}\boldsymbol{I}$	-1.53	1.73	-2.31	1.47
	$5\times10^{-8}\boldsymbol{I}$	0.83	-1.57	2.55	-1.26
	$1\times10^{-7}\boldsymbol{I}$	5.74	-6.69	9.87	-4.09
$\boldsymbol{R}$	$5\times10^{-9}\boldsymbol{I}$	-0.34	-0.17	-0.07	0.35
	$7\times10^{-9}\boldsymbol{I}$	-1.43	1.54	-2.13	1.41
	$1\times10^{-8}\boldsymbol{I}$	-1.53	1.73	-2.31	1.47
	$5\times10^{-8}\boldsymbol{I}$	10.83	-10.10	15.30	-7.05
	$1\times10^{-7}\boldsymbol{I}$	18.11	-15.55	28.66	-11.53

通过对简支桥结构系统的数值仿真分析,可得以下结果。

(1)当仅考虑初始状态量 $\boldsymbol{X}_0$ 中待识别参数的取值变化时,$\boldsymbol{X}_0$ 中的弹性模量取值存在一个合理的范围要求。范围之外的数值可能导致矩阵病态,进而导致识别结果发散。对于该研究案例,基于 AUKF-FF 算法的较合适的弹性模量取值范围为 $\boldsymbol{X}_0 \in [0.11\times10^{11}, 0.83\times10^{11}]$,而基于 ASRUKF-FF 算法的较为合适的弹性模量取值范围为 $\boldsymbol{X}_0 \in [0.09\times10^{11}, 1\times10^{11}]$,即 ASRUKF-FF 算法的 $\boldsymbol{X}_0$ 中待识别参数的取值范围较大。在适宜范围内,$\boldsymbol{X}_0$ 中的弹性模量取值对识别结果影响最小。

(2)对于初始状态协方差 $\boldsymbol{P}_0$ 中待识别参数的取值情况存在一个上限要求。超限的数值可能导致矩阵病态,进而引发识别结果发散。其中,针对本案例,AUKF-FF 算法的上限取值工况为 $\boldsymbol{P}_{0\_E2}=0.05$、$\boldsymbol{P}_{0\_E3}=0.05$、$\boldsymbol{P}_{0\_E4}=0.05$、$\boldsymbol{P}_{0\_E5}=0.05$,而 ASRUKF-FF 算法的上限取值工况为 $\boldsymbol{P}_{0\_E2}=0.07$、$\boldsymbol{P}_{0\_E3}=0.07$、$\boldsymbol{P}_{0\_E4}=0.07$、$\boldsymbol{P}_{0\_E5}=0.07$。此外,$\boldsymbol{P}_0$ 取值过小(如 $\boldsymbol{P}_0=1\times10^{-8}\boldsymbol{I}$)会降低初始阶段结构参数的收敛速度[图 8-14 和图 8-18 红线(圆形标记)],这一仿真结果与第 8.1.1 节中的结论一致。同时,过大的 $\boldsymbol{P}_0$ 值可能导致识别的初始阶段产生明显的抖动(图 8-14 和图 8-18 中的三角标记实线),影响算法稳定性,并降低收敛速度。在一定范围内,$\boldsymbol{P}_0$ 取值对简支桥的刚度参数识别准确性影响较小。

(3)当仅考虑过程噪声协方差 $\boldsymbol{Q}$ 的取值变化时,针对 AUKF-FF 算法,其合适的 $\boldsymbol{Q}$ 的取值范围较小,使用大于 $5\times10^{-8}\boldsymbol{I}$ 的 $\boldsymbol{Q}$ 值时,算法的最大识别 AE 超过 14%,且面对小于 $1\times10^{-8}\boldsymbol{I}$ 的 $\boldsymbol{Q}$ 值工况时,算法不收敛;针对 ASRUKF-FF 算法,尽管选取过大或过小的 $\boldsymbol{Q}$ 值(如 $1\times10^{-7}\boldsymbol{I}$ 或 $1\times10^{-10}\boldsymbol{I}$),算法的识别误差也较大,但最大识别 AE 都未超过 10%。这说明 $\boldsymbol{Q}$ 值变化对 AUKF-FF 算法更敏感。

(4)当仅考虑观测误差协方差 $\boldsymbol{R}$ 的取值变化时,$\boldsymbol{R}$ 值的增加会导致刚度参数的识别误差进一步增大,这一仿真结果与 8.1.1 中的结论一致。同时,过小的 $\boldsymbol{R}$ 值也会导致矩阵病态,引发识别发散。总体对比分析可得,ASRUKF-FF 算法的识别精度相对更高。

综上所述,$\boldsymbol{X}_0$、$\boldsymbol{P}_0$、$\boldsymbol{Q}$ 和 $\boldsymbol{R}$ 参数对 AUKF-FF 算法更敏感,尤其是 $\boldsymbol{Q}$ 参数。从识别精度考虑,建议 $\boldsymbol{X}_0$ 取值参考结构的初始设计方案;$\boldsymbol{P}_0$ 取值可优先考虑较小值情况,如$[1\times10^{-8}, 1\times10^{-8}, 1\times10^{-8}, 1\times10^{-8}]$,随后逐渐增大 $\boldsymbol{P}_0$ 值,看识别结果是否稳定,如果识别结果比较一致,则可选取其中一种组合情况;$\boldsymbol{Q}$ 值和 $\boldsymbol{R}$ 值优先考虑较小值情况,如 $1\times10^{-8}\boldsymbol{I}$,随后可上下浮动查看识别结果是否稳定。

8.2.2 观测量对识别效果的影响分析

类似 8.1.2,此部分主要考查不同观测值组合工况对算法识别效果的影响,具体讨论工况如图 8-21 ~ 图 8-26 的图例所示,见表 8-9、表 8-10 中的"观测值类型"一列。其中,图例或"观测值类型"一列中各项目的含义解释如下:以"DIS-3-5-7-9-11"为例,"DIS-3-5-7-9-11"表示全部使用位移响应作为观测值,总共包含 5 个观测值,分别为桥梁第 3、5、7、9 和 11 自由度的位移响应(图 5-14)。分析研究采用控制变量法,其中除了待研究参数外,其余所有参数设置都与 7.5.2.1(2% 噪声)一致。此外,各个工况的具体计算流程参考 8.1.2。

基于 AUKF-FF 算法的识别结果如图 8-21 ~ 图 8-23 所示,最终识别误差统计见表 8-9。注意:图 8-21 ~ 图 8-23 展示结果均为正常收敛的观测值组合工况。

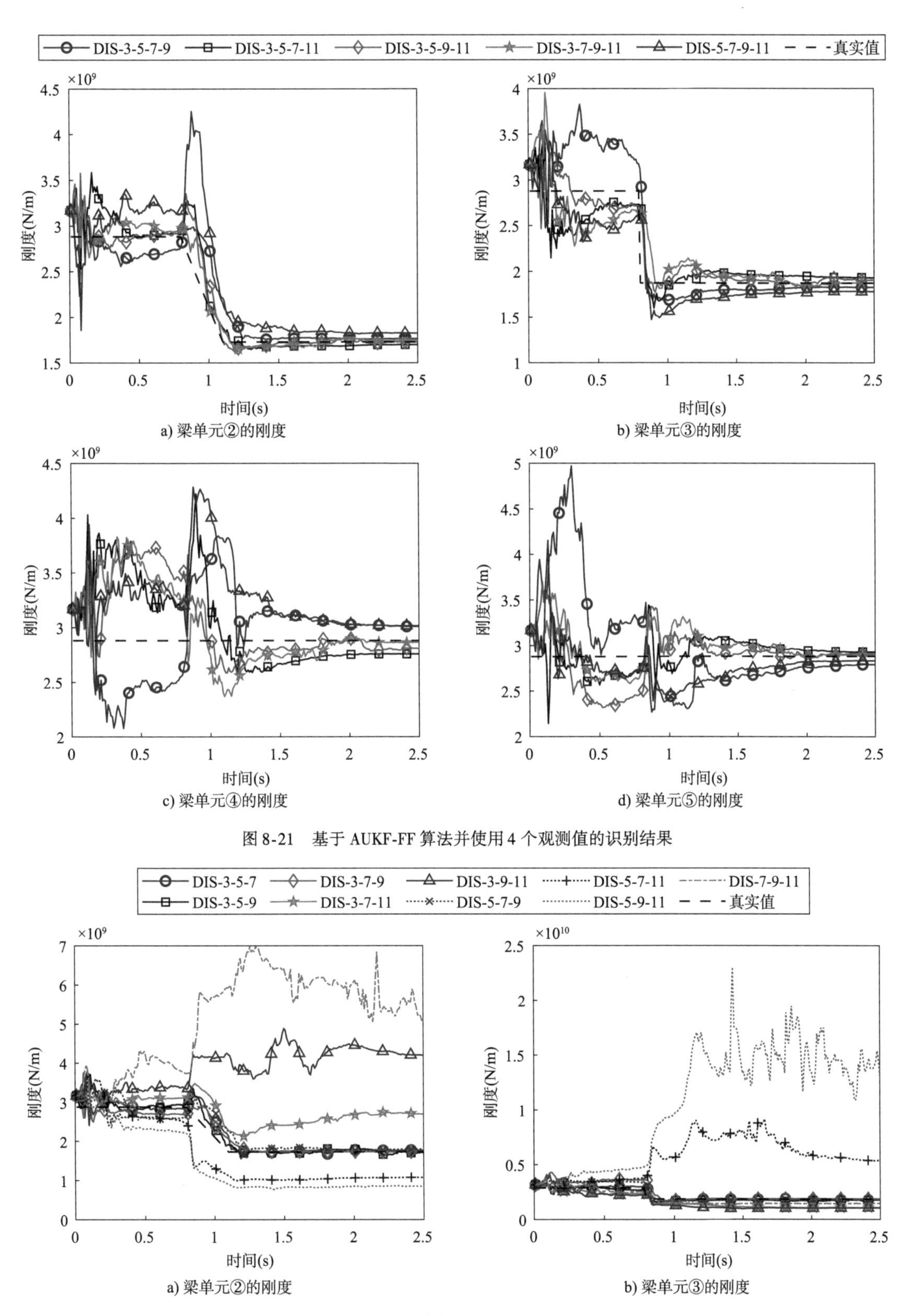

a) 梁单元②的刚度

b) 梁单元③的刚度

c) 梁单元④的刚度

d) 梁单元⑤的刚度

图 8-21 基于 AUKF-FF 算法并使用 4 个观测值的识别结果

a) 梁单元②的刚度

b) 梁单元③的刚度

图 8-22

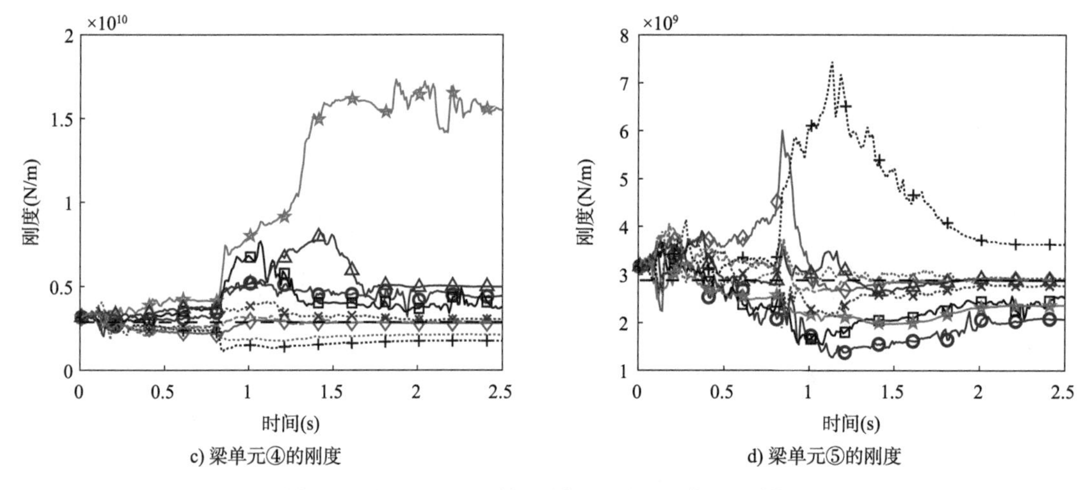

c) 梁单元④的刚度　　d) 梁单元⑤的刚度

图 8-22　基于 AUKF-FF 算法并使用 3 个观测值的识别结果

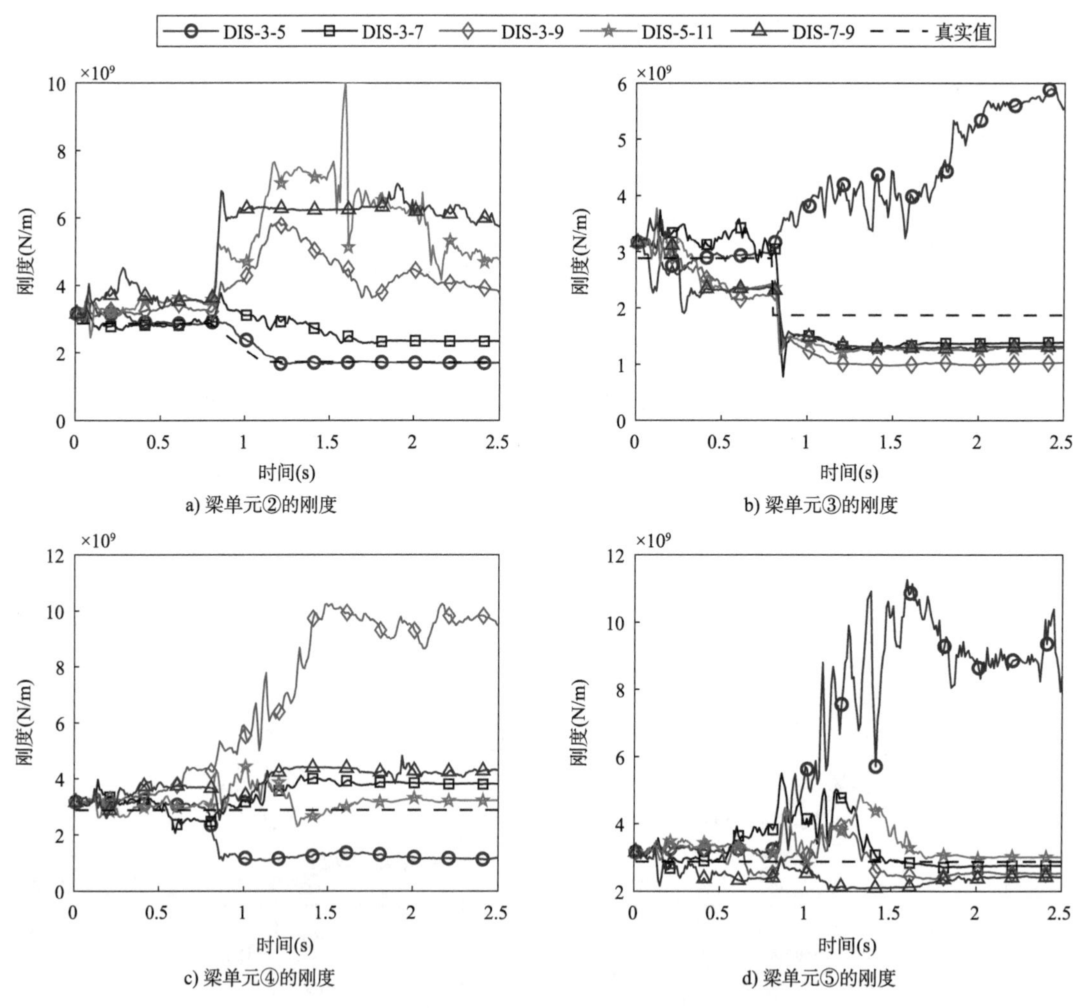

a) 梁单元②的刚度　　b) 梁单元③的刚度

c) 梁单元④的刚度　　d) 梁单元⑤的刚度

图 8-23　基于 AUKF-FF 算法并使用 2 个观测值的识别结果

基于 AUKF-FF 算法的不同观测值工况的最终识别误差统计(%) 表 8-9

工况	观测值类型	刚度识别误差			
		梁单元②	梁单元③	梁单元④	梁单元⑤
1	DIS-3-5-7-9-11	-1.68	1.92	-2.61	1.70
2	DIS-3-5-7-9	2.03	-2.47	4.52	-3.12
3	DIS-3-5-7-11	-1.80	3.06	-4.22	1.63
4	DIS-3-5-9-11	-0.24	1.80	-2.48	0.95
5	DIS-3-7-9-11	0.86	-0.09	-0.50	0.51
6	DIS-5-7-9-11	5.55	-5.00	4.70	-1.69
7	DIS-3-5-7	2.40	-4.73	53.77	-28.28
8	DIS-3-5-9	-1.65	-4.12	31.96	-12.87
9	DIS-3-7-9	0.11	1.17	-1.98	0.30
10	DIS-3-7-11	56.03	-41.03	436.34	-18.26
11	DIS-3-9-11	142.65	-42.80	72.82	-0.37
12	DIS-5-7-9	4.29	-3.12	6.31	-4.17
13	DIS-5-7-11	-37.57	187.34	-38.50	26.01
14	DIS-5-9-11	-50.54	591.83	-25.66	1.17
15	DIS-7-9-11	195.61	-21.18	1.22	0.00
16	DIS-3-5	-0.54	197.83	-59.31	191.70
17	DIS-3-7	35.89	-25.99	32.49	-4.34
18	DIS-3-9	116.44	-44.71	229.21	-12.38
19	DIS-5-11	175.35	-31.27	11.96	4.56
20	DIS-7-9	232.14	-29.87	50.02	-16.03

基于 ASRUKF-FF 算法的具体识别结果如图 8-24 ~ 图 8-26 所示,最终识别误差统计见表 8-10。同时,值得注意的是,在仿真模拟时发现,“DIS-7-9”工况的灵敏参数时程曲线没有明显的脉冲响应特征,且“DIS-2-4-8”工况不能收敛。因此,后续的讨论和分析将排除这两个工况。

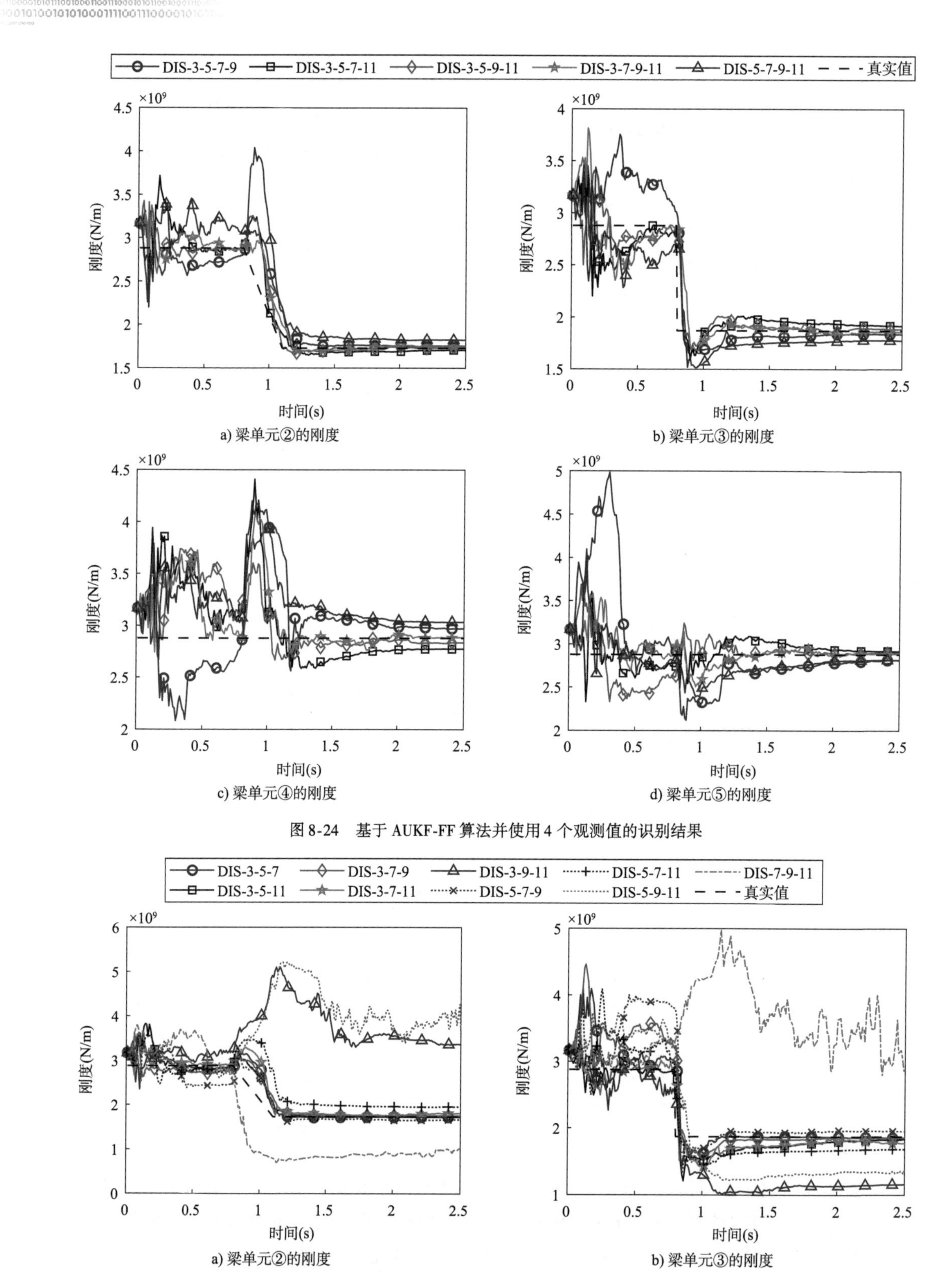

a) 梁单元②的刚度

b) 梁单元③的刚度

c) 梁单元④的刚度

d) 梁单元⑤的刚度

图 8-24　基于 AUKF-FF 算法并使用 4 个观测值的识别结果

a) 梁单元②的刚度

b) 梁单元③的刚度

图　8-25

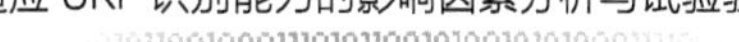

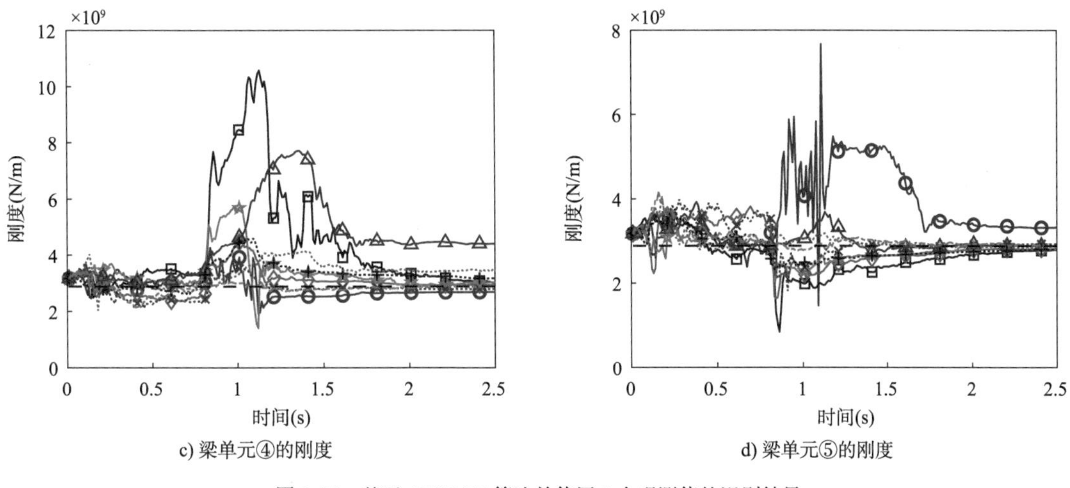

c) 梁单元④的刚度

d) 梁单元⑤的刚度

图 8-25 基于 AUKF-FF 算法并使用 3 个观测值的识别结果

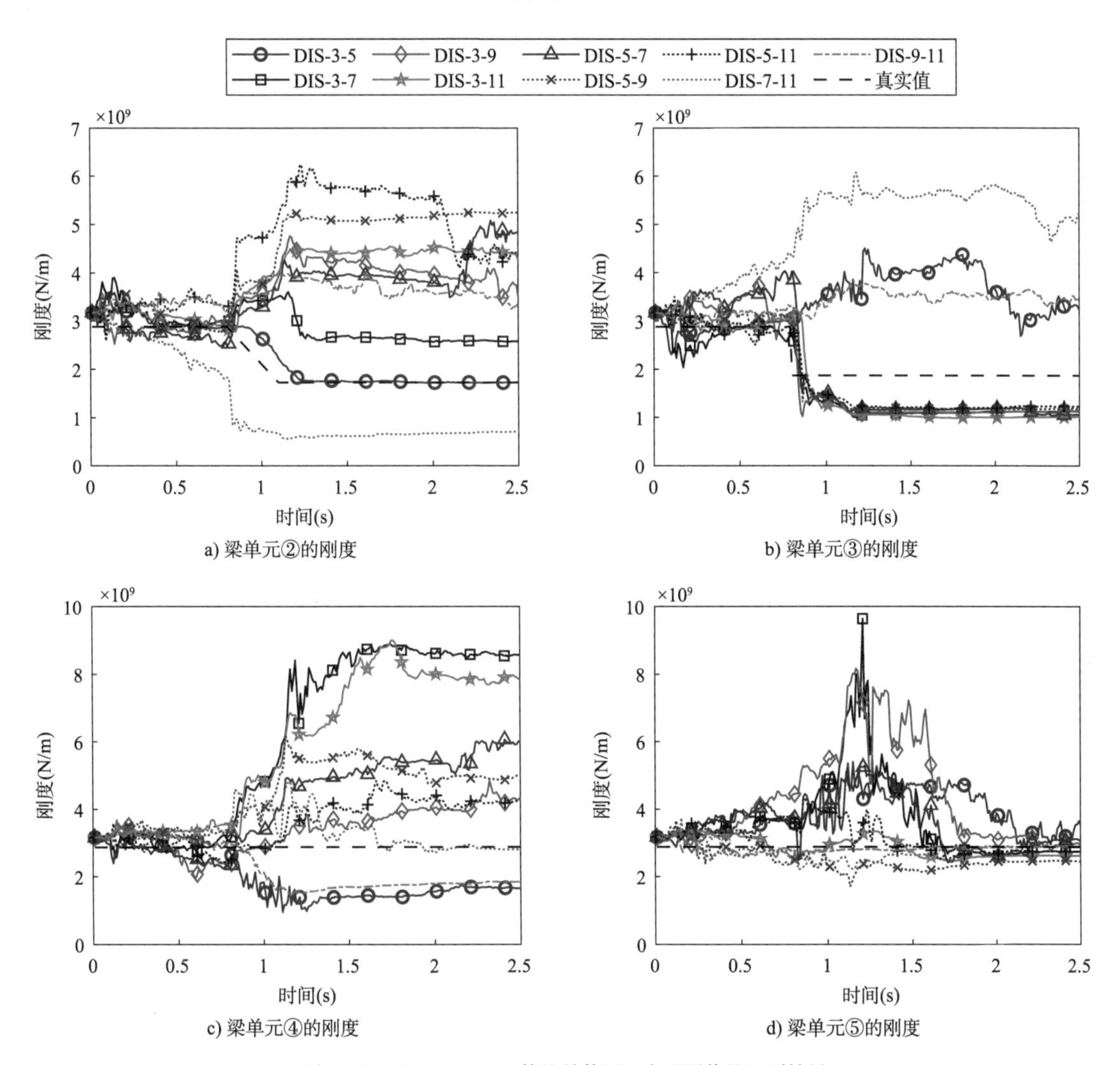

a) 梁单元②的刚度

b) 梁单元③的刚度

c) 梁单元④的刚度

d) 梁单元⑤的刚度

图 8-26 基于 AUKF-FF 算法并使用 2 个观测值的识别结果

基于 ASRUKF-FF 算法的不同观测值工况的最终识别误差统计(%) 表 8-10

工况	观测值类型	刚度识别误差			
		梁单元②	梁单元③	梁单元④	梁单元⑤
1	DIS-3-5-7-9-11	-1.53	1.73	-2.31	1.47
2	DIS-3-5-7-9	1.46	-1.80	3.20	-2.26
3	DIS-3-5-7-11	-1.32	2.43	-3.57	1.30
4	DIS-3-5-9-11	0.15	0.78	-1.52	0.69
5	DIS-3-7-9-11	1.18	-0.70	0.28	0.23
6	DIS-5-7-9-11	5.46	-5.08	5.32	-2.17
7	DIS-3-5-7	-0.55	-1.03	-6.89	15.06
8	DIS-3-5-11	0.16	-2.15	5.03	-3.31
9	DIS-3-7-9	1.33	-0.88	1.93	-2.56
10	DIS-3-7-11	4.16	-4.95	4.83	-0.12
11	DIS-3-9-11	94.20	-38.14	52.40	0.11
12	DIS-5-7-9	-3.68	4.40	-3.08	1.48
13	DIS-5-7-11	12.99	-10.14	10.08	-2.82
14	DIS-5-9-11	107.64	-26.68	18.82	-1.28
15	DIS-7-9-11	-41.95	55.43	0.24	-0.43
16	DIS-3-5	0.18	72.66	-42.20	22.93
17	DIS-3-7	49.14	-39.88	197.28	-4.88
18	DIS-3-9	103.28	-38.60	51.15	1.07
19	DIS-3-11	147.82	-45.81	171.77	-9.09
20	DIS-5-7	180.02	-43.58	109.19	6.80
21	DIS-5-9	203.52	-37.06	74.38	-14.93
22	DIS-5-11	154.05	-34.50	46.98	-4.63
23	DIS-7-11	-59.43	180.20	-3.16	0.75
24	DIS-9-11	93.08	84.58	-35.90	0.60

根据上述仿真计算结果可得,对于图 5-14 所示的简支桥结构,能够同步准确地识别中间 4 个梁单元弹性模量参数的最少观测值数目为 3。然而,并非任意 3 个观测值组合情况均能成功识别中间 4 个梁单元的弹性模量参数。进一步通过系统的数据对比分析,未见明显规律的观测值组合模式。然而,当观测值组合工况中包含第 7 和第 9 自由度,同时第 3 个观测值位于简支桥左半部分(如“DIS-3-7-9”和“DIS-5-7-9”)时,算法的识别准确性较高。另外,值得注意的是,对于本案例研究情况,观测值数目和算法识别准确性之间并没有正相关关系,即测量值个数多并不意味着识别准确性一定高,只能说观测值数目多时算法识别的准确性相对较高。例如,对于本案例研究,“DIS-3-5-9-11”和“DIS-3-7-9-11”工况的识别准确性

高于 5 个观测值的情况。观测值最优组合是一个优化问题，与结构类型、环境噪声、响应灵敏度、模态振型等因素相关。对于本案例，测量值组合数目相对较少，故基于穷举法进行了全面的研究，以检查每种组合的识别效果。同时，基于仿真模拟分析可得，ASRUKF-FF 算法相比 AUKF-FF 算法，不同观测值组合工况的收敛性更好，具体体现在两个观测值的识别工况。

8.2.3 物理参数对识别效果的影响分析

本部分主要考查建模误差对算法识别效果的影响。基于 5.3.3.1 的模型分析，将梁端弹性模量（E_1 和 E_6）、单位长度质量（ρA）、截面惯性矩（I）和模态阻尼比（τ）参数选为研究对象，其余参数设置参考 5.3.3，且观测噪声设置为 2%。此外，由于不同建模误差直接影响状态方程的不确定性，本节具体分析流程参考 8.1.2 和 8.1.3。

基于 AUKF-FF 算法的具体识别结果如图 8-27 ~ 图 8-30 所示，最终识别误差统计见表 8-11。

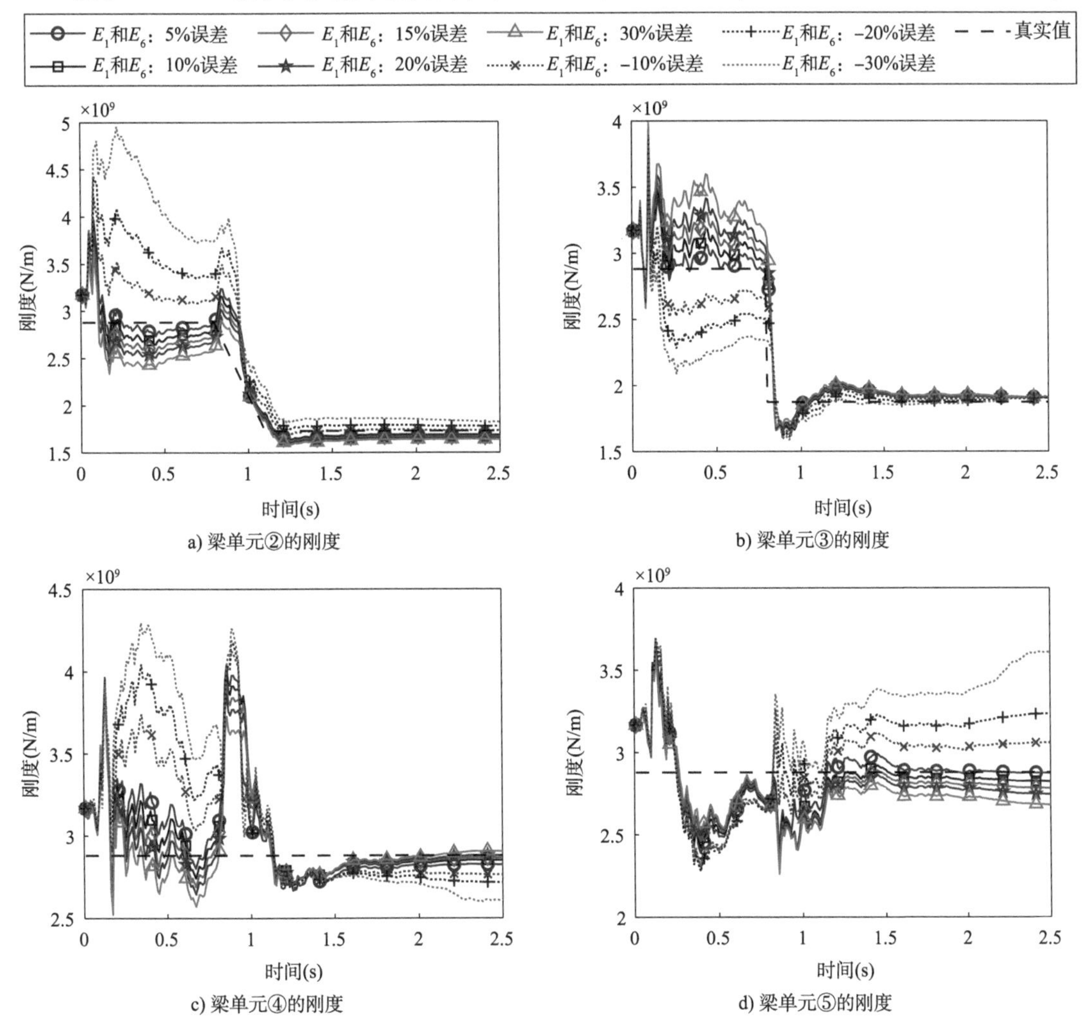

图 8-27 基于 AUKF-FF 算法的弹性模量参数建模误差识别结果

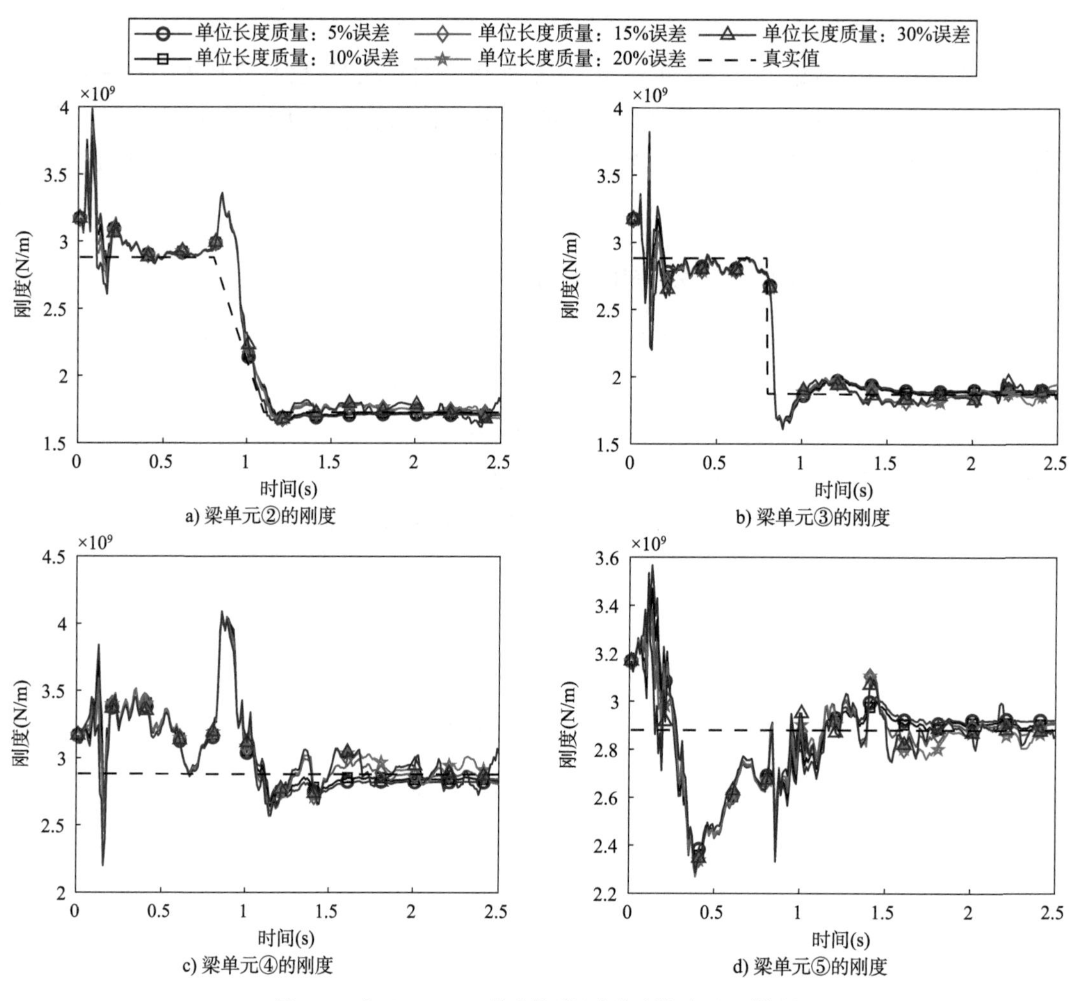

图 8-28　基于 AUKF-FF 算法的质量参数建模误差识别结果

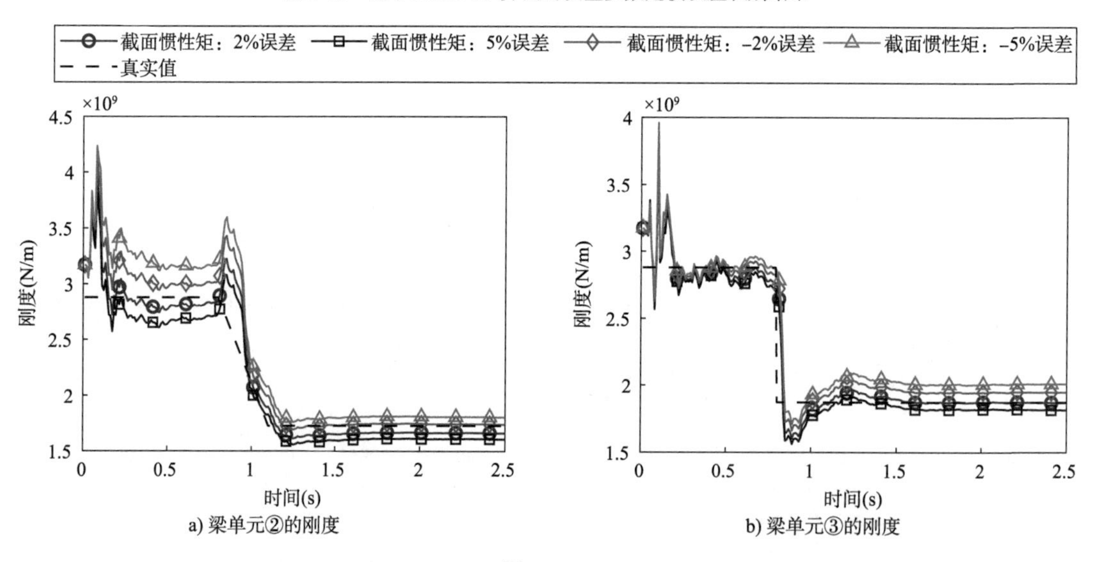

图　8-29

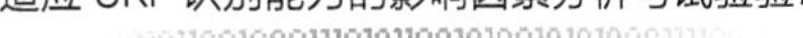

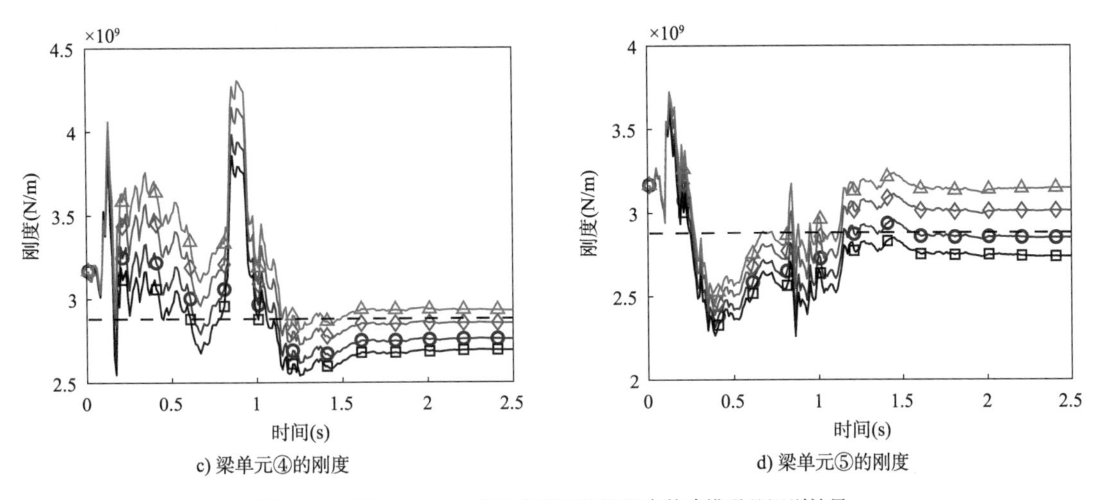

c) 梁单元④的刚度　　d) 梁单元⑤的刚度

图 8-29　基于 AUKF-FF 算法的截面惯性矩参数建模误差识别结果

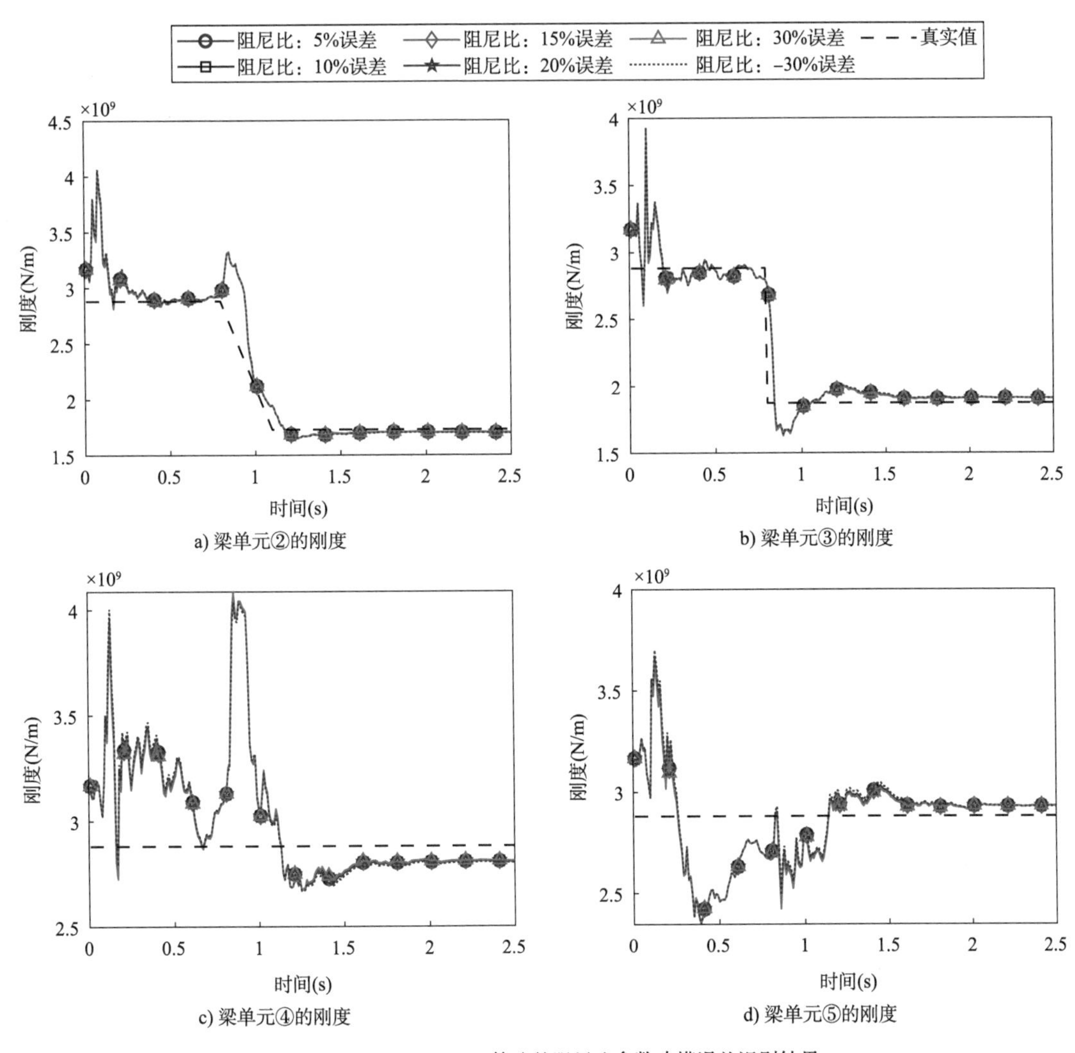

a) 梁单元②的刚度　　b) 梁单元③的刚度

c) 梁单元④的刚度　　d) 梁单元⑤的刚度

图 8-30　基于 AUKF-FF 算法的阻尼比参数建模误差识别结果

基于 AUKF-FF 算法的不同参数建模误差的最终识别误差统计(%) 表 8-11

不确定参数	建模误差	刚度识别误差			
		梁单元②	梁单元③	梁单元④	梁单元⑤
弹性模量 E_1 和 E_6	5	-2.44	1.91	-1.93	-0.16
	10	-3.01	1.70	-1.00	-1.99
	15	-3.67	1.75	-0.48	-3.42
	20	-4.26	1.78	3.52E-05	-4.70
	30	-5.27	1.83	0.90	-6.90
	-10	0.22	1.86	-4.05	6.24
	-20	2.85	1.66	-5.66	12.33
	-30	5.48	2.36	-9.39	25.28
单位长度质量 ρA	5	-1.14	1.51	-2.00	1.41
	10	-0.87	1.41	-1.47	1.06
	15	-0.71	1.63	-1.27	0.94
	20	-2.75	4.15	-2.68	1.31
	30	4.51	0.52	5.47	-0.77
截面惯性矩 I	2	-3.91	-0.11	-4.21	-1.07
	-2	0.65	4.03	-0.93	4.63
	5	-7.05	-3.02	-6.52	-4.96
	-5	4.38	7.33	1.70	9.32
阻尼比 τ	5	-1.65	1.93	-2.58	1.71
	10	-1.62	1.94	-2.56	1.72
	15	-1.58	1.96	-2.53	1.73
	20	-1.55	1.97	-2.51	1.74
	30	-1.48	1.99	-2.46	1.76
	-30	-1.88	1.84	-2.74	1.64

注:1. 具有背景颜色的单元格数据表示每行的最大误差。

2. 正建模误差表示参数增大,而负建模误差表示参数减小,如真实参数值为 10,考虑建模误差为 ±5%,则参数值变为 10×(1±5%)。

基于 ASRUKF-FF 算法的具体识别结果如图 8-31 ~ 图 8-34 所示,最终识别误差统计见表 8-12。

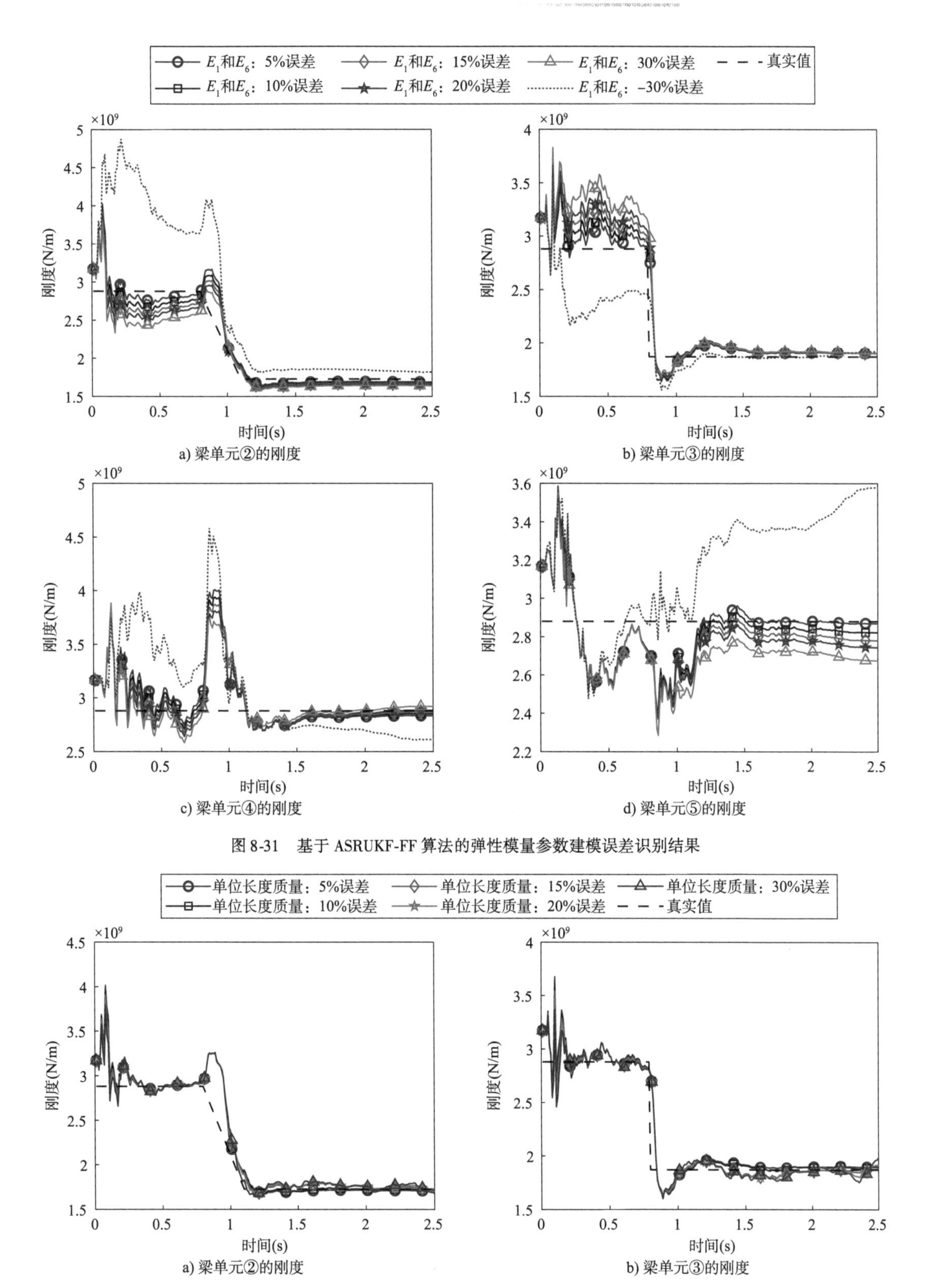

a) 梁单元②的刚度　b) 梁单元③的刚度

c) 梁单元④的刚度　d) 梁单元⑤的刚度

图 8-31　基于 ASRUKF-FF 算法的弹性模量参数建模误差识别结果

a) 梁单元②的刚度　b) 梁单元③的刚度

图　8-32

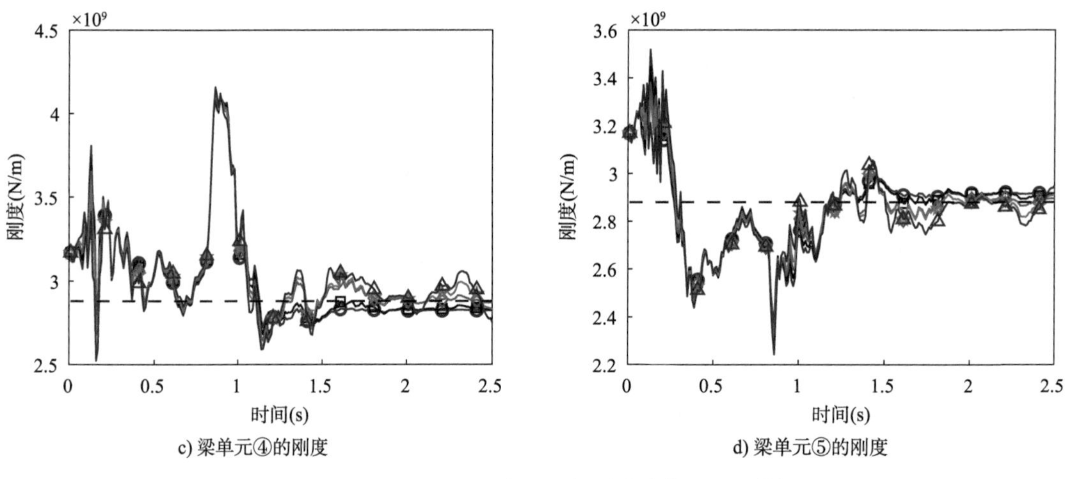

图 8-32　基于 ASRUKF-FF 算法的质量参数建模误差识别结果

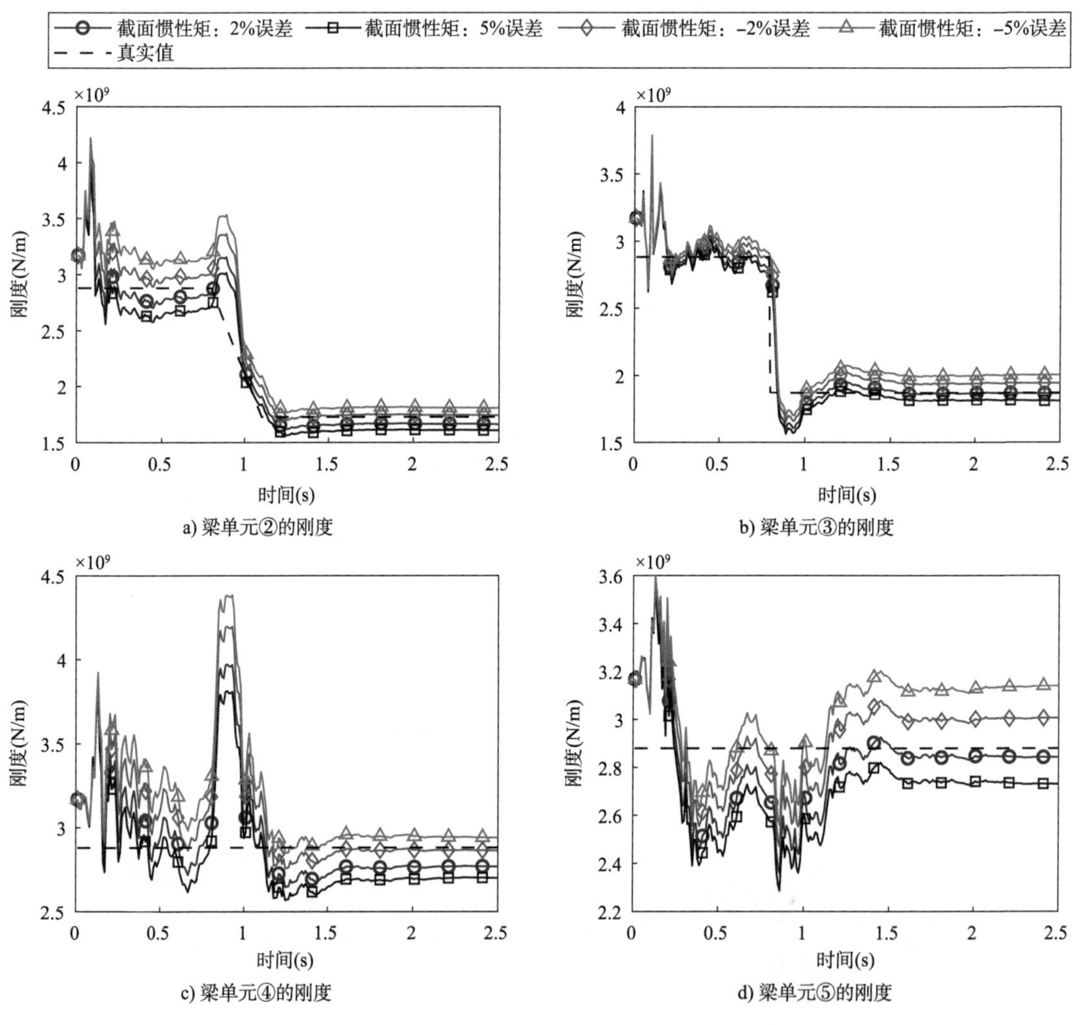

图 8-33　基于 ASRUKF-FF 算法的截面惯性矩参数建模误差识别结果

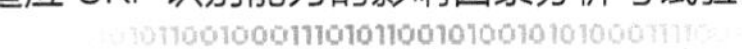

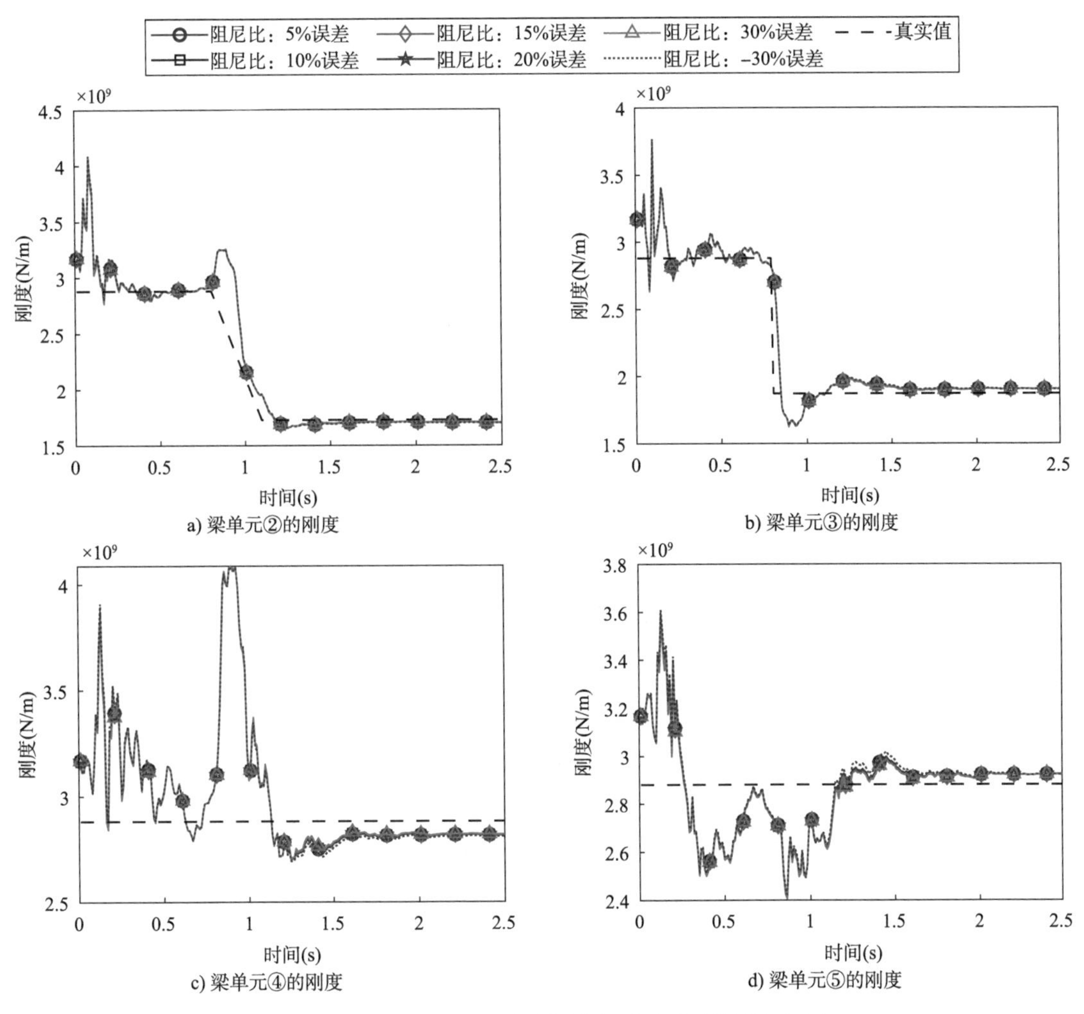

图 8-34　基于 ASRUKF-FF 算法的阻尼比参数建模误差识别结果

基于 ASRUKF-FF 算法的不同参数建模误差识的别误差统计(%)　　表 8-12

不确定参数	建模误差	刚度识别误差			
		梁单元②	梁单元③	梁单元④	梁单元⑤
弹性模量 E_1 和 E_6	5	-2.32	1.74	-1.65	-0.37
	10	-3.01	1.74	-1.02	-2.01
	15	-3.63	1.72	-0.44	-3.47
	20	-4.18	1.70	0.12	-4.78
	30	-5.08	1.53	1.37	-7.16
	-30	5.30	2.64	-9.31	24.24
单位长度质量 ρA	5	-1.13	1.51	-1.93	1.31
	10	-0.98	1.60	-1.76	1.20
	15	0.01	0.61	-0.39	0.59

续上表

不确定参数	建模误差	刚度识别误差			
		梁单元②	梁单元③	梁单元④	梁单元⑤
单位长度质量 ρA	20	-1.65	2.72	-1.73	1.12
	30	-3.11	6.18	-4.40	2.35
截面惯性矩 I	2	-3.78	-0.28	-3.93	-1.28
	-2	0.82	3.82	-0.62	4.38
	5	-6.95	-3.16	-6.27	-5.15
	-5	4.58	7.10	2.04	9.05
阻尼比 τ	5	-1.50	1.74	-2.28	1.48
	10	-1.47	1.75	-2.25	1.49
	15	-1.43	1.76	-2.22	1.49
	20	-1.40	1.78	-2.20	1.50
	30	-1.34	1.81	-2.16	1.52
	-30	-1.75	1.68	-2.50	1.46

注：有背景颜色单元格数据及参数建模误差计算方法参考表8-11。

根据仿真模拟分析可得，截面惯性矩 I 是对梁结构模型弹性模量参数识别精度影响最大的建模参数。当截面惯性矩存在 -5% 的建模误差时，刚度参数的最大识别 AE 为 9.32%（AUKF-FF 算法）和 9.05%（ASRUKF-FF 算法）。同时，模态阻尼比 τ 被确定为对识别精度影响最小的建模参数，在 ±30% 的建模误差下，弹性模量参数的最大识别 AE 分别为 2.46% 和 2.74%（AUKF-FF 算法）以及 2.16% 和 2.50%（ASRUKF-FF 算法）。当考虑梁端弹性模量的建模误差时，弹性模量参数的最大识别 AE 随着建模误差的增加而逐渐增大，其中负建模误差对识别效果的影响更为显著，即当梁端弹性模量偏小时算法的识别误差更大。值得注意的是，质量和模态阻尼比参数的建模误差与弹性模量参数的识别误差之间并没有正相关关系。进一步通过数据对比分析发现，当质量或模态阻尼比存在建模误差时，较大建模误差的识别精度反而更高（如 ρA 存在 5%、10%、15% 的工况对比），这可能是建模误差在一定程度上弥补了噪声的不确定性。综上所述，所提的自适应 UKF 相关算法能够在一定程度上抵抗建模误差的影响，具备一定的鲁棒性，其中截面惯性矩参数对识别效果的影响至关重要，在实际工程中可基于有限元模型更新技术尽量选取合理的截面惯性矩参数。

8.3 实际六层混凝土框架结构的刚度参数识别应用

框架结构是由梁和柱共同组成的框架来承受房屋全部荷载的结构，多用于民用建筑和多层工业厂房。目前,在地震发生后,框架结构的震后状态评估主要以人工检测为主,且多描述宏观现象,很难评价结构内部的损伤情况。为验证所提方法的实际工程适用性,同时为地震工程领域提供理论方法支撑,此部分通过实际结构地震反应测试数据验证所提方法的工程适用性,研究对象为六层混凝土框架结构。

8.3.1 地震基本信息

202×年,中国某地发生了一次 6.4 级(Ms 6.4)地震,震源深度为 8km,并伴随多次余震。此部分研究对象是一座六层混凝土框架结构,始建于 2013 年,建筑高度为 22.95m。实地调查发现,该结构先后经历了多次地震,有震动反应数据记录的包括 4.1 级地震和 3.6 级地震等小震。地震发生后,中国地震局工程力学研究所迅速部署并前往灾区,进行了科学调查,以研究强地震震动机制和工程地震损伤[58~60]。图 8-35 所示为该六层混凝土框架结构的部分震后照片。调查报告显示,该结构的地震损伤主要表现为墙面裂缝,此外,未发现严重的主体结构破坏。由于该结构在此之前未遭遇极端荷载作用,由此认为,墙面裂缝由本次地震产生,且震前结构处于完好状态。

a) 外墙饰面脱落

b) 窗口门楣底部裂缝

c) 饰面脱落

d) 混凝土梁底部开裂

e) 墙面竖向裂纹

f) 墙面交叉开裂

图 8-35 震后结构示意[58]

8.3.2 框架结构模型简化

为了评估震后结构的安全性,建立准确的结构模型至关重要,如有限元模型、数学模型等。考虑时效性,这里优先基于数学模型对该六层混凝土框架结构进行简化处理。其中,结构各层的初始刚度基于设计图纸并利用 D 值法计算得到,结构各层质量直接基于设计图纸中的材料和设计截面确定。六层框架结构各层的质量和刚度信息见表 8-13。

六层框架结构各层的质量和刚度信息　　表 8-13

楼层	第一层	第二层	第三层	第四层	第五层	第六层
质量($\times 10^3$ kg)	404.3	459.1	398.0	366.1	366.1	234.5
刚度($\times 10^6$ N/m)	80.56	117.99	172.42	172.42	172.42	58.4

同时,为方便评估,将该六层混凝土框架结构简化为一个剪切模型,其中,该框架结构的正视图和侧视图如图 8-36a)、图 8-36b)所示,简化结构如图 8-36c)所示,并选取 Rayleigh 阻尼模型,根据规范要求,将结构阻尼比设置为 0.025。地震作用期间结构的运动控制方程如下:

$$\boldsymbol{M}_s \ddot{\boldsymbol{X}}_s + \boldsymbol{C}_s \dot{\boldsymbol{X}}_s + \boldsymbol{K}_s \boldsymbol{X}_s = -\boldsymbol{M}_s \boldsymbol{L} \ddot{\boldsymbol{X}}_g \tag{8-1}$$

式中:$\boldsymbol{M}_s$、$\boldsymbol{C}_s$、$\boldsymbol{K}_s$——结构的质量、阻尼和刚度矩阵;

$\boldsymbol{X}_s$、$\dot{\boldsymbol{X}}_s$、$\ddot{\boldsymbol{X}}_s$——位移、速度和加速度响应;

$\ddot{\boldsymbol{X}}_g$——地震加速度;

$\boldsymbol{L}$——位置矢量。

a) 正视图

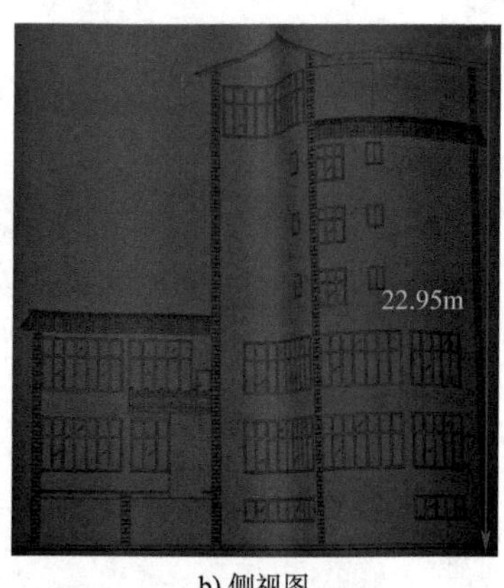

b) 侧视图

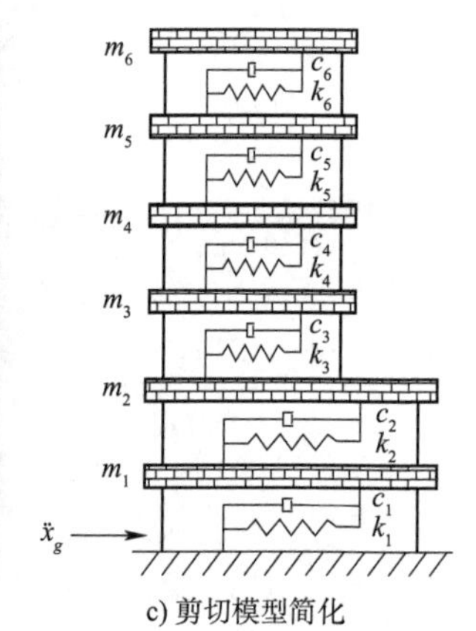

c) 剪切模型简化

图 8-36　结构信息(三角形代表无线加速度传感器)

在正式识别该六层混凝土框架结构的参数之前,需要先通过正问题判断简化的剪切模型的准确性,其目的主要有两个:①验证将 3D 框架结构简化为 2D 剪切模型的假设合理性;②初步判断结构参数是否在荷载作用过程中发生变化。为此,以 3.6 级地震工况为研究对象,并将地震作用期间采用无线加速度传感器采集的加速度响应作为测试对比数据。具体操作为:首先,基于无线加速度传感器采集框架结构第一层、第四层和第六层的加速度响应[图 8-36a)的三角];然后,将第一层的加速度响应作为地震激励荷载(图 8-37 中的 3.6 级地震加速度影响)代入简化的 2D 剪切模型,并基于 Newmark-β 法计算结构各层的响应;最后,着重对比结构第四层和第六层的计算响应与实测响应,如图 8-37c)、图 8-37d)所示。

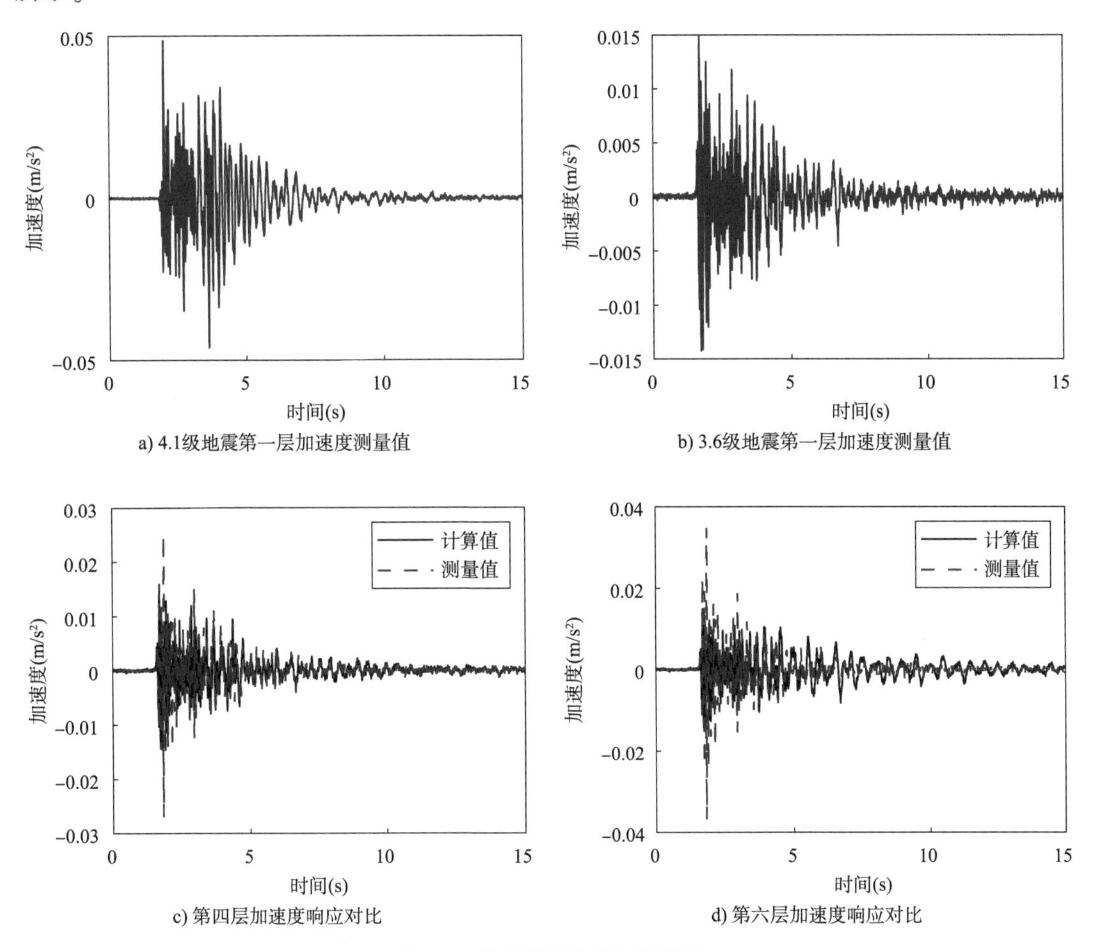

图 8-37 地震激励输入和响应对比

根据图 8-37 可得,基于 2D 剪切模型的计算值与实际测量值在趋势上一致,但数值上有差异。由于该剪切模型未考虑实际结构参数的变化情况,其计算响应相较于实际测量响应偏小,但是从响应趋势角度分析,将 3D 框架结构简化为 2D 剪切模型的做法是合理可行的。另外,实际测量响应偏大,说明实际框架结构在地震作用过程中结构参数可能发生变化,因此,可基于所提出的自适应 UKF 类算法进行深层次的分析验证。

8.3.3 结构刚度参数识别分析

因为结构质量一般保持不变,且 8.3.2 假定结构的阻尼模型为 Rayleigh 阻尼,所以,结构的运动控制微分方程中刚度参数的不确定性最大,因此,将结构各层的刚度作为待识别参数。而在识别框架结构刚度参数的过程中发现,AUKF 算法和 MAUKF 算法均不能收敛,而

STUKF 算法、MSHUKF-1 算法、MSHUKF-2 算法、MSHUKF-3 算法、AUKF-FF 算法、ASRUKF-FF 算法和 AUKF-DFF-3 算法都成功收敛。可能原因为:AUKF(MAUKF)算法仅更新了状态协方差矩阵的主对角线元素,而非对角线元素可能对算法的收敛性和稳定性有一定的促进作用。由于 AUKF(MAUKF)算法不易收敛,后续研究和讨论先不考虑 AUKF 算法、MAUKF 算法以及基于 MAUKF 算法为计算前提的 AUKF-DFF 和 AUKF-DFF-2 算法。

本案例的状态量由位移、速度和刚度参数组成。地震作用前,结构的初始位移和速度可设为零。另外,基于表 8-13,状态量中刚度参数 $k_1 \sim k_6$ 的初始值可分别设置为 0.8056、1.1799、1.8242、1.7242、1.7142 和 0.584。注意:状态量中刚度参数如此取值是为了减小与结构位移和速度响应间的量级差异,从而加速算法收敛。同时,为了保证计算响应的合理性,实际刚度矩阵要考虑缺失的数量级。

初始刚度值基于 D 值法计算,可信度较高,根据 2.4.1 描述的参数设置方法,$\boldsymbol{P}_0$ 被设置为 $1\times10^{-6}\boldsymbol{I}_{18\times18}$。由于观测值为实际测量响应,包含噪声成分,观测噪声协方差 $\boldsymbol{R}$ 被设置为 $1\times10^{-8}\boldsymbol{I}_{2\times2}$。另外,由于剪切模型合理,即状态方程可信,过程噪声协方差矩阵 $\boldsymbol{Q}$ 被设置为 $1\times10^{-8}\boldsymbol{I}_{18\times18}$。

该六层混凝土框架结构先后经历了 Ms 4.1 和 Ms 3.6 地震,且结构的第一层、第四层和第六层加速度响应已通过无线加速度传感器采集得到[图 8-36a)]。因此,为有效利用这两次地震数据,制定工况如下:首先,将 Ms 4.1 地震的测量数据作为输入和观测值,通过自适应 UKF 类算法完成第一阶段的结构参数识别;然后,将识别的刚度参数作为 Ms 3.6 地震工况中自适应 UKF 类算法的状态量初始值,并进行第二阶段框架结构刚度参数的识别更新。

注意:各个阶段的识别过程都是将第一层的加速度实测值作为地震激励输入[图 8-37a)和 b)],同时,将第四层和第六层的加速度响应实测值作为观测值。各个算法的加速度响应对比结果如图 8-38 所示,范数误差统计见表 8-14。

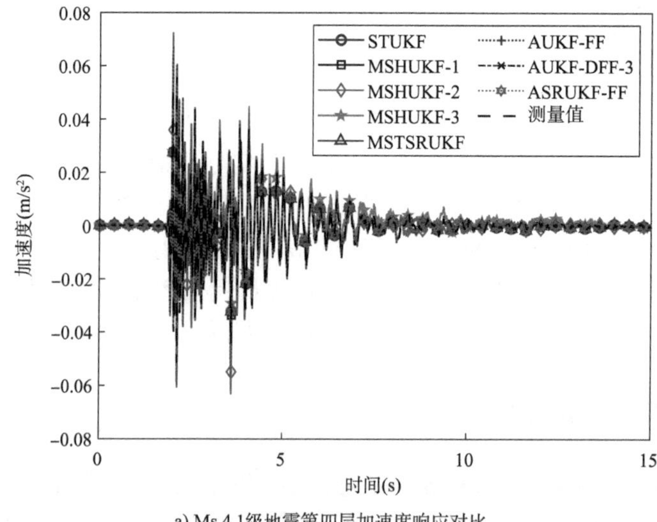

a) Ms 4.1级地震第四层加速度响应对比

图 8-38

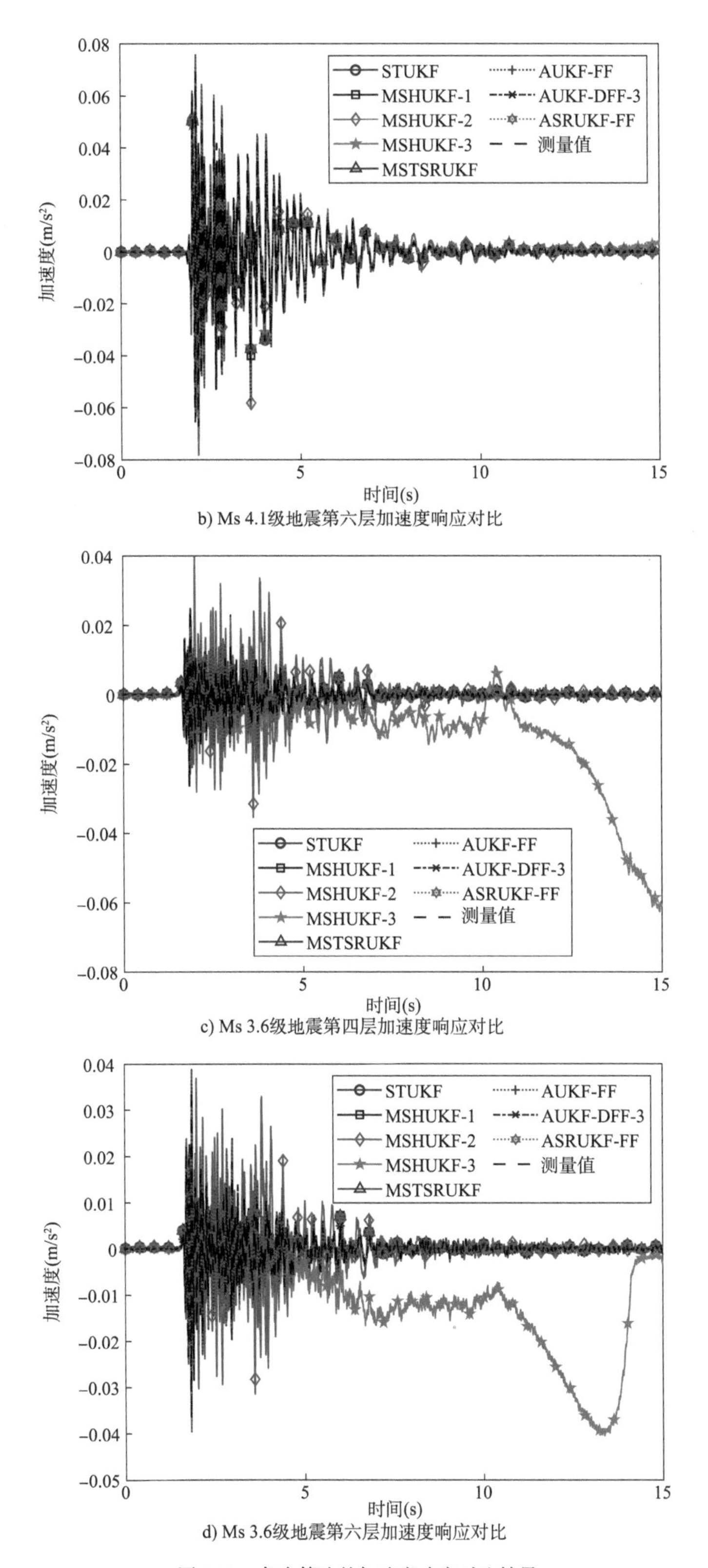

b) Ms 4.1级地震第六层加速度响应对比

c) Ms 3.6级地震第四层加速度响应对比

d) Ms 3.6级地震第六层加速度响应对比

图 8-38　各个算法的加速度响应对比结果

加速度识别结果范数误差统计(%) 表 8-14

算法	范数误差		算法	范数误差	
	Ms 4.1	Ms 3.6		Ms 4.1	Ms 3.6
STUKF	2.19	28.81	AUKF-FF	2.13	-2.69
	2.72	19.96		2.71	5.35
MSHUKF-1	1.82	30.87	AUKF-DFF-3	2.13	-2.69
	2.44	21.44		2.71	5.35
MSTSRUKF	2.13	28.78	ASRUKF-FF	2.13	28.78
	2.71	19.96		2.71	19.96

根据图 8-38 的仿真模拟结果可得,基于 STUKF 算法、MSHUKF-1 算法、MSTSRUKF 算法、AUKF-FF 算法、AUKF-DFF-3 算法和 ASRUKF-FF 算法识别得到的结构第四层和第六层的加速度响应与测量响应基本一致,说明上述算法在面对实际框架结构和实测数据时能够正常收敛。另外,根据表 8-14 的误差统计结果可得,AUKF-FF 算法和 AUKF-DFF-3 算法的加速度范数误差相同,MSTSRUKF 算法和 ASRUKF-FF 算法的加速度范数误差相同,可能原因为结构损伤较小,导致自适应性能差异表现不明显。然而,基于范数误差可以发现,AUKF-FF 算法和 AUKF-DFF-3 算法的加速度识别值与测量值吻合度更高,说明 AUKF-FF 算法和 AUKF-DFF-3 算法的识别结果更可靠。

考虑结构刚度的识别情况,图 8-39 展示了刚度识别结果对比,最终刚度识别值见表 8-15。根据图 8-39 可得,该六层混凝土框架结构的刚度参数经过识别更新后最终趋于稳定,说明算法收敛。进一步对图 8-39 和表 8-15 的识别结果进行分析,框架结构的刚度变化较小,仅顶层刚度略有增加或减少。这一结论与调查报告[58]的结果一致(未见明显结构损伤)。虽然结论与科研院所实地调查后的结论一致,但是本章从理论方法和技术层面论证了该六层混凝土框架结构的震后安全性,说明所提方法能够用于实际工程案例,并验证了所提方法在数值计算稳定性和识别收敛性方面的优势。同时,所提的 AUKF-FF 算法和 AUKF-DFF-3 算法不但能较准确地识别结构的加速度响应,而且能捕捉到结构刚度的细微变化,说明所提方法能识别结构刚度的微小变化情况。这间接预测,当结构刚度参数发生较大变化时,所提方法具有良好的应用性。为了进一步说明此情况,本书将在下节基于模型试验展开大震激励的振动台试验。

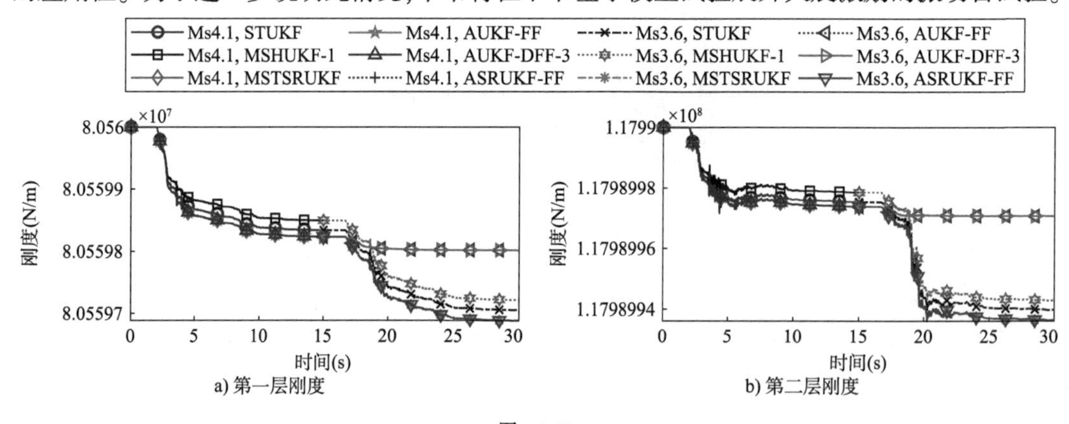

a) 第一层刚度　　b) 第二层刚度

图 8-39

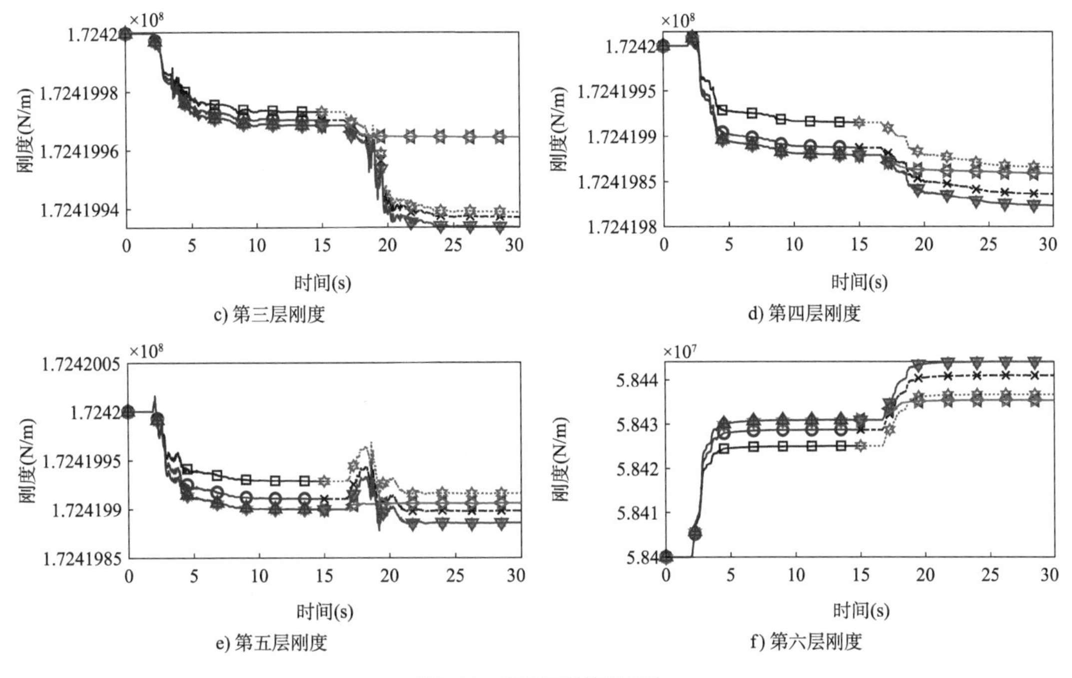

c) 第三层刚度

d) 第四层刚度

e) 第五层刚度

f) 第六层刚度

图 8-39 刚度识别结果对比

刚度识别最终值统计(1×10^6N/m) 表 8-15

楼层		第一层	第二层	第三层	第四层	第五层	第六层
初始刚度		80.56	117.99	172.42	172.42	172.42	58.40
刚度识别值	STUKF	80.55971	117.98994	172.41994	172.41984	172.41990	58.44095
	MSHUKF-1	80.55972	117.98994	172.41994	172.41987	172.41992	58.43670
	MSTSRUKF	80.55969	117.98994	172.41993	172.41982	172.41989	58.44405
	AUKF-FF	80.55980	117.98997	172.41996	172.41986	172.41991	58.43540
	AUKF-DFF-3	80.55980	117.98997	172.41996	172.41986	172.41991	58.43540
	ASRUKF-FF	80.55969	117.98994	172.41993	172.41982	172.41989	58.44405

8.4 实际三层基底隔震结构振动台试验验证

振动台试验是研究地震荷载作用的结构力学行为和破坏机制直接可靠的方法。它可以研究结构的实际振动响应,模拟地震波,并提取基本的力学特性,这对于结构的抗震设计和损伤分析至关重要。此外,在结构中使用隔震层可以有效减缓地震波向上部结构传递能量,从而提高结构的抗震性能。随着中国隔震建筑结构数量的增加,有必要考虑这类结构在极端激励下冗余度低和安全裕度不足的问题。

8.4.1 振动台试验基本信息

此部分基于振动台模型结构反应测试数据验证本书提出的自适应 UKF 算法的工程适用性,试验对象为三层基底隔震结构。试验在哈尔滨工业大学结构工程防灾与控制教育部重点试验室进行[1],其中振动台的主要性能参数见表 8-16。

振动台的主要性能参数[1]　　表 8-16

参数类型	参数指标	参数类型	参数指标
频率范围	0~25Hz	最大位移	X 方向 ±125mm
振动方向	X	最大加速度	X 方向 ±1.5g(g 为重力加速度)
振动台台面尺寸	3m×4m(主要振动方向 4m)	最大激振力	±200kN
最大承载重量	12t	振动波形	正弦波、随机激励、地震波

为满足振动台试验设备的参数要求,本试验选用了缩尺模型。试验模型的几何和物理参数均符合相似定律,确保对力学性能的准确表征。此外,荷载输入也符合相似关系。本试验采用的几何相似比为 1/4,表 8-17 呈现了测试模型的具体细节。结构建模时选用颗粒混凝土(模型混凝土)来代替普通混凝土,其中选择较大的颗粒作为粗集料,使用较小的颗粒作为细集料;同时,选择韧性和弹性较好的镀锌铁丝来代替钢筋。本试验的缩尺模型选择 14 号镀锌铁丝模拟梁和柱的纵向受力钢筋,选择 18 号镀锌铁丝模拟梁和柱的箍筋以及板结构中的分布钢筋。该模型的钢筋设计服从等体积箍筋比原则。试验模型配筋图如图 8-40 所示。

振动台试验模型简介[1]　　表 8-17

项目	1/4 模型	项目	1/4 模型
层数	3	梁截面	75mm×150mm
高宽比	1.6	柱截面	125mm×125mm
第一层(底层)层高	0.9m	楼板厚度	50mm
第二层和第三层层高	0.75m	材料	颗粒混凝土
楼层平面尺寸	1.5m×1.65m	设防烈度	7 度 0.15g(g 为重力加速度)

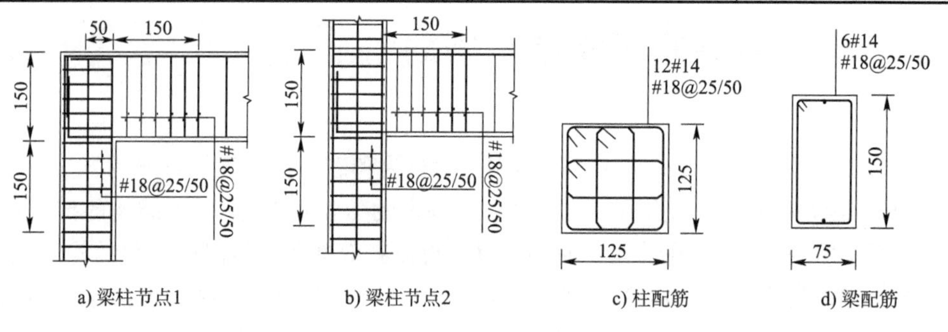

图 8-40　试验模型配筋图[1](尺寸单位:mm)

三层基底隔震结构振动台试验选用 LRB-100 铅芯橡胶隔震支座(图 8-41),隔震支座规格参数见表 8-18。本次试验共计 4 个隔震支座。

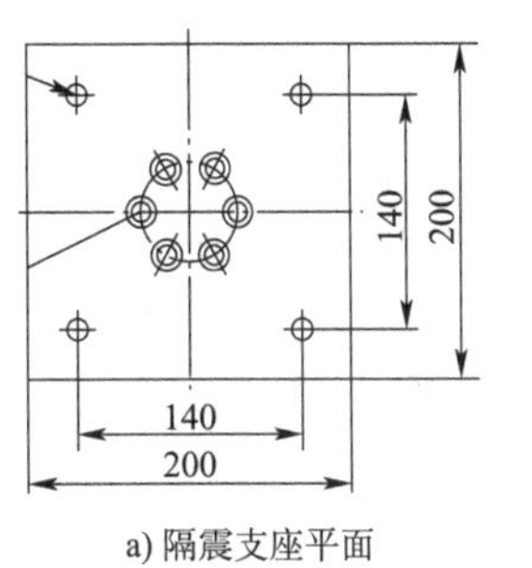

a) 隔震支座平面

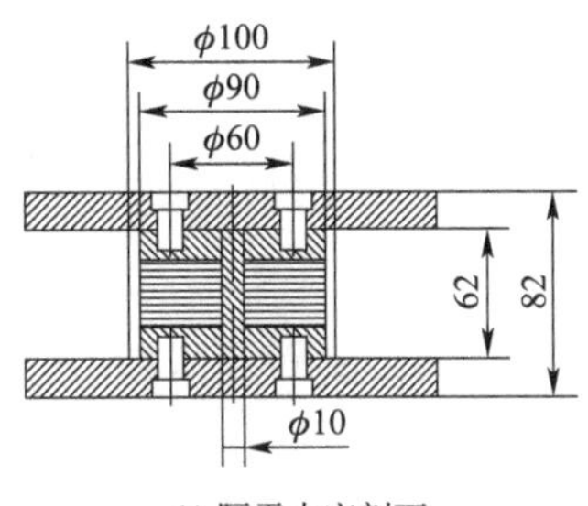

b) 隔震支座剖面

c) 隔震支座LRB-100

图 8-41 隔震支座信息[1](尺寸单位:mm)

隔震支座规格参数[1] 表 8-18

型号	剪切模量 (N/mm^2)	铅芯直径 (mm)	橡胶层厚 (mm)	橡胶层数	钢板层厚 (mm)	钢板层数
LRB-100	0.392	10	1.2	15	1.5	14

在缩尺模型中,柱的横截面尺寸为 125mm×125mm,而隔震支座的连接板尺寸为 200mm×200mm。为了适应尺寸差异,在隔震支座和一层底柱基之间加设了混凝土支墩,其横截面尺寸为 300mm×300mm,高度为 300mm,且混凝土支墩底部安装了嵌入板。因此,将嵌入板尺寸设置为 300mm×300mm×12mm,板上保留螺栓孔,试验模型将通过螺栓连接到隔震支座。此外,隔震支座的安装螺孔尺寸与振动台的螺孔预留尺寸不匹配。为此,在隔震支座和振动台之间还安装了一个横截面尺寸为 300mm×300mm 的过渡底梁,过渡底梁也配备了嵌入板,并通过螺栓连接到隔震支座。同时,过渡底梁上预留了螺栓孔,允许使用额外的螺栓连接到振动台。过渡底梁和隔震支座的存在使得原三层基底隔振结构变为四自由度基底隔震结构,各个自由度分别为一层底、一层顶、二层顶和三层顶。试验模型制作过程如图 8-42 所示。

a) 过渡底梁安装

b) 支座连接

c) 柱钢筋绑扎

图 8-42

d) 楼板钢筋绑扎

e) 楼板浇筑

f) 完整模型完成

图 8-42　试验模型制作过程[1]

试验模型每层配重根据试验试块的实测密度及相似系数确定,传感器布置如图 8-43 所示。

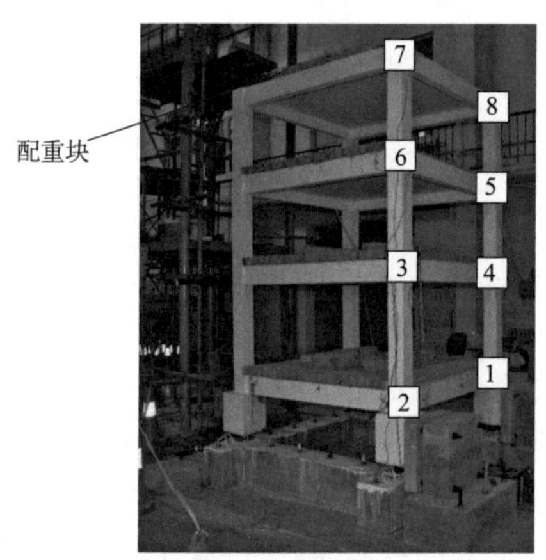

a) 1~8为加速度传感器位置

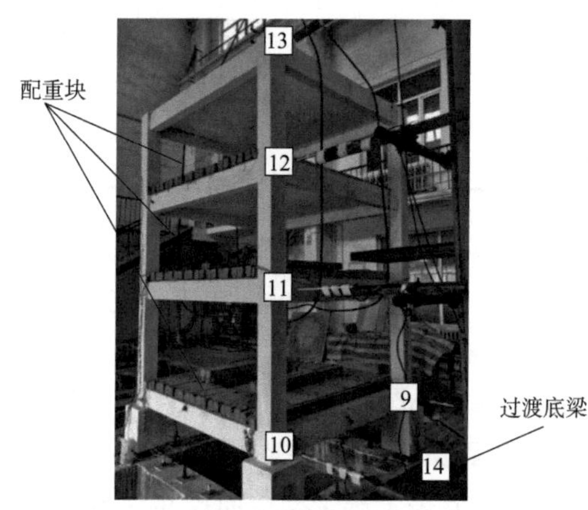

b) 9~14为位移传感器位置

图 8-43　传感器布置[1]

振动台试验选用的加速度传感器型号为 BK4514,测量范围为 $\pm 10g$;选用的位移传感器为 LVDT,测量精度为 0.01mm。数据采集设备选用德国的 IMC 动态采集仪,拥有 16 个通道。所有传感器的采样频率均为 1024Hz,测量数据的单位为毫伏(mV),即电压信号。考虑每个通道的灵敏度和增益系数,将电压信号转换为加速度和位移信号,其中转换后的加速度单位为 m/s^2,位移单位为 mm。此外,在计算正、反问题时,考虑到测得的加速度是绝对值,故将地震加速度加到每层的计算加速度中。

8.4.2　试验结构模型简化

为了更准确地研究该三层基底隔震结构的力学行为,本节采用 Bouc-Wen 模型[59,61,62]来描述隔震层中位移和恢复力的滞回特性。为此,先将 3D 的三层基底隔震结构简化为 2D 剪切模型,选用隔震层的滞回位移代替第一层底的位移。该三层基底隔震结构的运动方程如下:

$$\boldsymbol{M}\begin{Bmatrix}\ddot{x}_1(t)\\ \ddot{x}_2(t)\\ \ddot{x}_3(t)\\ \ddot{x}_4(t)\end{Bmatrix}+\boldsymbol{C}\begin{Bmatrix}\dot{x}_1(t)\\ \dot{x}_2(t)\\ \dot{x}_3(t)\\ \dot{x}_4(t)\end{Bmatrix}+\boldsymbol{K}\begin{Bmatrix}z_1(t)\\ x_2(t)\\ x_3(t)\\ x_4(t)\end{Bmatrix}=-\boldsymbol{ML}\ddot{x}_a$$

$$\boldsymbol{M}=\begin{bmatrix}m_1 & & & \\ & m_2 & & \\ & & m_3 & \\ & & & m_4\end{bmatrix}\quad \boldsymbol{K}=\begin{bmatrix}k_1+k_2 & -k_2 & & \\ -k_2 & k_2+k_3 & -k_3 & \\ & -k_3 & k_3+k_4 & -k_4 \\ & & -k_4 & k_4\end{bmatrix} \tag{8-2}$$

$$\dot{z}_1=\dot{x}_1-\psi\left|\dot{x}_1\right|\left|z_1\right|^{n-1}z_1-\gamma\dot{x}_1\left|z_1\right|^n \tag{8-3}$$

式中：z_1——隔震层的滞回位移；

x、$\dot{x}$、$\ddot{x}$——位移、速度和加速度响应；

$\boldsymbol{M}$、$\boldsymbol{C}$、$\boldsymbol{K}$——质量、阻尼和刚度矩阵；

m_i、k_i——层间质量和层间刚度，其中 $i=1,2,3,4$；

$\boldsymbol{L}$——输入荷载的位置矩阵，且本案例中 $\boldsymbol{L}=[1,1,1,1]^{\mathrm{T}}$；

$\ddot{x}_a$——地震加速度；

n、ψ、γ——Bouc-Wen 滞回参数。

考虑到识别的便利性，本案例选取了 Rayleigh 阻尼模型，经过数值仿真模拟验证后确定计算参数如下：$\omega_m=\omega_1$，$\omega_n=\omega_2$，$\tau_m=0.1$，$\tau_n=0.05$。

三层基底隔震结构各层的初始质量和刚度可以根据设计图纸计算得到，其中质量的计算基于截面尺寸和材料密度参数，而刚度则直接基于 D 值法确定。三层基底隔震结构的质量和刚度信息见表 8-19。

三层基底隔震结构的质量和刚度信息 表 8-19

楼层	第一层底	第一层顶	第二层顶	第三层顶
质量(t)	1.451	1.280	1.280	0.875
刚度($\times10^6$N/m)	1.1312	8.6766	5.0384	10.716

由于结构隔震层选取了 Bouc-Wen 模型，且 Bouc-Wen 滞回参数可能有不同的取值策略，为了获得最优解，首先构建了一个范数函数 $F=\mathrm{norm}$(计算矢量 - 实际矢量)。其中计算矢量是基于不同滞回参数值并通过四阶 Runge-Kutta 法计算得到的，而实际矢量则来自实际测量值。然后，通过最小化 F 值来确定 n、ψ 和 γ 的合适值。求解 F 的最小值涉及多变量的优化问题，考虑到参数值的多样性和复杂性，研究基于 Integer-Point 算法[63~65]求解。在计算过程中，将初始点 $\boldsymbol{x}_0=[\psi_0 \quad \gamma_0 \quad n_0]$ 设为[1 1 1]，使用下界 $\boldsymbol{lb}=0.6\boldsymbol{x}_0$ 和上界 $\boldsymbol{ub}=10\boldsymbol{x}_0$，最终计算结果为 $\psi=2.5049$，$\gamma=9.8791$，$n=1.0001$，最终结果的恢复力-滞回位移曲线对比如图 8-44 所示。

为了验证简化的 2D 剪切模型的可靠性，首先，基于 El-Centro 波[图 8-45a)]作用于振动台的三层基底隔震结构。由于记录的地震波数据持续时间仅为 18s，为验证计算的稳定性，这里通过零填充法将原始地震波持续时间扩展到 25s。然后，基于四阶 Runge-Kutta 方法，计算简化的2D剪切模型的位移和加速度响应。最后，将计算值与实际测量值进行对比和分析。识别响应对比如图8-45所示。

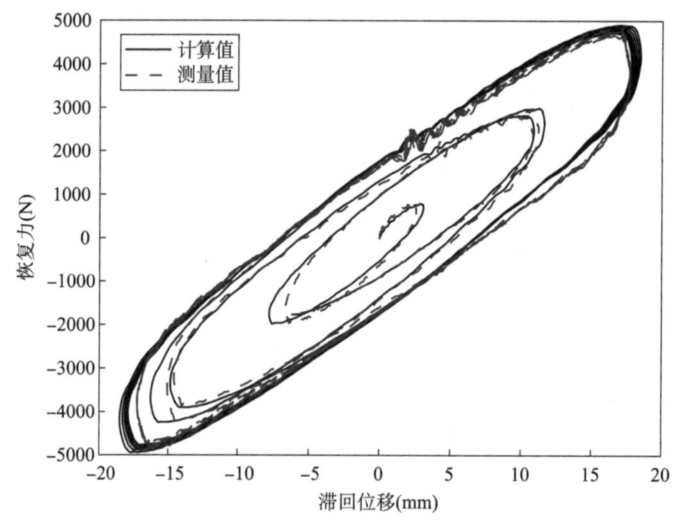

图8-44 恢复力-滞回位移曲线对比

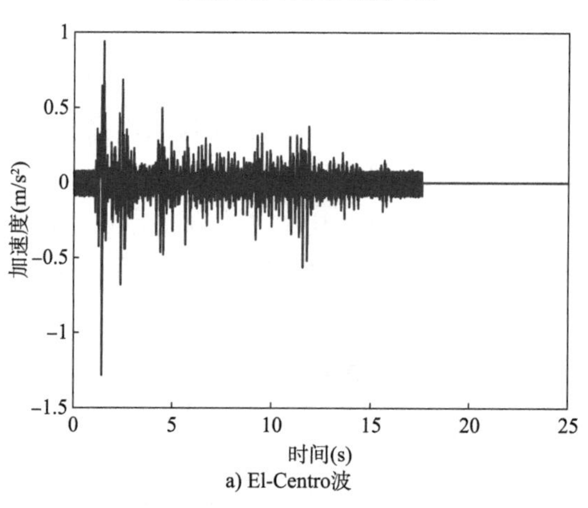

a) El-Centro波

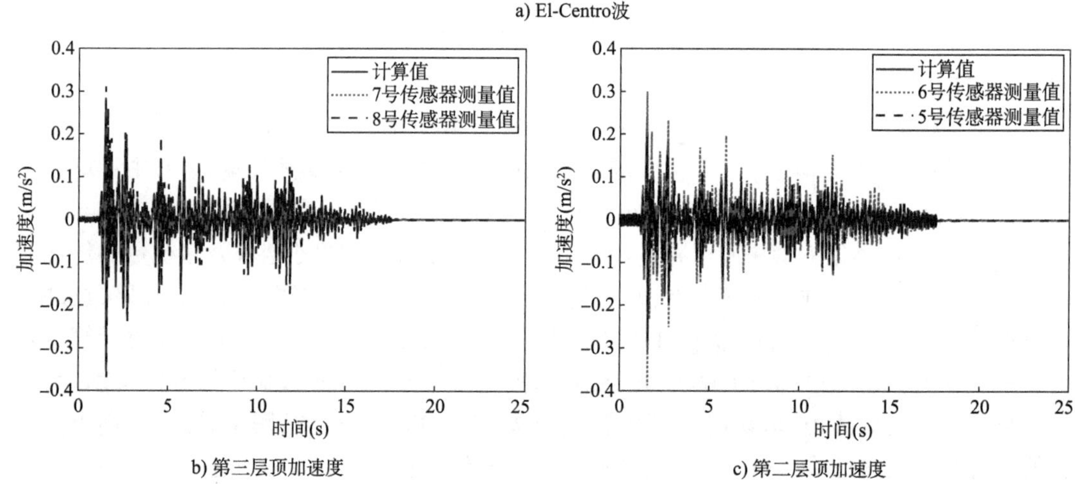

b) 第三层顶加速度

c) 第二层顶加速度

图 8-45

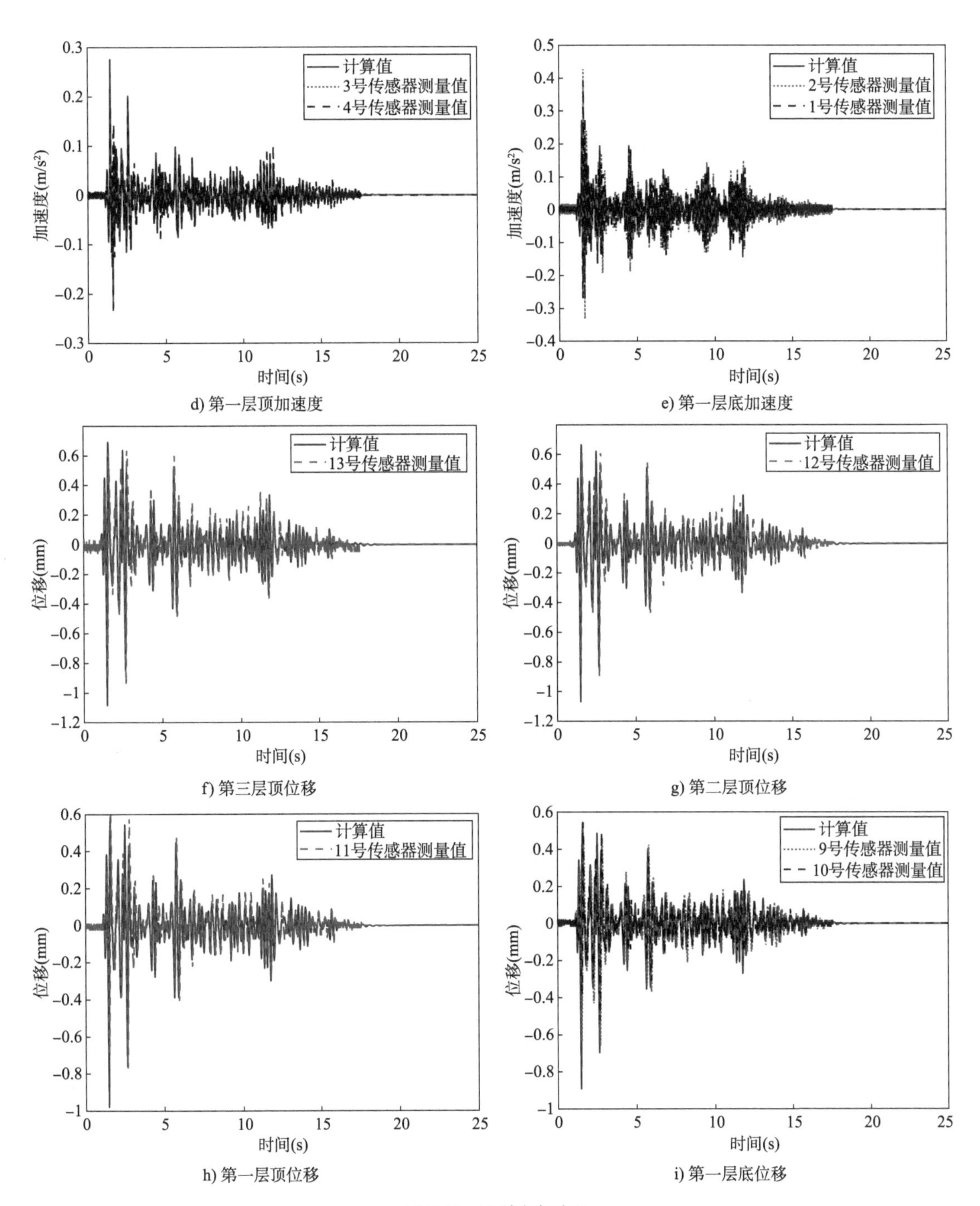

图 8-45　识别响应对比

根据图 8-45 的计算结果可得，基于 2D 剪切模型计算的结构响应与实际传感器测量的结构响应基本一致，说明将 3D 的三层基底隔震结构简化为 2D 剪切模型是合理可靠的。此外，随着外部荷载激励越来越小直至趋于零，计算的结构响应也迅速减为零，证明计算过程的稳定性。

8.4.3 结构刚度参数识别分析

此部分重点分析隔震支座上部的结构,假设 Bouc-Wen 滞回参数已知。如 8.4.1 所述,三层基底隔震结构总共包含 4 个自由度。通过式(8-2)和式(8-3),可得到如下状态量和状态方程关系:

$$\boldsymbol{X}(t)=[\boldsymbol{x}(t)_{1\times4}\quad \dot{\boldsymbol{x}}(t)_{1\times4}\quad z_1(t)_{1\times1}\quad \boldsymbol{\theta}_{1\times4}]^{\mathrm{T}} \tag{8-4}$$

$$\dot{\boldsymbol{X}}(t)=\begin{bmatrix}\dot{\boldsymbol{x}}(t)_{4\times1}\\ \ddot{\boldsymbol{x}}(t)_{4\times1}\\ \dot{z}_1(t)_{1\times1}\\ \dot{\theta}_{4\times1}\end{bmatrix}=\begin{bmatrix}\dot{\boldsymbol{x}}(t)_{4\times1}\\ \boldsymbol{M}^{-1}[\boldsymbol{L}\ddot{\boldsymbol{x}}_a(t)-\boldsymbol{C}\dot{\boldsymbol{x}}(t)-\boldsymbol{K}\boldsymbol{x}(t)]_{4\times1}\\ [\dot{x}_1(t)-\psi\,|\dot{x}_1(t)|\,|z_1(t)|^{n-1}z_1(t)-\gamma\dot{x}_1(t)\,|z_1(t)|^{n}]_{1\times1}\\ 0_{4\times1}\end{bmatrix} \tag{8-5}$$

$$\dot{\boldsymbol{x}}(t)=[\dot{x}_1\quad \dot{x}_2\quad \dot{x}_3\quad \dot{x}_4]^{\mathrm{T}} \tag{8-6}$$

$$\boldsymbol{x}(t)=[z_1\quad x_2\quad x_3\quad x_4]^{\mathrm{T}} \tag{8-7}$$

式中:$\boldsymbol{\theta}$——待识别参数,这里 $\boldsymbol{\theta}=[k_1\ k_2\ k_3\ k_4]^{\mathrm{T}}$。

为进行科学对比和分析,本案例将各个算法的初始状态协方差矩阵 $\widehat{\boldsymbol{P}}_0^+$ 均设置为 $1\times10^{-8}\boldsymbol{I}$;同时,将各个算法的过程噪声协方差 $\boldsymbol{Q}$ 和观测噪声协方差 $\boldsymbol{R}$ 也设置为 $1\times10^{-8}\boldsymbol{I}$。初始状态量中位移和速度的值设为 0,刚度值参考表 8-19。其中,为了减小状态量中各个变量间数量级差异对算法收敛的不利影响,将初始刚度值设置为 $k_1=1.1312$,$k_2=8.6766$,$k_3=5.0384$,$k_4=10.716$。注意:缺失的数量级要在状态方程和观测方程中考虑。本案例的采样频率为 1024Hz。文献[20]指出,避免使用较低楼层的测量值,同时,避免将传感器布置在模态节点上。因此,考虑到第一阶模态对结构响应的主要贡献,以及受作动器噪声影响,实际测量加速度值的误差较大,研究选取第三层的位移响应[图 8-43b)中的传感器 13]作为观测值。由此,观测方程可写为 $Y=y_1=x_4$。根据前文介绍,在实际工程应用中,结构位移测量是切实可行的,如前文提到的地基雷达位移精度可达 0.1mm[59]。

计算分析使用的地震荷载激励如图 8-46a)所示,属于罕遇地震水平[1],目的为使结构产生明显的损伤破坏,诱导参数发生时变变化。此外,在识别过程中发现,当基于 SR 算法[式(4-2)]计算灵敏参数阈值时,AUKF-DFF-3 算法识别的第一层顶的最终刚度值超过了初始值的 20%[图 8-46b)]。试验涉及地震损伤,故刚度增长被视为一种异常现象。因此,对于后续的研究分析,AUKF-FF 算法和 AUKF-DFF-3 算法将使用 S 算法式(4-3)计算灵敏参数阈值,而 ASRUKF-FF 算法由于自身构造原因仍然使用 SR 算法[式(4-2)]计算灵敏参数阈值。

进行多次识别测试后发现,MAUKF 算法未能识别结构损伤位置,具体表现为算法识别结果发散,从而使 AUKF-DFF 算法和 AUKF-DFF-2 算法失效,这可能是由于观测值数目较少。因此,这里重点对比分析以下 3 种:UKF 算法、AUKF-FF 算法和 AUKF-DFF-3 算法。刚度识别结果如图 8-47 所示。

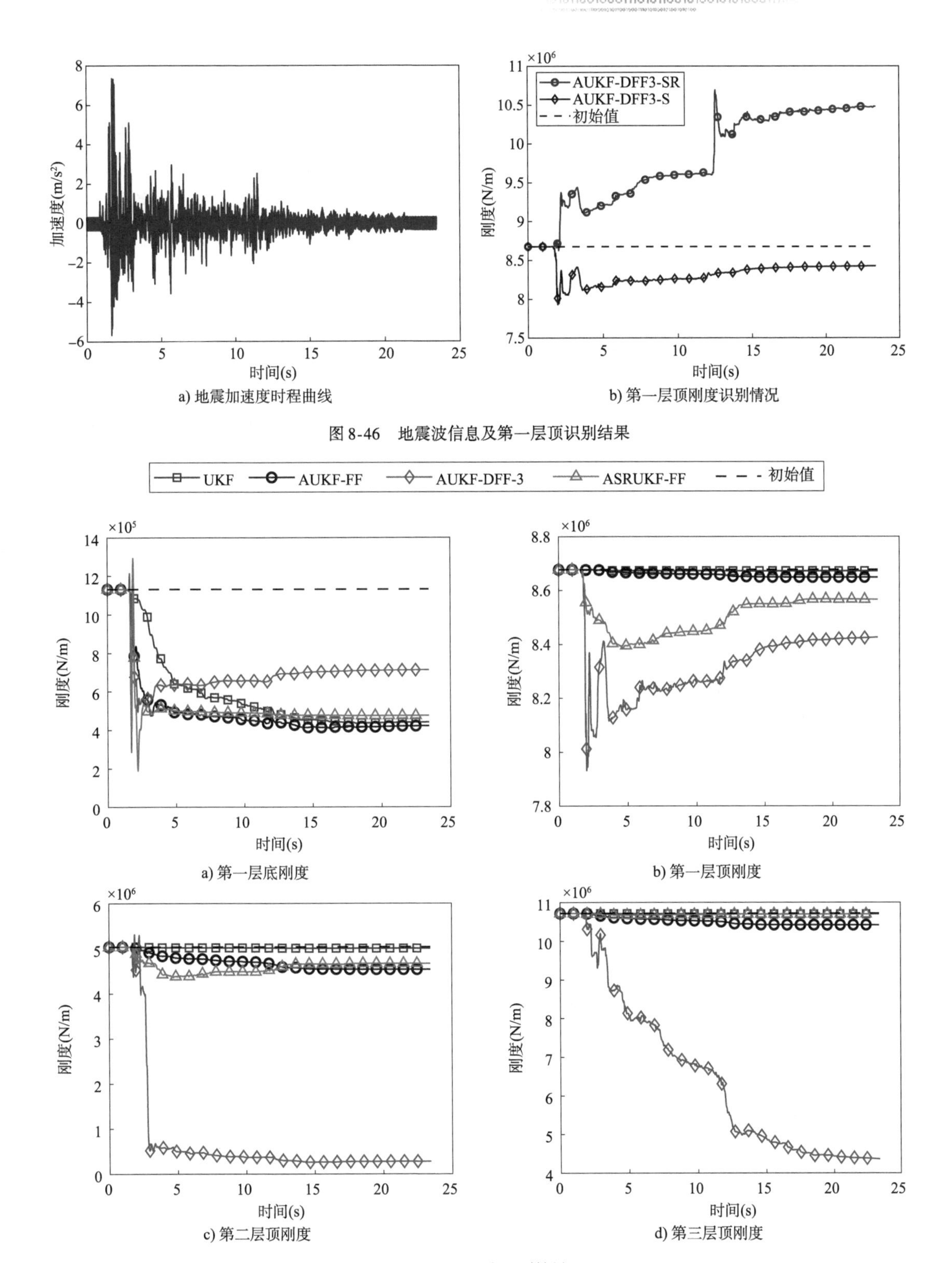

a) 地震加速度时程曲线

b) 第一层顶刚度识别情况

图 8-46 地震波信息及第一层顶识别结果

a) 第一层底刚度

b) 第一层顶刚度

c) 第二层顶刚度

d) 第三层顶刚度

图 8-47 刚度识别结果

为了进一步确定哪种算法的识别结果更可靠，对识别估计的位移响应与实际测量响应进行对比分析,如图 8-48 所示,范数误差统计见表 8-20。

根据图 8-48 和表 8-20 的结果分析可得,基于 AUKF-DFF-3 算法识别的位移响应与实际测量响应偏差更小。其中,AUKF-DFF-3 算法识别响应的最大 AE 为 14.63%,且误差最大位置出现于第一层底。因此,与其他算法相比,AUKF-DFF-3 算法的识别结果更可靠。此外,随着荷载趋于零,识别的位移响应逐渐减小至零,与荷载变化的趋势一致,进一步证实识别过程的稳定性。

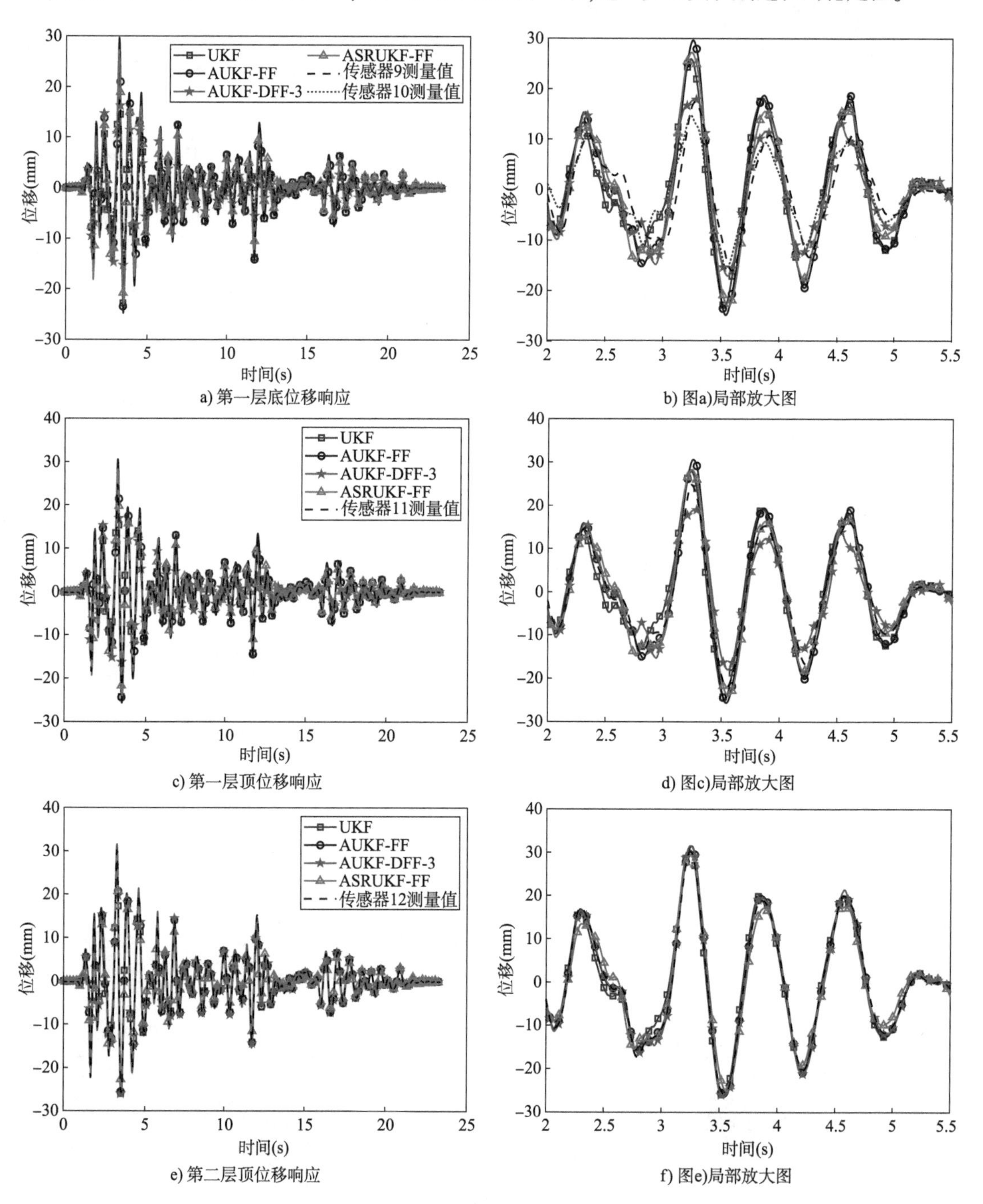

图 8-48

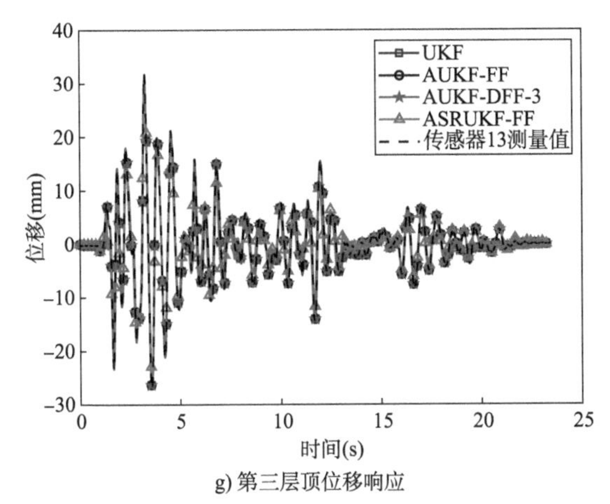

g) 第三层顶位移响应

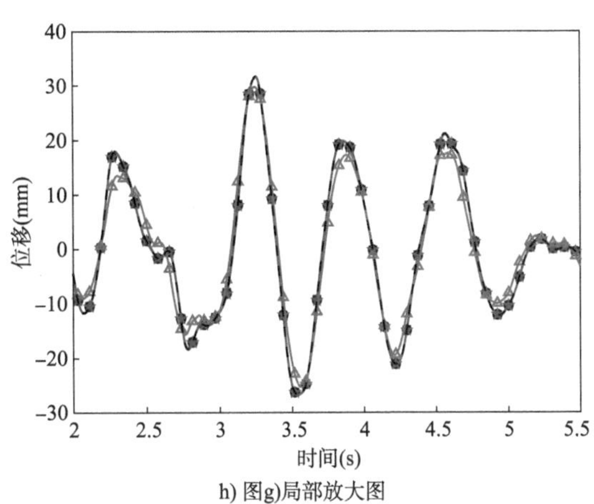

h) 图g)局部放大图

图 8-48 位移识别结果

识别位移响应的范数误差统计(%) 表 8-20

算法	第一层底	第一层顶	第二层顶	第三层顶
UKF	49.88	14.28	-0.35	-0.24
AUKF-FF	59.40	19.16	1.39	-0.14
AUKF-DFF-3	12.84	-14.63	2.56	-0.06
ASRUKF-FF	46.82	9.56	-8.45	-12.04

参考文献

[1] 郭丽娜. 基于 UKF 的非线性结构参数与荷载识别方法[D]. 哈尔滨:哈尔滨工业大学,2018.

[2] 西蒙. 最优状态估计:卡尔曼,H_∞及非线性滤波[M]. 张勇刚,李宁,奔粤阳,译. 北京:国防工业出版社,2013.

[3] SCHMIDT S F. Applications of State-space Methods to Navigation Problems[J]. Advances in Control Systems,1966,3(2):293-340.

[4] SCHMIDT S F. The Kanman Filter:Its Recognition and Development for Aerospace Applications[J]. Journal of Guidance and Control,1981,4(1):4-7.

[5] JULIER S J,UHLMANN J K. A New Extension of the Kalman Filter to Nonlinear Systems[J]. Proceedings of the Defense,Security,and Sensing,F,1997,3068:182-183.

[6] MENEGAZ,H M,ISHIHARA J Y,BORGES G A,et al. A Systematization of the Unscented Kalman Filter Theory[J]. IEEE Transactions on Automatic Control, 2015, 60(10): 2583-2598.

[7] WAN E A,VAN DER MERWE R. The Unscented Kalman Filter for Nonlinear Estimation[C]. Proceedings of the IEEE 2000 Adaptive Systems for Signal Processing,Communications, and Control Symposium(Cat No00EX373),New York:2000.

[8] METROPOLIS N,ULAM S. The Monte Carlo Method[J]. Journal of the American Statistical Association,1949,44(247):335-341.

[9] KITAGAWA G. Monte Carlo Filter and Smoother for Non-Gaussian Nonlinear State Space Models[J]. Journal of Computational and Graphical Statistics,1996,5(1):1-25.

[10] COSTANZI R,FANELLI F,MELI E,et al. UKF-Based Navigation System for AUVs:Online Experimental Validation[J]. IEEE Journal of Oceanic Engineering,2019,44(3):633-641.

[11] GHANIPOOR F,ALASTY A,SALARIEH A,et al. Model Identification of a Marine Robot in Presence of IMU-DVL Misalignment Using TUKF[J]. Ocean Engineering, 2020, 206:107344.

[12] SABET M T,DANIALI H R M,FATHI A,et al. Identification of an Autonomous Underwater Vehicle Hydrodynamic Model Using the Extended, Cubature, and Transformed Unscented Kalman Filter[J]. IEEE Journal of Oceanic Engineering,2018,43(2):457-467.

[13] CHOWDHARY G,JATEGAONKAR R. Aerodynamic Parameter Estimation from Flight Data Applying Extended and Unscented Kalman Filter[J]. Aerospace Science Tachnology,2006, 14(2):106-117.

[14] NASERI F,FARJAH E,GHANBARI T,et al. Online Parameter Estimation for Supercapacitor

State-of-Energy and State-of-Health Determination in Vehicular Applications[J]. IEEE Transactions on Industrial Electronics,2020,67(9):7963-7972.

[15] WANG Y W,BINAUD N,GOGU C,et al. Determination of Paris' Law Constants and Crack Length Evolution Via Extended and Unscented Kalman Filter: An Application to Aircraft Fuselage Panels[J]. Mechanical Systems and Signal Processing,2016,80:262-281.

[16] JIN X H,QUE Z J,SUN Y,et al. A Data-Driven Approach for Bearing Fault Prognostics[J]. IEEE Transactions on Industry Applications,2019,55(4):3394-3401.

[17] CUI L L,WANG X,XU Y G,et al. A novel Switching Unscented Kalman Filter Method for Remaining Useful Life Prediction of Rolling Bearing[J]. Measurement,2019,135:678-684.

[18] CHENG M,BECKER T C. Performance of Unscented Kalman Filter for Model Updating with Experimental Data[J]. Earthquake Engineering & Structural Dynamics,2021,50(7):1948-1966.

[19] DING Y,GUO L N,ZHAO B Y. Parameter Identification for Nonlinear Structures by a Constrained Kalman Filter with Limited Input Information[J]. International Journal of Structural Stability and Dynamics,2017,17(1):1750010.

[20] GUO L N,DING Y,WANG Z,et al. A Dynamic Load Estimation Method for Nonlinear Structures with Unscented Kalman Filter[J]. Mechanical Systems and Signal Processing,2018,101:254-273.

[21] JULIER S J,UHLMANN J K,DURRANT-WHYTE H F. A New Method for the Nonlinear Transformation of Means and Covariances in Filters and Estimators[J]. IEEE Trans actions on Automatic Control,2000,45(3):477-482.

[22] JULIER S J,UHLMANN J K,DURRANT-WHYTE H F. A New Approach for Filtering Nonlinear Systems[C]. Proceedings of the 1995 American Control Conference. 1995,1-6:1628-1632.

[23] JULIER S J,UHLMANN J K. Unscented Filtering and Nonlinear Estimation[J]. Proceeding of the IEEE,2004,92(3):401-402.

[24] JULIER S J,UHLMANN J K. Reduced Sigma Points Filters for the Propagation of Means and Covariance through Nonlinear Transformations[C]. Proceedings of the 2002 American Control Conference,2002,1-6:887-892.

[25] MARIANI S,GHISI A. Unscented Kalman Filtering for Nonlinear Structural Dynamics[J]. Nonlinear Dynamics,2006,49(1-2):131-150.

[26] JATEGAONKAR R,PLAETENSCHKE E. Estimation of Aircraft Parameters Using Filter Error Methods and Extended Kalman Filter[J]. DFVLR FB,1998,1998:88-115.

[27] SCHLEITER S,ALTAY O. Identification of Abrupt Stiffness Changes of Structures with Tuned Mass Dampers under Sudden Events[J]. Structural Control and Health Monitoring,2020,27(6):e2530.1-e2530.17.

[28] SONG M,ASTROZA R,EBRAHIMIAN H,et al. Adaptive Kalman Filters for Nonlinear

Finite Element Model Updating[J]. Mechanical Systems and Signal Processing, 2020, 143:106837.

[29] 赵博宇. 基于部分观测信息的结构参数与荷载同步识别时域新方法[D]. 哈尔滨:哈尔滨工业大学,2013.

[30] XIAO X, XU X Y, SHEN W A. Simultaneous Identification of the Frequencies and Track Irregularities of High-Speed Railway Bridges from Vehicle Vibration Data[J]. Mechanical Systems and Signal Processing, 2021, 152:107412.

[31] BISHT S S, SINGH M P. An Adaptive Unscented Kalman Filter for Tracking Sudden Stiffness Changes[J]. Mechanical Systems and Signal Processing, 2014, 49:181-195.

[32] BAR-SHALOM Y, LI X, KIRUBARAJAN T. Estimation with Application to Tracking and Navigation[M]. New York:John Wiley and Sons Incorporated, 2001.

[33] 周东华,叶银忠. 现代故障诊断与容错控制[M]. 北京:清华大学出版社,2000.

[34] 杜永峰,张浩,赵丽洁,等. 基于 STUKF 的非线性结构系统时变参数识别[J]. 振动与冲击. 2017, 36(07):171-176+198.

[35] 杨纪鹏,夏烨,闫业祥,等. 改进的强追踪平方根无迹卡尔曼滤波时变结构参数识别[J]. 振动与冲击, 2021, 40(23):74-82, 126.

[36] SHI Y, HAN C Z, LIANG Y Q. Adaptive UKF for Target Tracking with Unknown Process Noise Statistics[C]. Fasion 2009: 12th International Conference on Information Fusion. 2009, 1-4:1815-1820.

[37] WANG N, LI L, WANG Q. Adaptive UKF-Based Parameter Estimation for Bouc-Wen Model of Magnetorheological Elastomer Materials[J]. Journal of Aerospace Engineering, 2019, 32(1).

[38] ASTROZA R, ALESSANDRI A, CONTE J P. A Dual Adaptive Filtering Approach for Nonlinear Finite Element Model Updating Accounting for Modeling Uncertainty[J]. Mechanical Systems and Signal Processing, 2019, 115:782-800.

[39] AKHLAGHI S, ZHOU N, HUANG Z. Adaptive Adjustment of Noise Covariance in Kalman Filter for Dynamic State Estimation[C]. 2017 IEEE Power & Energy Society General Meeting, IEEE, 2017.

[40] MEHRA R K. Approaches to Adaptive Filtering[J]. IEEE Transactions on Automatic Control, 1972, 17(5):693-698.

[41] MOHAMMADI A R, SHABBOUEI H Y, SIMANI S, et al. Adaptive Square-Root Unscented Kalman Filter: An Experimental Study of Hydraulic Actuator State Estimation[J]. Mechanical Systems and Signal Processing, 2019, 132:670-691.

[42] SU WAN XIN. Application of Sage-Husa Adaptive Filtering Algorithm for High Precision SINS Initial Alignment[C]. International Computer Conference on Wavelet Actiev Media Technology and Information Processing(ICCWAMTIP), 2014:359-364.

[43] CHEN Z J, HE X F, JIANG H, et al. Research on Initial Alignment for Large Azimuth Misalignment Angle with Sage_Husa Adaptive Filtering[C]. 2013 25th Chinese Control and

Decision Conference(CCDC),2013:1744-1749.

[44] XING J,WU P. State of Charge Estimation of Lithium-Ion Battery Based on Improved Adaptive Unscented Kalman Filter[J]. Sustainability,2021,13:5046.

[45] YANG Y,GAO W. An Optimal Adaptive Kalman Filter[J]. Journal of Geodesy,2006,80(4):177-183.

[46] CALABRESE A,STRANO S,TERZO M. Adaptive constrained unscented Kalman filtering for real-time nonlinear structural system identification[J]. Structural Control and Health Monitoring,2018,25(2):e2084.

[47] LJUNG L. System Identification:Theory for the User[M]. Tsinghua University Press,2002.

[48] LJUNG L. Theory and Practice of Recursive Identification[M]. MIT Press,1983.

[49] FORTESCUE T R,KERSHENBAUM L S,YDSTIE B E. Implementation of self-tuning regulator with variable forgetting factor[J]. Automatica,1981,17(6):831-835.

[50] SHOKRAVI H,SHOKRAVI H,BAKHARY N,et al. Vehicle-Assisted Techniques for Health Monitoring of Bridges[J]. Sensors,2020,20(12):3460.

[51] MALEKJAFARIAN A,MCGETRICK P J,OBRIEN E J. A Review of Indirect Bridge Monitoring Using Passing Vehicles[J]. Shock and Vibration,2015,2015:1-16.

[52] 张延哲. 车辆-轨道系统参数识别方法[D]. 哈尔滨:哈尔滨工业大学,2016.

[53] DING Y,LAW S S,WU B,et al. Average acceleration discrete algorithm for force identification in state space[J]. Engineering Structures,2013,56:1880-1892.

[54] ZHANG Y Z,DING Y,BU J Q,et al. A Novel Adaptive Unscented Kalman Filter with Forgetting Factor for the Identification of the Time-Variant Structural Parameters[J]. Smart Structures and Systems,2023,32:9-21.

[55] LANDAU I D,LOZANO R,M'SAAD M. Adaptive Control[M]. Berlin:Springer,1998.

[56] VAN DER MERWE R,WAN E A. The Square-Root Unscented Kalman Filter for State and Parameter-Estimation[C]. 2001 IEEE International Conference on Acoustics, Speech, and Signal Processing. Proceedings,2001,6:3461-3464.

[57] LIM J,SHIN M,HWANG W. Variants of extended Kalman filtering approaches for Bayesian tracking[J]. International Journal of Robust and Nonlinear Control,2017,27:319-346.

[58] 郭丽娜,刘金龙,温卫平,等. 云南漾濞 6.4 级地震建筑结构震害特征调查分析[J]. 世界地震工程,2021,37(4):64-72.

[59] ISMAIL M,IKHOUANE F,RODELLAR J. The hysteresis bouc-wen model,a survey[J]. Archives of Computational Methods in Engineering,2009,16(2):161-188.

[60] 刘金龙,丁勇,林均岐. 云南漾濞 6.4 级地震交通系统震害调查分析[J]. 世界地震工程,2021,37(3):31-37.

[61] WU M,SMYTH A W. Application of the unscented Kalman filter for real-time nonlinear structural system identification[J]. Structural Control and Health Monitoring,2007,14(7):971-990.

[62] CHATZI E N,SMYTH A W. The unscented Kalman filter and particle filter methods for nonlinear structural system identification with non-collocated heterogeneous sensing[J]. Structural Control and Health Monitoring,2009,16(1):99-123.
[63] BYRD R H,HRIBAR M E,NOCEDAL J. An Interior Point Algorithm for Large-Scale Nonlinear Programming[J]. SIAM Journal on Optimization,1999,9(4):877-900.
[64] BYRD R H,GILBERT J C,NOCEDAL J. A Trust Region Method Based on Interior Point Techniques for Nonlinear Programming[J]. Mathematical Programming,2000,89(1):149-185.
[65] WALTZ R A,MORALES J L,NOCEDAL J,et al. An interior algorithm for nonlinear optimization that combines line search and trust region steps[J]. Mathematical Programming,2006,107(3):391-408.